U0863690

便携手册系列

室内设计师便携手册

（原著第二版）

[美] 帕特·格思里 著
蔡 红 译

中国建筑工业出版社

著作权合同登记图字：01-2007-4297号

图书在版编目（CIP）数据

室内设计师便携手册（原著第二版）/（美）格思里著；蔡红译.—北京：中国建筑工业出版社，2007
（便携手册系列）
ISBN 978-7-112-09600-8

Ⅰ.室…　Ⅱ.①格…②蔡…　Ⅲ.室内设计—技术手册
Ⅳ.TU238-62

中国版本图书馆CIP数据核字（2007）第135952号

责任编辑：董苏华
责任设计：董建平
责任校对：孟　楠　梁珊珊

Pat Guthrie
Interior Designer's Portable Handbook, 2e/Portable Architecture
ISBN 0-07-143926-9
Copyright © 2004 by The McGraw-Hill Companies, Inc.
Original language published by The McGraw-Hill Companies, Inc. All Rights reserved. No part of this publication may be reproduced or distributed in any form on by any means, or stored in a data base or retrieval system, without the prior written permission of the publisher.
Simplified Chinese translation edition copyright © 2008 by China Architecture & Building Press
本书由美国麦格劳-希尔图书出版公司正式授权我社翻译、出版、发行本书中文简体字版。未经出版者预先书面许可，不得以任何方式复制或抄袭本书的任何部分。

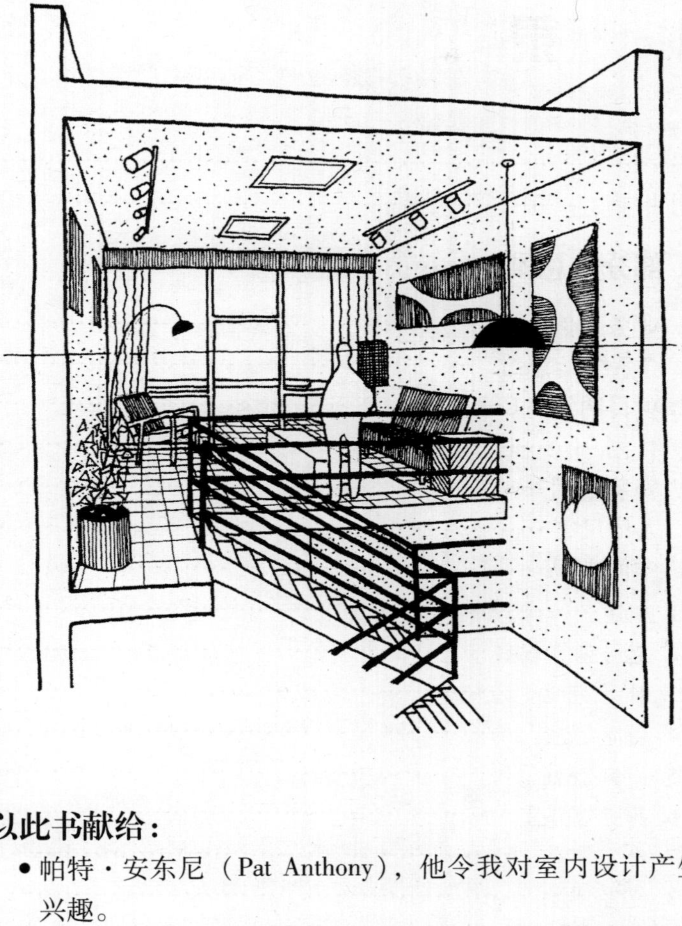

谨以此书献给：

- 帕特·安东尼（Pat Anthony），他令我对室内设计产生了兴趣。
- 温迪·洛克纳（Wendy Lochner）——正是他邀请我创作了此书。
- 我的家人（简、埃里克及埃琳）。

目　　录*

---

* 此目录可作为建筑设计一览表

序

本书内容主要改编自作者的另一部作品《建筑师便携手册》(McGraw－Hill，1998)。“建筑”与“室内设计”有众多的交叉领域。事实上，“室内设计”可被视为建筑领域的某一专项。《建筑师便携手册》中的内容涉及工程技术、建筑物外观及骨架的设计。本书则去掉了其中大部分有关“骨架”(即结构元素)的内容，增添并强调了空间布局、室内装饰、设备及家具方面的内容。

本书的主要对象为以下两个层次的室内设计人员：

1. 室内装饰设计师，负责选择家具设施及内部装饰；

2. 室内设计师，他们既要负责室内装饰设计，又要进行空间布局，并可能像建筑师那样，承担“承租人添建物”或改建型项目——在现有建筑中创建全新空间。

本书将为所有从事“室内”工作的人们(他们中的任何一员)提供有益的帮助。

与《建筑师便携手册》相同，本书也以建筑规范研究所(Construction Specification Institute，简称 CSI)制定的格式排版。用户最好能了解这一格式，因为它已成为建筑行业的标准格式。

本书内容不涉及美学理论，尽管很多书都涉及这一主题，但本书的宗旨仅仅是为设计者提供快速、可靠的基础资料，使他们能有效地节约设计时间——从而将更多精力投入到室内设计的创作中。

最后要说的是，此次再版，除了因造价等信息需要更新，主要还因为新建筑规范的出版。你知道，它们变得更加复杂和难以理解了。所以，我迫切希望所有设计人员向其所属的专业协会及组织呼吁，争取制定出更加简便的规范——现在！答案就是 K. I. S. S. (“Keep it simple, stupid”——简便易行)。

使用指南

本书是一本个人*工具*书。在任何类型与规格的室内设计初级阶段，职业设计师需要花费 80% 的时间来收集资料，本书浓缩了其中 20% 的数据。

这意味着，它应经常放在手边（翻开在图板或书桌上，装在公事包或口袋里），它绝不该搁在书架上，因为你*每天*都会用到它！

由于设计人员个性*不同*，加之他们的专业经验千变万化，所以我们鼓励用户在使用一段时间后，根据自己的经验，添加记事页或修正数据以使本书更具*个性*。

新添的“装修与装饰价格”贯穿全书（令此手册真正独一无二），它将随时纪录数据。但是，建筑法规、新产品、新技术及新材料的变化同样迅速。因此，本书可被视为一本必须不断更新的*原始版“简单数据资料集”*，以后可能出新的版本。有关价格方面的详情参见第 37 页。

由于本书内容广泛，而篇幅有限，因此同一信息仅出现一次，不作重复。示范信息使用方式的例题贯穿全书。所有信息均以简单比值或系数来表示，以满足*常规判断*的需要。

全书以一览表的形式编排，以便能对照手头的设计问题，迅速查阅所需资料。

书中标有“○”的地方，表示需参阅第 479 页参考文献中的进一步解释。

本书既非专业书籍的替代品，也非较为细致、专业的原创著作，它是撷取了其他顶级著作的“精髓”而成的日常工作助手。

第 1 部分　总　　则

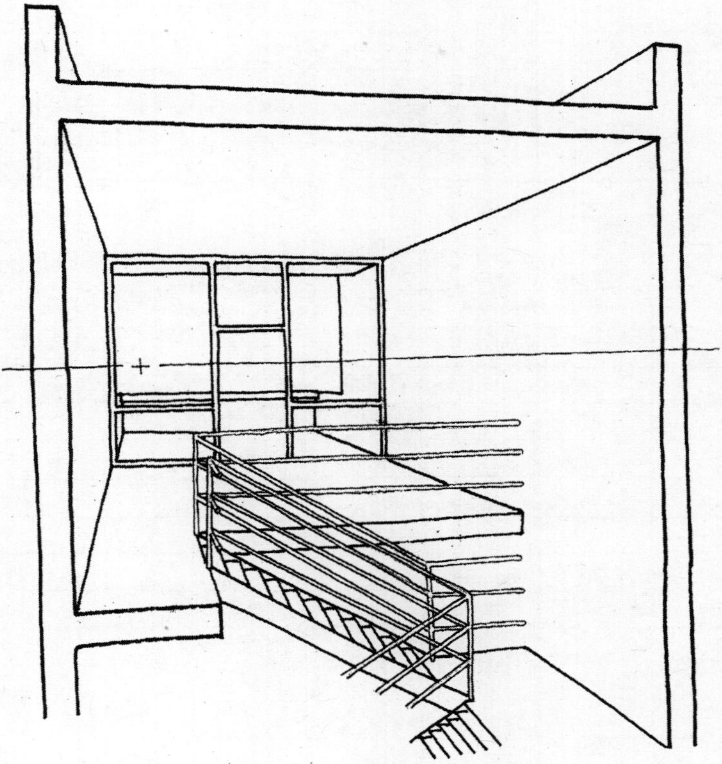

记 事

A. 业务惯例 (5) (21) (37) (39) (42)

1. 报酬（设计费）

a. 见附录A：根据建筑类型确定以工程造价百分比表示的设计费。

b. 采用美国建筑师学会的酬金分配标准：

方案设计阶段	15%	或	
设计深化	20%	25%	初步设计
施工文件	40%	50%	施工文件
投标/谈判	5%	25%	施工管理
施工管理	20%		
	100%	100%	

2. 业务惯例经验指南

a. 观察现金流量：小公司需保持支票本的平衡。大中型公司则需使用现金报表和结存与收入报表。依据以往的情况预估未来的现金流量，并在预期利润上加15%的“附加因素”。

b. 拥有资金储备：6个月的资金。

c. 利用以下系数监控时间

（1）$支付系数 = \frac{直接工作人工费}{总人工费}$

该系数说明总人工费的百分之多少被用于支付工资。百分比越高越好，通常在55%～85%之间，低于65%则不太理想。但多数情况下它往往只有50%。

（2）$增值系数 = \frac{收益额}{直接人工费}$

该系数表示投资额与工资的倍数关系，通常在2.5至3.0之间，它将依据不同的公司或时期而变化。

（3）管理费率：管理费总额与直接人工费总额相关。180的管理费率意味着在一个产生效益的项目中每$1.00的工作需花

费 $1.80。

(4) 利润：等于总收益减去总费用。以总收益的百分比表示。

d. 监控会计报表：一份财务报表应包括

(1) 资产负债决算表：说明在指定日期内你的资产及负债情况。

(2) 收益报表（利润与亏损额)：以“收入小于直接费用”，“间接费（管理费） = 利润”，或“亏损”的形式告诉你个中原委。

e. 记录花费的款项（出差、打印等)：通常为 10%。

f. 合同谈判

(1) 估计业务范围；

(2) 估计时间、费用及利润；

(3) 确定赔偿方法。

g. 合同清单

(1) 详细的工作范围，无需再作解释；

(2) 双方当事人的责任；

(3) 依进度按月付款；

(4) 延期付款违约金；

(5) 施工管理阶段的期限；

(6) 费用概算责任；

(7) 为费用-偿还契约指定临时利润率（逐年变化)；

(8) 聘用定金，针对酬金而不是费用；

(9) 签约日期及合同时效；

(10) 就工作的人员、时间和地点达成一致意见；

(11) 双方当事人终止合同的途径；

(12) 对工作范围的改变，达成双边协议，并对酬金作公平调整；

(13) 法庭和仲裁补救办法以及由谁来支付法律费用；

(14) 双方当事人签署姓名与日期；

（15）责任限额；

（16）供货时限；

（17）落于书面文字。

3. 报酬及采购

室内设计师的报酬远比其他专业人员复杂得多。设计师们可收取设计费，也可作为总承包人，在家具的采购与安装过程中，从批发价与零售价的差额中获得利润。室内设计师可采用其中一种，也可两者兼用。

a. 设计费取决于以下因素

（1）占工程造价（家具或室内工程费用，或两者之和）的百分比；

（2）总包价；

（3）计时工资（典型价格为＄65至＄120/小时）；

（4）计时工资的最高“底价”。

b. 转售收入取决于以下因素

设计师先以小于零售价的折后价跟供应商定购家具（折扣通常在10%～50%之间），再将该家具以较高的价格转售给客户，其中的差额即为设计师的转售收入。在转售家具的过程中，应考虑下列问题：

（1）谁来支付运费（装运费）及保险金？“工厂交货价”（F. O. B. Factory）意味着一旦货物在工厂装上卡车，它们的所有权及责任就得由购买者来承担。“目的地交货价”（F. O. B. Destination）则意味着制造商需一直承担货物的所有权及责任，直至将其送达目的地。

（2）必须确定仓储费（如果需要的话）及其承担者。按照标准，运装费为折扣价的8%～12%，通常取平均值10%为宜。

（3）转售家具的销售税。

例题

室内设计师选择了一件零售价为＄1000的家具，制造商提供了50%的交易折扣并确定为“目的地交货价”。设计师购买这件家具需支付＄1000的50%，即＄500。

然后，设计师可能以这样的价格将该家具转卖给客户：

零售价＄1000（＄1000－＄500＝＄500转售收入）

＋税

假定折扣为25%（＄1000×0.25＝＄250＋税）

＄500制造商与设计师之间的差价

减去＄250设计师获得的转售收入（＋税）

＄250

B. “系统”思维

在建筑的规划和设计中，对整个系统或流程逐项进行思考是非常有用的。以下两页清单列出了建筑物从起点或“源头”至“终点”或“出口”的各个项目。

1. 人的作用

a. 考虑从一个空间至另一个空间的居民人流。包括竖直交通源（楼梯、电梯等），含维修设备的通道。

b. 考虑从外围进入建筑物内部的居民人流。

c. 考虑符合规范要求的建筑出口居民人流。

d. 考虑符合规范要求的无障碍通道。

e. 考虑建筑物的供料流（包括家具及远场物料）。

f. 考虑建筑物的垃圾排放流（包括外场排放）。

g. 寻觅途径：图示或其他视觉线索是否有助于找到上述六条流线？

2. 热

a. 根据阳光到达或进入建筑物的路径来规划是否接纳或阻挡它。

b. 考虑通过建筑表面或必要的封口而获得的内外热量。

c. 考虑室内热负荷源（灯、人、设备等）及其“排放口”（自然通风或空调等）。

d. 考虑每年、每日进入物料的热流，允许有膨胀或收缩。

3. 空气

a. 考虑风向图，按需要促进或阻碍建筑物内空气的自然通风。

b. 考虑通过建筑物的空气流谱。当采用自然通风时，考虑入口至出口的流动；当空气静止时，考虑热气的上升和冷气的沉降。

c. 考虑通过建筑物的强迫通风流谱，以满足热量（增加或消耗）及空气清新的要求。

4. 光

a. 考虑到达和进入建筑物内自然光（直射光或散射光）的路径。按需要促进或阻挡。

b. 考虑人流通道及需要人工照明的地方，包括场地及建筑本身。

5. 能源和通信

a. 考虑供电及天然气供应。从外围设施到变压器、断路器、仪表板、各个输出端或连接点。

b. 考虑从外围设施到电话交换机及每部固定电话的电话线路。

6. 声音

a. 确定潜在声源与接听者的位置，以及两者间的通路。

b. 考虑声源至接听者间的空气传声。通过增加距离或设置屏障来减弱。

c. 考虑声源至接听者间的结构传声。通过隔离声源或接听者来减弱。

C. 项目明细（CSI 格式）（CSI——建筑规范研究所）⑮

1. 项目明细的标准纲要

a. 总则　　b. 产品　　c. 实施

2. 产品（或材料）**速检表**

a. 它是什么？它能做什么？

b. 它用什么做的？

c. 如何应用？

d. 它的价格？

e. 产品保证书？

3. 新产品（或材料）**评估清单**

a. 结构可靠性［抗自然力（如大风和地震）的能力；结构的充分胜任性及物理性能，如强度、抗压、抗拉、抗剪及抗冲击和压痕的性能］。

b. 防火安全（抵抗火灾的能力，如火焰蔓延、烧穿、烟、有毒气体等）。

c. 可居住性（可居住性涉及热工性能、音响特性、渗水性、光学特性、卫生、舒适、照明及通风等因素）。

d. 耐久性［耐磨损能力、抗风化（如臭氧和紫外线）的能力，尺寸稳定性］。

e. 实用性（克服现场条件的能力，如运输、储存、加工、容许偏差、连接、场地危险等）。

f. 相容性（抵抗相邻材质相互作用的能力，如化学反应、镀膜、涂层）。

g. 维修养护性能（便于清洗；孔洞、凿痕及裂缝的修复能力；可再涂性等）。

h. 规范的可接受性（检查规范及厂商要求以符合规范要求）。

i. 经济性（安装和维修费用）。

4. CSI 格式

本节可作为建筑工作各项事宜的检验清单，它涉及建筑规划设计的方方面面——它们的内容及环境。

a. 初步设计的统一格式

项目说明书

10 —项目说明
— 1010 项目概要
— 1020 项目计划
— 1030 现状
— 1040 甲方工作
— 1050 资金

20 —招标、投标、签约
— 2010 交付方式
— 2020 资质要求
— 2030 招标要求
— 2040 投标要求
— 2050 签约要求

30 —造价
— 3010 分项工程价格估算
— 3020 责任与资质
— 3030 预算额
— 3040 变更
— 3050 单价

结构体系及装配

项目 A—下部结构
— A10 基础

— A1010 标准基础
— A1020 特殊基础
— A1030 架空平板
— A20 地下室工程
— A2010 地下室挖掘
— A2020 地下室墙

项目 B—建筑外壳
— B10 上部结构
— B1010 楼板结构
— B1020 屋顶结构
— B20 围护结构
— B2010 外墙
— B2020 室外窗
— B2030 室外门
— B30 屋面
— B3010 屋顶面层
— B3020 屋顶洞口

项目 C—室内装修工程
— C10 室内结构
— C1010 隔墙
— C1020 室内门
— C1030 配件
— C20 楼梯
— C2010 楼梯结构
— C2020 楼梯装修
— C30 室内装修
— C3010 墙面装修
— C3020 楼面装修

— C3030 顶棚装修

项目 D—公用设施

— D10 传送系统

— D1010 电梯及升降机

— D1020 自动扶梯与自动走道

— D1090 其他传送系统

— D20 卫生工程

— D2010 卫生设备

— D2020 生活配水

— D2030 生活废水

— D2040 雨水排放

— D2090 其他管道系统

— D30 采暖、通风及空调（HVAC）

— D3010 能量供给

— D3020 产热

— D3030 制冷

— D3040 HVAC 分布

— D3050 终端及成套装置

— D3060 HVAC 装置及控制

— D3070 测试、调校及平衡

— D3090 其他特殊的 HVAC 系统及设备

— D40 消防设施

— D4010 消防喷淋

— D4020 立管

— D4030 消防专用设备

— D4090 其他消防系统

— D50 电气

— D5010 电气服务与分配

— D5020 照明及支路电线

— D5030 通信及保安
— D5090 其他电气系统
— D60 基本材料及方法

项目 E—设备与装置
— E10 设备
— E1010 商业设备
— E1020 机构设备
— E1030 道路设备
— E1090 其他设备
— E20 装置
— E2010 固定装置
— E2020 可移动装置

项目 F—特殊工程及拆除工程
— F10 特殊工程
— F1010 特殊结构
— F1020 整体工程
— F1030 特殊工程系统
— F1040 特殊设施
— F1050 特殊控制与装置
— F20 选择性拆除
— F2010 建筑单元拆除
— F2020 危险构件拆除

项目 G—场地工程
— G10 场地准备
— G1010 场地清理
— G1020 场地拆除及改线
— G1030 场地土方工程

— G1040 危险废物治理
— G20 场地改善
— G2010 车道
— G2020 停车场
— G2030 人行道
— G2040 场地开发
— G2050 园林
— G30 场地的民用/机械设施
— G3010 给水管
— G3020 生活污水管
— G3030 雨水管
— G3040 暖气配给
— G3050 冷气配给
— G3060 燃气配给
— G3090 其他场地机械设施
— G40 场地电气设施
— G4010 配电
— G4020 场地照明
— G4030 场地通信与安全
— G4090 其他场地电气设施
— G90 其他场地工程
— G9010 工作隧道
— G9090 其他场地系统

项目 Z—综合项目
— Z10 总体要求
— Z1010 管理
— Z1020 质量要求
— Z1030 临时设施
— Z1040 项目结算

— Z1050 许可证、保险及契约
— Z1060 酬金
— Z20 不可预见费
— Z2010 设计的不可预见费
— Z2020 提升的不可预见费
— Z2030 施工的不可预见费

b. 细部设计主导格式

项目介绍
— 00001 项目产权页
— 00005 证书页
— 00007 印章页
— 00010 目录
— 00015 图纸列表
— 00020 进度表

投标要求
— 00100 投标请求
— 00200 投标说明
— 00300 投标信息
— 00400 标书格式及补充格式
— 00490 投标合同附件

合同要求
— 00500 协议
— 00600 契约及证书
— 00700 基本条件
— 00800 补充条款
— 00900 附件及变更

设施与空间

系统与装配

工程制品与作业项目

第 1 项——总体要求

—01100 概要
—01200 价格及付款程序
—01300 管理要求
—01400 质量要求
—01500 临时设施及控制
—01600 产品要求
—01700 施工要求
—01800 设备操作
—01900 设备退役

第 2 项——现场工程

—02050 场地基本材料及方法
—02100 场地治理
—02200 场地准备
—02300 土方工程
—02400 凿沟、钻探及打桩
—02450 基础及承重构件
—02500 公用设施
—02600 排水与贮水
—02700 基层、石渣、面层及附属物
—02800 场地改善与美化
—02900 绿化

—02950 场地翻修与重建

第 3 项——混凝土工程

—03050 混凝土基本材料及方法

—03100 混凝土模板与配件

—03200 混凝土配筋

—03300 现浇混凝土

—03310 结构混凝土

—03330 装饰用混凝土

—03340 低密度混凝土

—03350 混凝土饰面

—03360 混凝土修整

—03370 特殊浇筑的混凝土

—03380 后张法预应力混凝土

—03390 混凝土养护

—03400 预制混凝土

—03500 水泥盖板与防水面层

—03600 灌缝材料

—03700 大体积混凝土

—03900 混凝土修复和清理

第 4 项——砖石工程

—04050 砖石基本材料及方法

—04200 砌块

—04210 黏土砖

—04220 混凝土砖

—04230 硅酸盐砖

—04270 玻璃砖

—04290 土坯砖

—04400 石料

— 04500 再加工制品
— 04600 耐蚀性砌体
— 04700 仿石砌体
— 04800 砖石构件
— 04900 砖石修复与清理

第 5 项——金属
— 05050 金属基本材料与方法
— 05100 结构金属框架
— 05200 金属搁栅
— 05300 金属铺板
— 05400 低温成型金属框架
— 05500 金属加工产品
  — 05510 金属楼梯及梯子
  — 05520 扶手与栏杆
  — 05530 格栅
  — 05540 地板
  — 05550 楼梯踏步板及小凸沿
  — 05560 金属护板
  — 05580 成型金属薄板
— 05600 水工结构
  — 05650 轨道及配件
— 05700 装饰用金属
— 05800 膨胀控制
— 05900 金属翻修与清理

第 6 项——木材与塑料
— 06050 木材与塑料的基本材料与方法
— 06100 粗加工木作
  — 06110 木框架

— 06120 结构用板材
— 06130 重型木结构
— 06140 防腐木基础
— 06150 木装饰板
— 06160 墙板
— 06170 预制木结构
— 06180 胶合板结构
— 06200 细木工作业
— 06220 预制木构件
— 06250 预涂板材
— 06260 木芯板
— 06270 壁橱及公用设施木搁板
—06400 建筑木工
— 06410 定制橱柜
— 06415 柜台面
— 06420 镶板
— 06430 木楼梯和栏杆
— 06440 木制装饰品
— 06445 仿木装饰品
— 06450 竖向与横向线脚
— 06455 仿木线脚
— 06460 木构架
— 06470 遮板、卷帘、百叶窗
— 06500 建筑塑料
— 06600 塑料加工工艺
— 06900 木材与塑料的修复与清理

第 7 项——隔热与防潮

— 07050 隔热与防潮的基本材料与方法
— 07100 防潮与防水

—07110 防潮
—07120 组合沥青防水层
—07130 卷材防水层
—07140 液浇防水层
—07150 金属薄板防水层
—07160 水泥再生防水层
—07170 膨土岩防水层
—07180 交通涂层
—07190 防水剂
—07200 隔热
—07210 建筑保温
—07220 屋顶与甲板的保温
—07240 外墙保温及饰面体系（EIFS）
—07260 蒸汽缓凝剂
—07270 空气间层
—07300 盖板、屋面瓦与屋面材料
—07310 盖板（沥青、增强玻璃纤维、金属、矿棉水泥、塑料板、搪瓷、混凝土平板、原木、木板）
—07320 屋面瓦（黏土、混凝土、金属、矿棉水泥、塑料）
—07330 屋面材料
—07400 屋面（墙面）板
—07410 金属屋面（墙面）板
—07420 塑料屋面（墙面）板
—07430 复合材料板
—07440 贴面板
—07450 增强纤维水泥板
—07460 护墙板（铝板、复合材料板、硬质纤维板、矿棉水泥板、塑料板、胶合板、钢板及木板）
—07470 木屋面（墙面）板

—07480 外墙组件
—07500 卷材屋面
—07510 组合屋面
—07520 冷敷沥青屋面
—07530 弹性防水屋面（CPE、CSPE、CPA、EPDM、NBP 及 PIB）
—07540 热塑性防水屋面（EIP、PVC 及 TPA）
—07550 改良型沥青防水屋面
—07560 液浇型屋面
—07570 涂层泡沫屋面
—07580 卷材屋面
—07590 屋顶维护与修理
—07600 泛水与铁皮
—07610 铁皮屋面
—07620 铁皮泛水及盖缝条
—07630 铁皮屋面特种构件
—07650 柔性泛水
—07700 特种屋顶与附件
—07710 预制屋顶特种构件（顶盖、泛水盖帽、砾石挡条与封檐板、雨水口及水落管、泛水石槽、屋顶伸缩构件、泄水口）
—07720 屋面配件（预制屋面边缘、辅助排气孔、屋脊通风口、屋顶走道板、屋顶出入口、排烟口、防雪板及废物控制构件）
—07760 屋顶面层材料
—07800 防火与防烟
—07810 实用防火措施
—07820 板材防火措施
—07840 阻燃
—07860 防烟密封装置

— 07870 烟控挡板
— 07900 填缝料

第 8 项——门窗
— 08050 门窗的基本材料与方法
— 08100 金属门与门框
  — 08110 钢门
  — 08120 铝合金门
  — 08130 不锈钢门
  — 08140 铜门
  — 08150 预组装式金属门与门框构件
  — 08160 推拉式金属门与格栅
  — 08180 金属的玻璃纱窗门和防风雨门
  — 08190 金属门修理
— 08200 木门及塑料门
— 08300 特种门
  — 08310 检修门及入孔盖
  — 08320 安全门及门框
  — 08330 卷帘门及格栅
  — 08340 专用门
  — 08350 折叠门与格栅
  — 08360 吊门
  — 08370 直升门
  — 08380 交通门
  — 08390 耐压门
— 08400 入口门与店面门
  — 08410 金属架店面门
  — 08450 全玻璃入口与店面门
  — 08460 自动入口门
  — 08470 旋转入口门

— 08480 卸载入口门
— 08490 推拉式店面门
— 08500 窗
— 08510 钢窗
— 08520 铝合金窗
— 08530 不锈钢窗
— 08540 铜窗
— 08550 木窗
— 08560 塑料窗
— 08570 复合材料窗
— 08580 专用窗
— 08590 窗户的维修与替换
— 08600 天窗
— 08700 五金配件
— 08800 门窗玻璃
— 08810 玻璃
— 08830 镜子
— 08840 有机玻璃
— 08850 玻璃配件
— 08890 玻璃维修
— 08900 玻璃幕墙
— 08910 金属框架幕墙
— 08950 半透明的墙与屋顶组件
— 08960 斜玻璃组件
— 08970 结构型玻璃幕墙
— 08990 玻璃幕墙维修

第 9 项——装修

— 09050 装修的基本材料与方法
— 09100 金属支撑系统

—09200 抹灰与石膏板
— 09300 饰面砖
—09305 饰面砖的铺设材料及配件
—09310 瓷砖
—09330 缸砖
—09340 地面砖
—09350 玻璃锦砖（马赛克）
—09360 塑料
—09370 金属
—09380 裁切后的天然石块
—09390 饰面砖维修
—09400 水磨石
— 09500 顶棚
—09510 吸声顶棚
—09545 特殊顶棚
—09550 镜面板顶棚
—09560 纹理饰面顶棚
—09570 木线条
—09580 悬挂式装饰格栅
—09590 顶棚组件的维修
—09600 楼地面
—09610 楼地面处理
—09620 特殊楼地面
—09630 砖石楼地面
—09640 木地板
—09650 弹性楼地面
—09660 静定控制
—09670 液浇型楼地面
—09680 地毯
—09690 楼地面维修

—09700 墙面装修
 — 09710 墙面声学处理
 — 09720 墙面装修材料
 — 09730 墙毡
 — 09740 软木
 — 09750 石头面材
 — 09760 塑料砖
 — 09770 特殊墙面
 — 09790 墙面装修修理
—09800 声学处理
 — 09810 声学空间构件
 — 09820 隔声与密闭
 — 09830 隔声层
 — 09840 墙面声学处理
—09900 油漆与涂料
 — 09910 油漆
 — 09930 彩色与透明饰面
 — 09940 装饰性饰面
 — 09960 高性能涂料
 — 09970 钢材用涂料
 — 09980 混凝土或砖石用涂料
 — 09990 油漆维护

第 10 项——特殊构件
 — 10100 可视展板
 — 10150 隔板与小包厢
 — 10200 天窗与排气孔
 — 10240 格栅与屏风
 — 10250 辅助墙体
 — 10260 护墙栏与墙角护条

—10270 活动地板
—10290 病虫害防治
—10300 壁炉与暖房
—10340 工厂制作的外墙特殊构件
—10350 旗杆
—10400 识别装置
—10450 行人通行控制器
—10500 带锁的箱柜
—10520 防火构件
—10530 防护外壳
—10550 邮政装置
—10600 隔墙
—10670 存放搁板
—10700 室外保护
—10750 电话装置
—10800 厕所、浴室和盥洗室配件
—10880 磅秤
—10900 壁柜与衣柜的特殊构件

第 11 项——设备
—11010 维修设备
—11020 安全与保险设备
—11030 计数器与辅助设备
—11040 教堂设备
—11050 图书馆设备
—11060 剧院与舞台设备
—11070 仪器设备
—11080 登记设备
—11090 衣帽间设备
—11100 商业设备

—11110 营业性洗衣与干洗设备
—11120 售货设备
—11130 视听设备
—11140 机动车服务设备
—11150 停车控制设备
—11160 货物中转站设备
—11170 固体废物处理设备
—11190 滞留设备
—11200 给水与净水设备
—11280 水闸与阀门
—11300 流体废物处理与排放设备
—11400 食品供给设备
—11450 住宅设备
—11460 整体厨房
—11470 暗室设备
—11480 运动、娱乐及治疗设备
—11500 工业与加工设备
—11600 实验室设备
—11650 天文馆设备
—11660 观象台设备
—11680 办公室设备
—11700 医疗设备
—11780 殡仪馆设备
—11850 导航设备
—11870 农用设备
—11900 出口设备

第 12 项——室内装饰
—12050 织物
—12100 艺术品

—12300 人工细木制品
—12400 饰物与陈设
—12500 家具
—12600 成片座椅
—12700 系统家具
—12800 室内植物与花盆
—12900 饰物维护与修理

第 13 项——特种结构
—13010 气承结构
—13020 建筑模型
—13030 特殊用途的房间
—13080 声音、振动及地震控制
—13090 防辐射
—13100 避雷
—13110 阴极保护
—13120 预制装配式结构
—13150 游泳池
—13160 水族馆
—13165 水上公园设施
—13170 浴缸与水池
—13175 溜冰场
—13185 狗窝与畜棚
—13190 现场建造的焚化炉
—13200 储存罐
—13220 阴沟与介质的过滤器
—13230 消化池覆盖物及附属设备
—13240 氧化系统
—13260 污水调节系统
—13280 危险材料修补

—13400 测量与控制装置
—13500 记录装置
—13550 运输控制装置
—13600 太阳能与风能设备
—13700 安全出口与检测口
—13800 楼宇自动控制
—13850 探测与警报
—13900 火情监管系统

第 14 项——传送系统
—14100 轻型货运升降机
—14200 电梯
—14300 自动扶梯与电动走道
—14400 升降机
—14500 材料输送
—14600 卷扬机与起重机
—14700 转台
—14800 脚手架
—14900 运输

第 15 项——机械
—15050 机械的基本材料与方法
—15100 建筑进宅管道
—15200 加工管线
—15300 防火管道
—15400 卫生器具与设备
—15500 采暖设备
—15600 制冷设备
—15700 暖通和空调（HVAC）设备
—15800 空气调节

— 15900 HVAC 仪表与控制
— 15950 测试、调整及平衡

第 16 项——电气
— 16050 电气的基本材料与方法
— 16100 布线方法
— 16200 电力
— 16300 输电与配电
— 16400 低电压配电
— 16500 照明
— 16700 通信
— 16800 音响与电视

D. 计划 ㊳

1. **计划**是一个过程，它可以导出对某个建筑问题的表述及在其解决过程中需要满足的条件。它需充分发掘信息，以澄清、理解并叙述这个问题。计划是找寻问题，设计则是解决问题。

2. **利用信息索引**（第 34 ~ 35 页）：它可被当作复杂项目制订计划的指南。

3. **有效系数**：利用下列净面积与总面积的比值来规划建筑物的规模：

指派面积 ↓
50/50% = 100% ← 总建筑面积
未指派面积 ↑
（交通面积、墙体面积等）

注：总建筑面积是指以建筑物外围尺寸为基准的总楼层面积。净面积则以建筑物的内墙尺寸为基准。对办公或零售空间来说，净的可出租面积是针对其主要功能所占用的面积，其中不包括辅助设施的面积，如楼梯间、走廊、机械用房等。

相应的汽车等级	建筑类型	系 数
	一般范围	
超豪华	高 贵	50/50
豪 华	庄 重	55/45
大 型	优 秀	60/40
中 型	普 通	65/35
紧凑型	经 济	67/33
微 型	简 洁	70/30
	特殊范围	
	小 型	75/25
	俭朴型	80/20
	极小型	85/15
	骨架型	90/10

下表给出了未指派面积的常规分析

人流面积	16.0	20.0	22.0	24.0	25.0
机械用房	5.0	5.5	7.5	8.0	10.0
结构与墙体	7.0	7.0	8.0	9.5	10.0
公用卫生间	1.5	1.5	1.5	2.0	2.5
工人房	0.2	0.5	0.5	0.5	1.0
未指派的储藏空间	0.3	0.5	0.5	1.0	1.5
	30.0%	35.0%	40.0%	45.0%	50.0%

记 事

信息索引

	目标 客户的希望及原因	事实 各种相关情况	概念 客户希望如何达到其目的?	需求 预期的资金、面积及质量	问题 建筑设计的重要条件及根本方向
功能 这栋建筑中将要干什么? 人 活动 联系	任务 最大值 个性标志 相互影响/私密性 价位 保安 进度 分离 交汇 效率	统计数据 面积参数 人力/工作荷载 用户特征 社区特征 价值损失 时间-变化研究 交通分析 表现图案 合适的面积	服务组合 人员组合 活动组合 优先事项 安全控制 序列流程 分级流程 混合流程 联系	空间需求 车位需求 室外空间需求 可出租面积比 功能调整	形成建筑设计方案的独特而重要的性能要求
造型 它的现状及未来? 场地 环境 品质	场地元素 (树木、水、室外空间、现有设施、公用设施) 有效土地利用 周边情况 方位 入口 拟定的形象 质量水平	场地分析 气候分析 墙压测量 土壤分析 FAR 和 G AC 周边环境 心理暗示 费用/债偿基金 功能支持	改进 气候控制 安全 特殊基础 密度 相互依赖 家庭基础 方位 可达性 特征 质量控制	质量(费用/债偿基金) 环境与场地对费用的影响	重要造型考虑哪些因素将影响建筑物的设计

续表

	目标 客户的希望及原因	事实 各种相关情况	概念　客户希望如何达到其目的?	需求　预期的资金、面积及质量	问题　建筑设计的重要条件及根本方向
经济 与初步概算及工程质量有关。 初步概算 营业成本 全寿命费用	资金额度 成本-效果对比 最大盈利 投资回报 降低营业成本 维修和运营成本 降低全寿命费用	费用参数 最大预算 时间-使用因素 市场分析 能源消耗 活动与气候因素 经济数据	成本控制 有效分配 多功能 销售规划 节约能源 成本控制	费用概算分析 入口预算（FRAS） 营业成本 全寿命成本	对初步概算的态度及其对房屋构造与几何形状的影响
时间 探讨历史的影响、变化趋势及未来走向。 过去 现在 未来	古迹保存 静态/动态 变化 发展 居住年代	意义 空间参数 活动 外观 线性进度表	适应性 定制/粗装配 可变换性 膨胀性 同步进程安排	分阶段实施 逐步增加	涉及长期范围内的情况变化/发展

记事

E. 安装费用

注：本书（及本章）中的价格信息主要出自以下资料：

⑪ ⑯ ⑰ ㉝ ㉞ ㉟ ㊷

1. 书中随处可见粗略的价格数据，它们均以粗体字表示。参见附录“各类建筑室内工程造价及设计费用”。

2. 家具、装置及设备（FF&E）价格

a. 室内设计师常常需选定家具（furniture），有时还负责安装。典型家具价格参见第235页的“第2部分”及第355页的“第12部分”，“家具折扣或利润”方面的内容参见第3页。

b. 装置（fixture）指建筑物内的固定设施，由室内设计师或总承包商定价并安装。

c. 设备（equipment）价格往往涉及由另一专业设计师设计和安装的项目。如：厨房设备需由食品服务公司提供，而医疗设备则由医疗设备供应商提供。总之，这些费用与总承包商无关，也不属工程造价。

3. 室内工程总造价

如果室内设计师的工作不仅仅是空间布局或装饰设计，那么承租人添建工程或室内改建工程将可能涉及总承包商，也可能是一位建筑师或工程师。

a. 若遇结构问题，需与结构工程师商量。

b. 若要修改、添建管道或暖通空调设施，就需聘请机械工程师。

c. 若要修改、增加照明或动力系统，就需聘请电气工程师。

d. 若要接洽当地的执法机构以核查工程是否可行，就需聘用一位建筑师。

就给定的室内工程总造价而言，应包括分包商的管理费、利润及附加税。总费用（100%）中材料费（M）与人工费（L）所占的百分比往往是一个常规概念。由于每个“元素”的惟一单价都有一个变化空间，因此我们常常为所给价格定出可能的变化范围（更高或更低）。你必须对此作出判断，并提出合理而粗略的估算价格。当价格发生变化时，用户将不得不修订书中的价格数据。最简单的方法就是根据不同的资料，增加每年的“历史修正值”。本书提供的约为2002年的年中价。在过去几年里，它们约以每年2%～3%的幅度上涨。使用这一经验估计法时，请先确定价格的构成。

例题

如某装修项目给定的造价数据为：

$ 5.00/SF（40% M与60% L）（变化范围：+100%至-20%）

其含义是：该项目造价的平均值（包括分包商的管理费及利润）为$ 5/SF。其中，材料费约$ 5×0.40 = $ 2/SF；人工费约$ 5×0.60 = $ 3/SF。极昂贵的装修版本将使价格提高100%左右（$ 5×2 = $ 10/SF），较低廉的版本则能降低20%左右（$ 5×0.80 = $ 4/SF）。但平均值约为$ 5.00/SF。注：其中不包含总承包商的管理费及利润。

4. 价格的控制与估算

价格估算需耗费时间。它也可能引来这种麻烦：错误的估算可能耗费大量的时间及昂贵的重复设计。在工程初期必须确立造价控制责任。如果由设计师负责估算，那他必须考虑以下几点：

a. 苹果对苹果：在与委托人及建造者讨论造价和预算时，当事人必须确知他们正在进行的是“苹果对苹果”的比较（即：包括什么，不包括什么）。易引发误会的情况有：

（1）集资费用（通常不包括在内）。

（2）设计师与顾问的酬金。

（3）城市或政府收费（通常不包括在内）。

（4）是否包括家具、装置及设备（FF&E）的费用？

例题

设计师为某建造方工作，该设计师的预算意向为 \$ 60/SF，而建造方的意向为 \$ 50/SF，设计师所说的数据中含有20%的总承包商管理费及利润（如果该工程由一位独立承包商竞标的话）。而建造方只考虑了他自己的直接费用。他们正在进行“苹果对橘子”的比较，但如果将建造方的数据作一个调整：

$$\$ 50/SF \times 1.20 = \$ 60/SF$$

或者对设计师的数据进行调整：

$$\$ 60/SF \times 0.80 = \$ 50/SF$$

那么，他们才能进行“苹果对苹果”的讨论。

b. 可变因素

（1）地区因素。根据确切的地区位置调整价格。利用经常颁布的“价格调整表”。

（2）历史索引。如果价格数据已经过时，可利用经常颁布的“价格调整表”来修订它，使其符合现在或未来的情况。

（3）建筑规模。工程的单方造价（\$/SF）需视项目的规模来调整。

（4）形状。复杂的形状将导致价格的增加。当单一元素被重新整合时（如圆角，或一堵采用不同砌式及材料的砖墙），相关费用将增加30%。

（5）材料、施工与设计的品质。利用以下概算准则，根据需要增加或减少价格：

相应的汽车类型	建筑类型	%
超豪华	高贵	+120
豪华	庄重	+60
大型	优秀	+20

续表

相应的汽车类型	建筑类型	%
中型	普通	100
紧凑	经济	-10
微型	简洁	-20

注：品质由低到高，价格成倍增加。

c. 造价（及施工进度）可能受天气、季节、材料短缺及/或人工熟练程度的影响。

d. 在半径大于20英里的城市之外，额外的运输负担使材料价格略微增加，但有可能被较低的工资率所抵消。在稠密的城区，当地的材料价格却有可能实实在在地增加。

e. 在整个概算中，须加上常规条件的修正值，通常为5%～15%，10%为典型平均值。

f. 在整个概算的最后，须加上总承包商的管理费及利润修正值，通常为10%～20%。投标当时的市场条件往往会影响该数值等所有项目。市场由非活跃期至活跃期的转变，令该值在10%～20%间摇摆。

g. 概算后面通常应列有不可预见费。在工程变更或修缮方面，20%的修正值并不过分。

h. 在概算的各个项目中使用整数。

i. 在要求高而预算紧的项目中，可采用“附加变更”条款。这些变更是指那些客户喜欢但又非必要的项目，它们须在施工图中清楚注明。

j. 给概算定一个范围对设计者来说是明智的。

k. 由于委托人的意愿常常进入误区，以至于不能在一开始就具备良好的预见力，所以设计师可以建议他们从预算中扣下5%～10%较为隐蔽的不可预见费。另一方面，委托人也经常这样做，而不通知设计师。

l. 价格还受其他因素的影响：

政府管理费 ≈ +100%

获奖设计往往会 ≈ +200% ~ +300%

5. 价格控制步骤

a. 在设计预备阶段或项目前期，确定委托人的预算与内容，以及工程的预期规模。去掉所有的非工程费用，如家具与装置费、设计费等。我们以简单格式（如：$/SF、$/间等等）证明这是合理的。参见附录的“平均造价（$/SF）”，并以此为对照和标准。

b. 在方案设计阶段，确定合理的单价（$/SF）目标，包括15% ~20%的不可预见费。

c. 在设计深化阶段，当设计渐趋具体时，建立一套“系统的”概算。参见“第13部分”。对小工程来说，使用“单元”概算可能比较恰当，尤其当基本方案未按常规方式来做时，可以迅速地给出一个“估价”，其中包括一个10% ~15%的不可预见费。

d. 在施工文件阶段，完成整套单位“估算”。对小工程来说，如果工程未被修改或增加，前一阶段的概算就足够了。再加一个5% ~10%的不可预见费。

6. 典型商业建筑造价

项目	新建	改建
1. 基本要求	6% ~8%	约30%
2. 场地工程	4% ~6%	
3. 混凝土工程	15% ~20%	
4. 砖石工程	8% ~12%	
5. 金属配件	5% ~7%	
6. 木工	1% ~5%	

续表

项　　目	新　　建	改　　建
7. 保温与防潮	4% ~6%	
8. 门窗及玻璃	5% ~7%	
9. 装修	8% ~12%	
10. 特种构件 *		8 ~12 项约占 30%
11. 设备 *		
12. 家具 *	6% ~10% *	
13. 特种工程 *		
14. 传送系统 *		
15. 机械	15% ~25%	机械与电气约占 40%
16. 电气	8% ~12%	
总　　数	100%	

* 建筑造价预算中一般不包括家具、装置及设备（FF&E）。

7. 办公建筑的承租人添建物（TI）造价标准

a. 办公建筑的框架及外墙价格：$ 25 ~ $ 35/SF。

b. TI 价格的范围为：$ 20 ~ $ 50/SF（极端情况可达 $ 100/SF）。

8. 拆除价格标准

a. 整栋建筑：$ 4 ~ $ 6/SF。

b. 单项工程：占该项目现场工程造价的 10% 至 50%。

例题

题目：某办公室（承租人添建物）位于一座新的敞开式“空壳”建筑内，承租面积达5000SF。请为其制定合理的预算。

解答

		低	中	高
1. 根据第469页的附录确定现场工程的平均单价($/SF)		15	35	50
2. 假定装饰费与装修费各占总费用的50%（$/SF）	装饰单价	4.5	10.5	15
	装修单价	10.5	24.5	35
	总单价	15	35	50
3. 典型的室内设计费（%）		3	5	6
4. 得出总造价（$）(单价乘以面积5000S.F.)	装饰费	22500	52500	75000
	装修费	52500	122500	175000
	工程总价	$75000	$175000	$250000
5. 设计师酬金估算（以3的百分比乘以4的总价）（$）		$2250	$8750	$10500
6. 给客户的概算总价		$77250	$183750	$260500

记事

F. 人体尺度

注：所有尺寸数据取自英制资料，并取整为最接近的英寸值。所给数据范围，较低值针对女性，较高值针对男性，两者的平均值则接近标准尺寸。

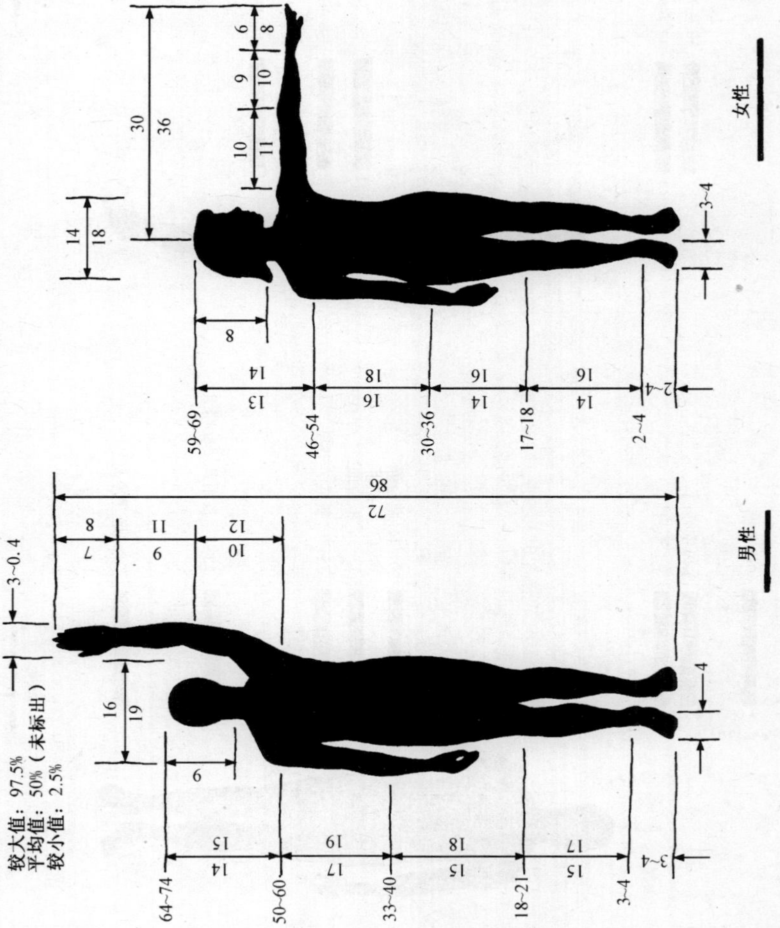

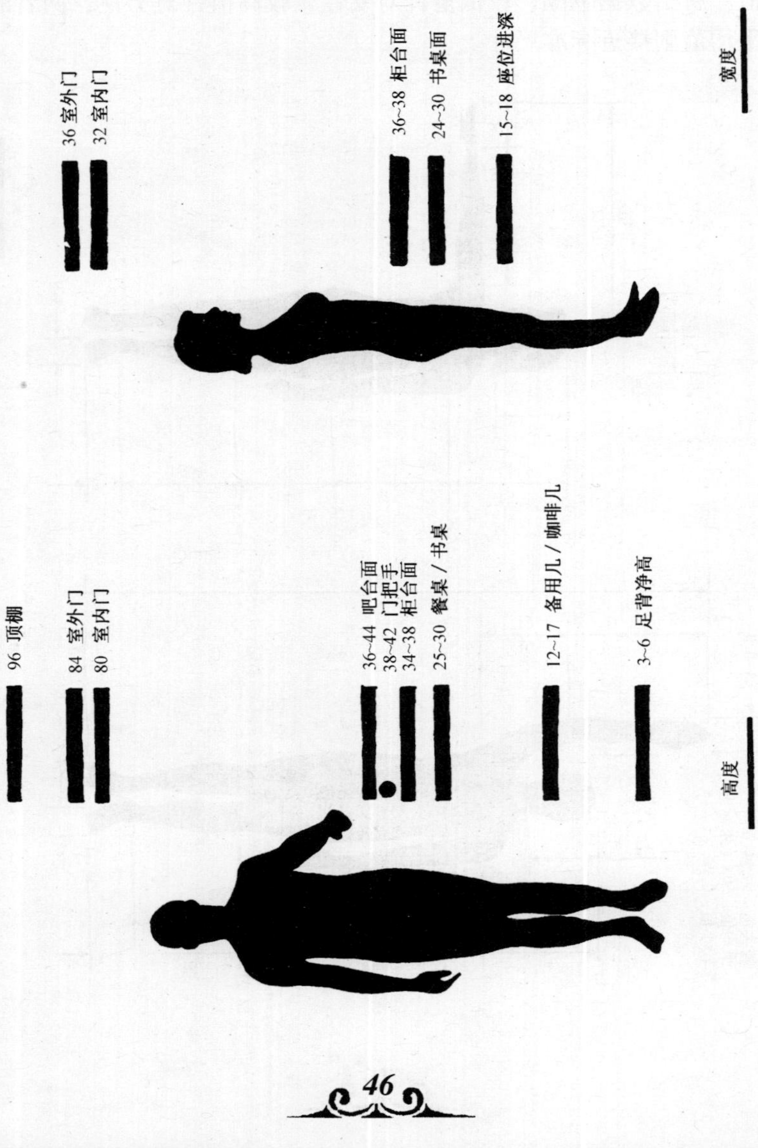
96 顶棚
84 室外门
80 室内门
36~44 吧台面
38~42 门把手
34~38 柜台面
25~30 餐桌 / 书桌
12~17 备用儿 / 咖啡儿
3~6 足背净高
高度
36 室外门
32 室内门
36~38 柜台面
24~30 书桌面
15~18 座位进深
宽度

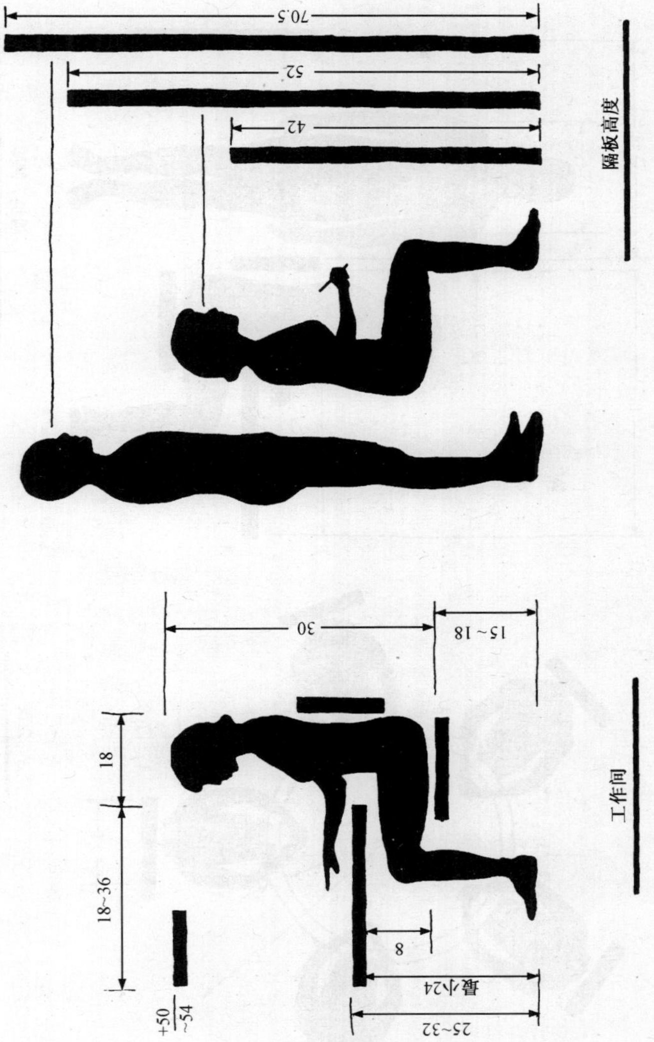
70.5
52
42
隔板高度
30
15～18
18
18~36
8
最小24
25~32
+50
~54
工作间

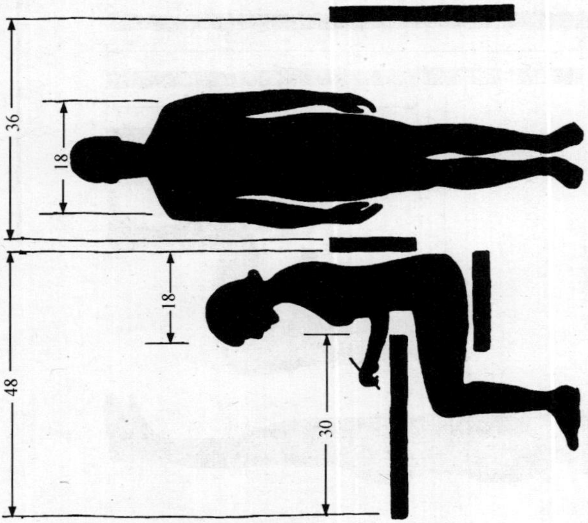

通道 / 间隙

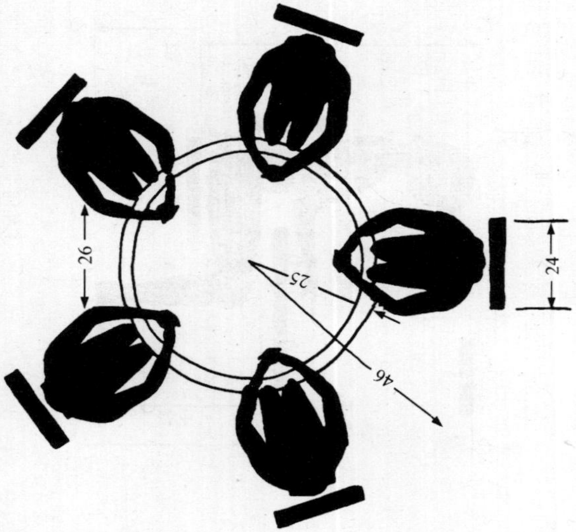

会议

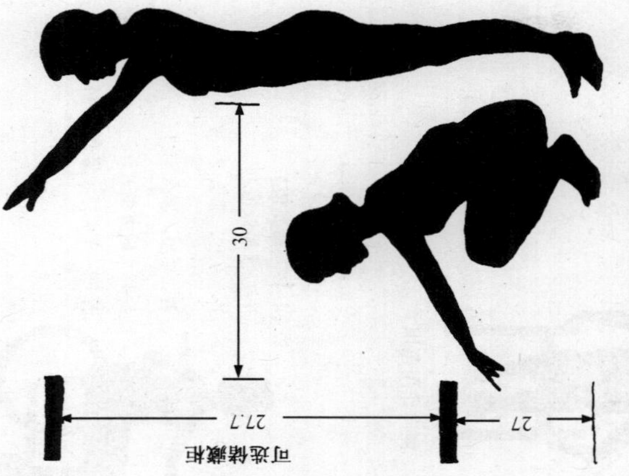

柜台上/下有效作用范围

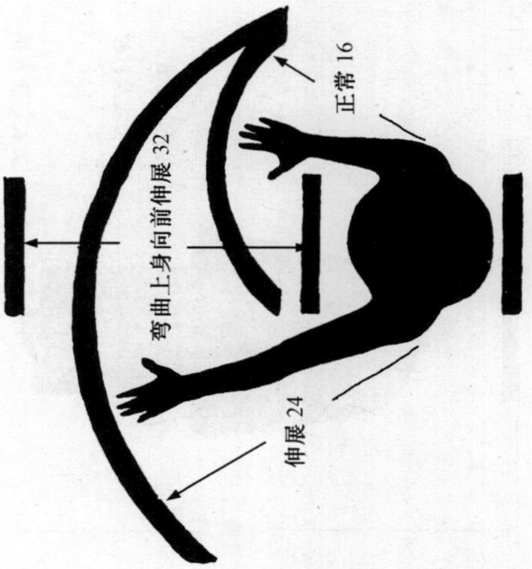

有效作用范围

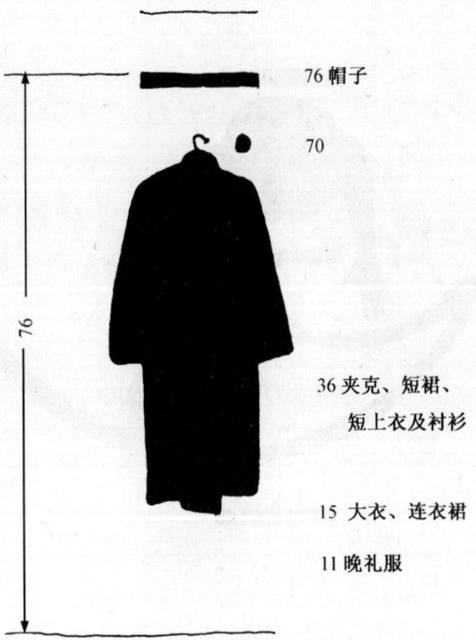

衣柜

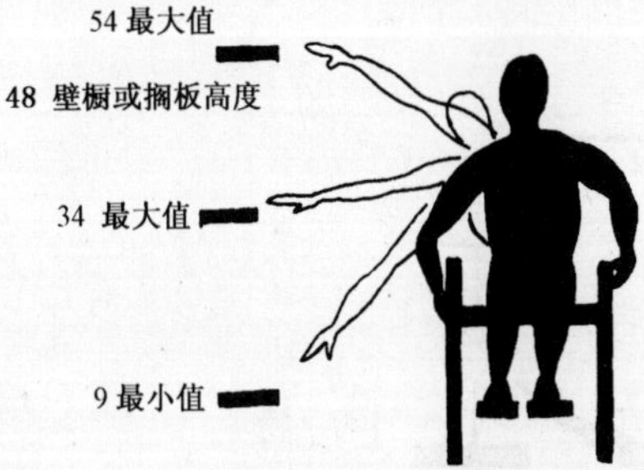

侧向作用范围

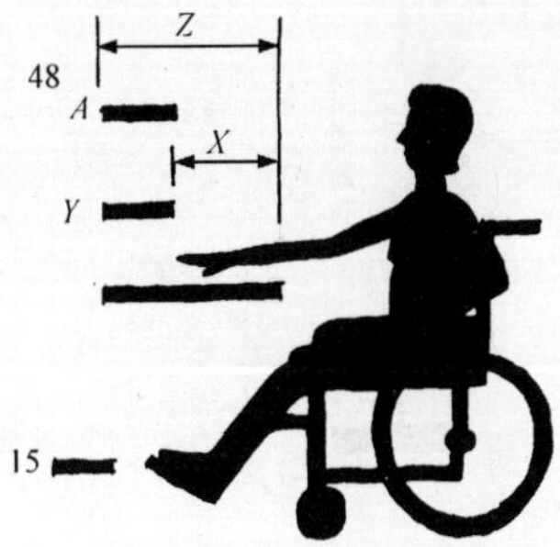

向前作用范围
轮椅（ADA）

搁板之上

（书桌边）

A=48（最高值）

B=15（最低值）

若 $X \leqslant 25$，那么 $Z \leqslant X$

若 $X < 20$，那么

Y=48（最大值）

若 $20 < X < 25$，那么 Y=44

典型高度

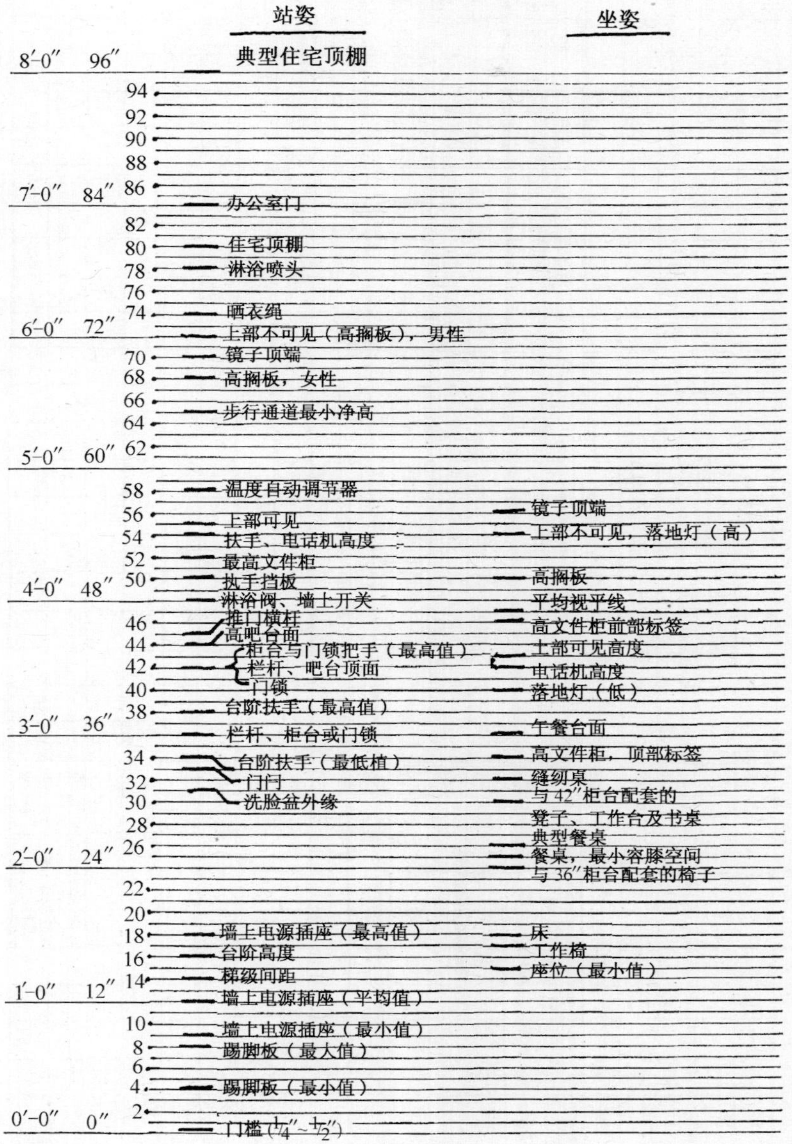
站姿
坐姿
8′-0″ 96″
典型住宅顶棚
94
92
90
88
7′-0″ 84″ 86
办公室门
82
80 住宅顶棚
78 淋浴喷头
76
74 晒衣绳
6′-0″ 72″
上部不可见（高搁板），男性
70 镜子顶端
68 高搁板，女性
66 步行通道最小净高
64
5′-0″ 60″ 62
58 温度自动调节器
56 上部可见
54 扶手、电话机高度
52 最高文件柜
4′-0″ 48″ 50 执手挡板
淋浴阀、墙上开关
46 推门横杆
44 高吧台面
42 柜台与门锁把手（最高值）
栏杆、吧台顶面
40 门锁
38 台阶扶手（最高值）
3′-0″ 36″
栏杆、柜台或门锁
34 台阶扶手（最低值）
32 门闩
30 洗脸盆外缘
28
2′-0″ 24″ 26
22
20
18 墙上电源插座（最高值）
16 台阶高度
14 梯级间距
1′-0″ 12″
墙上电源插座（平均值）
10 墙上电源插座（最小值）
8 踢脚板（最大值）
6
4 踢脚板（最小值）
0′-0″ 0″ 2
门槛（1/4″~1/2″）
镜子顶端
上部不可见，落地灯（高）
高搁板
平均视平线
高文件柜前部标签
上部可见高度
电话机高度
落地灯（低）
午餐台面
高文件柜，顶部标签
缝纫桌
与42″柜台配套的
凳子、工作台及书桌
典型餐桌
餐桌，最小容膝空间
与36″柜台配套的椅子
床
工作椅
座位（最小值）

记事

G. 空间布局

1. 概述

a. 有趣的是，尽管有那么多建筑类型，室内设计师能真正参与的“空间类型”却很少。室内设计师参与建筑设计（房间与房间或空间与空间的关系、房间/空间的大小）的可能性很小，尽管也有例外，比如办公室的T. I. 设计。通常，他们只接手一个房间（空间）的设计，并须在给定条件下进行空间设计或家具布置，但愿这一给定条件能容纳足够的房间。

b. 本节将讨论室内设计师可能涉及的主要建筑类型内的常用空间，它们普遍存在于各类建筑中。通常，建筑的主要功能决定了其整体布局（室内设计师并不涉及该工作），但建筑内部的辅助功能却需要室内设计师的参与。例如，消防站的设计主要取决于它的装备（消防车）及设备的储存空间，但消防站内还应有各种辅助空间（接待、办公、生活、厕所、卧室、就餐及厨房），这些空间的设计就可能需要室内设计师的帮助。这是一种常见的状况。但也会有例外，如单身住宅或办公空间的设计，设计师有可能参与所有房间或空间的设计。

c. 本节包括以下空间类型

（11）储存，第 126 页。

2. 起居室/等候室

a. 概述

空间布局必须考虑：地面与墙面应如何满足家具组合、窗户位置及由活动中心通往各独立分区的交通路线的要求。原则上不应有“过室交通”。如果这种交通方式必须存在，那么应将其安排在尽端，并与尽端房间的其余部分相接。在社会活动中，人们喜欢以小组团方式聚会。理想的会谈区相对较小，直径约 10 英尺。

b. 整体布局

（1）住宅内的起居室：可以利用下列布局来进行总体设计（也可参见第 362 页的“休息室/门廊/起居室家具”）。

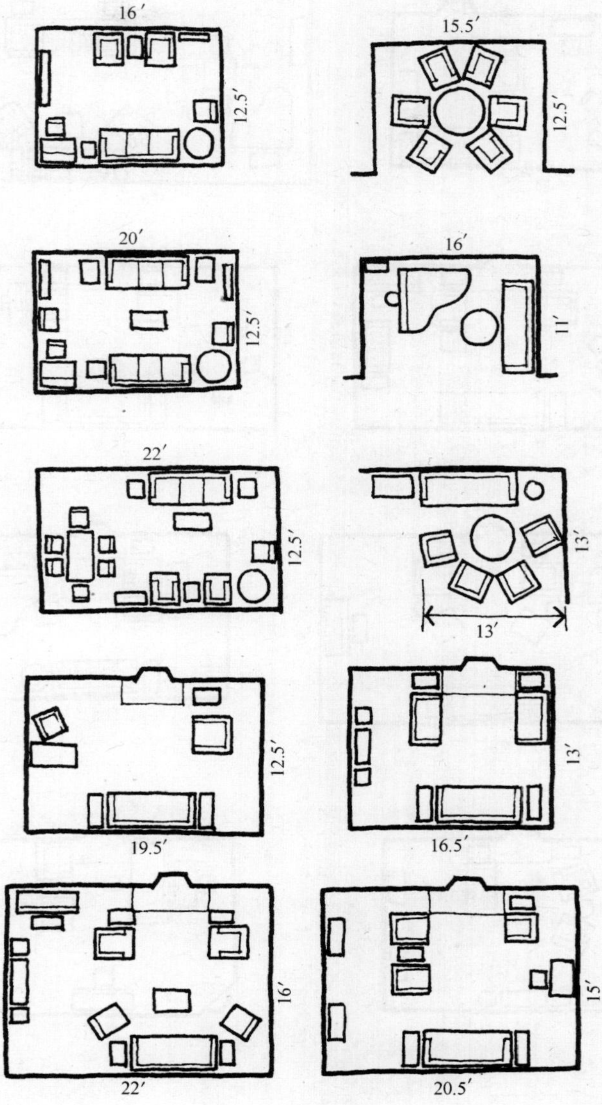
16′
12.5′
15.5′
12.5′
20′
12.5′
16′
11′
22′
12.5′
13′
13′
12.5′
19.5′
13′
16.5′
16′
22′
15′
20.5′

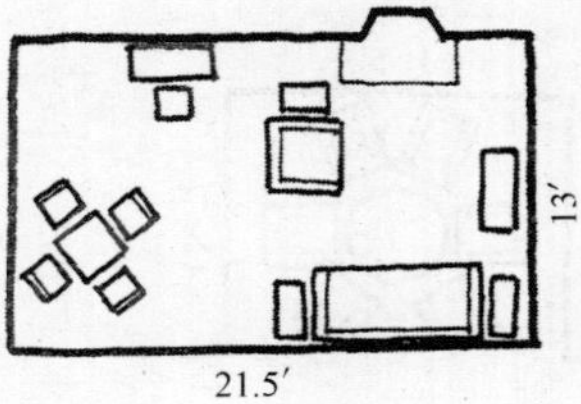
13′
21.5′

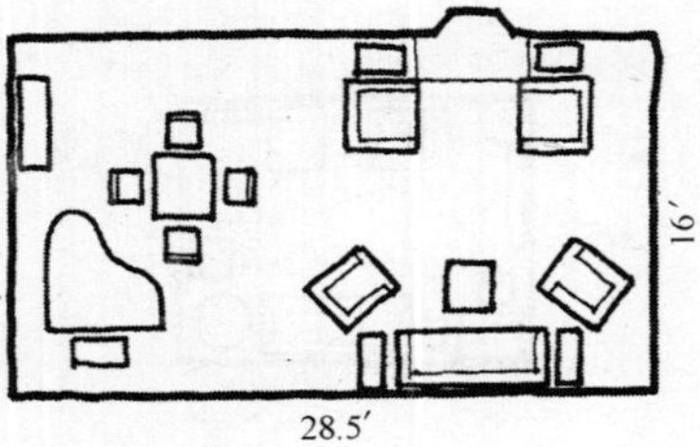
16′
28.5′

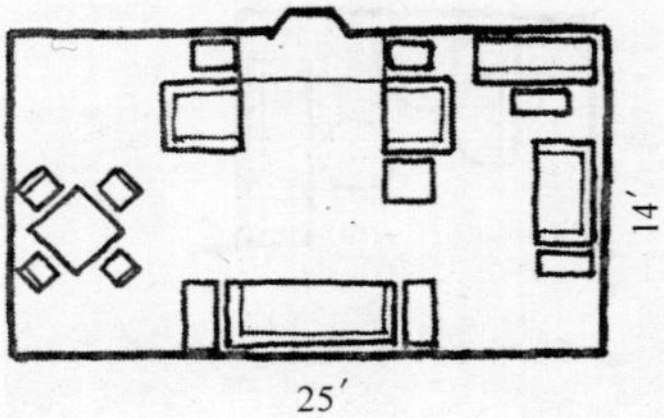
14′
25′

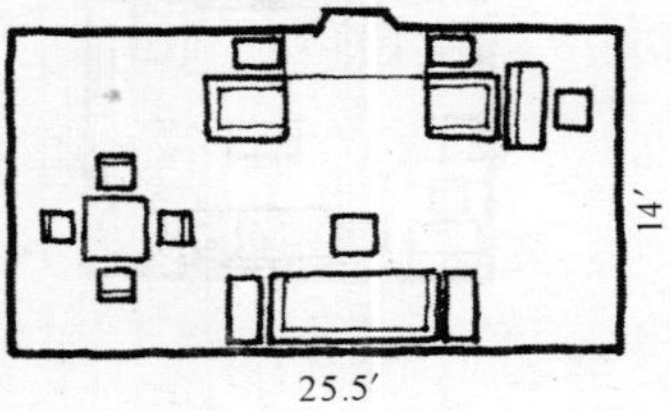
14′
25.5′

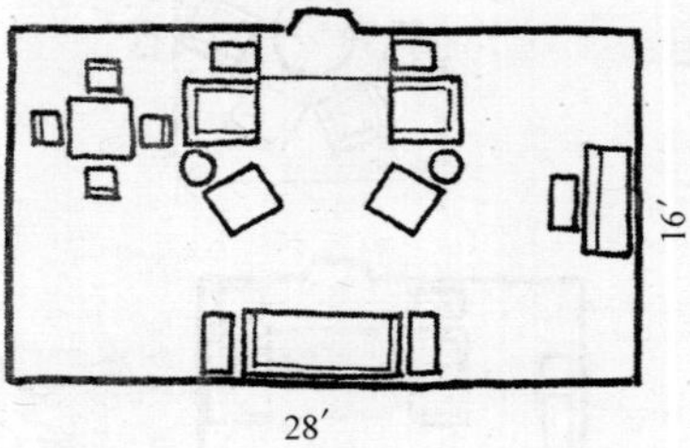
16′
28′

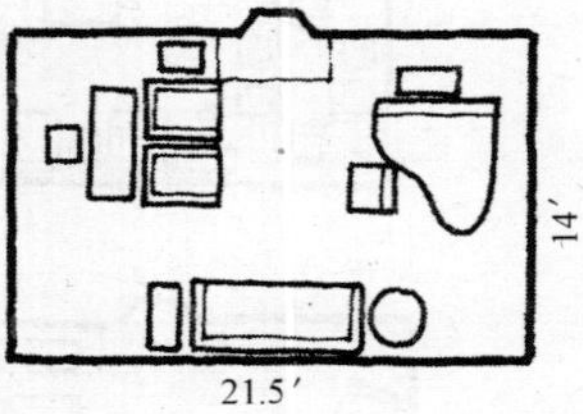
14′
21.5′

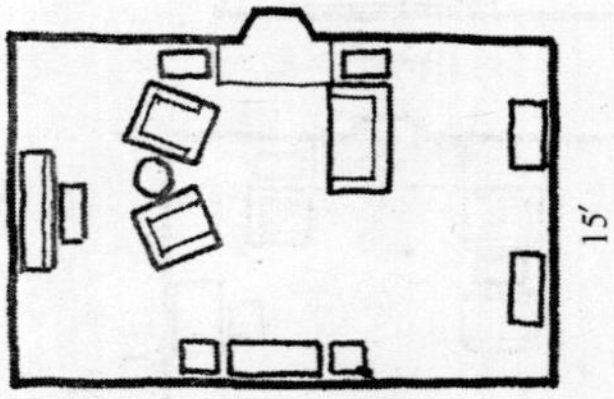
15′
23′

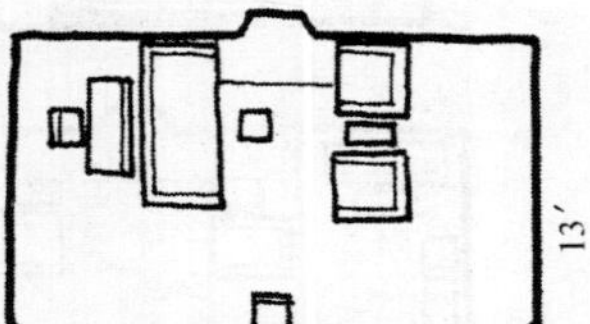
13′
21.5′

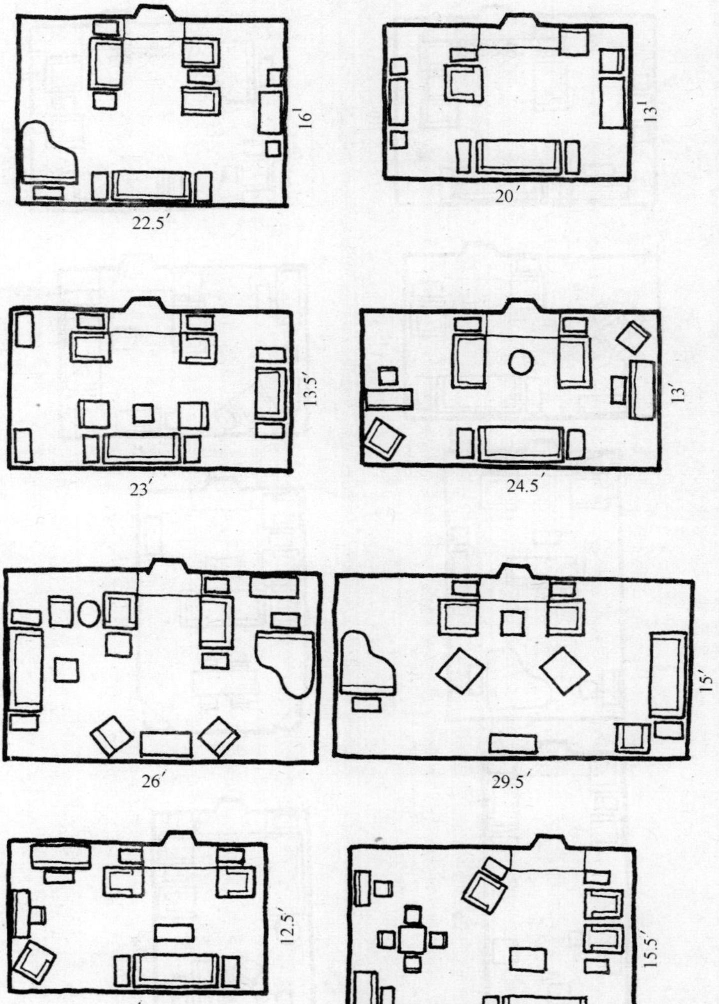
16′
22.5′
13′
20′
13.5′
23′
13′
24.5′
16′
26′
15′
29.5′
12.5′
22′
15.5′
23.5′

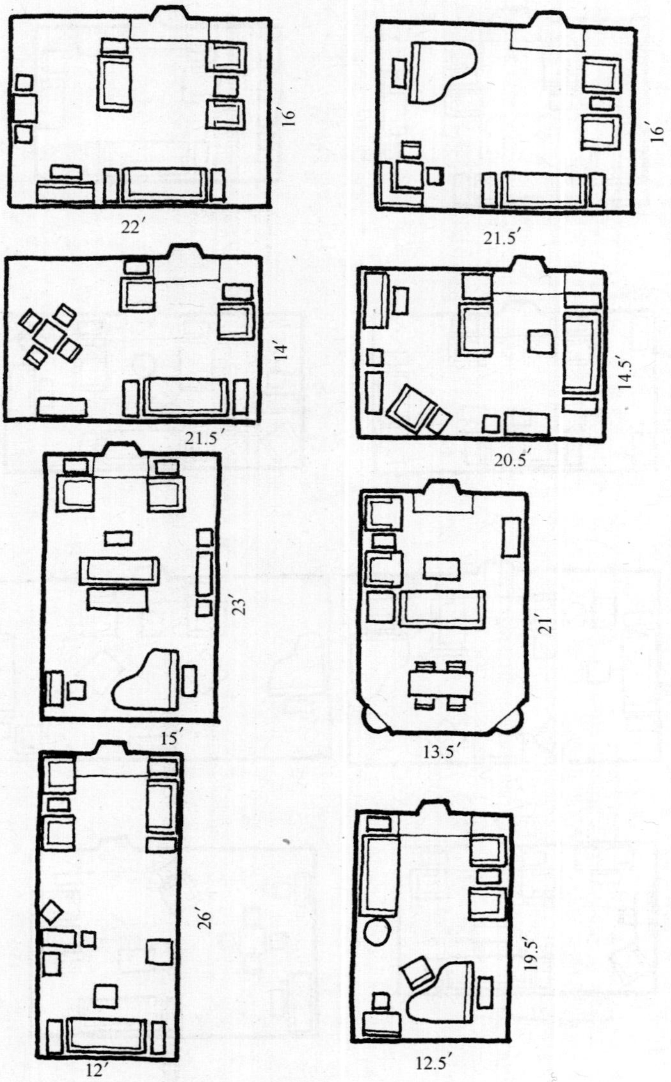
16′
22′
16′
21.5′
14′
21.5′
14.5′
20.5′
23′
15′
21′
13.5′
26′
12′
19.5′
12.5′

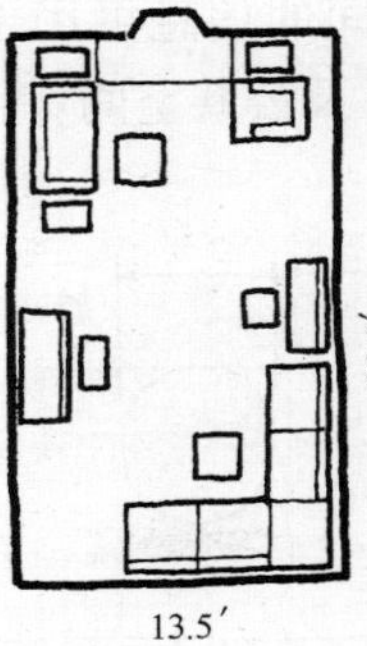
23.5′
13.5′

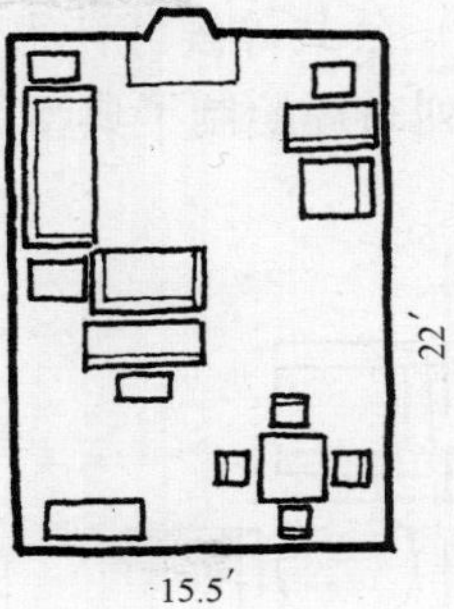
22′
15.5′

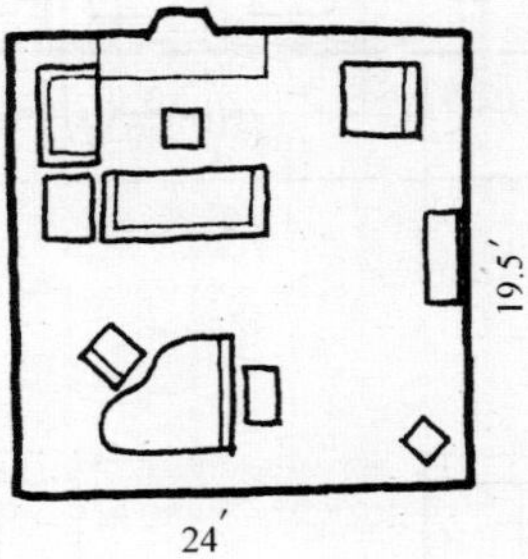
19.5′
24′

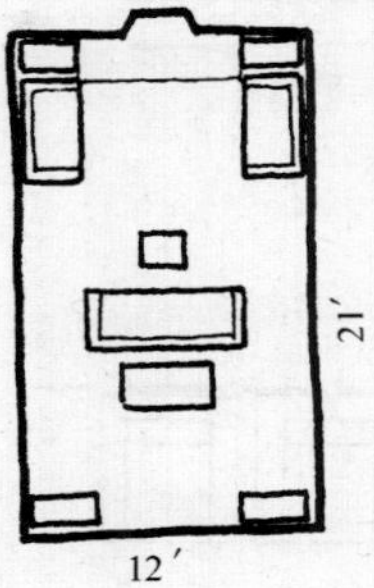
21′
12′

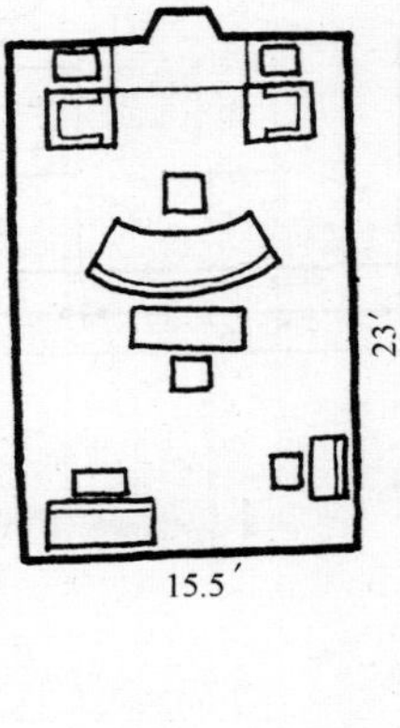
23′
15.5′

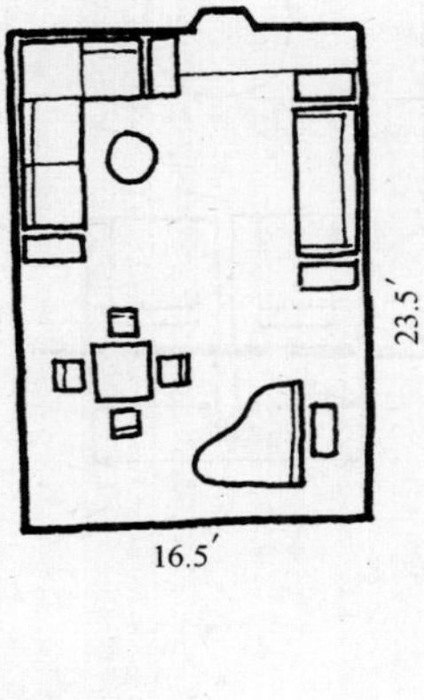
23.5′
16.5′

（2）公共等候区：很多住宅起居空间的信息可用于公共空间。下列布局绘制了典型的办公室等候区及公共空间。

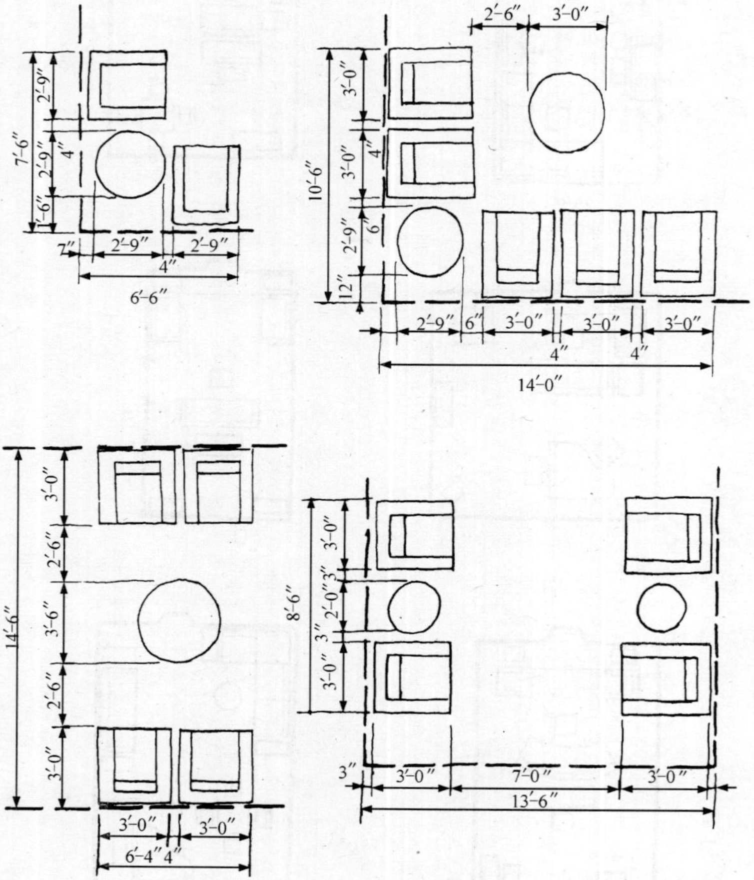

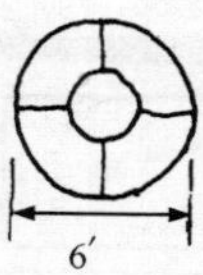

4 人座

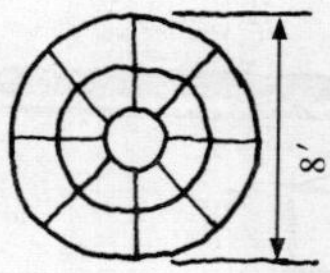

8 人座

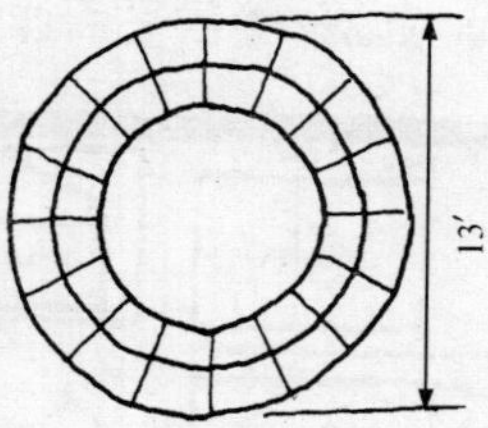

16 人座

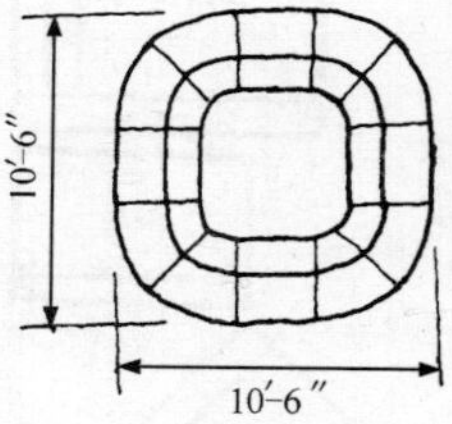

12 人座

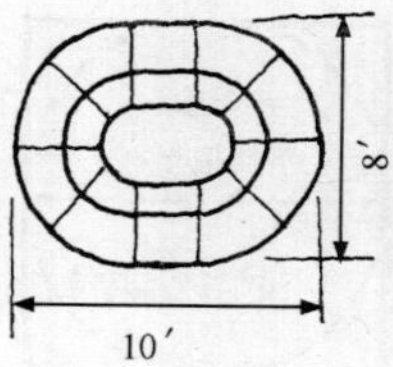

10 人座

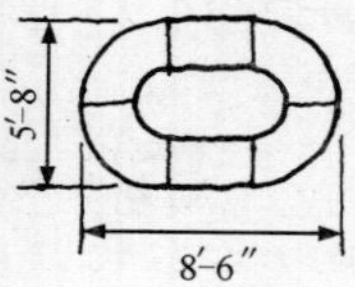

6 人座

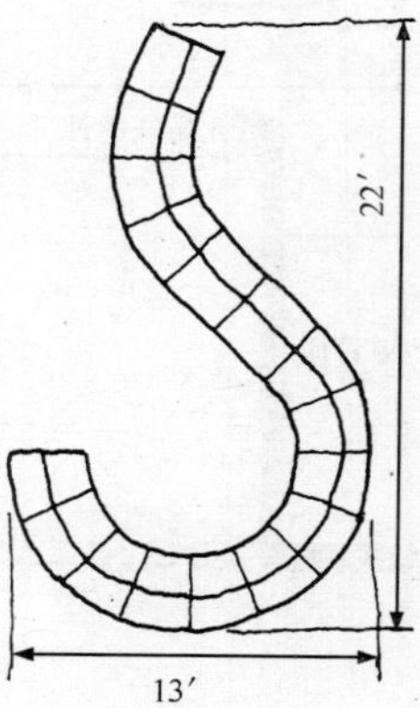

16 人座

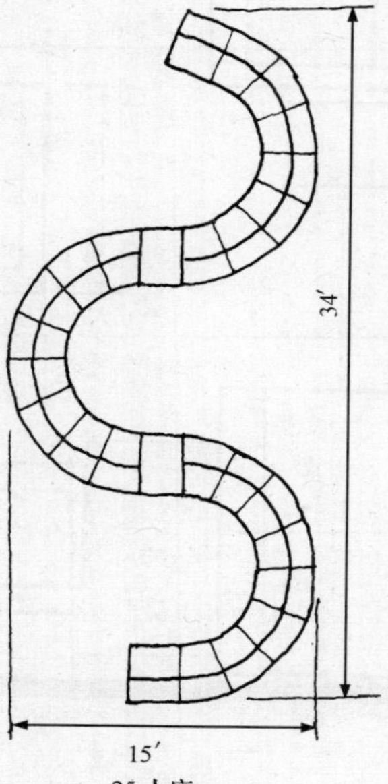

25 人座

c. 起居/等候平面详图

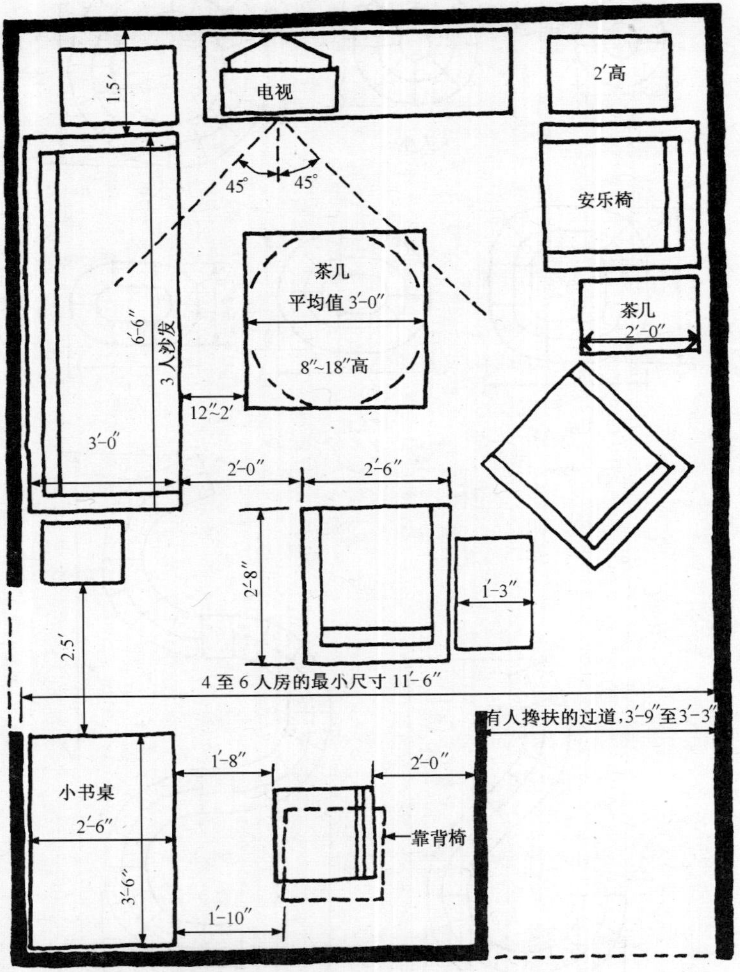

1.5′
电视
2′高
45°
45°
安乐椅
茶几
平均值 3′-0″
茶几
2′-0″
6′-6″
3 人沙发
8″~18″高
12″~2′
3′-0″
2′-0″
2′-6″
2′-8″
1′-3″
2.5′
4 至 6 人房的最小尺寸 11′-6″
有人搀扶的过道，3′-9″至 3′-3″
1′-8″
2′-0″
小书桌
2′-6″
靠背椅
3′-6″
1′-10″

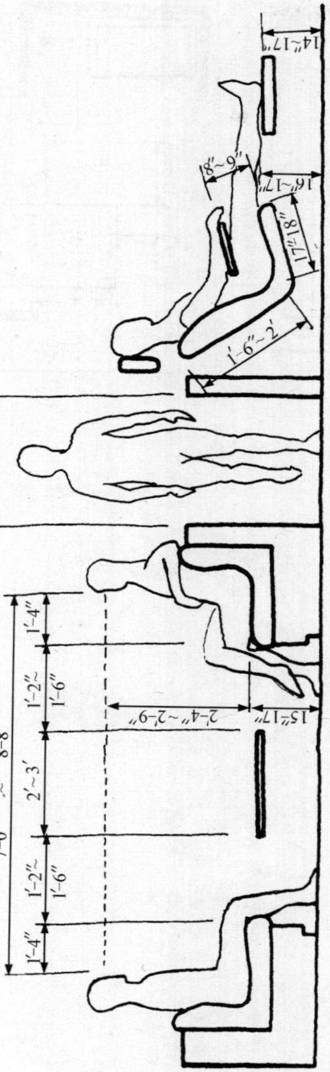

14"~17"
8"~9"
16"~17"
17"~18"
1'-6"~2'
2'-6"~3'
1'-4"
1'-2"~1'-6"
2'-4"~2'-9"
15"~17"
2'~3'
1'-2"~1'-6"
1'-4"
7'-0" ~ 8'-8"

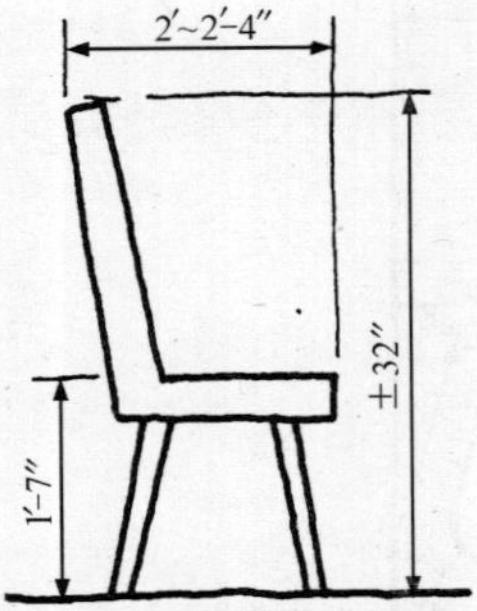

典型座椅尺寸

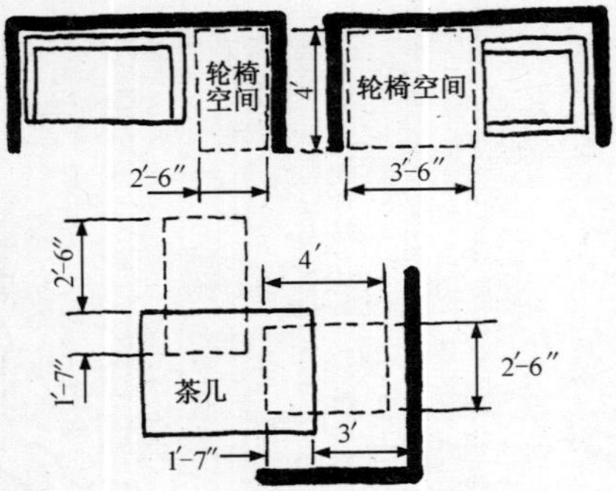

ADA 无障碍座位要求

d. 家具样板

下列家具样板的比例为1/4″:1′10″。可用于设计起居/等侯空间的布局。单位：英寸。

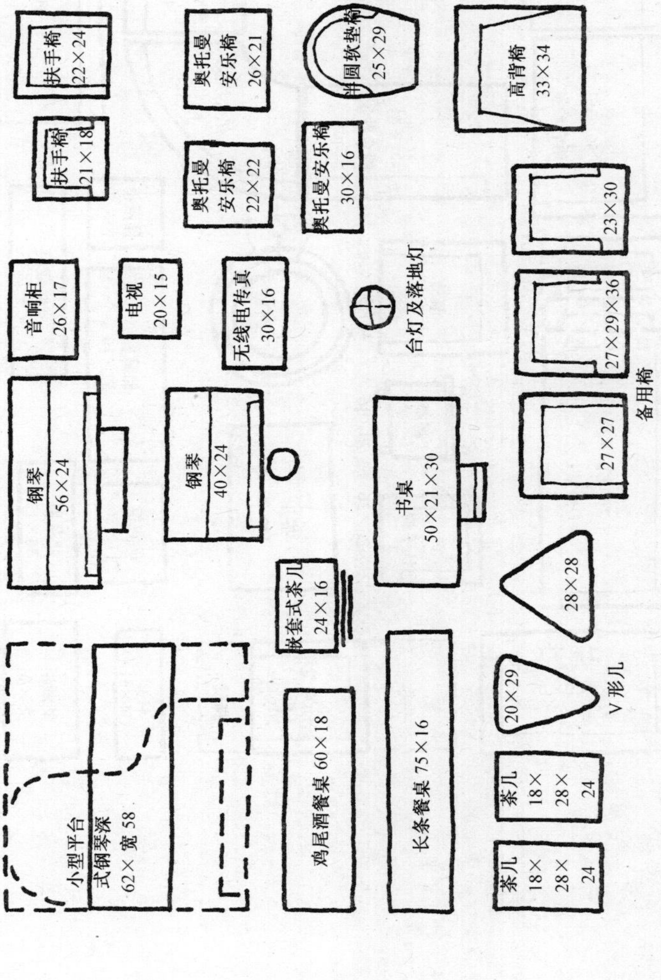

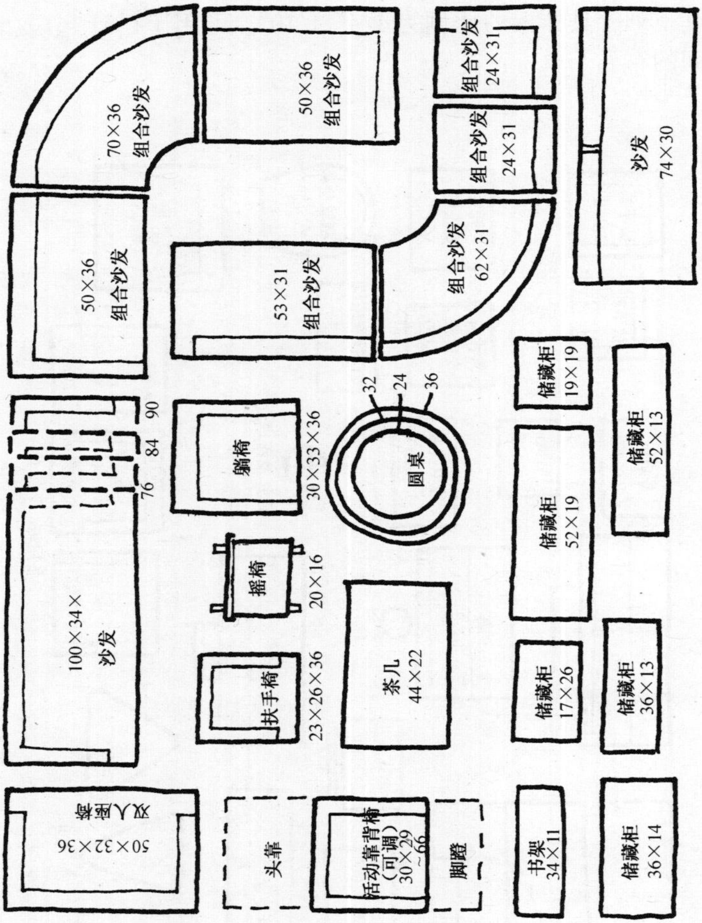
70×36
组合沙发
50×36
组合沙发
组合沙发
24×31
组合沙发
24×31
沙发
74×30
50×36
组合沙发
53×31
组合沙发
组合沙发
62×31
储藏柜
19×19
储藏柜
52×13
32
24
36
圆桌
躺椅
30×33×36
90
84
76
储藏柜
52×19
摇椅
20×16
100×34×
沙发
扶手椅
23×26×36
茶几
44×22
储藏柜
17×26
储藏柜
36×13
双人座椅
50×32×36
头靠
活动靠背椅
（可调）
30×29
~66
脚蹬
书架
34×11
储藏柜
36×14

3. 卧室/睡觉

a. 整体布局。参见第374页的“卧室家具”。

利用以下布局进行总体设计。

（1）住宅卧室布局

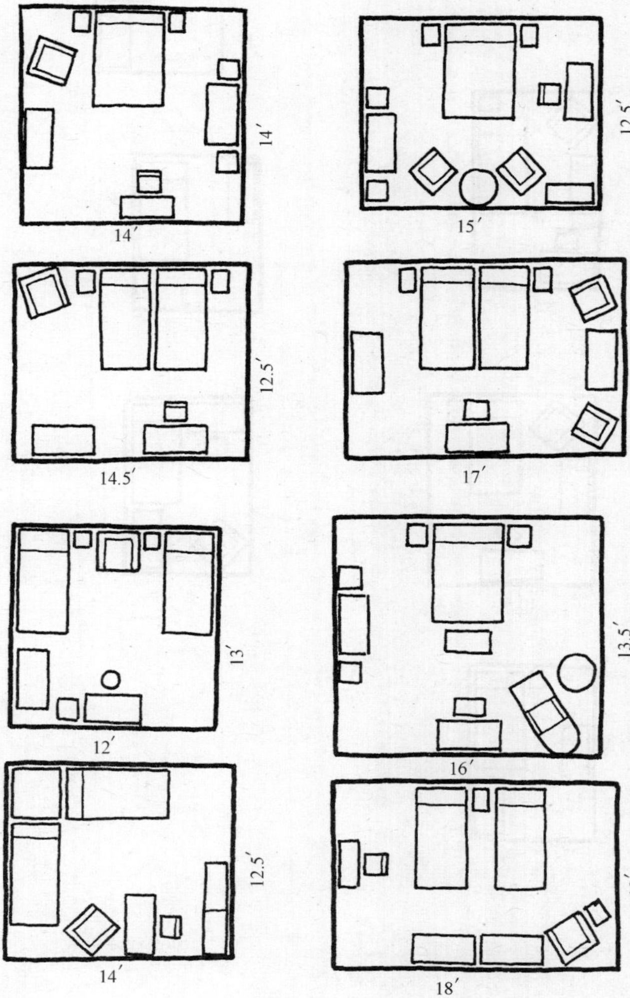

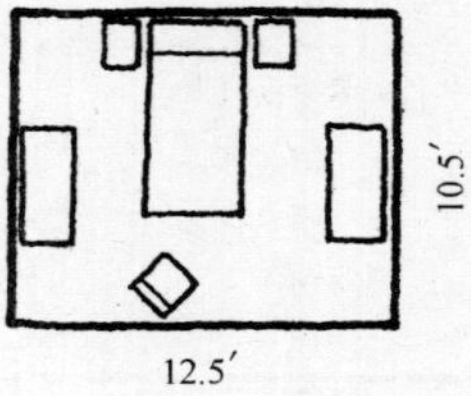
10.5′
12.5′

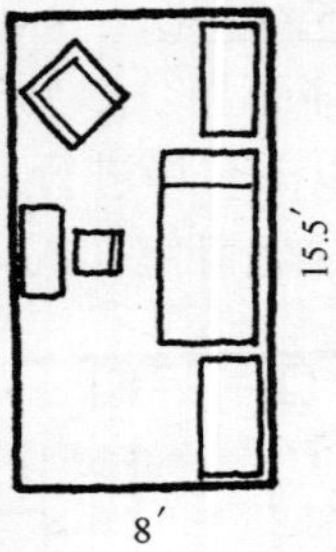
15.5′
8′

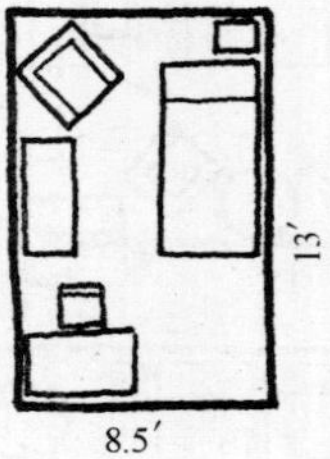
13′
8.5′

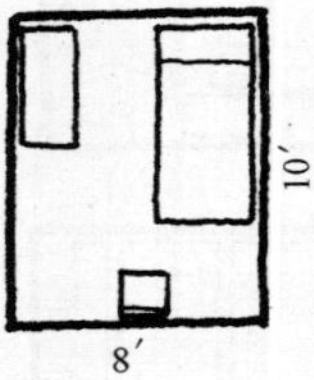
10′
8′

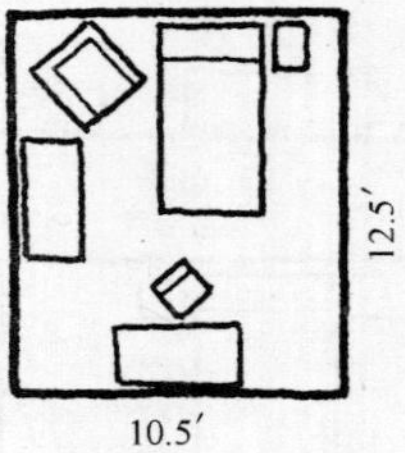
12.5′
10.5′

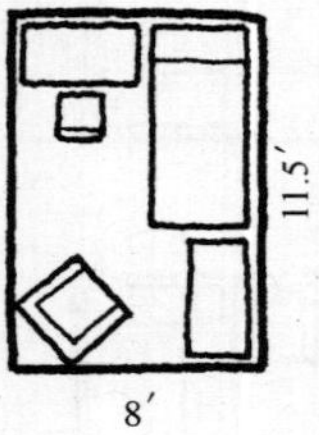
11.5′
8′

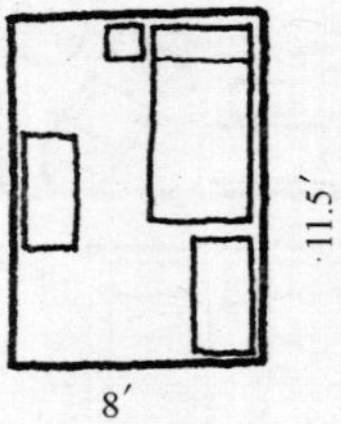
11.5′
8′

（2）酒店客房布局

盥洗室（B）布局，见第89页。

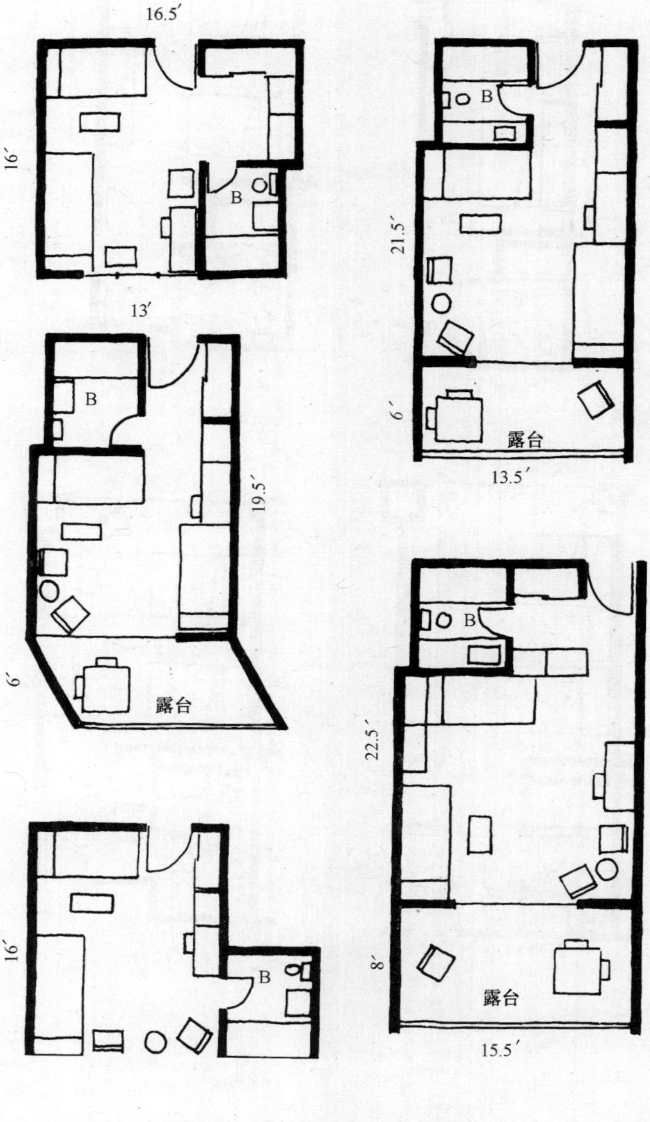

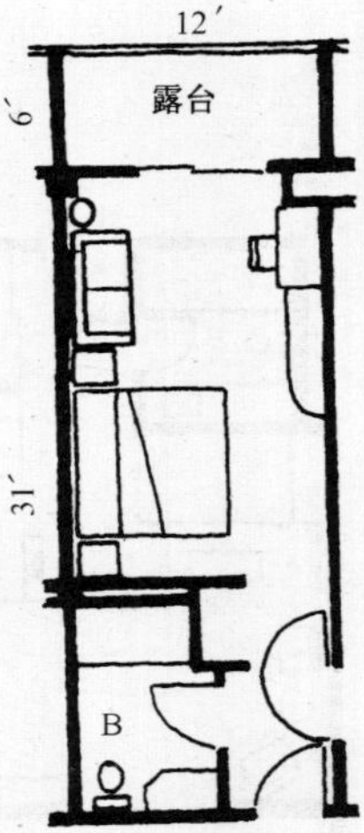

开间 12′

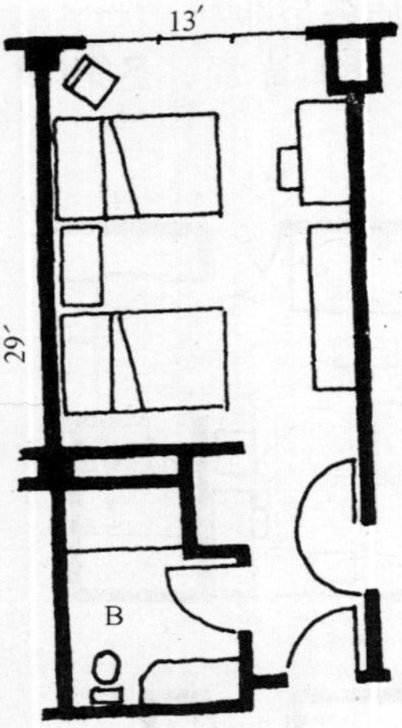

开间 13′

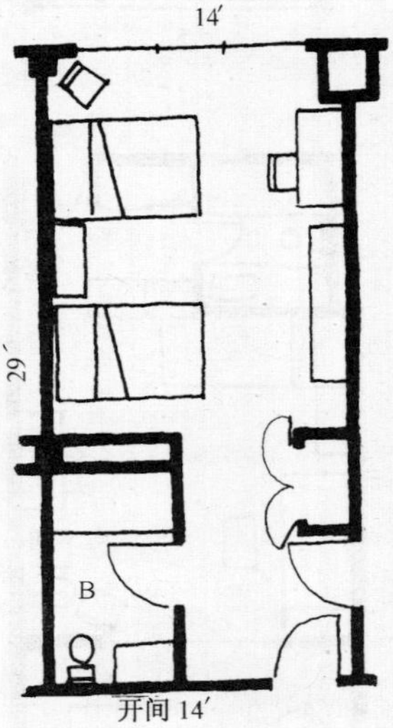

开间 14′

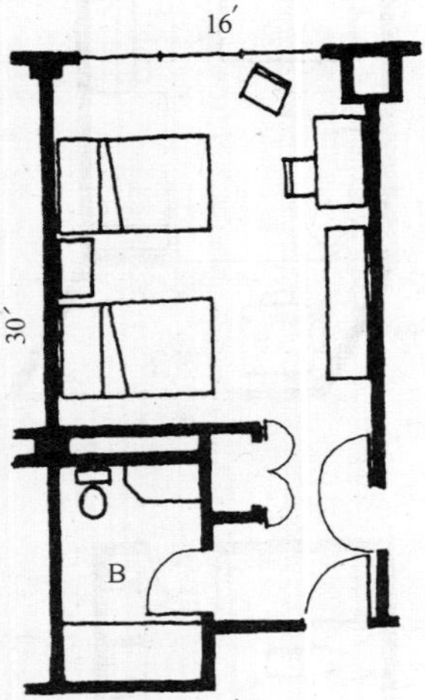

开间 16′

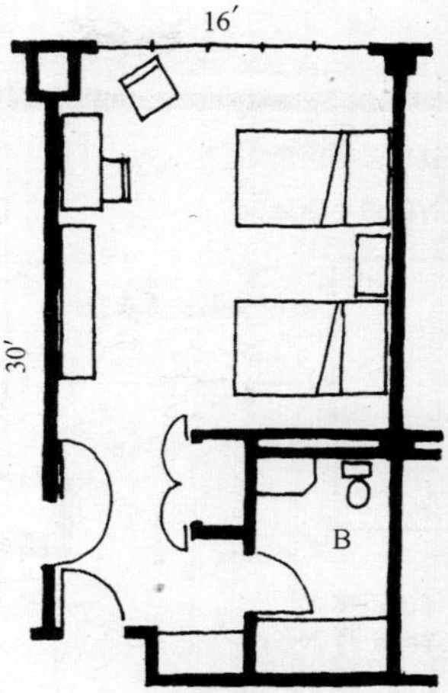

开间 16′

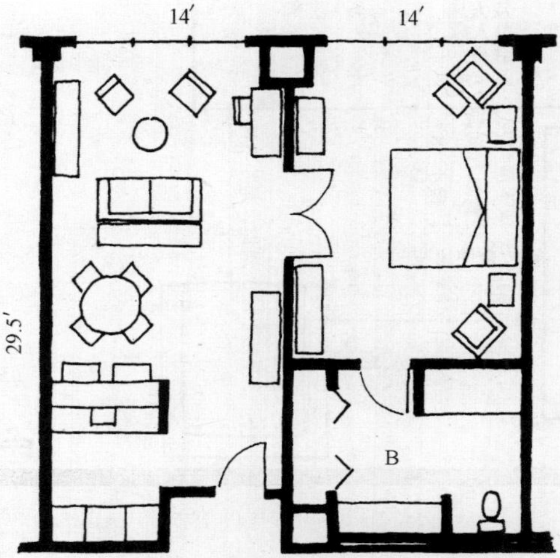

开间 14′的套房

b. 平面详图

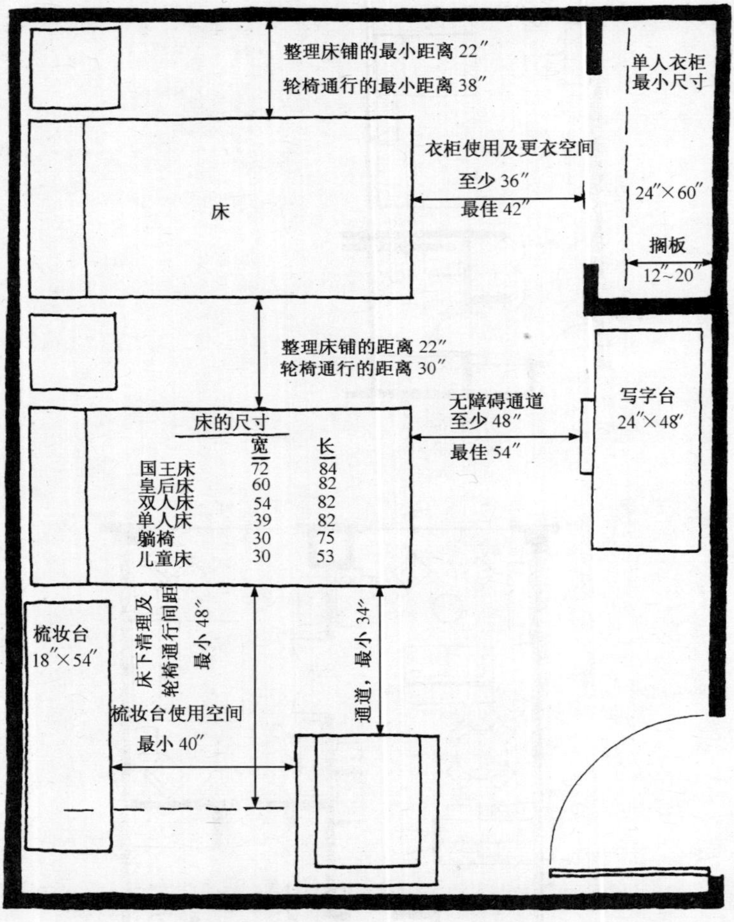
整理床铺的最小距离 22″
轮椅通行的最小距离 38″
单人衣柜
最小尺寸
衣柜使用及更衣空间
至少 36″
最佳 42″
床
24″×60″
搁板
12″~20″
整理床铺的距离 22″
轮椅通行的距离 30″
无障碍通道
至少 48″
最佳 54″
写字台
24″×48″
床的尺寸
宽 长
国王床 72 84
皇后床 60 82
双人床 54 82
单人床 39 82
躺椅 30 75
儿童床 30 53
梳妆台
18″×54″
床下清理及
轮椅通行间距
最小 48″
通道，最小 34″
梳妆台使用空间
最小 40″

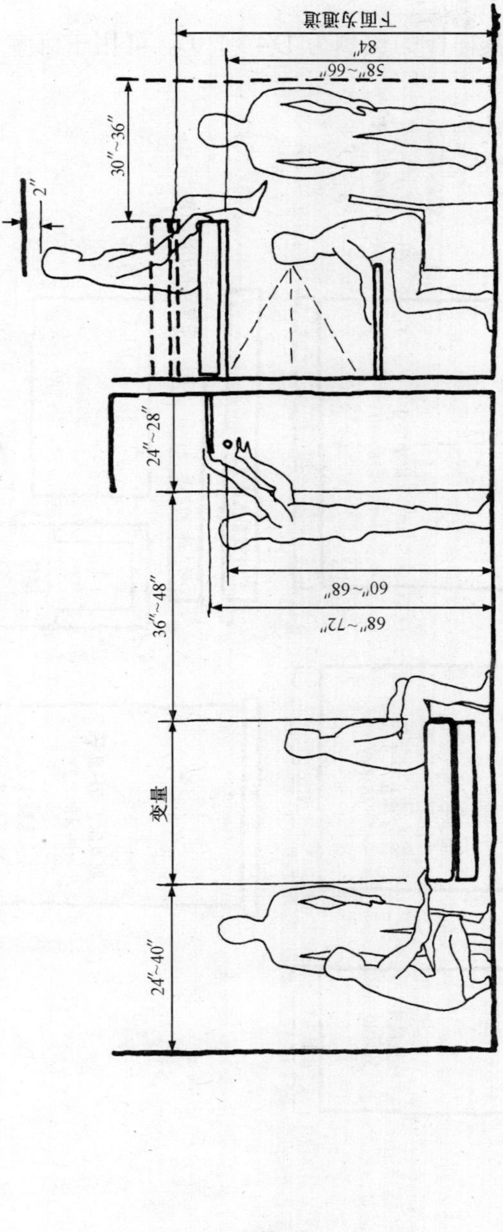
下面为通道
84"
58"~66"
30"~36"
2"
24"~28"
36"~48"
60"~68"
68"~72"
变量
24"~40"

c. 卧室样板

下列家具样板的比例为 1/4″: 1′0″。可用于卧室（睡觉区）的设计。

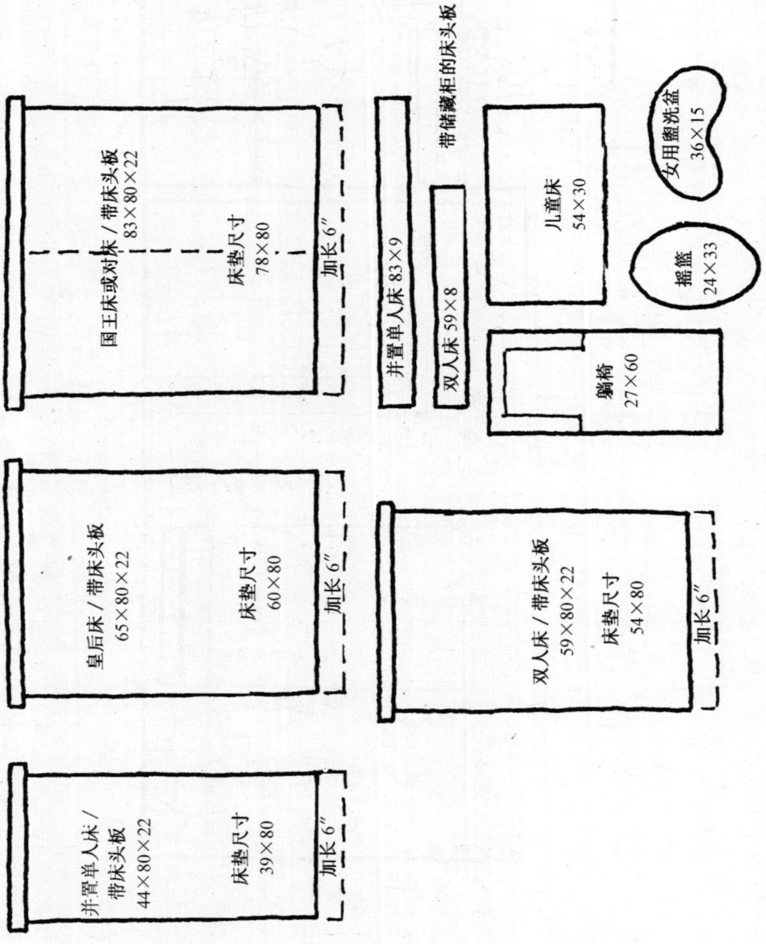

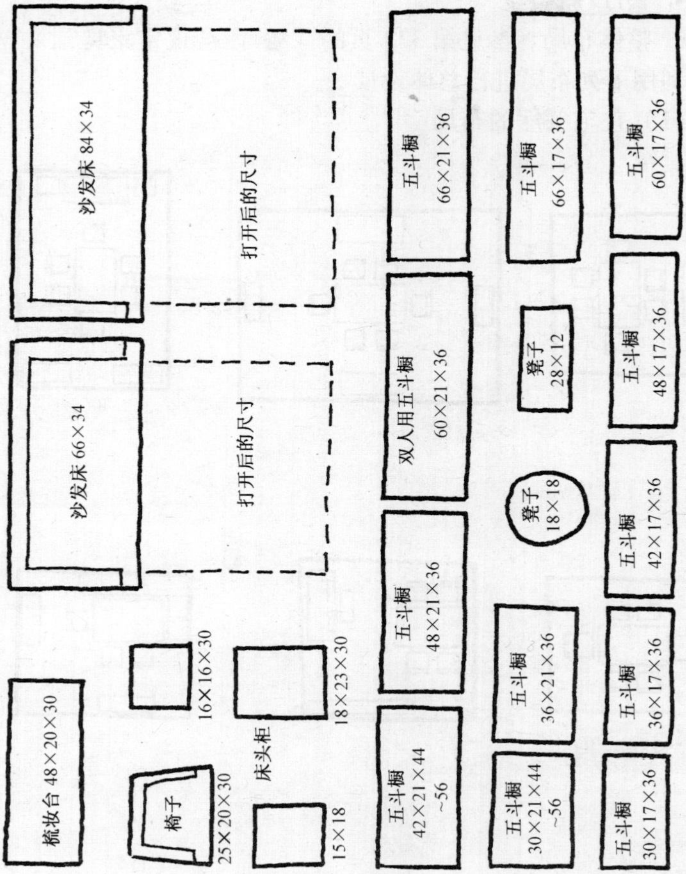
沙发床 84×34
打开后的尺寸
沙发床 66×34
打开后的尺寸
五斗橱 66×21×36
双人用五斗橱 60×21×36
五斗橱 48×21×36
五斗橱 42×21×44 ~56
五斗橱 66×17×36
凳子 28×12
凳子 18×18
五斗橱 36×21×36
五斗橱 30×21×44 ~56
五斗橱 60×17×36
五斗橱 48×17×36
五斗橱 42×17×36
五斗橱 36×17×36
五斗橱 30×17×36
梳妆台 48×20×30
椅子
25×20×30
16×16×30
床头柜
18×23×30
15×18

4. 餐厅/就餐

a. 整体布局。参见第 372 页的“餐厅/会议室家具”。利用下列布局进行总体设计

(1) 住宅餐厅的布局

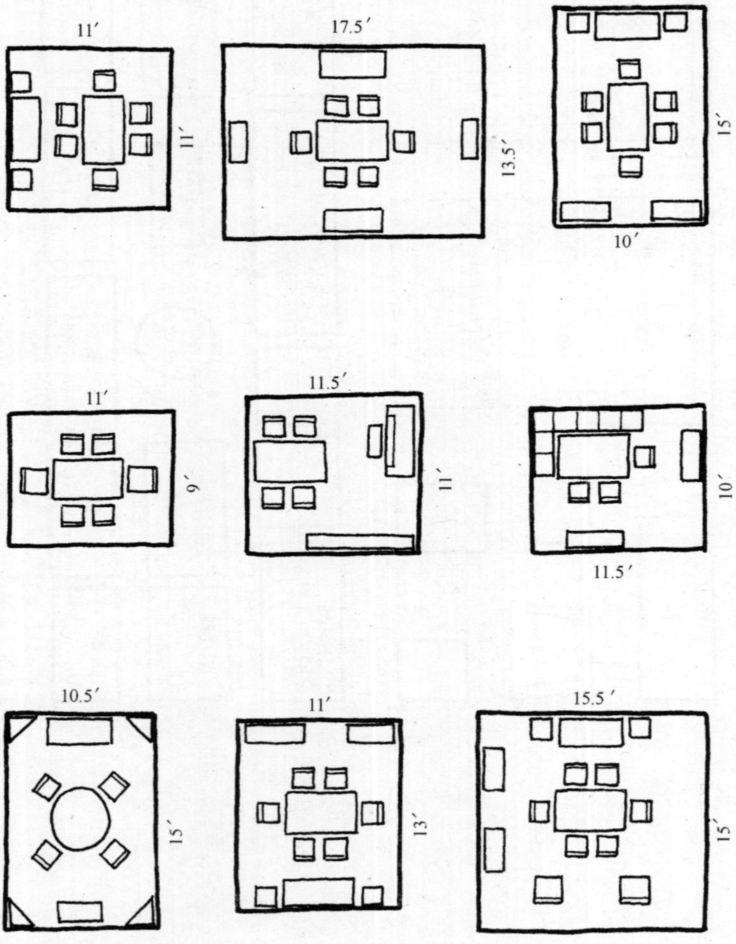

（2）餐馆的布置

餐馆内通常包括：

（a）普通公共空间（等候区及卫生间）；

（b）就餐区；

（c）厨房。

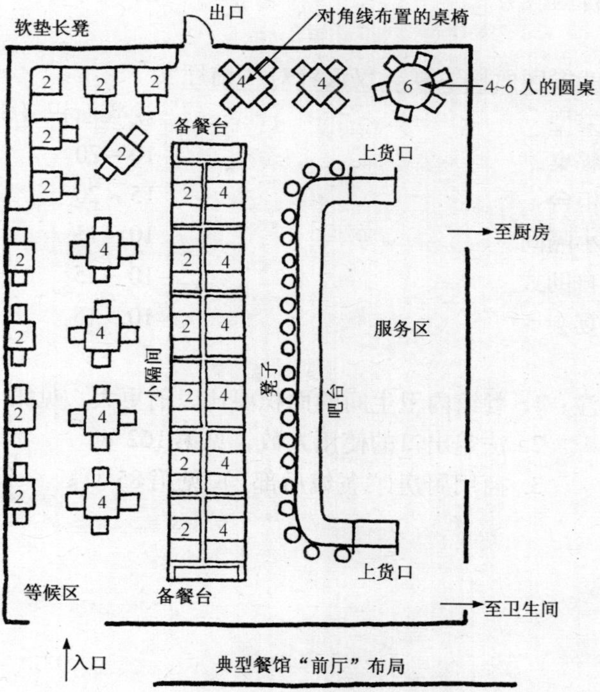

典型餐馆“前厅”布局

餐馆建筑总面积估算

操作类型	面积（SF/座）
餐桌服务	25～35
柜台服务	20～25
小隔间服务	20～30
自助服务	20～30

就餐区面积估算（仅仅针对“前厅”）

类型	就餐面积（SF/座）
餐桌	10～20
柜台	15～20
小隔间	10～15
自助式	10～15
宴会	10～15

注：1. 餐馆内卫生间的面积要比以前更大。见第404页。
2. 法定出口的使用人数，见第162页。
3. 商用厨房(“餐馆后部”) 见第85页。

b. 详图

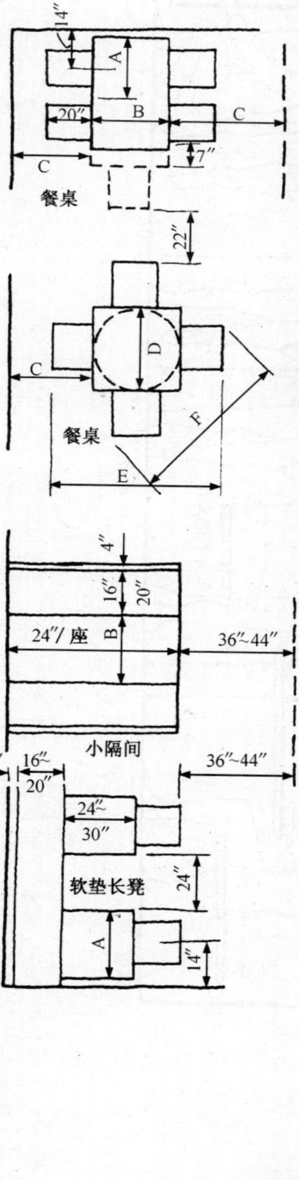

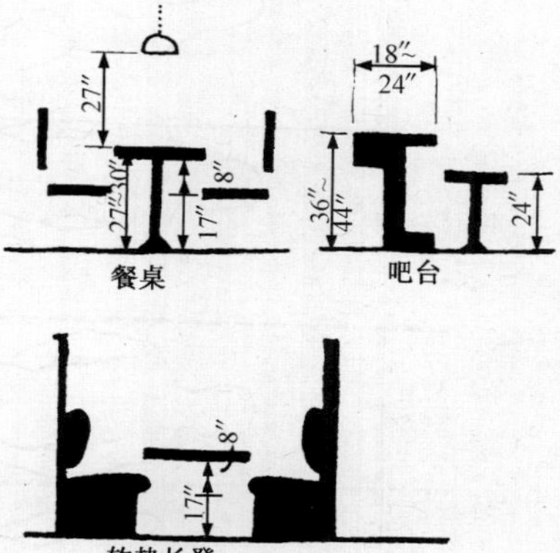

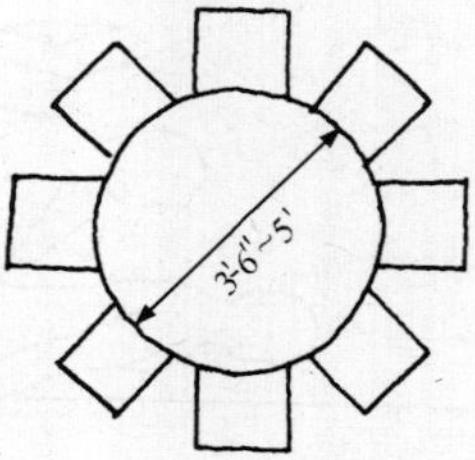

圆桌

标记	尺寸（英寸）最小值	平均值	宽敞	备注
A	24		30*	* 或为扶手椅
B	24	30	36	
C	36		44*	* 包括后部服务空间
D	30	34	42	48 适宜轮椅
				18 咖啡几
	48		60	5~6 人圆桌
E	66	70	78	
F	55	59	67	

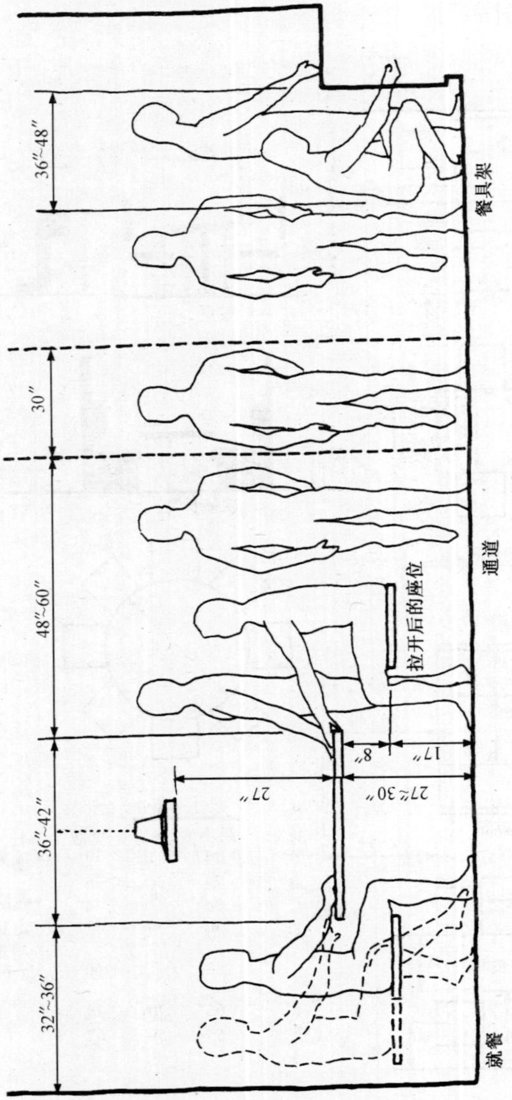

36"~48"
30"
48"~60"
36"~42"
32"~36"
27"
27"~30"
8"
17"
餐具架
通道
拉开后的座位
就餐

c. 餐厅样板

下列家具样板比例为1/4″: 1′0″。单位：英寸。可用于布置住宅的就餐区。

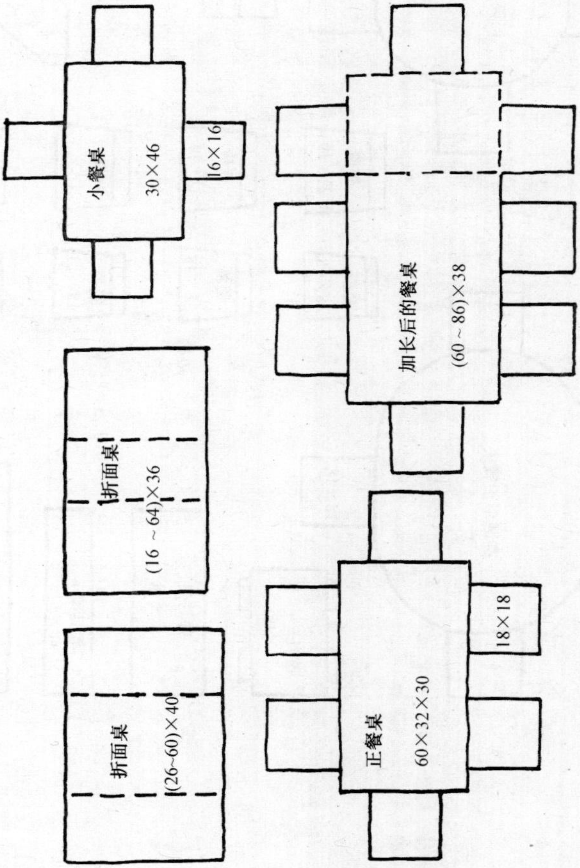

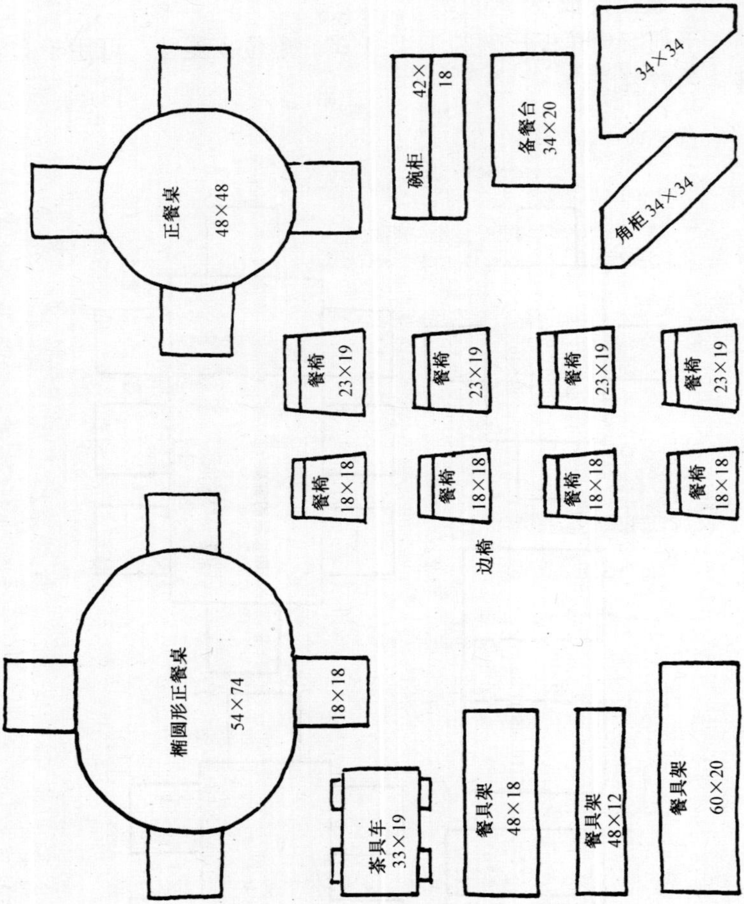
正餐桌
48×48
碗柜
42×
18
备餐台
34×20
34×34
角柜 34×34
餐椅
23×19
餐椅
23×19
餐椅
23×19
餐椅
23×19
餐椅
18×18
餐椅
18×18
餐椅
18×18
餐椅
18×18
边椅
椭圆形正餐桌
54×74
18×18
茶具车
33×19
餐具架
48×18
餐具架
48×12
餐具架
60×20

5. 厨房/烹饪

a. 整体布局

（1）住宅内的厨房

C = 炉灶面（煤气灶/烤箱）

D = 写字台

DR = 烘干机

DW = 洗碗机

F = 可折叠

I = 烫衣板

P = 餐具柜

R = 冰箱

S = 洗涤槽

T = 餐桌及椅子

TR = 垃圾桶

W = 洗衣机

WO = 墙内炉

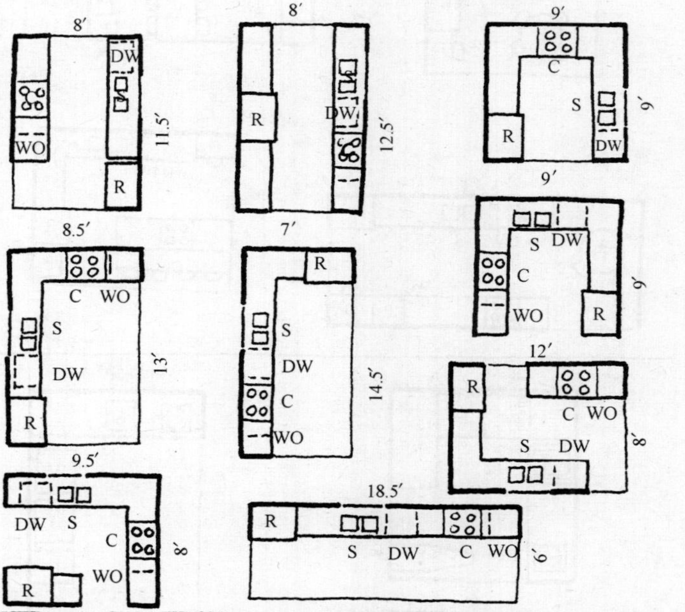

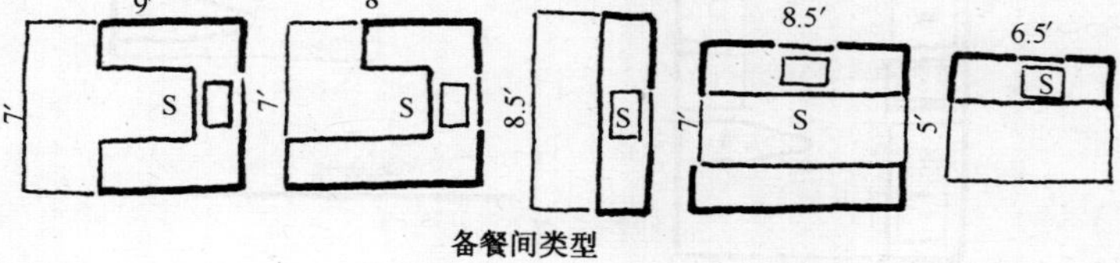

备餐间类型

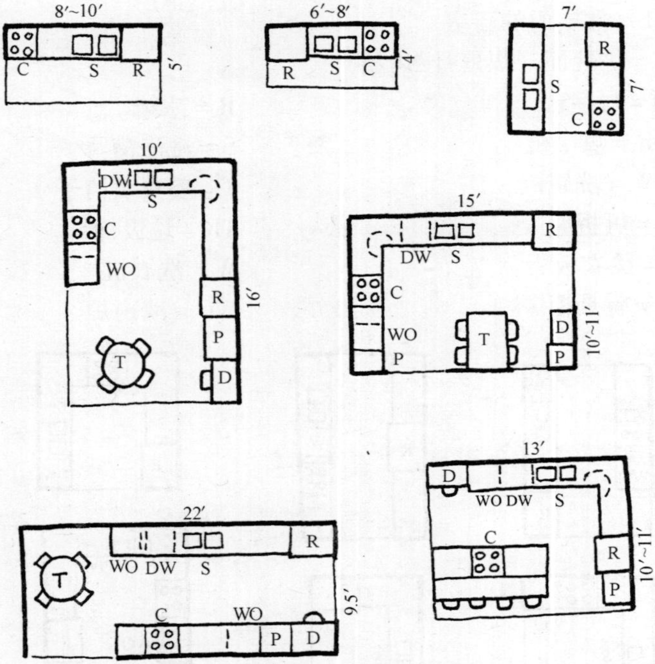
8′~10′
C S R
5′
6′~8′
R S C
4′
7′
R
S
7′
C
10′
DW S
C
WO
R
P
16′
T
D
15′
R
DW S
C
WO
P
T
D
P
10′~11′
13′
D
WO DW S
C
R
P
10′~11′
22′
R
WO DW S
T
C WO
P D
9.5′

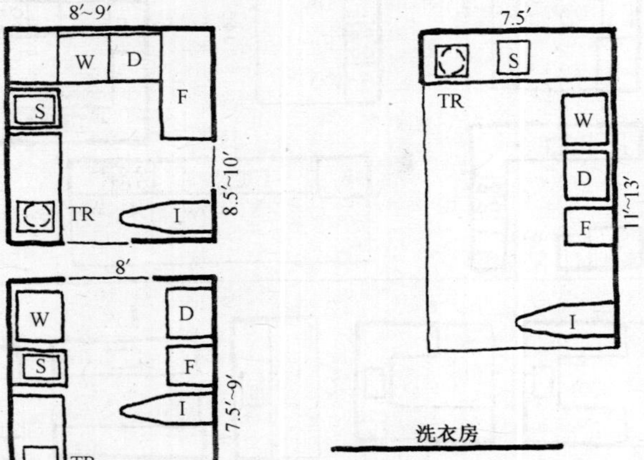
8′~9′
W D
F
S
TR
I
8.5′~10′
8′
W D
S F
I
7.5′~9′
TR
7.5′
S
TR
W
D
F
11′~13′
I

洗衣房

(2) 商用厨房

(a) 典型厨房约占餐馆总面积的三分之一至二分之一。

(b) 在总体布局中，餐馆厨房通常包括下列区域：

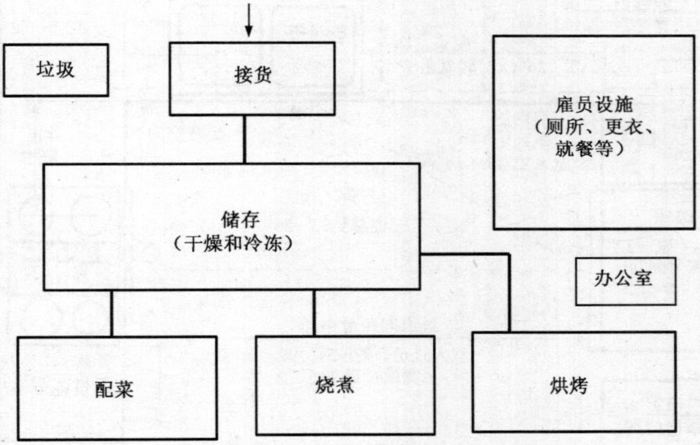

(c) 厨房面积的典型分配比（%）

接货	5
储存	20
配菜	15
烧煮	10
烘烤	10
洗碗	5
过道	15
垃圾	5
其他（雇员更衣室、就餐区、办公室等）	15
	100%

b. 详图（住宅厨房）

可参见第352页的“洗衣房设施”。

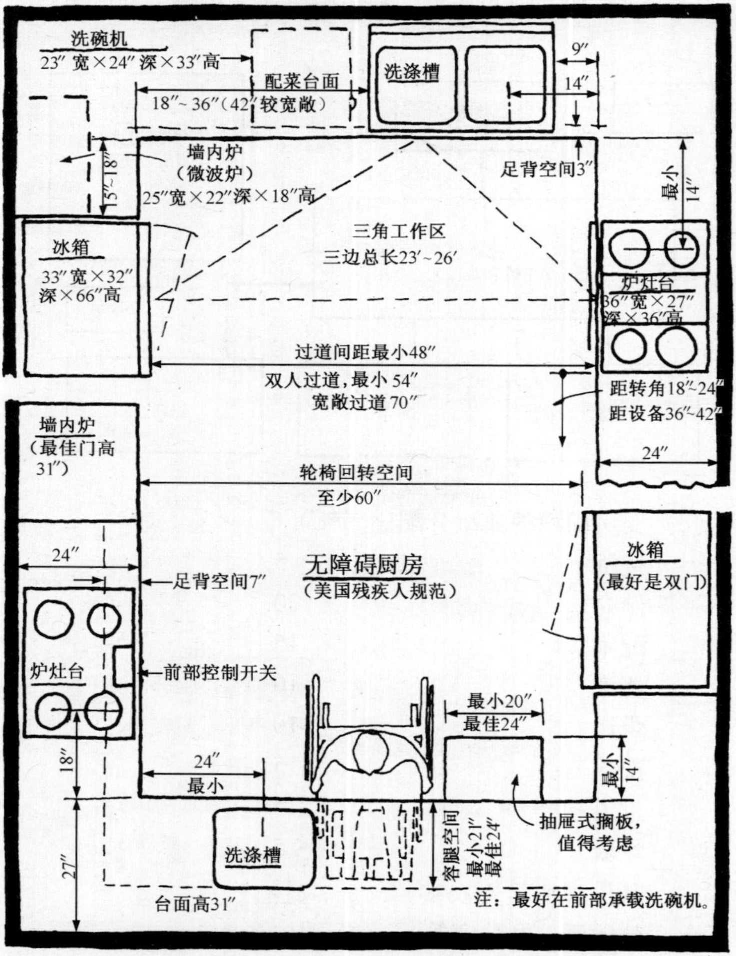

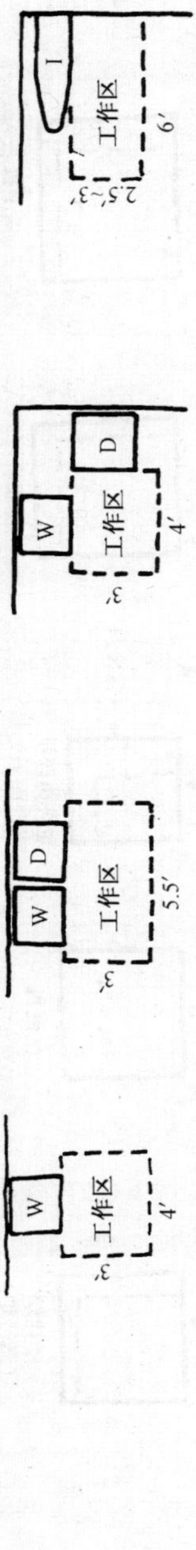
W
D
I
工作区
3'
4'
5.5'
6'
2.5'~3'

洗衣间净空面积

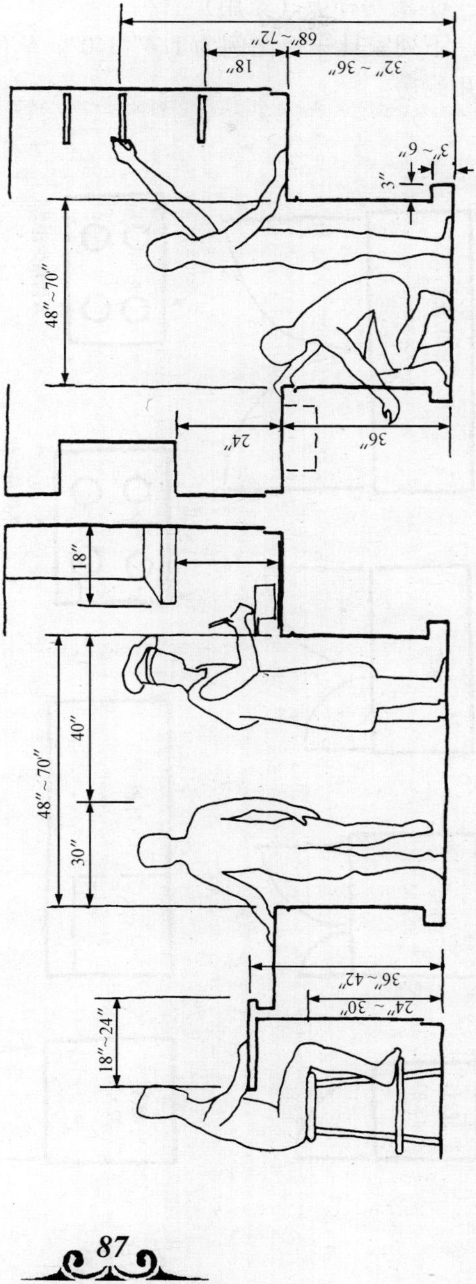
68"~72"
18"
32"~36"
3"~6"
3"
48"~70"
24"
36"
18"
40"
30"
36"~42"
24"~30"
18"~24"

c. 厨房样板（家用）

下列家具样板比例为 1/4″: 1′0″。单位：英寸。可用于布置家用厨房。

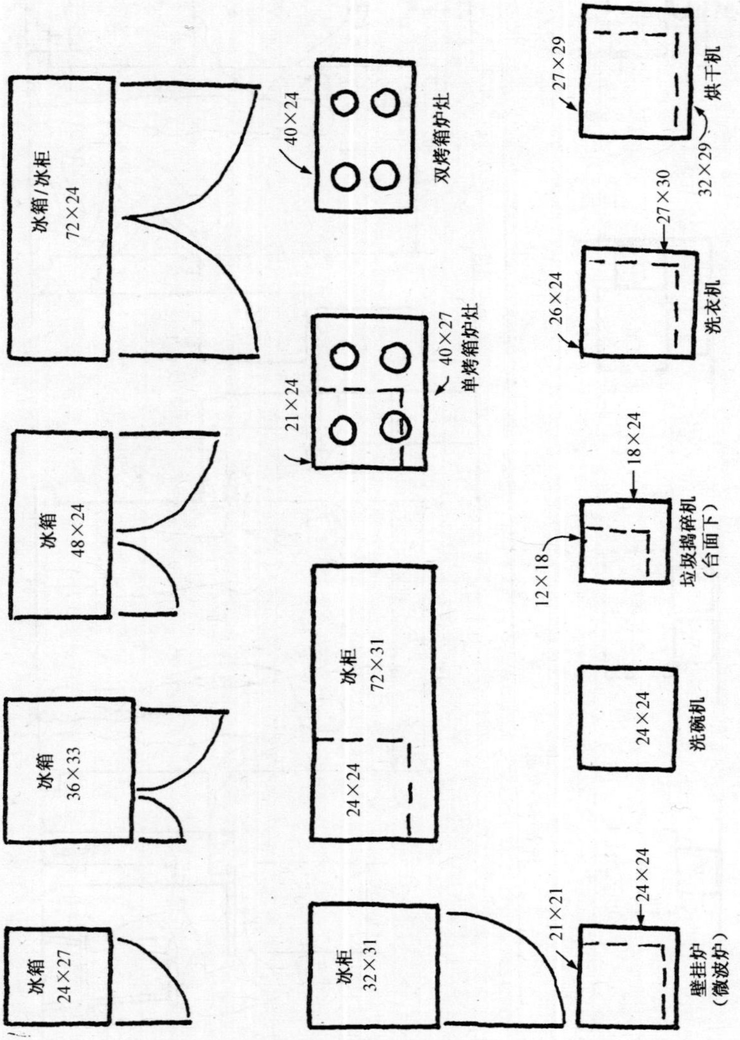

6. 厕所/盥洗室（“设备价格”见第403页）

a. 整体布置

(1) 住宅厕所

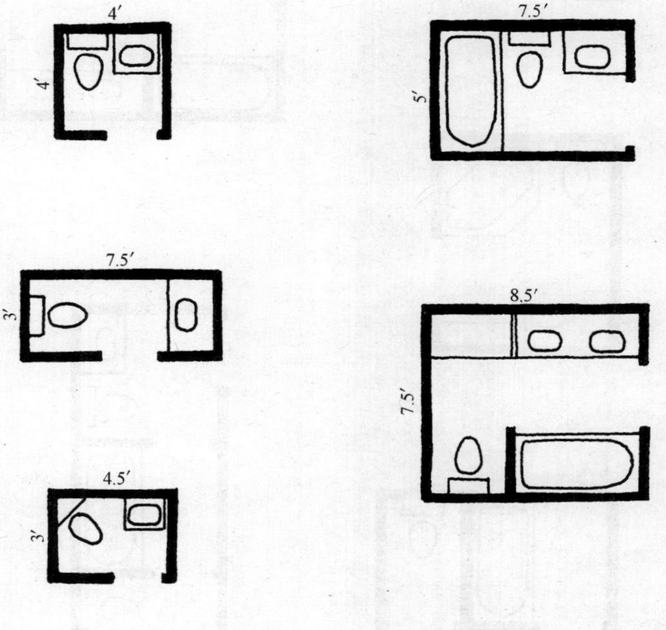

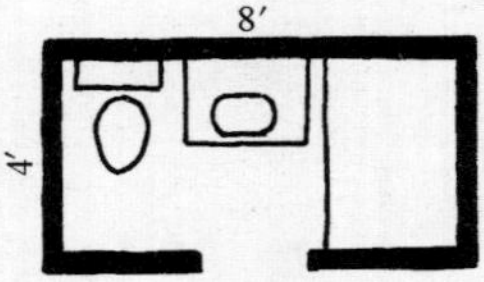
8′
4′

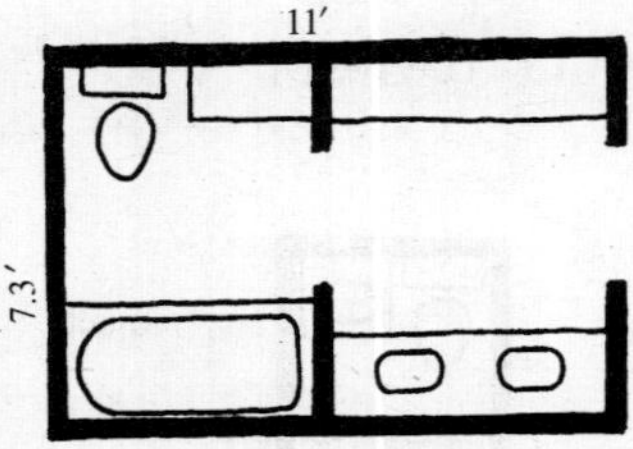
11′
7.3′

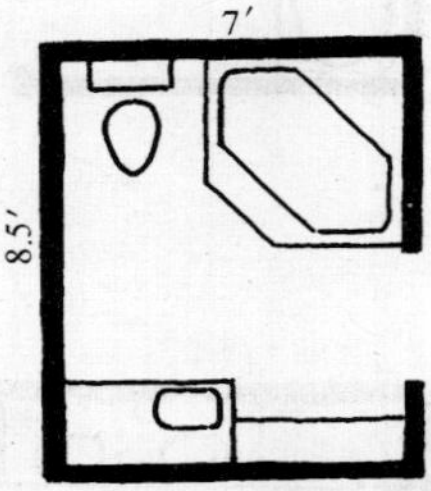
7′
8.5′

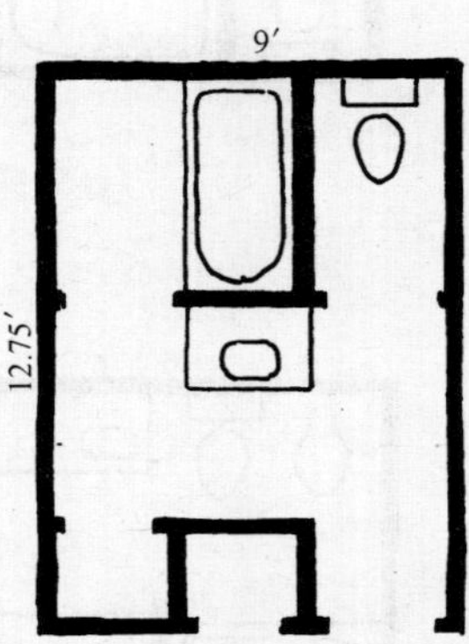
9′
12.75′

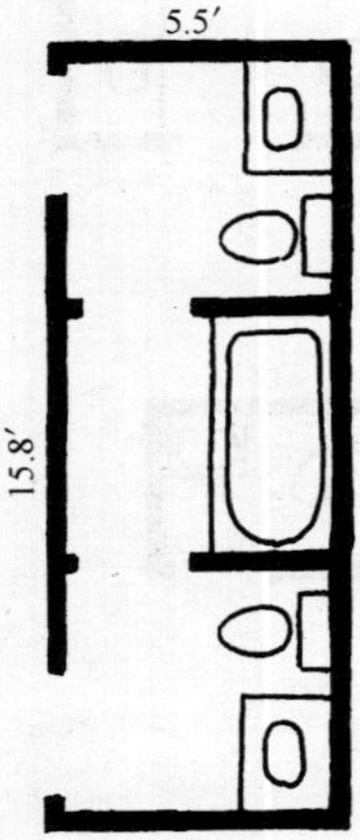
5.5′
15.8′

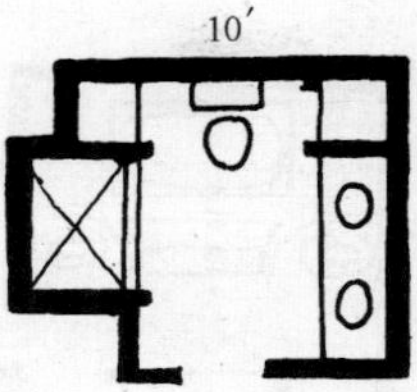
10′
8′

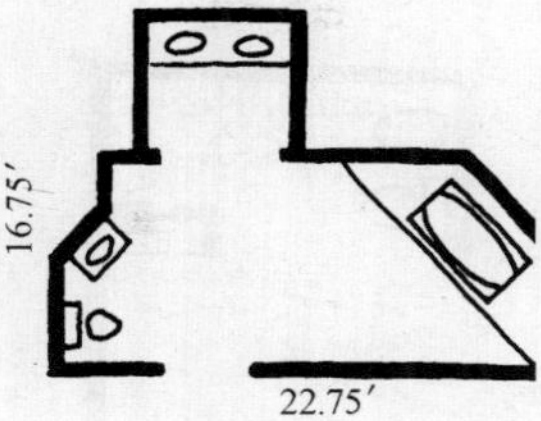
16.75′
22.75′

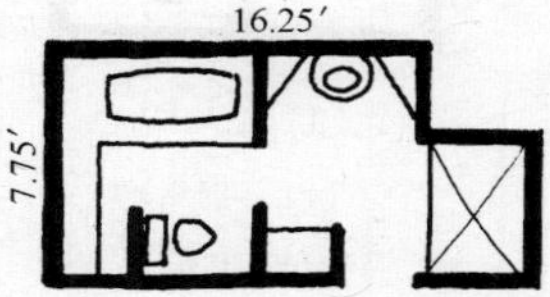
16.25′
7.75′

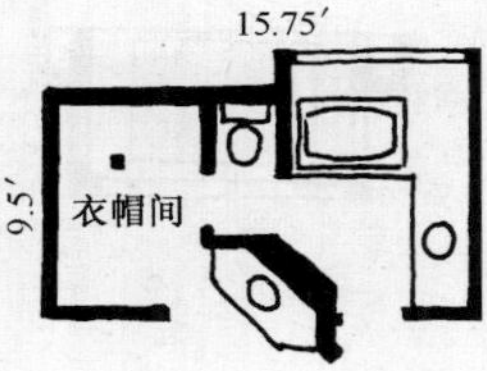
15.75′
9.5′
衣帽间

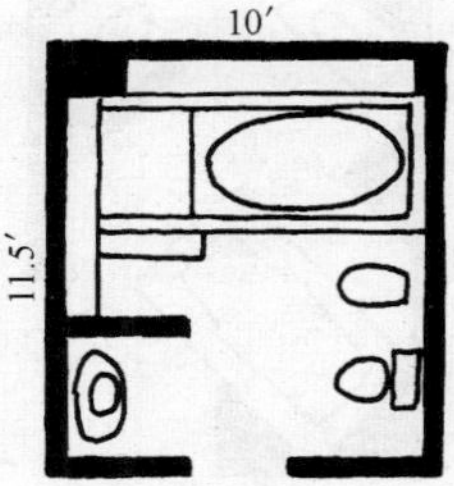
10′
11.5′

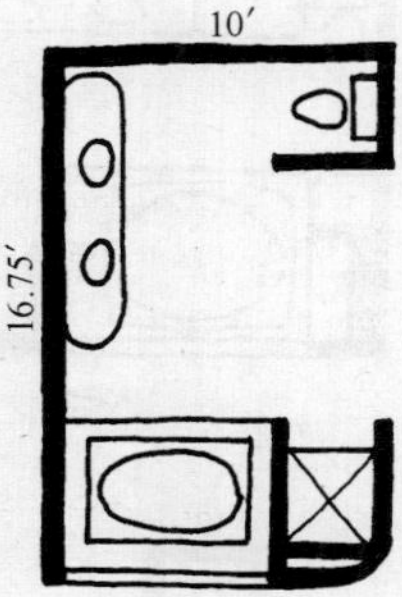
10′
16.75′

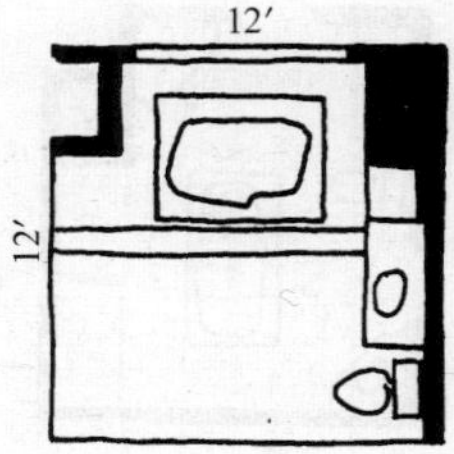
12′
12′

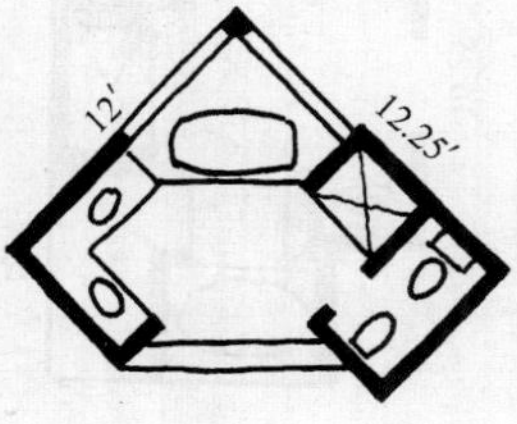
12′
12.25′

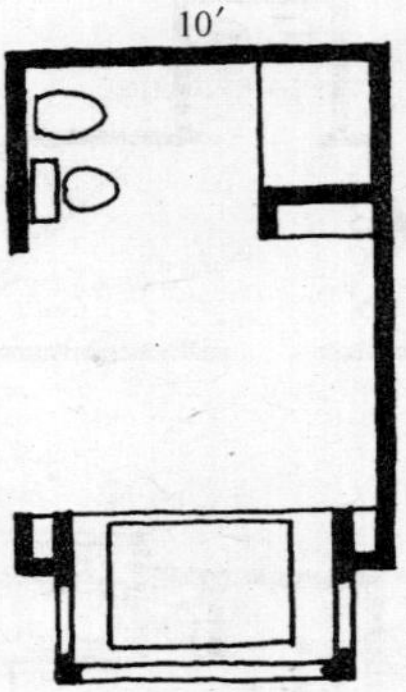
10′
17′

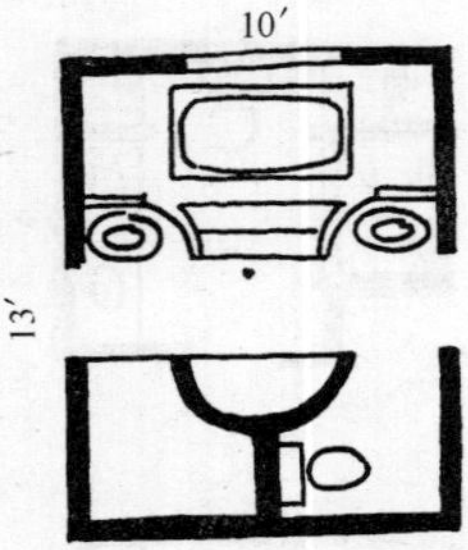
10′
13′

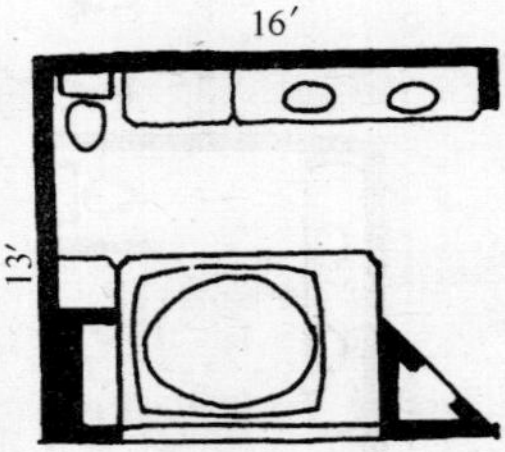
16′
13′

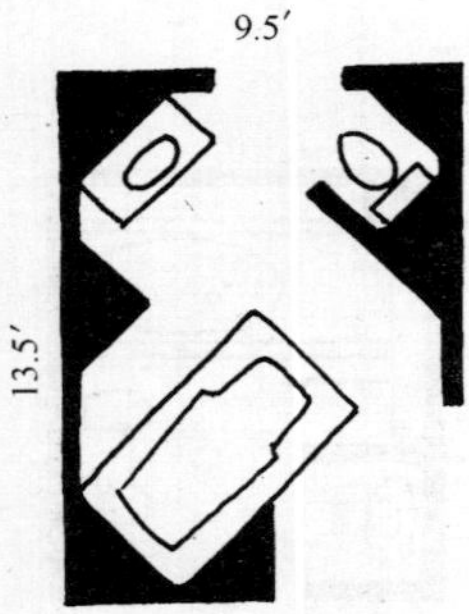
9.5′
13.5′

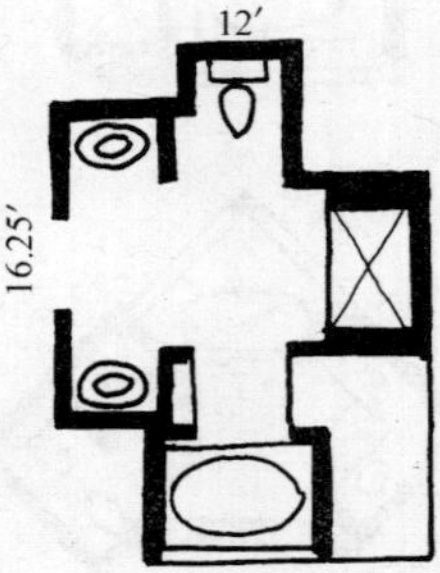
12′
16.25′

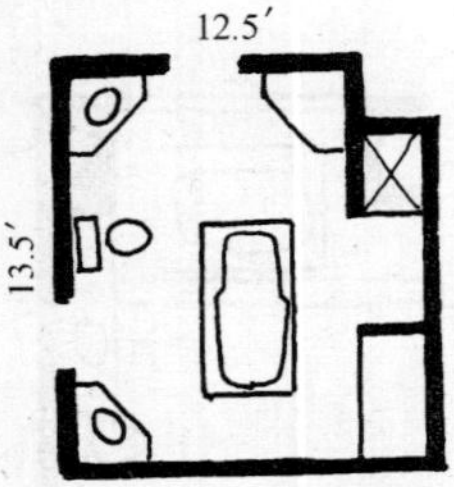
12.5′
13.5′

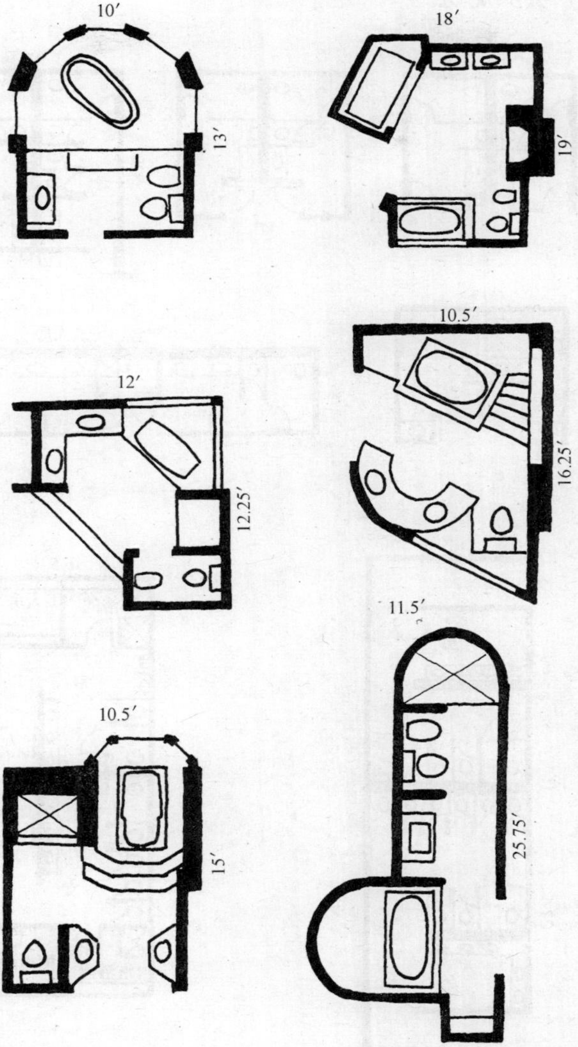
10′
13′
18′
19′
12′
12.25′
10.5′
16.25′
10.5′
15′
11.5′
25.75′

（2）公共厕所

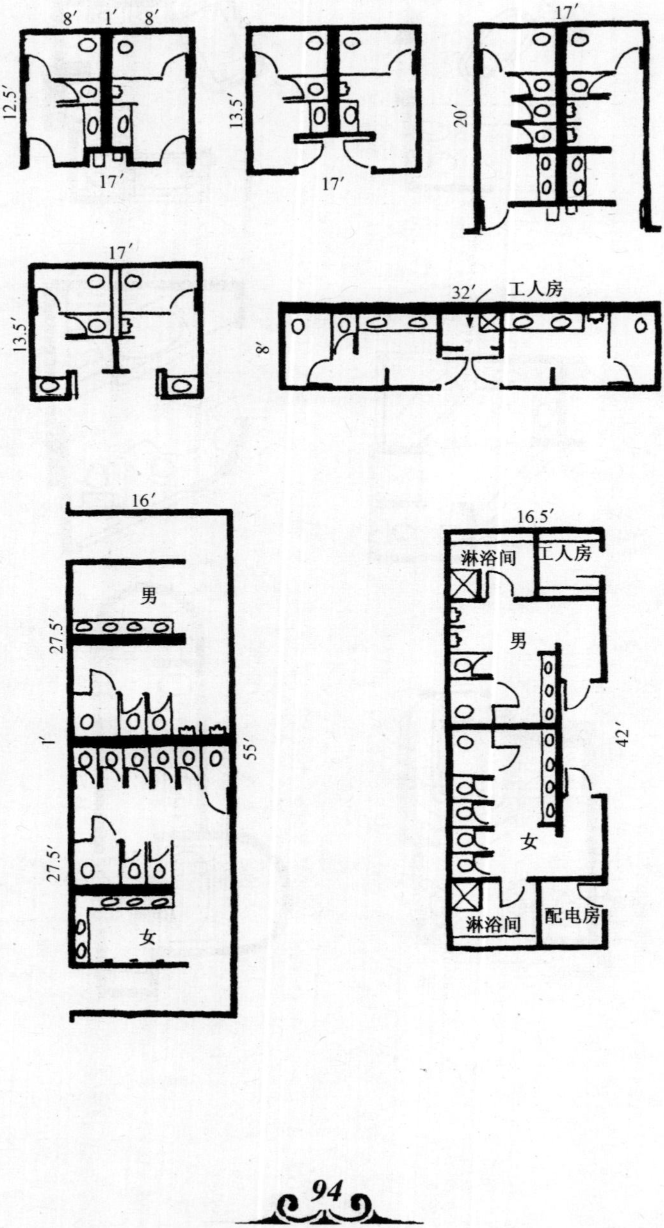
8′ 1′ 8′
12.5′
17′
13.5′
17′
17′
20′
17′
13.5′
32′ 工人房
8′
16′
男
27.5′
1′
55′
27.5′
女
16.5′
淋浴间
工人房
男
42′
女
淋浴间
配电房

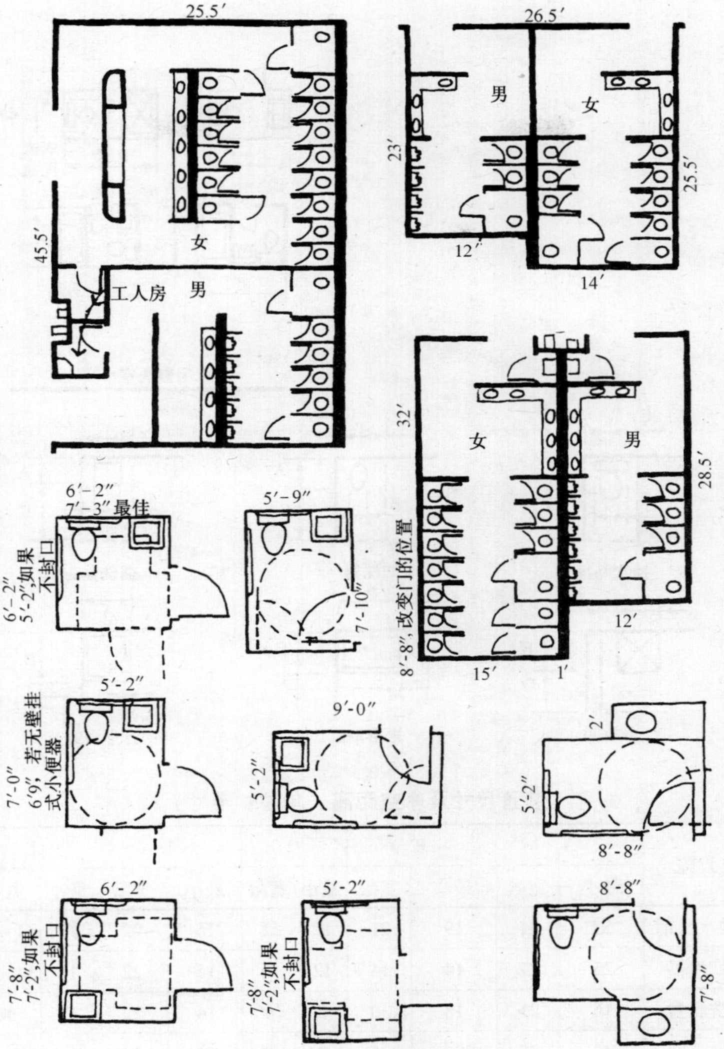

单人厕所（图中尺寸为净尺寸）

b. 厕所详图

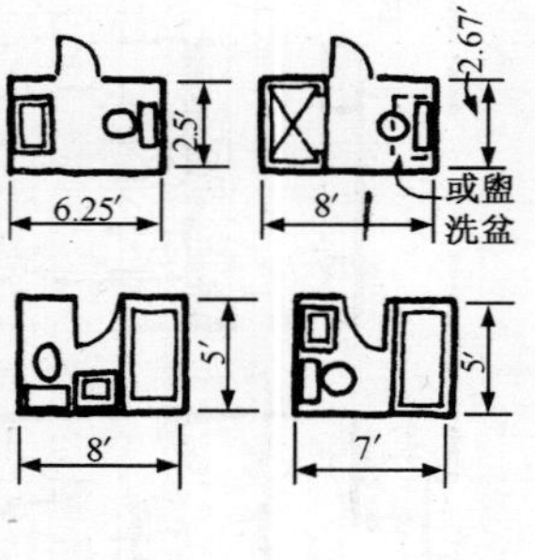

家用盥洗室

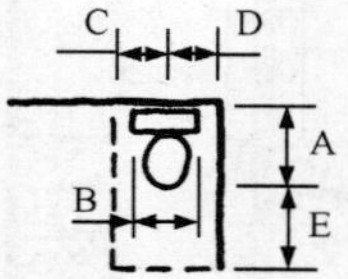

抽水马桶

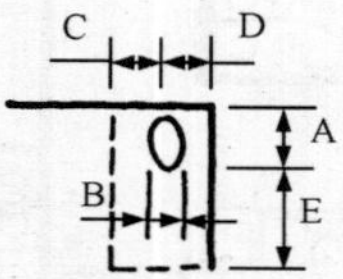

妇洗器

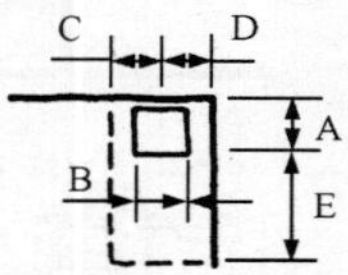

盥洗盆

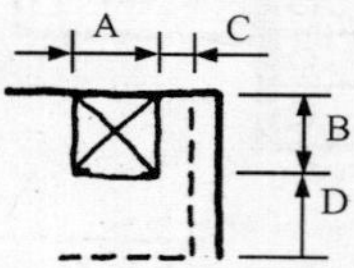

淋浴间

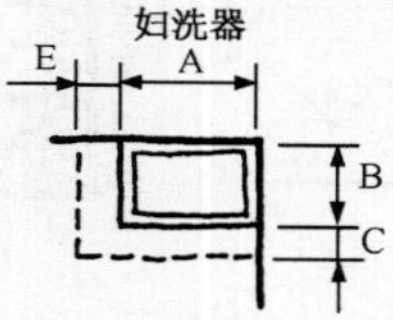

矩形浴缸

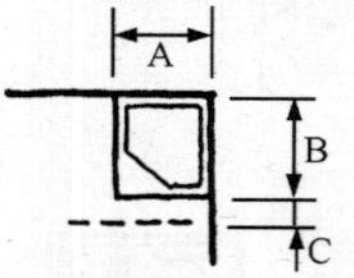

方形浴缸

装置尺寸及净空距离（单位：英寸）

设施	A		B		C		D		E	
	最小	宽敞	最小	宽敞	最小	宽敞	最小	宽敞	最小	宽敞
抽水马桶	27	31	19	21	12	18	15	22	18	34 ~ 36
妇洗器	25	27	14	14	12	18	15	22	18	34 ~ 36
洗脸盆	16	21	18	30	2	6	14	22	18	30
淋浴间	32	36	34	36	2	8	18	34		
矩形浴缸	标准 60	72	标准 30	42	2	8	18 ~ 20	30 ~ 34	2	8
方形浴缸	38		39		2	4				

注：轮椅的易达性，见下页。

盥洗室

单人厕所

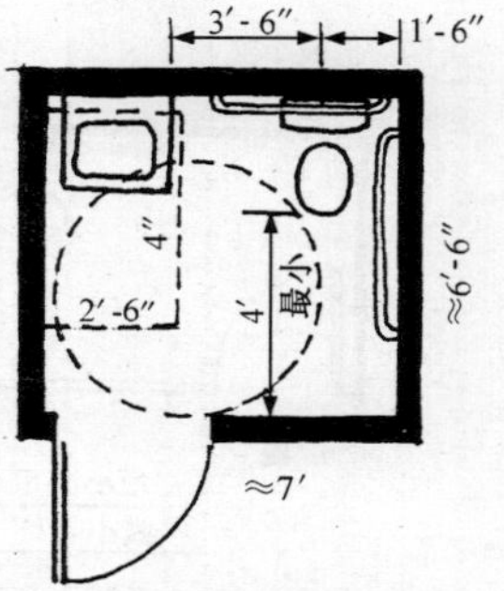

公共厕所

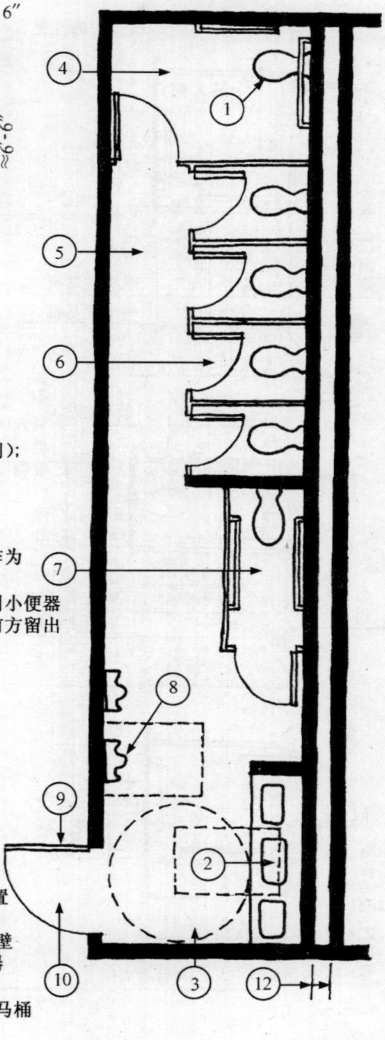

1. 典型的无障碍厕所，见下页；
2. 轮椅用盥洗盆；
3. 室内应有直径5′的旋转空间；
4. 标准的无障碍厕间（至少一间）；
5. 无障碍通道，见第207页；
6. 标注厕间，见第335页；
7. 第六间厕间（如果需要）可作为另类的无障碍厕间；
8. 男用小便处至少设一个轮椅用小便器（外缘最多延长1′-5″，并在前方留出2′-6″×4′的净空）；
9. 轮椅入口，见第293页；
10. 无障碍通道，见第207页；
11. 管道墙，6″~8″；
12. 管道槽：
   4″，针对独立的盥洗盆、小便器或坐地式抽水马桶；
   6″~8″，针对并排或背靠背设置的抽水马桶（坐地式）；
   12″，针对并排的抽水马桶（壁挂式）或背靠背设置的小便器（壁挂式）；
   18″，针对背靠背设置的抽水马桶（壁挂式）。

无障碍厕所隔间 (ADA, ANSI)

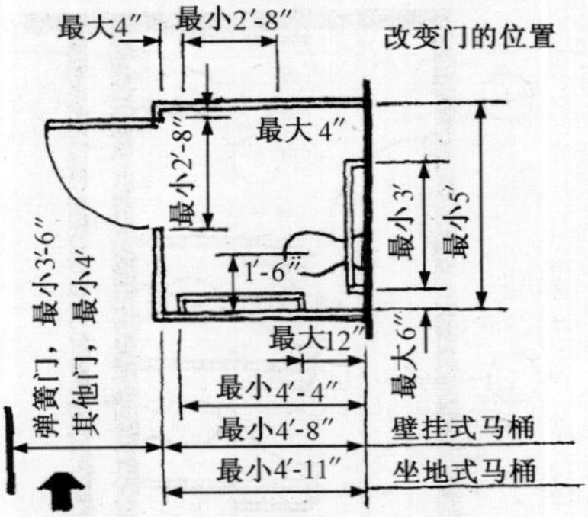

标准厕间

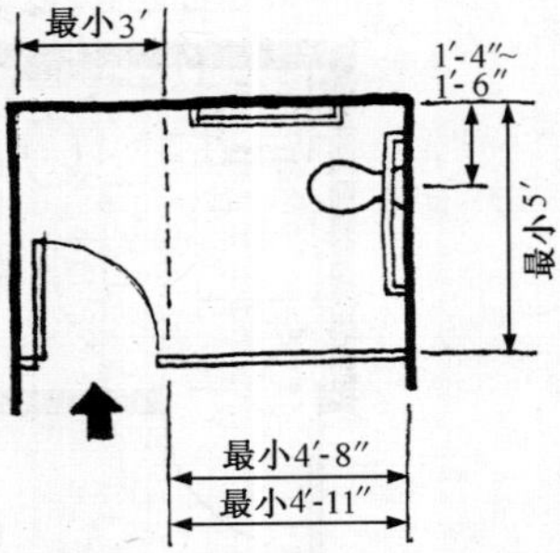

标准厕间
（端部厕间）

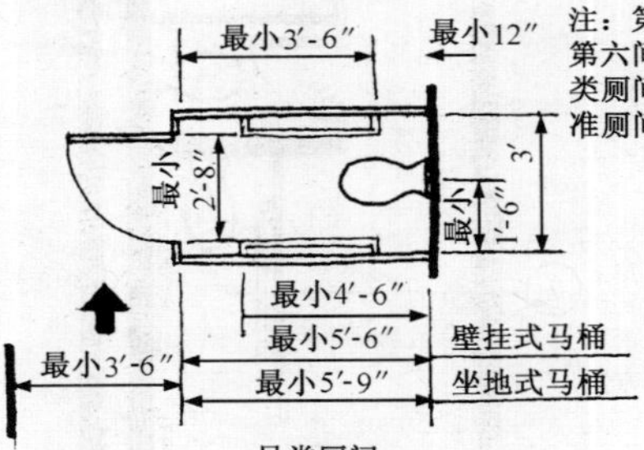

另类厕间

注：第一间厕间为标准厕间，第六间也许是另类厕间。另类厕间可用于不可能采用标准厕间的改建工程。

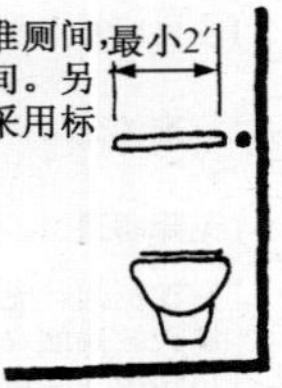

后墙

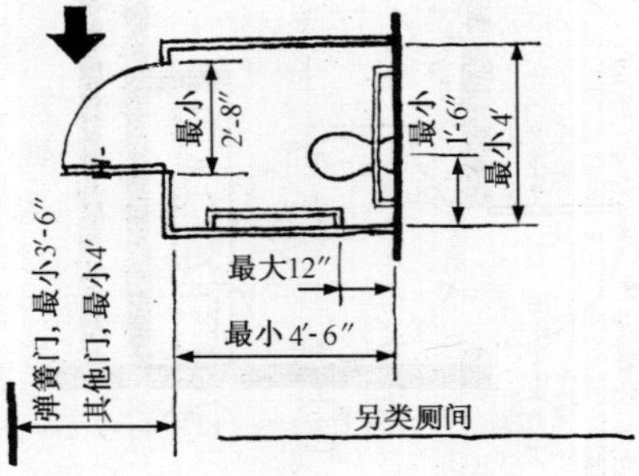

另类厕间

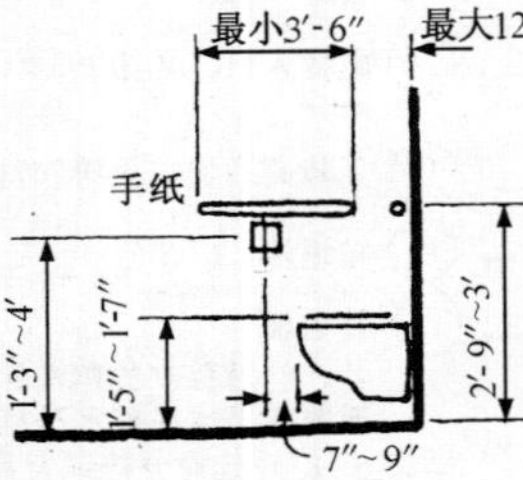

侧墙

无障碍装置（ADA）

抽水马桶

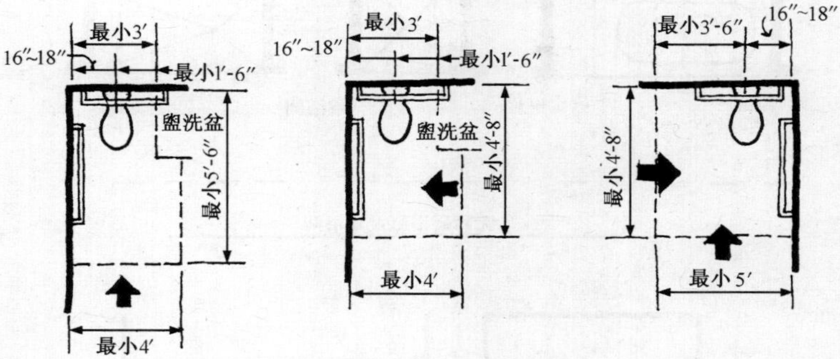

盥洗盆

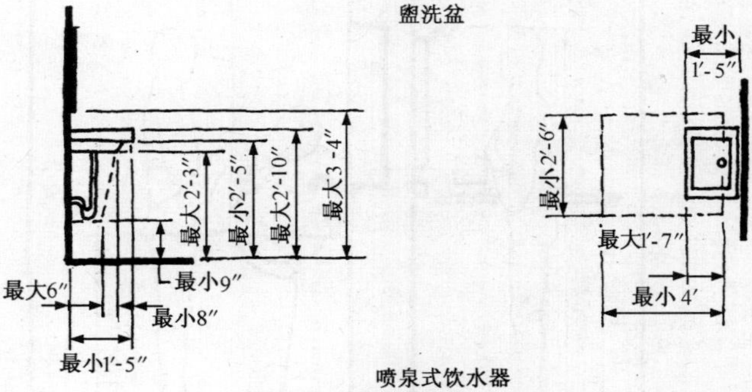

喷泉式饮水器

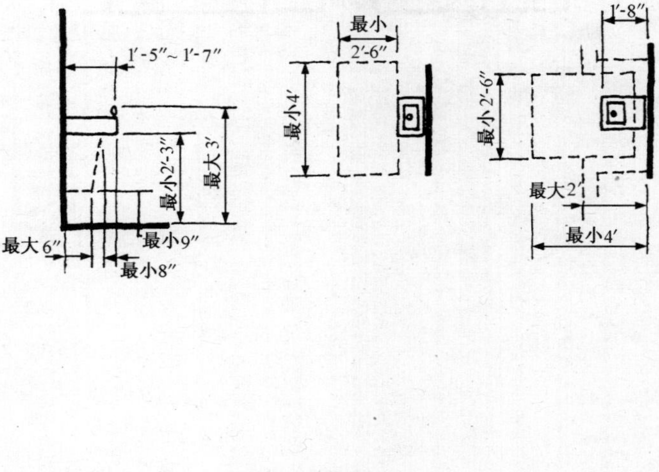

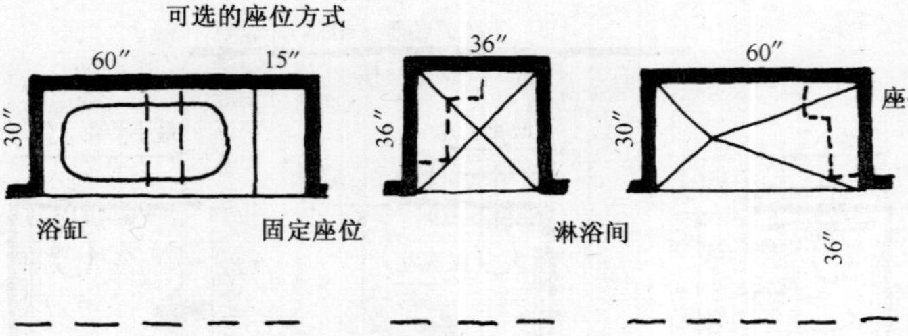

无障碍浴缸及淋浴间

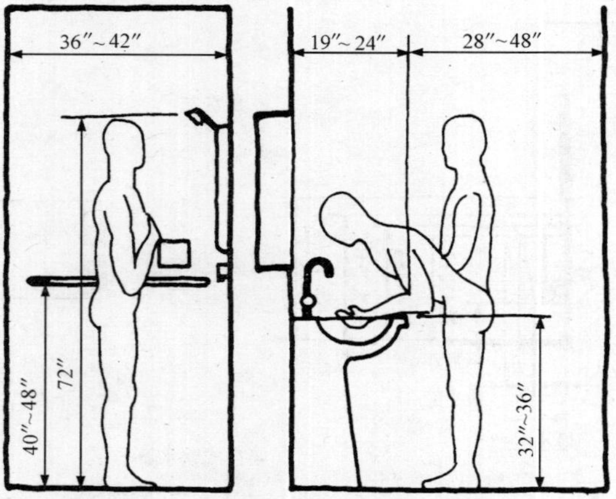

盥洗

c. 厕所和浴室样板

下列固定装置样板的比例为1/4″:1′0″。可用于布置厕所和浴室。

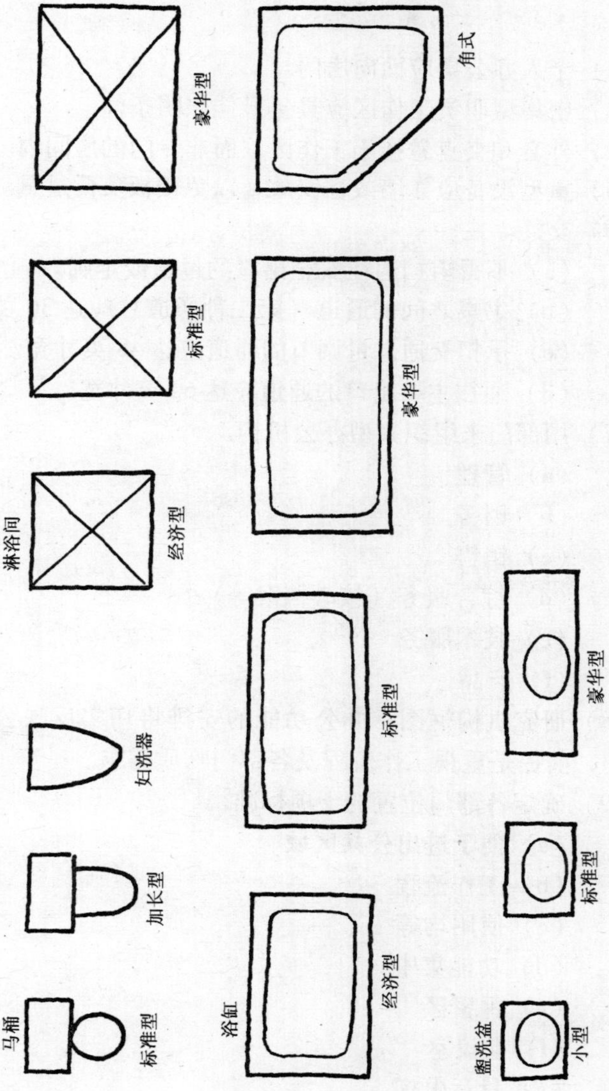

7. <u>办公/工作</u>（“家具价格”见第369页）

a. 总则

（1）书桌前端距障碍物6英尺。若为两排桌子，增加到7英尺。

（2）个人办公桌应面向房门。

（3）密集型职员工作区应具备最佳照明条件。

（4）外套和夹克悬挂于工作区，而非专门的房间内。

（5）重型设备应靠墙或柱安放，以免楼板负荷过重。

（6）交通

（a）不得阻挡通往安全出口的过道或走廊。

（b）书桌之间的通道（第二种通道）应达36英寸宽。

（c）承担交通总量调节的通道应达48英寸宽。

（d）通往主要出口的通道应达60英寸宽。

（7）用部门来组织大型办公机构

（a）管理

（b）财务

（c）销售

（d）综合服务（核心档案等）

（e）技术服务

（f）产品

（8）研究机构框图：办公功能的安排将切实反映公司的机构框图，前提是重视工作流程及各部门物质需求。

（9）确定各部门位置的十项标准

（a）便于进出公共区域

（b）工作流程

（c）使用均等

（d）功能集中

（e）保密区

（f）会议室

（g）货运电梯

(h) 货物装卸区

(i) 服务设施（就餐、休闲、医疗等）

(j) 载客电梯

(10) 面积

(a) 面积分配

	SF
—1. 最高行政官	400～600
—2. 经理	150～200
—3. 助理经理	100～125
—4. 监管	80～100
—5. 操作员，60″书桌	50～60
—6. 操作员，55″书桌	50～55
—7. 操作员，50″书桌	45
—8. 标准书信档案柜	6
—9. 标准法律档案柜	7
—10. 横向书信档案柜	6.5
—11. 横向法律档案柜	7.5

(b) 普通办公区内，职员的人均工作面积达100SF时较宽敞，65SF时较经济，正常为80SF。

(c) 个人办公室：100至300SF较为典型。

(d) 半个人办公室：150至400SF较为典型。

(e) 以15人的公司为基数

—1. 接待：400SF；

—2. 等候或接见：200SF；

—3. 会议室：500SF；

—4. 每增加一人约增加10SF。

(11) 办公室布局可采用模数，范围：4′×4′至6′×6′，以4至6英寸为增量来调节。个人办公室的布局中，制约因素使布局设计的余地很小，它必须与外墙窗户及墙体设计保持一致。墙体必须与外墙窗框相吻合。此外，结构柱的位置也将影响平面布局。柱间距通常为25、30或35英尺。

（12）平面使用率以可出租面积与总面积之比来衡量。平均值约70%，最多可达85%。非租赁空间包括电梯间、楼梯、卫生间、前厅、走廊、竖井、门卫室等。

（13）层高通常为12′（11′至14′）。装修后顶棚高度通常为8′至8½′。

b. 整体布局

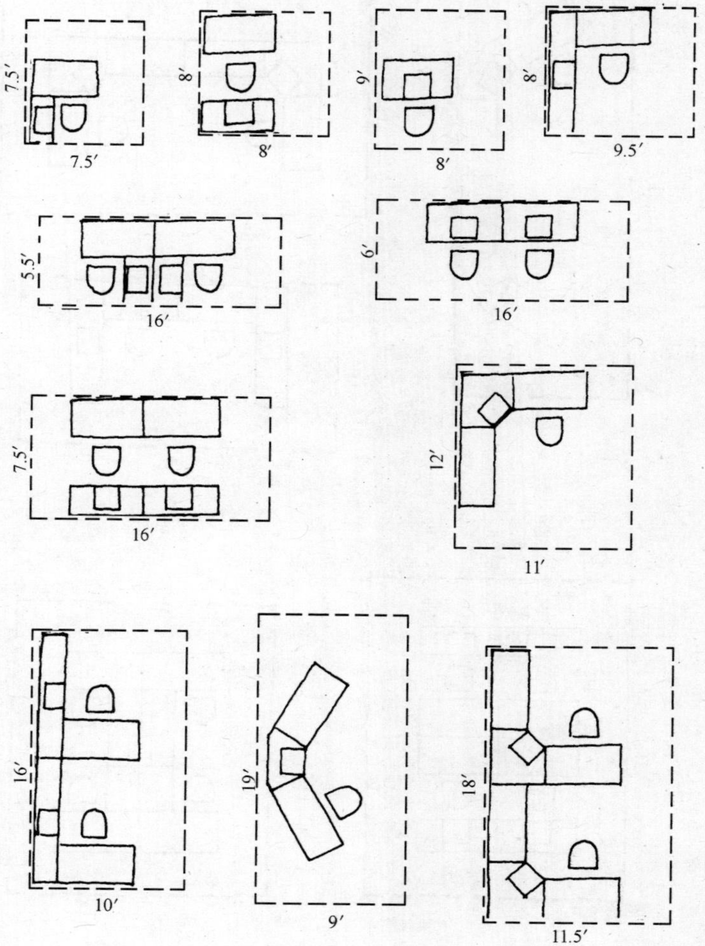

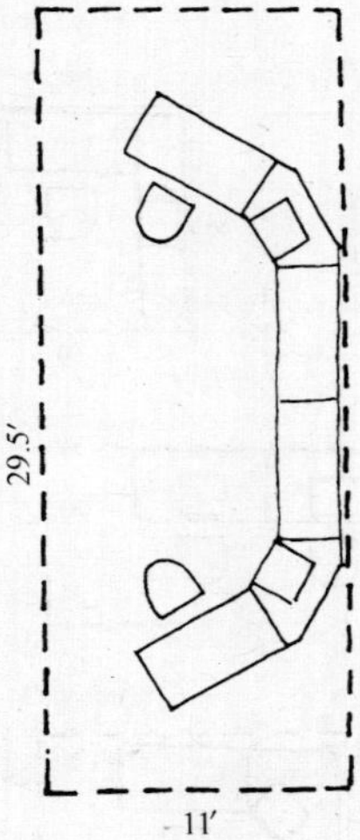
29.5′
11′

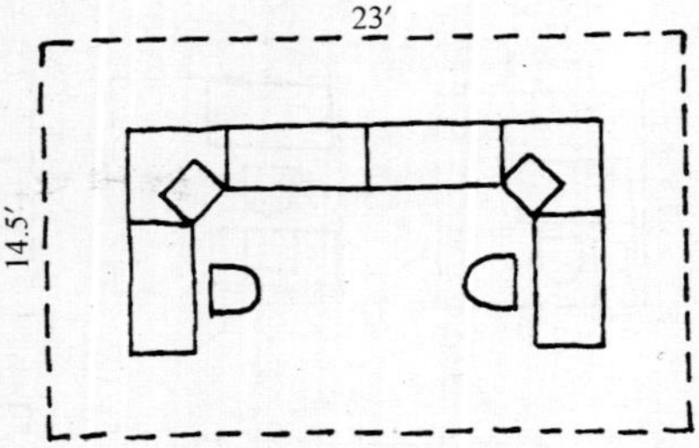
23′
14.5′

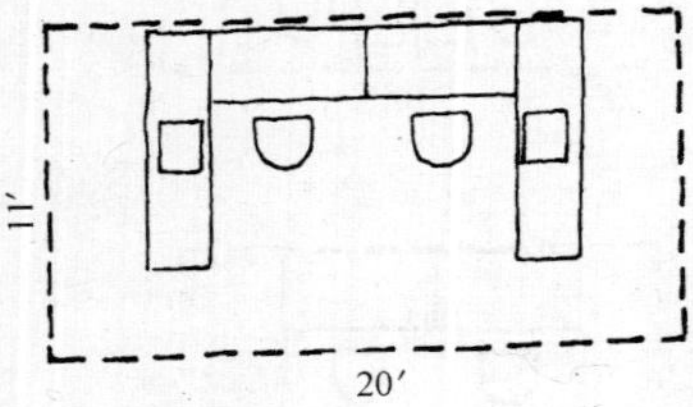
11′
20′

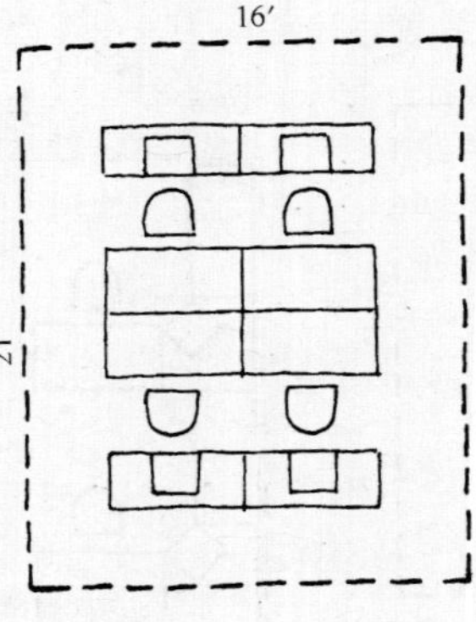
16′
21′

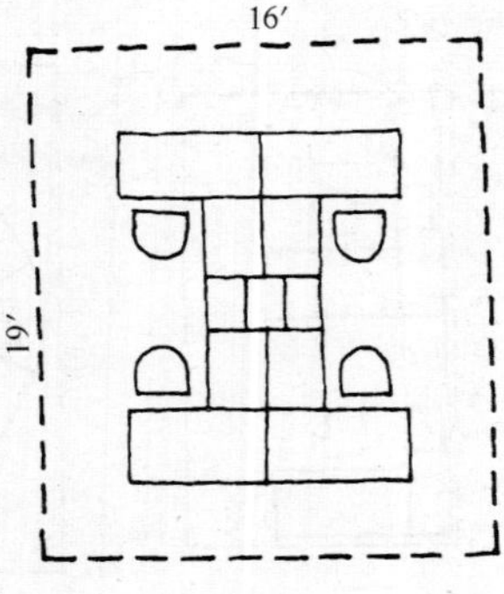
16′
19′

敞开式办公室家具布置

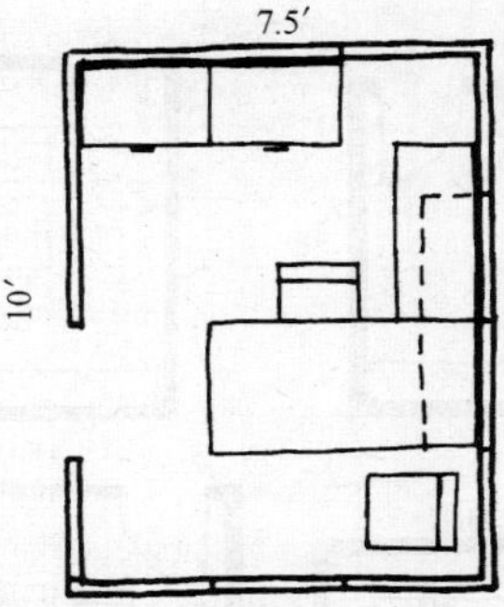

工作间

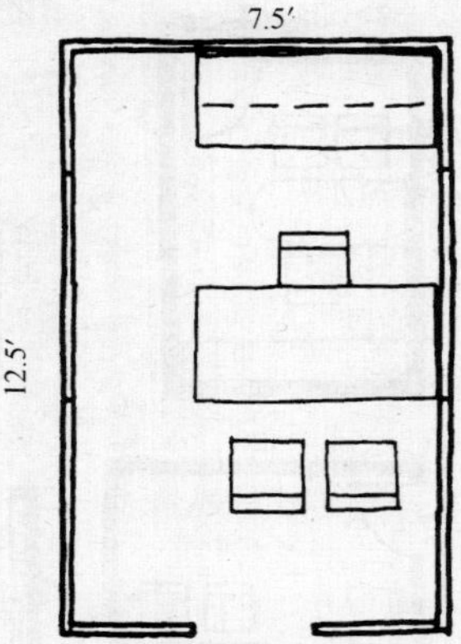

工作间

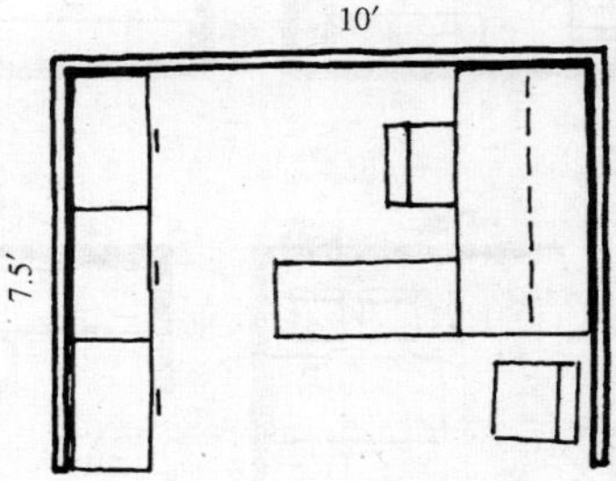

秘书间

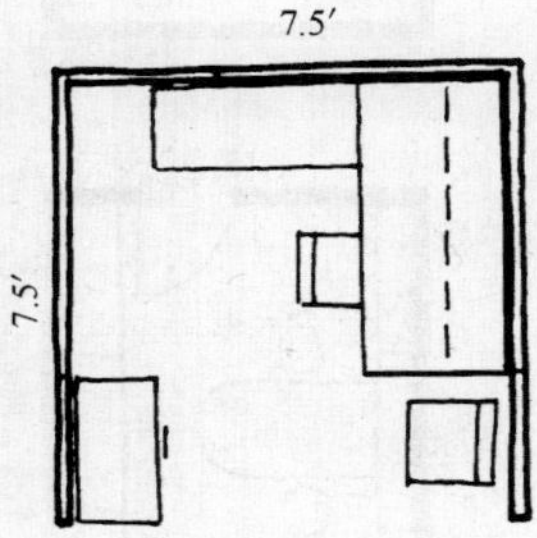

文书工作间

封闭式办公室

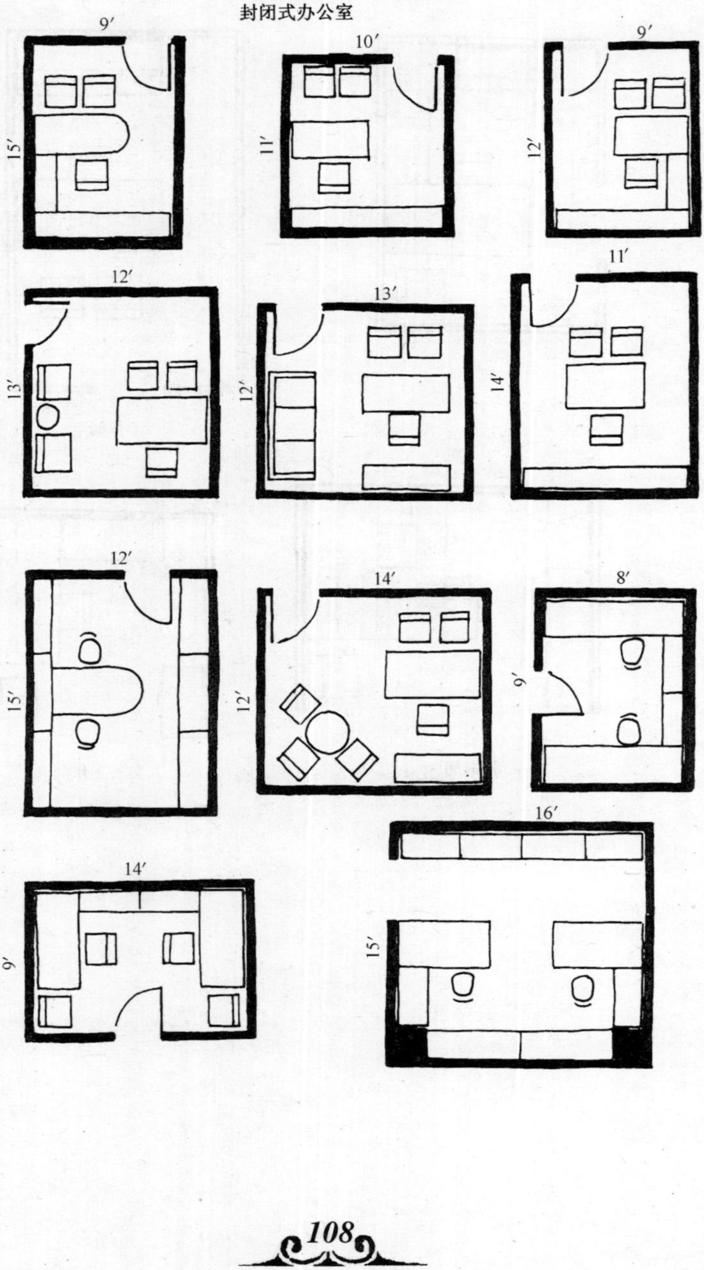

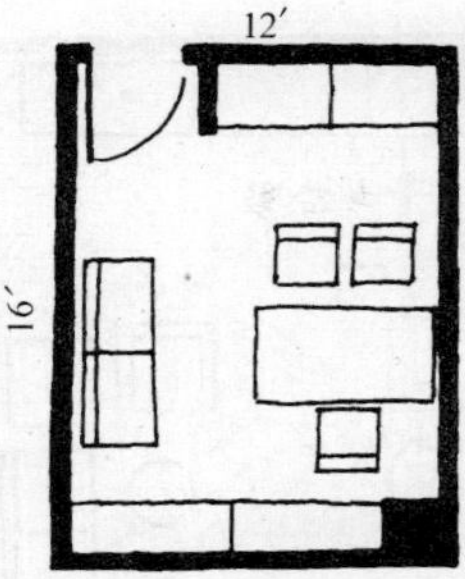
12′
16′

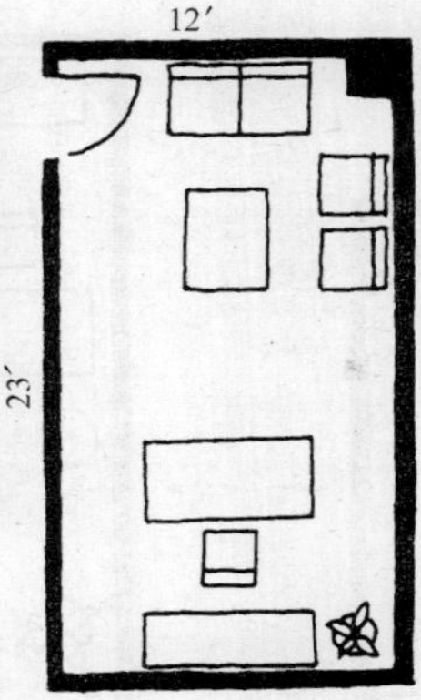
12′
23′

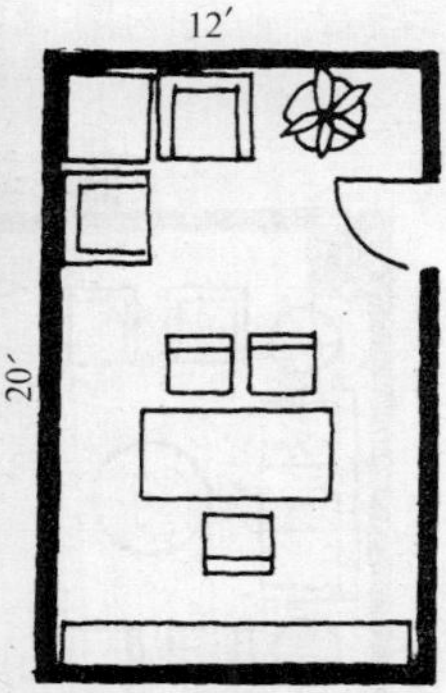
12′
20′

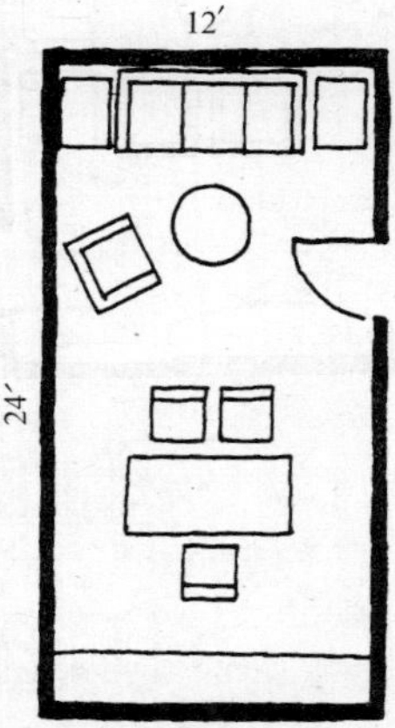
12′
24′

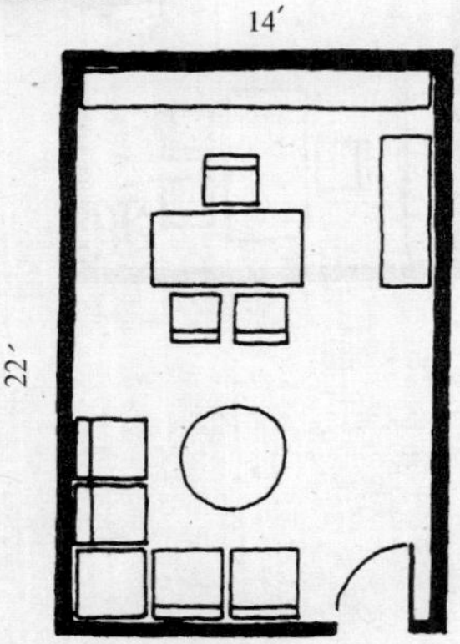
14′
22′

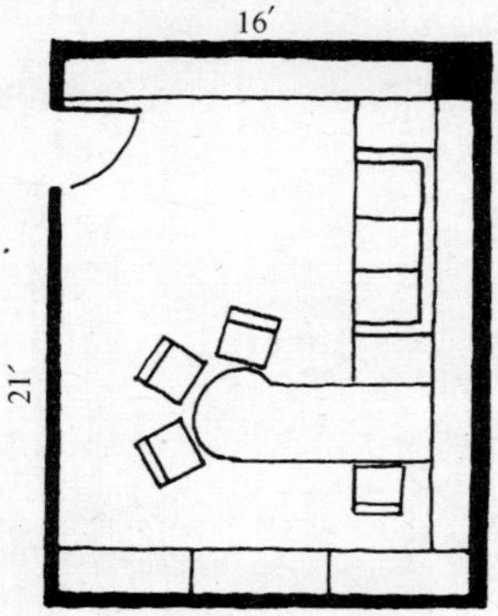
16′
21′

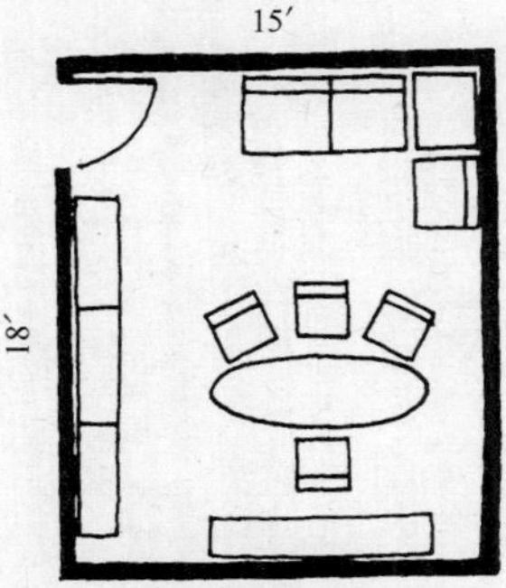
15′
18′

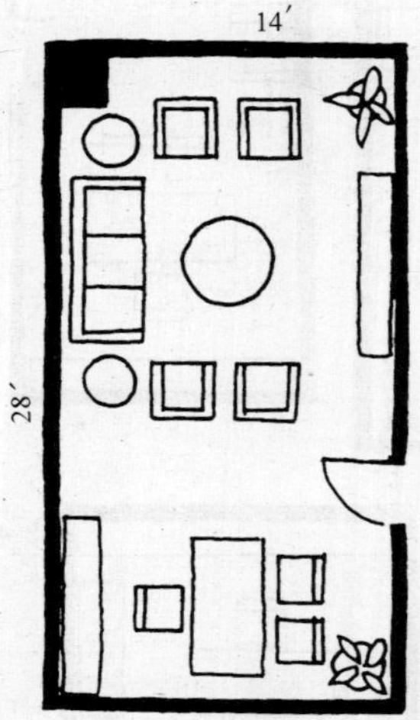
14′
28′

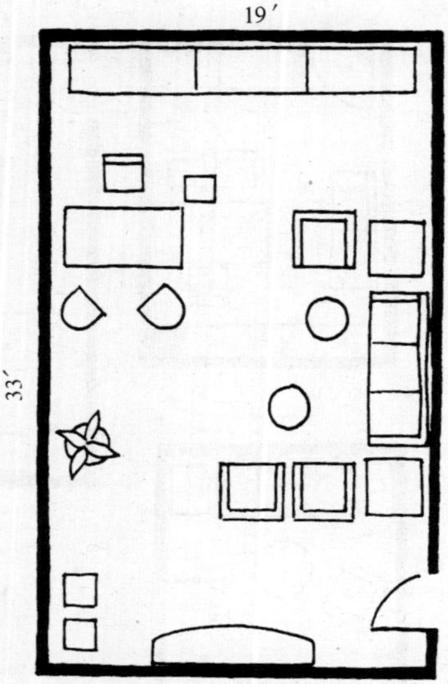
19′
33′

c. 细部详图

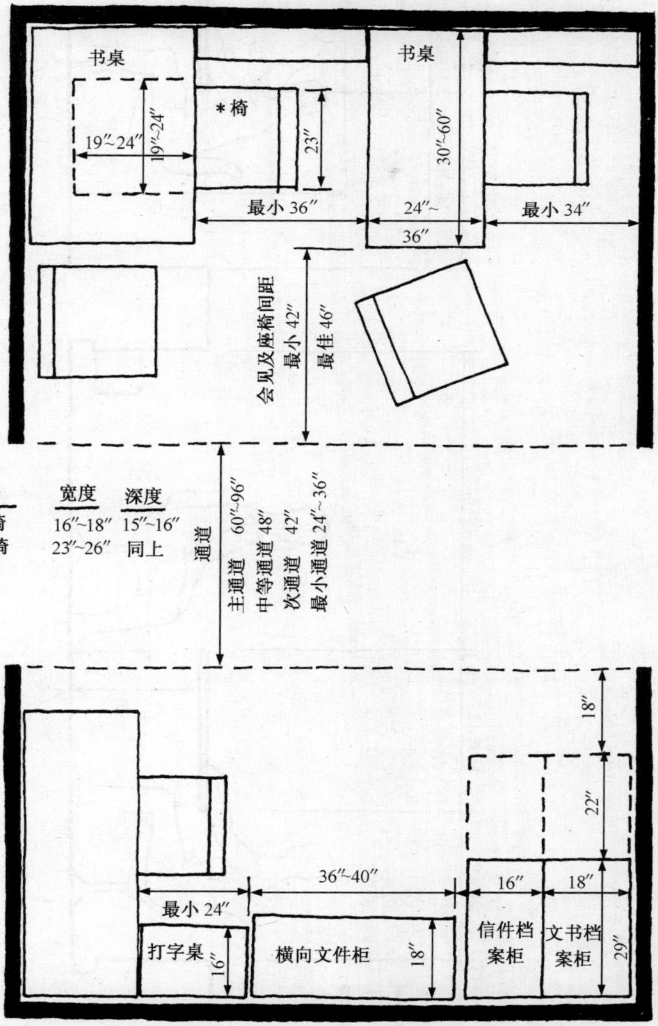
书桌
书桌
＊椅
19″~24″
19″~24″
23″
30″~60″
最小 36″
24″~
36″
最小 34″
会见及座椅间距
最小 42″
最佳 46″
椅子
宽度
深度
工作椅
16″~18″
15″~16″
扶手椅
23″~26″
同上
通道
主通道 60″~96″
中等通道 48″
次通道 42″
最小通道 24″~36″
18″
22″
36″~40″
最小 24″
16″
18″
打字桌
16″
横向文件柜
18″
信件档案柜
文书档案柜
29″

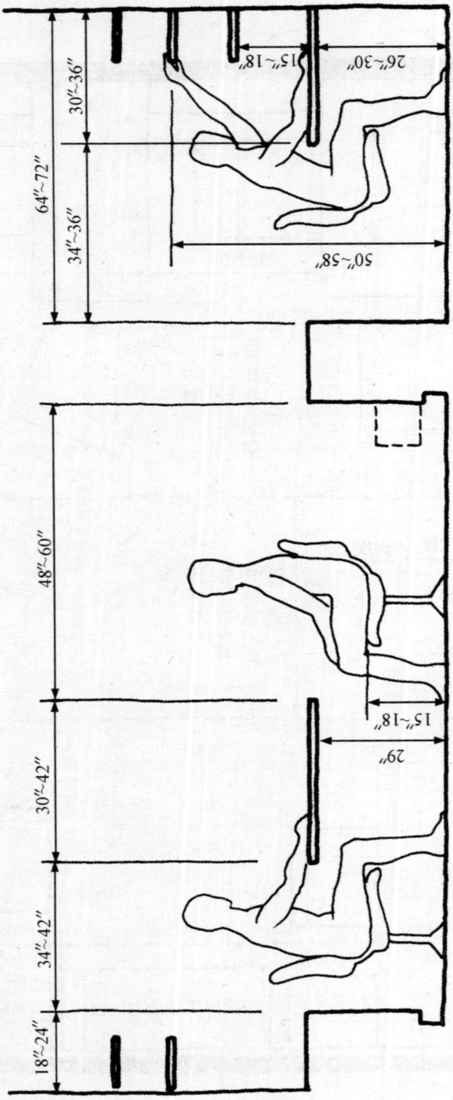
30"~36"
64"~72"
34"~36"
15"~18"
26"~30"
50"~58"
48"~60"
15"~18"
29"
30"~42"
34"~42"
18"~24"

d. 办公家具样板

下列办公家具样板比例为1/4″:1′0″。可用于布置办公室。

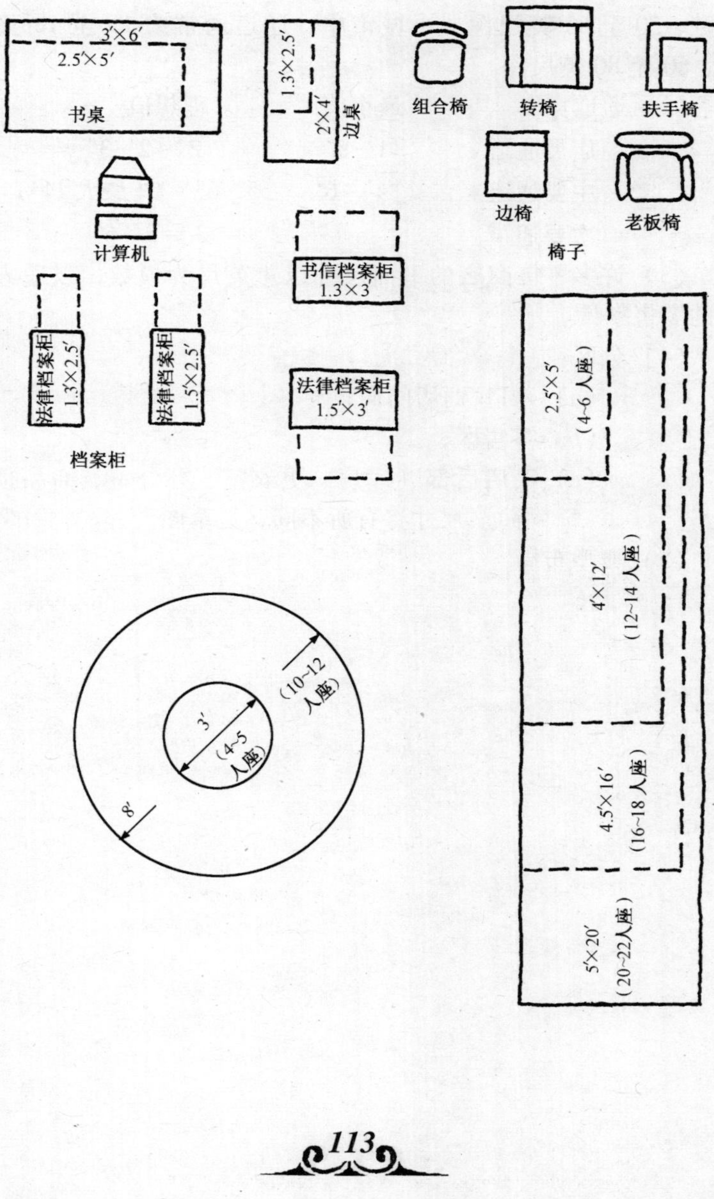

8. 零售/购物

a. 总则

（1）大城市中，商店的单人顾客通道往往只有12至15英尺宽、50至60英尺深。小城市中，通道通常为15至18英尺宽，60至80英尺深。

（2）

通道宽度	最小值	理想值
店员通道	1′-8″	2′~2′-3″
主要通道	4′~6′	5′-6″~7′(最大11′)
次要通道		3′~3′-6″

（3）许多零售商店的平面尺寸以4英尺为模数，以适应标准的零售家具。

（4）分区

（a）入口/商店门面；

（b）零售区；

（c）商店后部（库房、更衣室、办公室、商品预备等）。尺寸将有所不同，见草图。

（5）典型布局

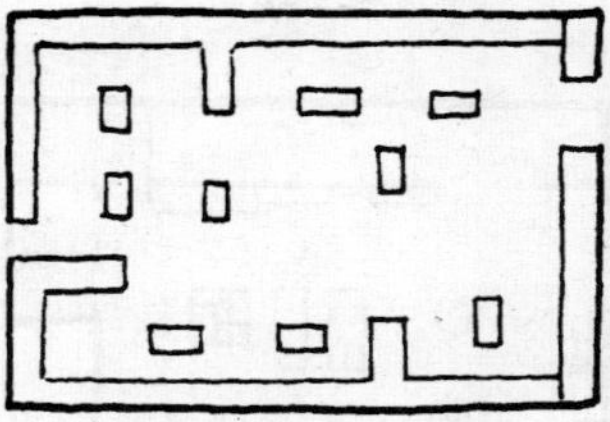

垂直布置

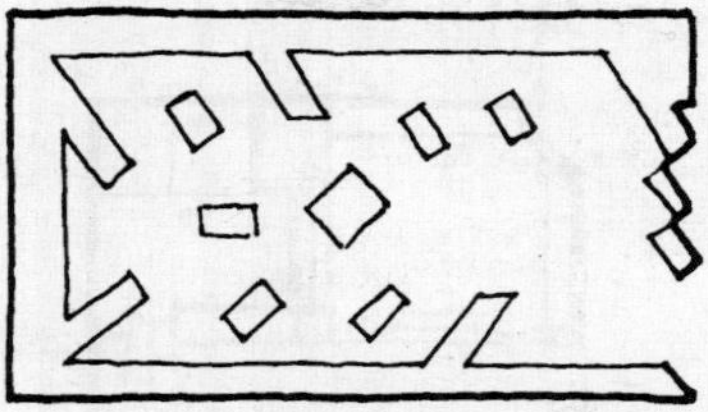

对角线布置

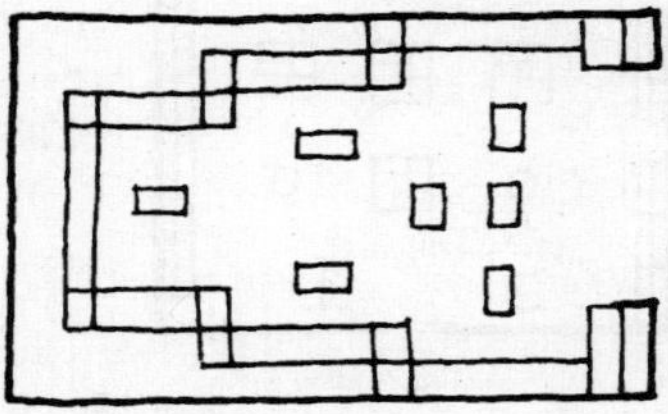

变化的布局

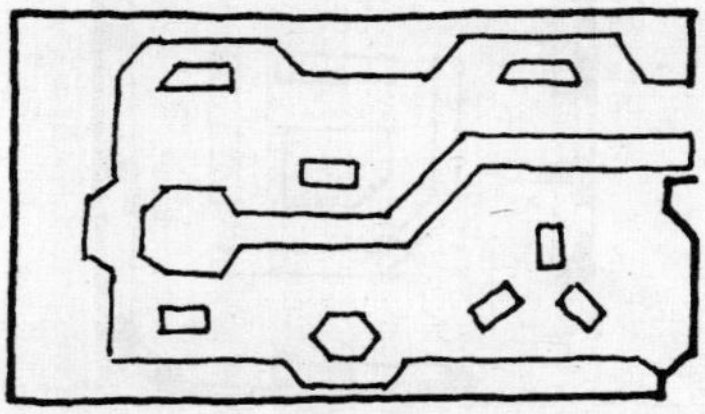

通道

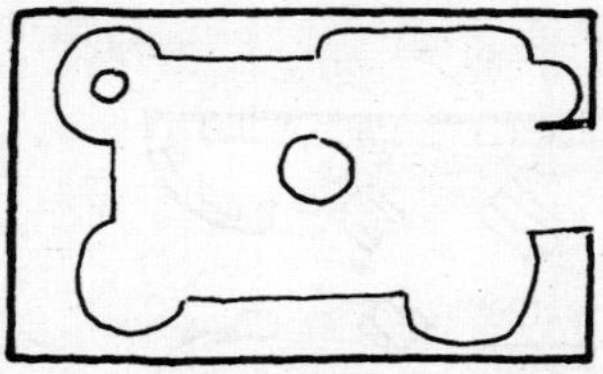

曲线型

几何型

b. 整体布局

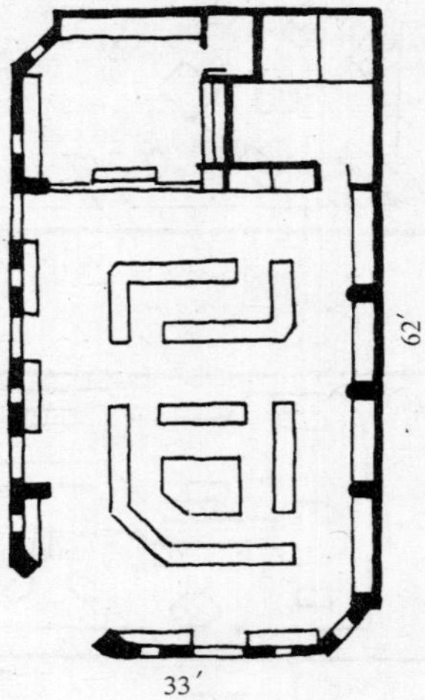

珠宝店

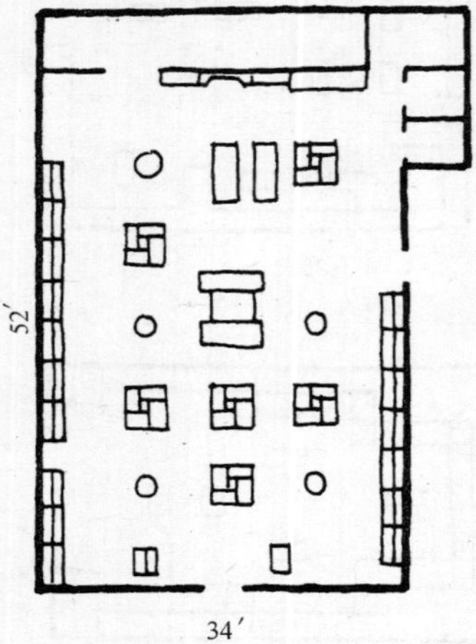

女式服装店

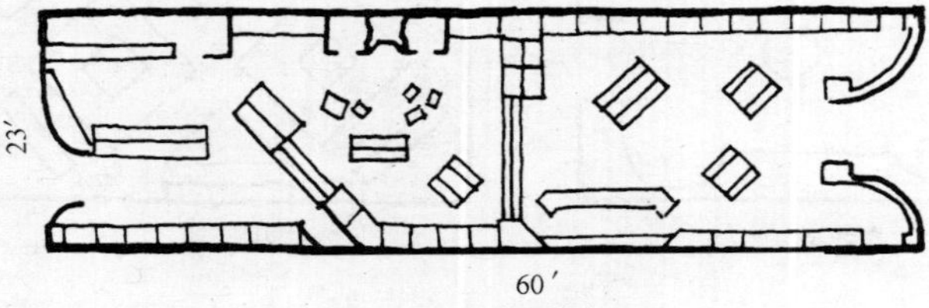

男式服装店

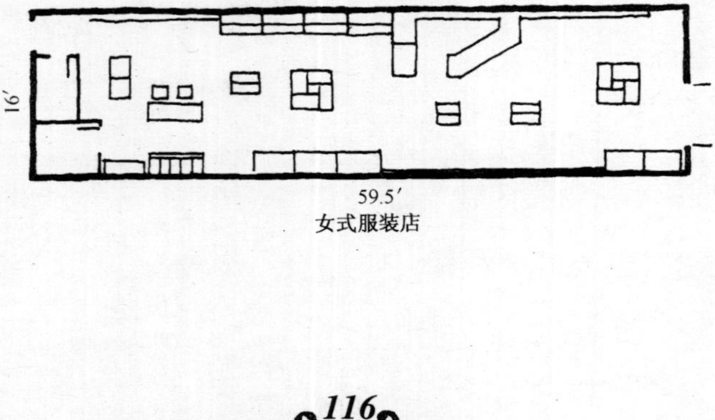

女式服装店

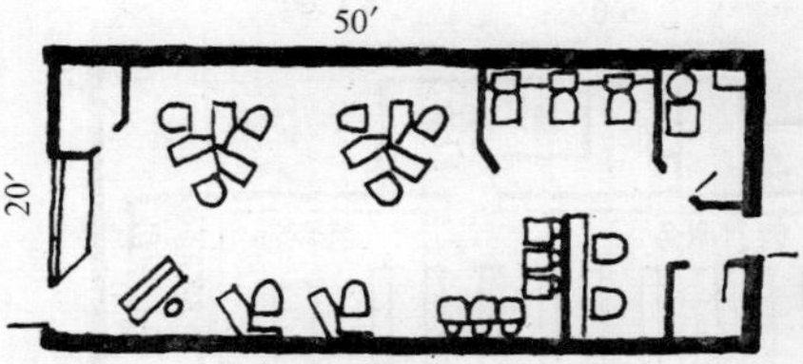

美容院

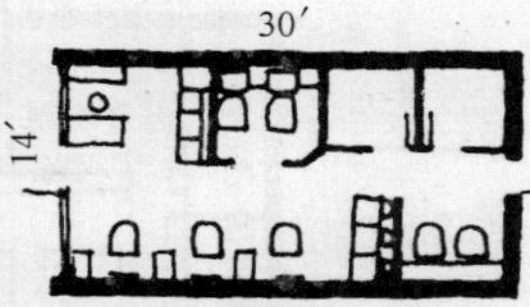

美容院

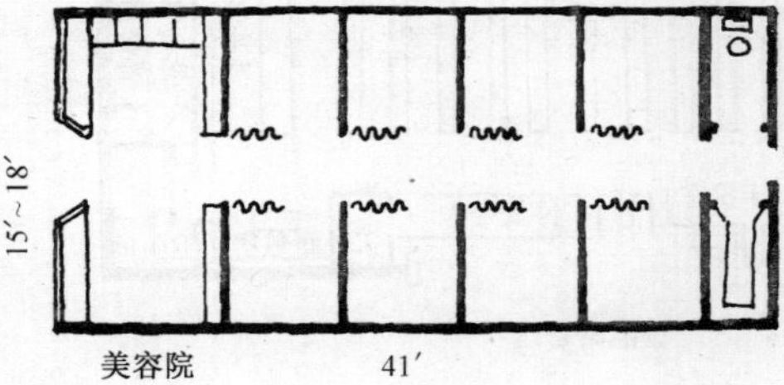

美容院

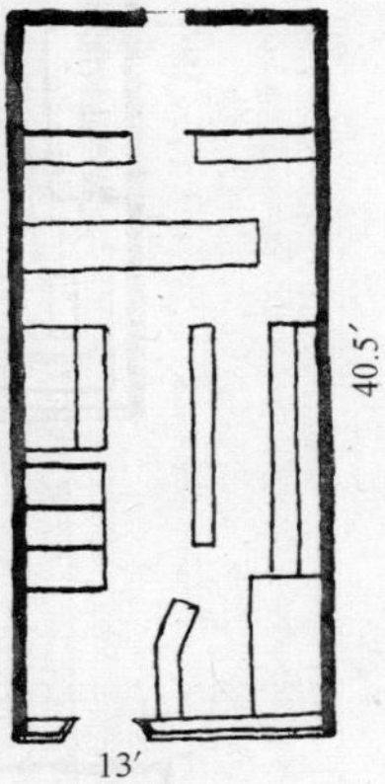

修鞋店

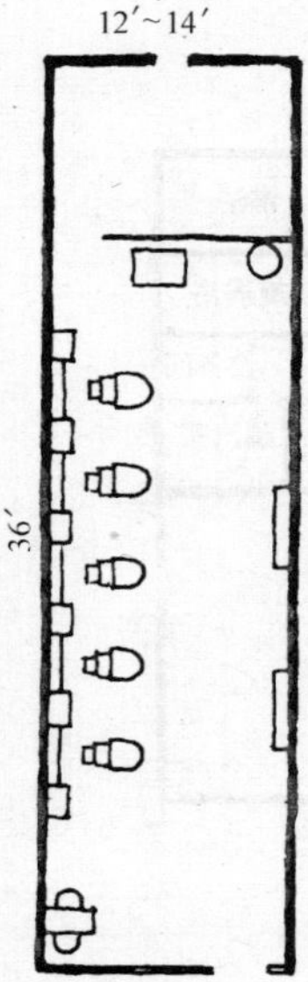

理发店

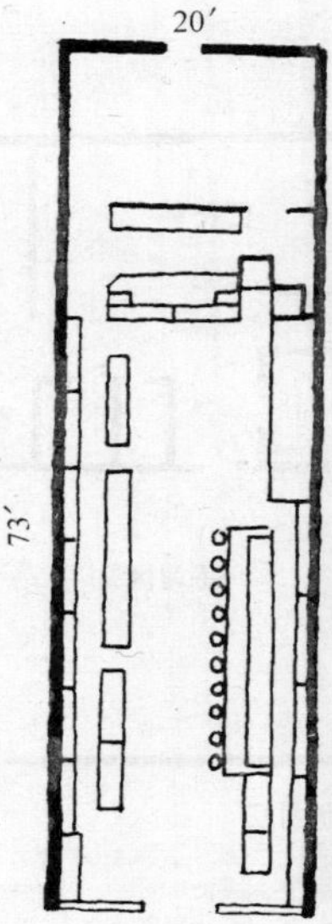

药店

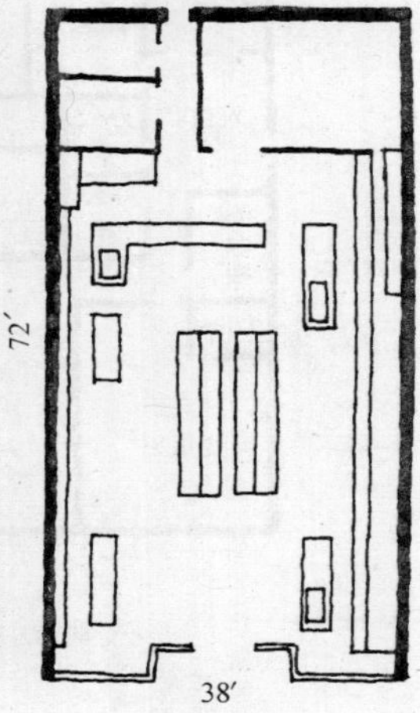

酒类商店

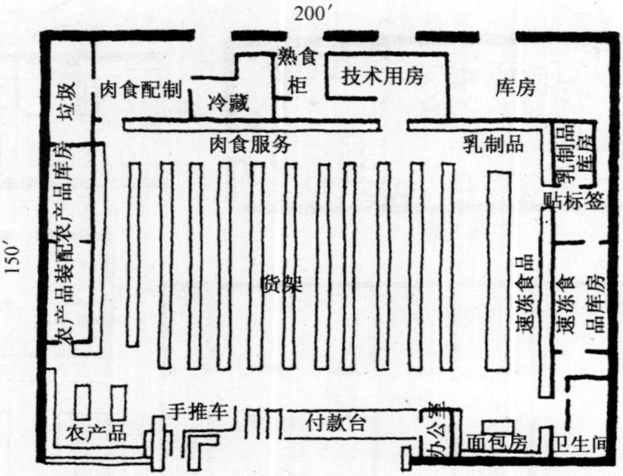
200′
150′
熟食
柜
技术用房
肉食配制
冷藏
库房
垃圾
肉食服务
乳制品
乳制品库房
农产品装配农产品库房
贴标签
货架
速冻食品
速冻食品库房
手推车
付款台
办公室
农产品
面包房
卫生间

食品杂货店

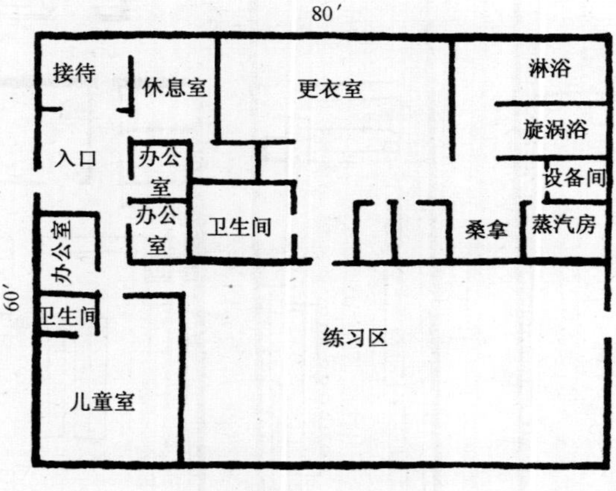
80′
60′
接待
休息室
更衣室
淋浴
旋涡浴
入口
办公室
办公室
设备间
卫生间
桑拿
蒸汽房
办公室
卫生间
练习区
儿童室

健身房

c. 细部详图

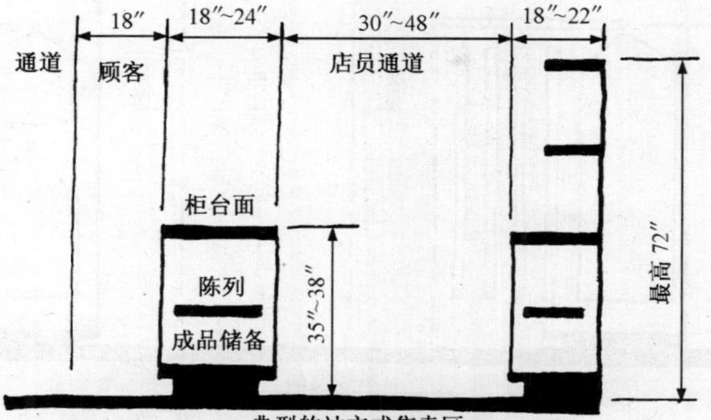

典型的站立式售卖区

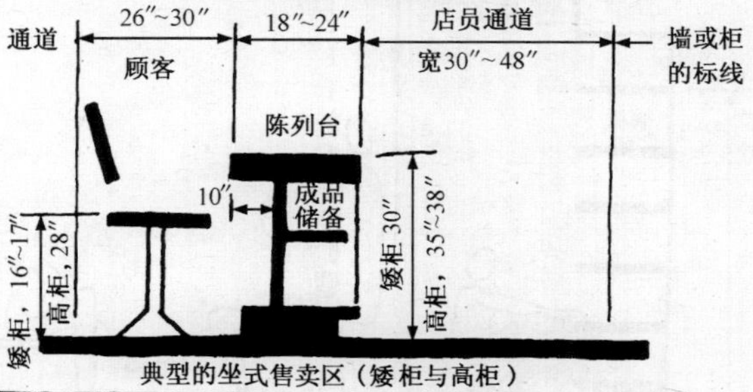

典型的坐式售卖区（矮柜与高柜）

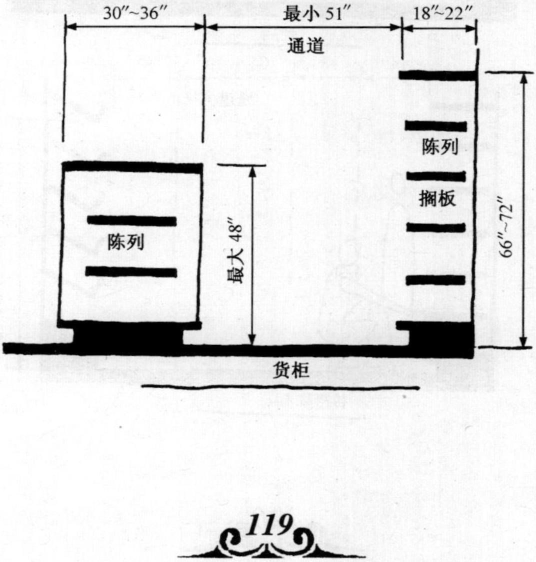

货柜

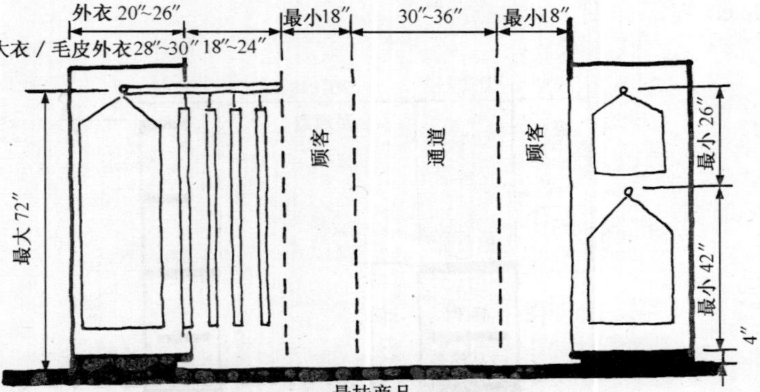
外衣 20″~26″
大衣 / 毛皮外衣 28″~30″
18″~24″
最小18″
30″~36″
最小18″
最大 72″
顾客
通道
顾客
最小 26″
最小 42″
4″

悬挂商品

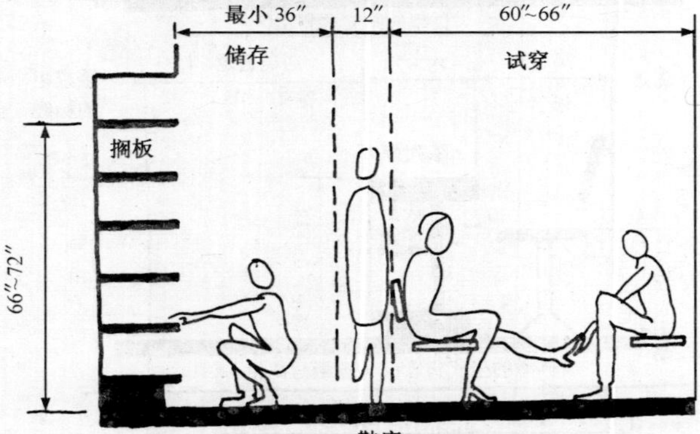
最小 36″
12″
60″~66″
储存
试穿
搁板
66″~72″

鞋店

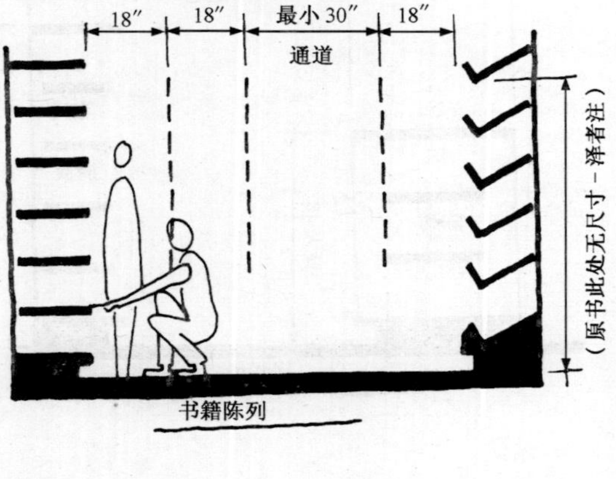
18″
18″
最小 30″
18″
通道
（原书此处无尺寸 – 译者注）

书籍陈列

d. 零售家具样板。下列零售柜台的样板比例为1/4″∶1′0″。可用于布置零售商店。

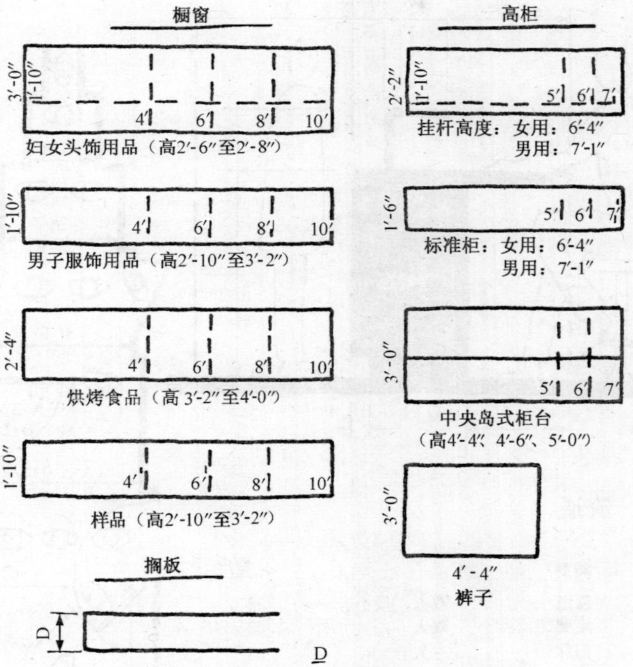

珠宝店，大件商品：2′-10″
小件商品：6″至1′-0″
食品杂货店，普通商品：1′-0″至1′-6″
主要商品：1′-6″至2′-0″
帽子：1′-2″
鞋：1′-2″
饮品：10″至1′-2″
书：8″、9″、10″
家具：10″至1′-6″
女士饰品：1′-6″

9. 接待/柜台/流通

a. 接待/柜台

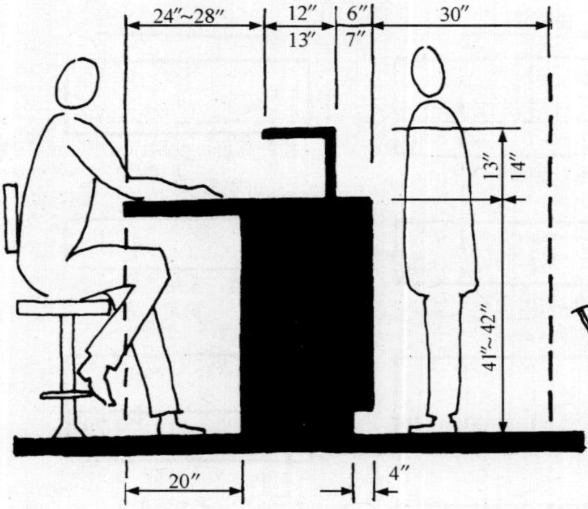

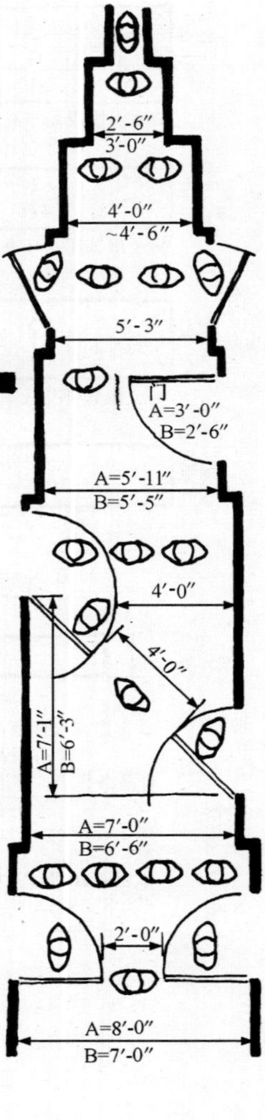

b. 流通

类型		宽度
通道	双人，最小	38″
走廊	双人	42″~54″
门厅	三人	67″
	四人	$88^1/_2$″

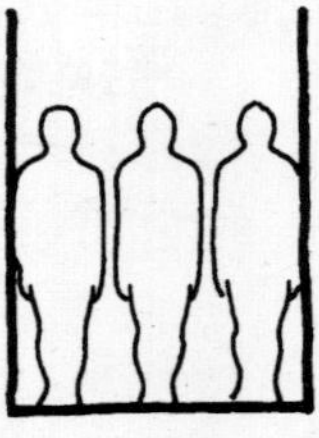

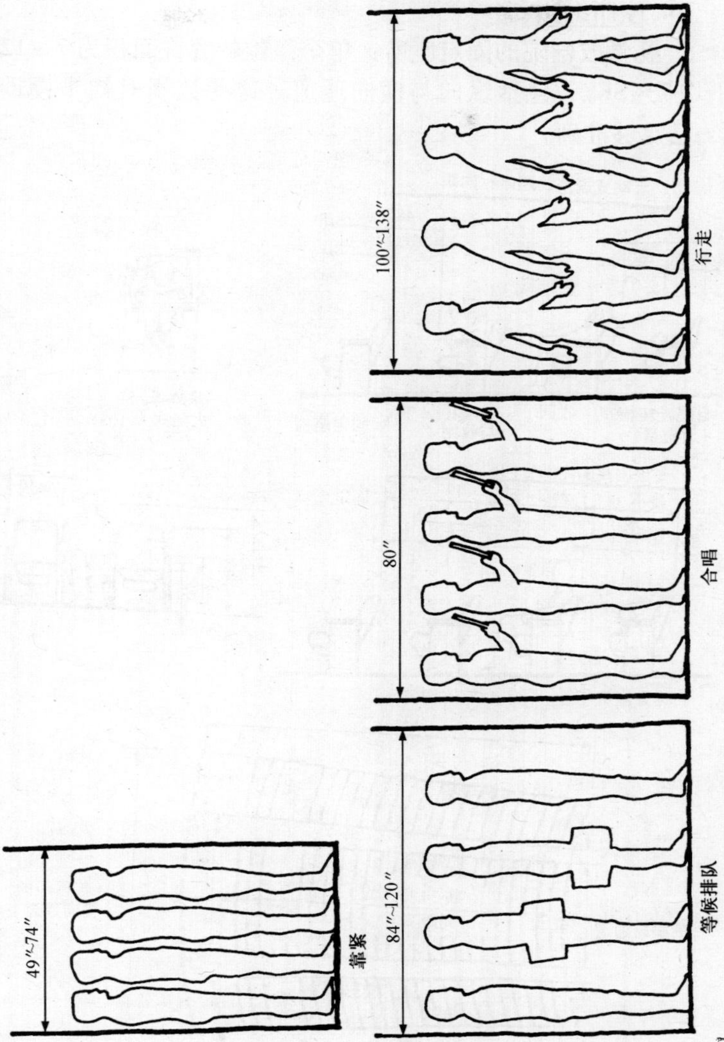
100″~138″
行走
80″
合唱
84″~120″
等候排队
49″~74″
靠紧

10. 座席组团

a. 礼堂或剧院的固定座席：单个座位的容许面积为 7～12SF（平均 7½SF），包括纵向与横向通道。这些数据对初步设计来说，已足够准确。

大陆式剧院的座席行间距

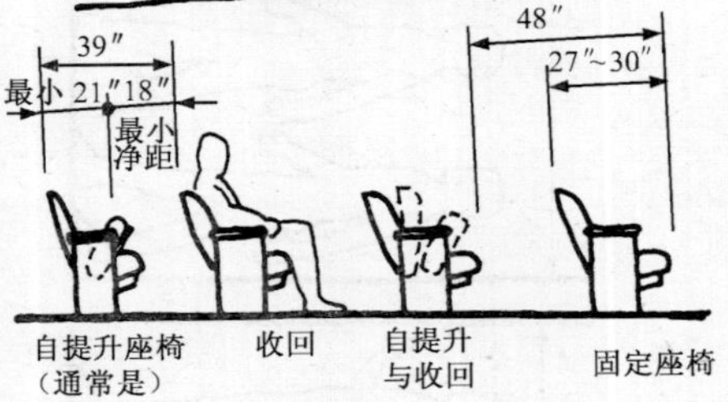

常规剧院的座席行间距

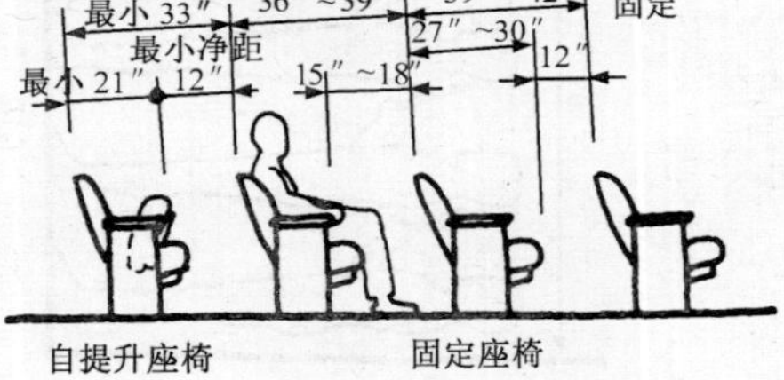

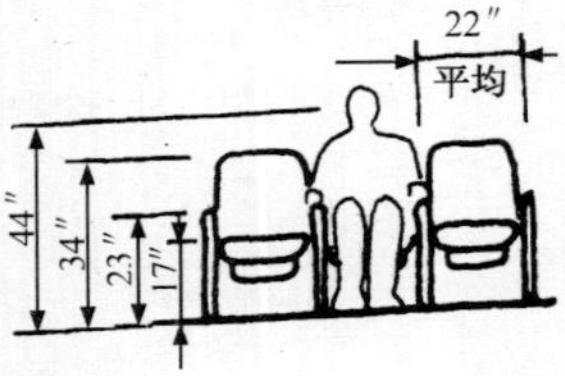

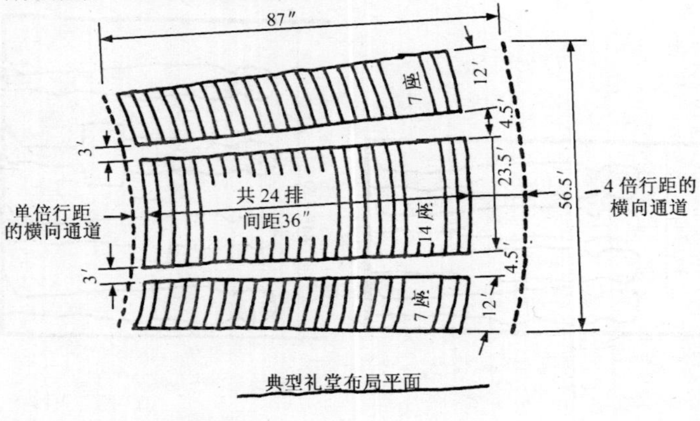

典型礼堂布局平面

b. 配备独立课桌椅的教室（价格参见第373页）：

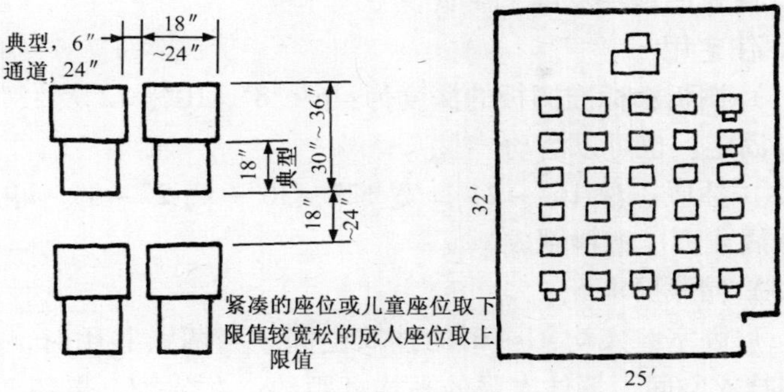

c. 座椅组团，餐桌及椅子（价格参见第373页）：

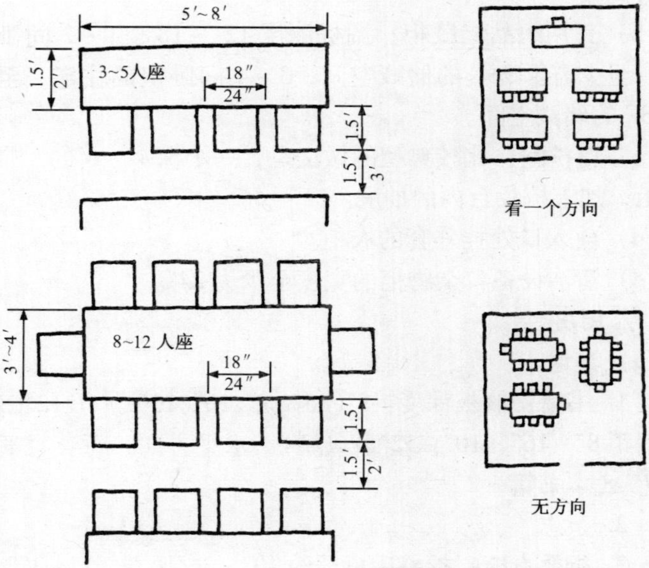

11. 储存

a. 商业库房：见第 114 页。

b. 住宅用

（1）搁板：标准搁板的深度为：6″、8″、10″、12″及 18″。它既可以固定，也可以活动。

（2）抽屉：深 16″～24″；宽 12″～36″；高 2″～8″。可用木材、金属或模压塑料制成。

（3）储藏要求

（a）卧室：人均 4′～6′的挂衣空间。当两人共用时，允许 8′长的挂衣空间。每件衣服的平均杆距约：女装 2″、男装 2¼″、厚外套 4″。建议挂杆高度：长挂杆 68″、成人服装 63″、童装 32″。搁板通常位于挂杆上方 2″处，并且，在搁板上方 12″处设置另一块搁板。

（b）日用织品储藏柜：搁板深度 12″～18″。1～2 间卧室的住宅，至少需要 9SF 的储藏空间，3～4 间卧室的住宅，至少需要 12SF 的储藏空间。

（c）盥洗室：比较典型的做法是，一个深 4″～6″的、带镜子的壁柜，加上梳妆台内的抽屉。

（d）前入口处挂外套的衣柜。

（e）清洁设备：杂物柜的宽度至少为 24″。

（f）厨房。

（g）其他。

—1. 书籍：搁板深度：8″(85%)、10″(10%) 及12″(5%)。竖直间距 8″～16″（10″～12″最典型）。水平方向，每英尺搁板可容纳 7～8 本书籍。

—2. 杂志。

—3. 折叠桌椅：折叠后桌子约 30″～36″见方，2″～3″厚。折叠后椅子的平均尺寸为 30″×16″×3″。

—4. 相册：14″×15″。

—5. 游戏用具。

—6. 放映机、幻灯机及屏幕。

—7. 玩具。

—8. 体育设备。

—9. 工具。

—10. 零散货物：通常放在室外、车库或阁楼。

（4）壁柜：标准壁柜的深度为：衣柜 24″~30″；日用织品柜 16″~20″。类型包括：

（a）伸手可及式（最小进深 24″）。

（b）单边进入式（再加 18″）。

（c）进入式。

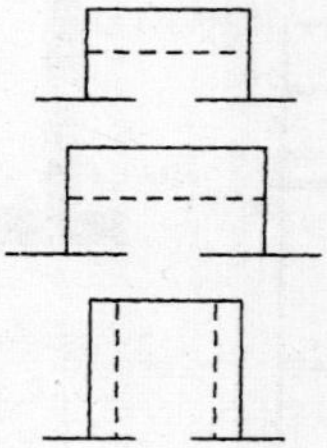

(5) 细部详图

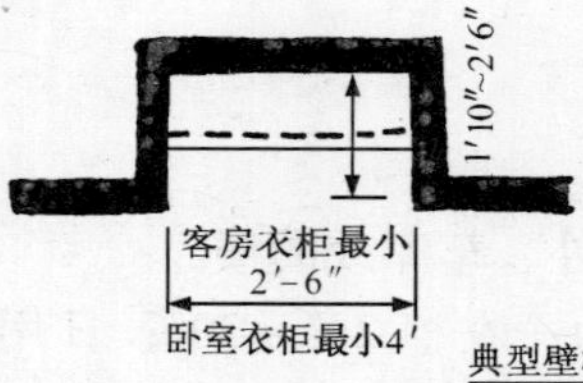

典型壁柜平面

伸手可及式

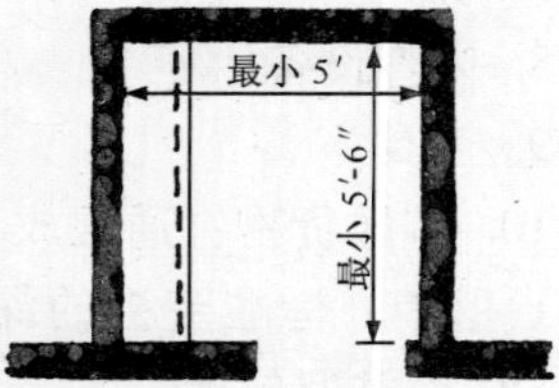

单侧步入式衣柜

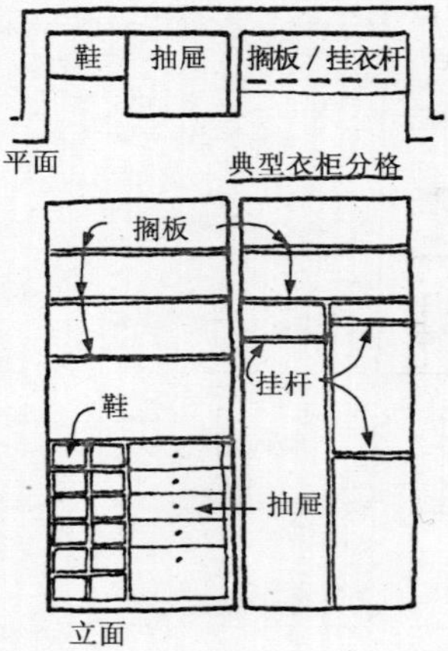

典型衣柜分格

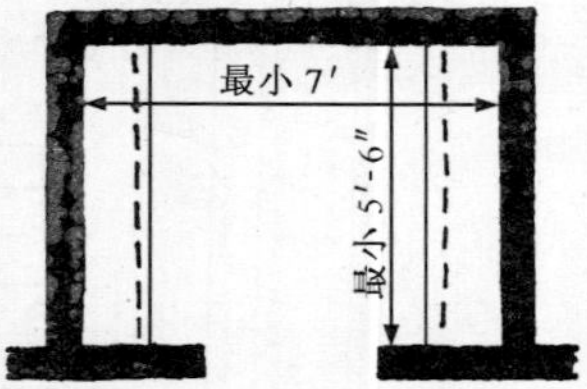

双侧步入式衣柜

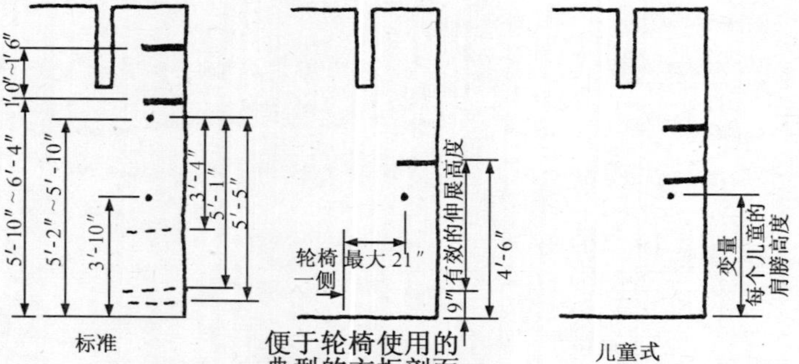

便于轮椅使用的典型的衣柜剖面

H. 实用数学及表格 (13) (18) (24) (30) (37) (38) (41A) (49)

1. **总则**：尽管室内设计师很少涉及高等数学，但仍需掌握简单数学。

a. 对初步估算来说（如本书），精度要求一般不会超过90% ~95%。

b. 在计算前，尝试对答案做大致估计（即，对答案你有辨别力吗?）。

c. 数值取整，不要受琐碎的小数困扰。

d. 最后得出的确切数字非常重要（如最终的建筑面积），对这些数字的计算，要放慢速度，并至少验算一遍。

2. 1英尺的十进制		**1英寸的十进制**	
1″=0.08′	7″=0.58′	1/8″=0.125″	5/8″=0.625″
2″=0.17′	8″=0.67′	1/4″=0.250″	3/4″=0.750″
3″=0.25′	9″=0.75′	3/8″=0.375″	7/8″=0.875″
4″=0.33′	10″=0.83′	1/2″=0.50″	1″=1.0″
5″=0.42′	11″=0.92′		
6″=0.50′	12″=1.0′	（例题见第154页）	

3. **简单代数**（例题见第154页）

一个未知量与两个已知量

$A=B/C$　　例如：$3=15/5$

$B=A\times C$　　$15=3\times 5$

$C=B/A$　　$5=15/3$

4. **比率与比值**（例题见第154页）

一个未知量与三个已知量（交叉相乘）

$\frac{A}{B}=\frac{C}{D}$　　例如：$\frac{X}{5}\times\frac{10}{20}$　　$20X=5\times 10$

$A\times C=B\times D$　　$X=\frac{5\times 10}{20}=2.5$　　$X=2.5$

5. **指数与幂**

$10^6 = 10 \times 10 \times 10 \times 10 \times 10 \times 10 = 1000000$（1+6 个 0）

$10^0 = 1.0$

$10^{-6} = 0.000001$（向左移 6 位小数点，或在 1 的前面加 5 个 0）

6. 增加或减少的百分比（例题见第 155 页）

增加 50% = 增加 1/2，使用 ×1.5

增加 100% = 2 倍，使用 ×2.0

增加 200% = 3 倍，使用 ×3.0

例如：从 20 增加到 25

求出增加的百分比：25 − 20 = 5（增加的总量）

5/20 = 0.25 或增加 25%

7. 复利计算：随着时间的推移，数值在自身基础上不断的增加或减少。就工程而言，每年都会在过去价格的基础上提高一定的百分比（%）。譬如，2000 年的价格为 $ 1.00，随着每年 2% 的涨幅，到 2005 年将达 $ 2.10（例题见第 156 页）。

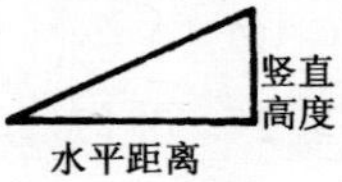

8. 斜率、梯度与角度

（见第 132 页）

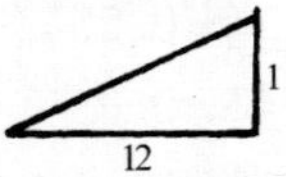

a. 斜率 = “竖直高度除以水平距离”，或是

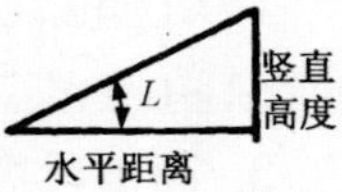

$$\% 斜率 = \frac{竖直高度}{水平距离} \times 100$$

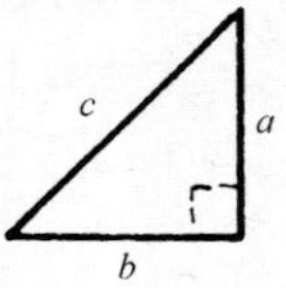

b. 梯度

等于竖直高度与水平距离之比

例如：以“1∶12”表示一个斜坡，以“4″∶12″”表示一个屋顶。

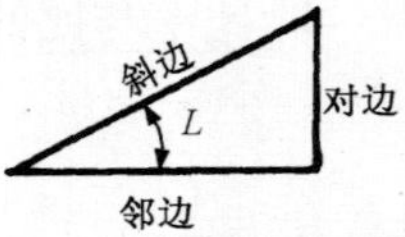

c. 角度

角度是以“竖直高度”和“水平距离”为基础的（见“直角三角形的特性”）。

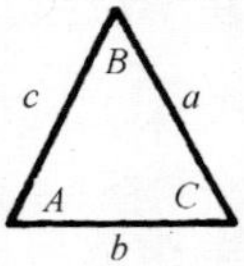

9. 直角三角形的特性（例题见第 155 页）

45°角：$a^2 + b^2 = c^2$

或 $c=\sqrt{a^2+b^2}$

对其他直角，使用简单的三角函数：

Sin（角度）= 对边/斜边

Cos（角度）= 邻边/斜边

Tan（角度）= 对边/邻边

可以利用带三角函数的计算器或第 132 页上的表格。

10. 非直角三角形的特性

使用 sin 定律：

$a/\sin A=b/\sin B=c/\sin C$

$a/b=\sin A/\sin B$，……

11. 圆的性质

一个圆被等分为 360 份，1 份称为“度”（°）。1°等于1/360圆周弧所对应的圆心角。1°又被分为 60“分”（′）。1′再被分成 60“秒”（″）。见第 144 页。

12. 几何形状

利用第 142、143 页的公式来计算面积与体积。

13. 透视草图

利用边长为 10′的正方体及其 5′处的直线与对角线，迅速绘制透视草图：

a. 第 135 页的草图体现了两种作图技巧：

第一种是：绘制视平线（HL）上的灭点（VP）与另一个与之保持一定距离的灭点（也在视平线上）之间的对角连线。利用射线创建 10′正方体。第二种技巧是利用 10′正方体及其中点（5′）处的连线。穿过中点的对角线以 5′和 10′为模数连续后退，直至灭点。5′约为视点高度，并可由此建立视平线。5′的一半（2.5′）则是家具高度和宽度的模数。

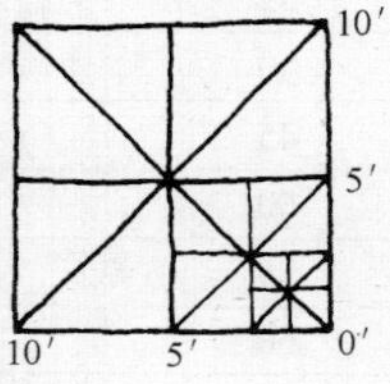

坡度、斜率和角度换算表

%斜率	英寸/英尺	比　值	与水平线的夹角度数
1	1/8	1:100	
2	1/4	1:50	
3	3/8		
4	1/2	1:25	
5	5/8	1:20	3
6	3/4		
7	7/8		
8	近似1	近似1:12	
9	$1^1/_8$		
10	$1^1/_4$	1:10	6
11	$1^3/_8$	近似1:9	
12	$1^1/_2$		
13	$1^5/_8$		
14	$1^3/_4$		
15			8. 5
16	$1^7/_8$		
17	2	近似2:12	
18	$2^1/_8$		
19	$2^1/_4$		
20	$2^3/_8$	1:5	11. 5
25	3	3:12	14
30	3. 6	1:3. 3	17
35	4. 2	近似4:12	19. 25
40	4. 8	近似5:12	21. 5
45	5. 4	1:2. 2	24
50	6	6:12	26. 5
55	$6^5/_8$	1:1. 8	28. 5
60	$7^1/_4$	近似7:12	31
65	$7^3/_4$	1:1½	33
70	$8^3/_8$	1:1. 4	35
75	9	1:1. 3	36. 75
100	12	1:1	45

三角函数表

角度	sin	cos	tan	角度	sin	cos	tan	角度	sin	cos	tan
1	.0175	.9998	.0175	9	.1564	.9877	.1584	17	.2924	.9563	.3057
2	.0349	.9994	.0349	10	.1736	.9848	.1763	18	.3090	.9511	.3249
3	.0523	.9986	.0524	11	.1908	.9816	.1944	19	.3256	.9455	.3443
4	.0698	.9976	.0699	12	.2079	.9781	.2126	20	.3420	.9397	.3640
5	.0872	.9962	.0875	13	.2250	.9744	.2309	21	.3584	.9336	.3839
6	.1045	.9945	.1051	14	.2419	.9703	.2493	22	.3746	.9272	.4040
7	.1219	.9925	.1228	15	.2588	.9659	.2679	23	.3907	.9205	.4245
8	.1392	.9903	.1405	16	.2756	.9613	.2867	24	.4067	.9135	.4452
25	.4226	.9063	.4663	47	.7314	.6820	1.0724	69	.9336	.3584	2.6051
26	.4384	.8988	.4877	48	.7431	.6691	1.1106	70	.9397	.3420	2.7475
27	.4540	.8910	.5095	49	.7547	.6561	1.1504	71	.9455	.3256	2.9042
28	.4695	.8829	.5317	50	.7660	.6428	1.1918	72	.9511	.3090	3.0777
29	.4848	.8746	.5443	51	.7771	.6293	1.2349	73	.9563	.2924	3.2709
30	.5000	.8660	.5774	52	.7880	.6157	1.2799	74	.9613	.2756	3.4874
31	.5150	.8572	.6009	53	.7986	.6018	1.3270	75	.9659	.2588	3.7321
32	.5299	.8480	.6249	54	.8090	.5878	1.3764	76	.9703	.2419	4.0108
33	.5446	.8387	.6494	55	.8192	.5736	1.4281	77	.9744	.2250	4.3315
34	.5592	.8290	.6745	56	.8290	.5592	1.4826	78	.9781	.2079	4.7046
35	.5736	.8192	.7002	57	.8387	.5446	1.5399	79	.9816	.1908	5.1446
36	.5878	.8090	.7265	58	.8480	.5299	1.6003	80	.9848	.1736	5.6713
37	.6018	.7986	.7536	59	.8572	.5150	1.6643	81	.9877	.1564	6.3138
38	.6157	.7880	.7813	60	.8660	.5000	1.7321	82	.9903	.1392	7.1154
39	.6293	.7771	.8098	61	.8746	.4848	1.8040	83	.9925	.1219	8.1443
40	.6428	.7660	.8391	62	.8829	.4695	1.8807	84	.9945	.1045	9.5144
41	.6561	.7547	.8693	63	.8910	.4540	1.9626	85	.9962	.0872	11.4301
42	.6691	.7431	.9004	64	.8988	.4384	2.0503	86	.9976	.0698	14.3007
43	.6820	.7314	.9325	65	.9063	.4226	2.1445	87	.9986	.0523	19.0811
44	.6947	.7193	.9657	66	.9135	.4067	2.2460	88	.9994	.0349	28.6363
45	.7071	.7071	1.0000	67	.9205	.3907	2.3559	89	.9998	.0175	57.2900
46	.7193	.6947	1.0355	68	.9272	.3746	2.4751	90	1.000	.0000	∞

注：Deg = 角度的度数；Sin = sine；Cos = cosine；Tan = tangent.

b. 第 135 页的草图示范了人们观察建筑物的一般状况。即：靠近建筑，几乎成一点透视。若要绘制小幅草图，可在右侧以½″为刻度设置垂直标尺，然后，在其左侧 10½″处，以⅜″为刻度设置垂直标尺。这适合绘制一幅 8½″ × 11″大小的小幅草图。较大的草图可使用同样的比例。

透视草图

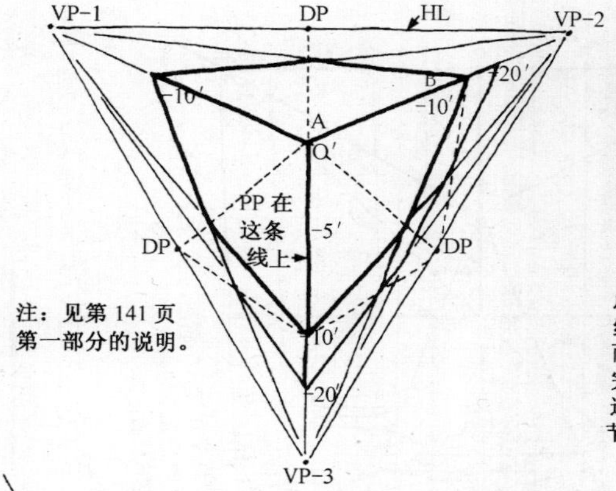

三点透视

徒手绘制一等边三角形（顶点为 VP-1、VP-2 及 VP-3）。确定每边的中点 DP，在靠近三角形中心处确定 A 点，绘制 A 与 VP-2 的连线，并目测绘制长度为 10′ 的线段 AB。完成 10′ 正方体的边：连接角点与 DP 点以获得相对角点，绘制角点与 VP 点的连线从而得到正方体的边，并依次完成所有的边。此草图可通过一个较大的三角形来调节与放大。

注：见第 141 页第一部分的说明。

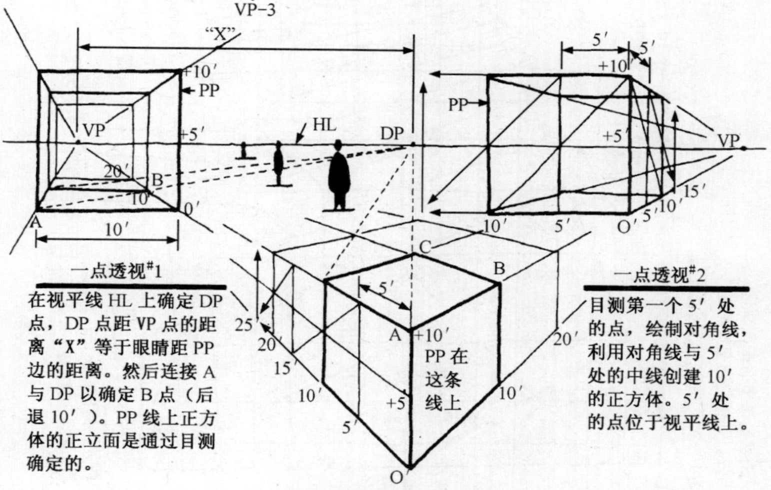

一点透视#1

在视平线 HL 上确定 DP 点，DP 点距 VP 点的距离"X"等于眼睛距 PP 边的距离。然后连接 A 与 DP 以确定 B 点（后退 10′）。PP 线上正方体的正立面是通过目测确定的。

一点透视#2

目测第一个 5′ 处的点，绘制对角线，利用对角线与 5′ 处的中线创建 10′ 的正方体。5′ 处的点位于视平线上。

二点透视

#1 目测确定 LVP（左灭点）、RVP（右灭点）及 DP 点，这些点均位于视平线（HL）上。绘制 A 和 DP 的连线。在 AB 线上目测第一个 10′ 长度，绘制 B 与 LVP 的连线。两线相交求得 C 点（后退 10′），并以此类推。

#2 也可通过目测得出第一个 5′ 处的点，并利用 5′ 处的对角线来绘制。

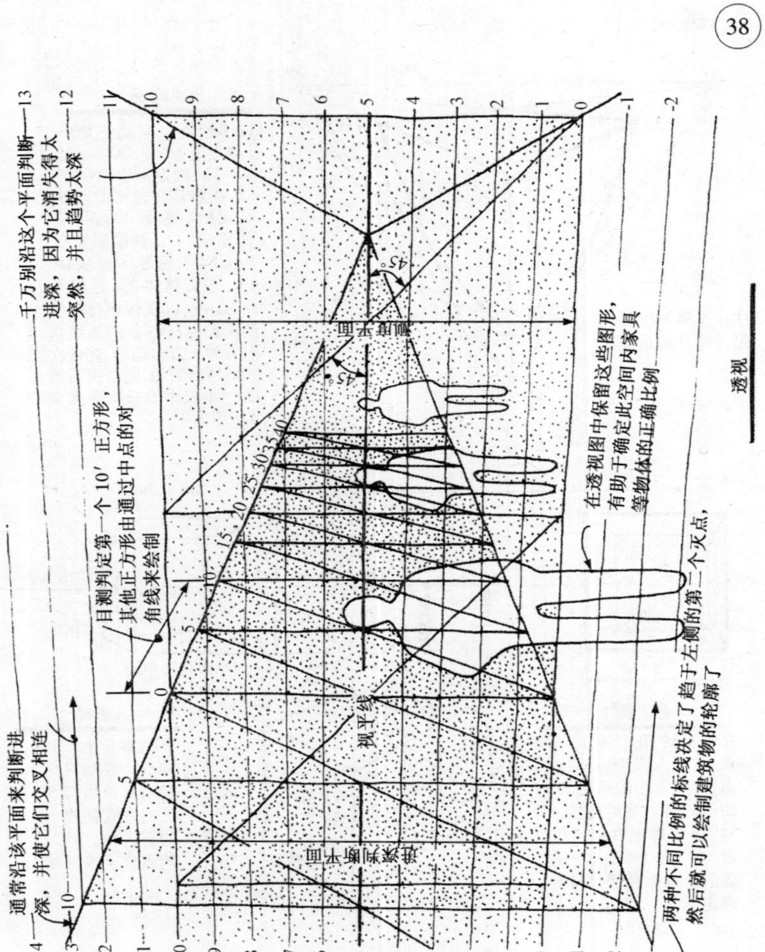
38
透视
千万别沿这个平面判断进深，因为它消失得太突然，并且趋势太深
目测判定第一个10′正方形，其他正方形由通过中点的对角线来绘制
通常沿该平面来判断进深，并使它们交叉相连
在透视图中保留这些图形，有助于确定此空间内家具等物体的正确比例
两种不同比例的标线决定了趋于左侧的第二个灭点，然后就可以绘制建筑物的轮廓了
视平线
进深判断平面
测量平面
45°
45°

角度 ㊶A

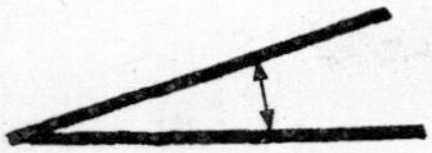

锐角：大于 0° 却小于 90° 的角。

直角：正好等于 90° 的角。角的一边垂直于另一边。

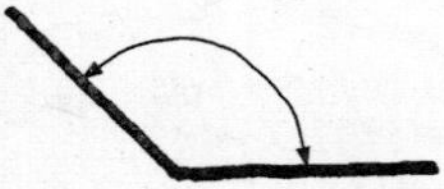

钝角：大于 90° ，却小于 180° 的角。

平角：等于 180° 的角，并形成直线。

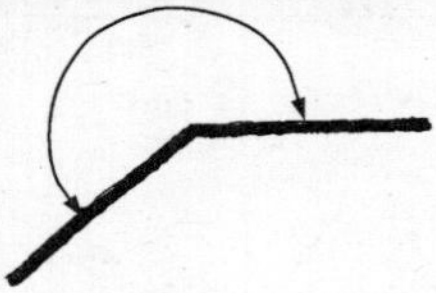

优角：大于 180° 但小于 360° 的角。

余角：两个相加等于 90° 的角。

补角：两个相加等于 180° 的角。

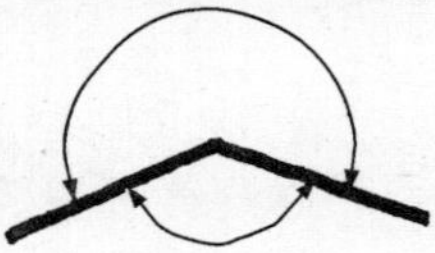

共轭角：两个相加等于 360° 的角。

几何图形 (41A)

	多边形的名称	边数	内角角度	内角角度总和
	三角形	3	60°	180°
	正方形	4	90°	360°
	五边形	5	108°	540°
	六边形	6	120°	720°
	七边形	7	128.6°	900°
	八边形	8	135°	1080°
	九边形	9	140°	1260°
	十边形	10	144°	1440°
	十一边形	11	147.3°	1620°
	十二边形	12	150°	1800°

三角形 (41A)

以下所示为六种类型的三角形。任何平面三角形的内角之和均为180°。

等边三角形：边长相等，内角相等。

等腰三角形：有两条相等的边和两个相等的内角。

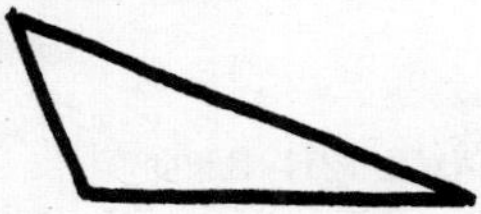

不规则三角形：所有的边都不相等,所有的角都不同。

直角三角形：包含一个直角的三角形。

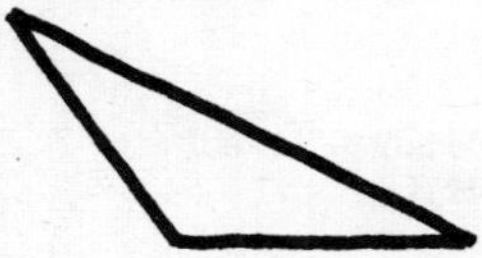

钝角三角形：包含一个大于90°的钝角的三角形。

锐角三角形：包含三个小于90°的锐角的三角形。

四边形 (41A)

四边形是一个四条边的多边形或四条边的平面图形。

正方形：所有的边长度相等，且四个角均为直角。

矩形：两对边长度相等，且四个角均为直角。

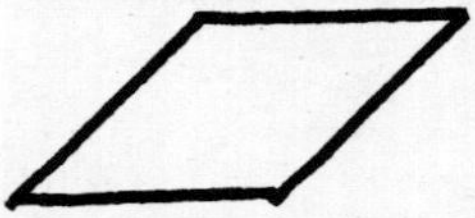

菱形：四条边长度相等，但四个角不是直角。

平行四边形：两对边平行，且长度相等。

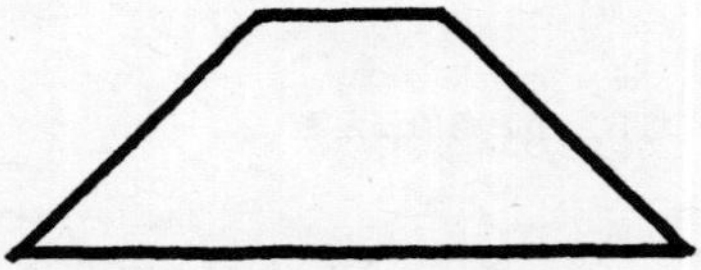

梯形：有一对互相平行的边。

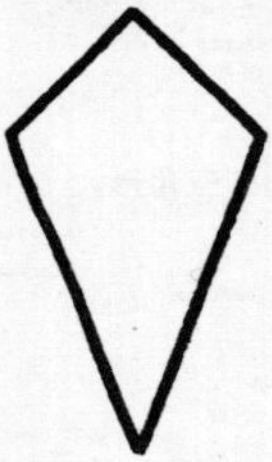

风筝形：有两对长度相等的邻边。其对角线相交成直角。

实体 41A

实体是三维的，这意味着它有长度、宽度和高度。多面体是以多边形的面或边组成的实体。将多面体打开后给出的图形称为“网格”。

正多面体的各个面均为尺寸相同的正多边形。一个正多面体可正好嵌入一个球面体，且所有的顶点及边都落在球面上。以下为五种正多面体的图形及其网格。

四面体：由四个等边三角形组成的面。

立方体：有六个面，每个面都是正方形。

八面体：有八个面，并且每个面都是等边三角形。

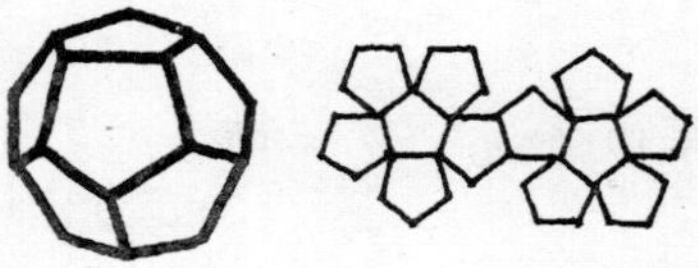

十二面体：由十二个面组成，并且每个面均为五边形。

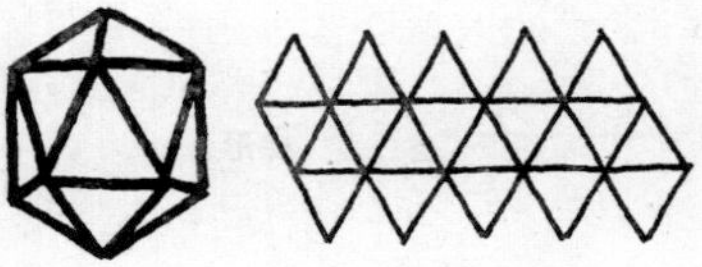

二十面体：由二十个等边三角形组成的面构成。

面积 (41A)

缩写字母：

a = 顶边长

b = 底边长

h = 垂直高度

r = 半径

π =3.1416

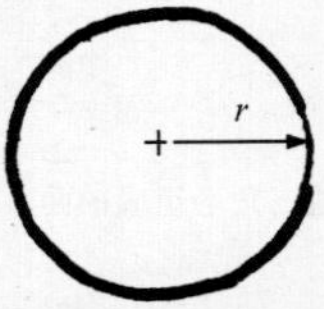

面积 = $\pi \times r^2$ 圆

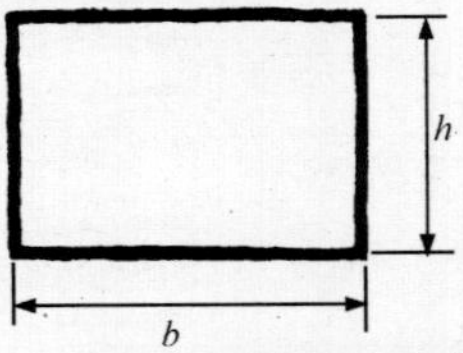

面积 = $b \times h$ 矩形

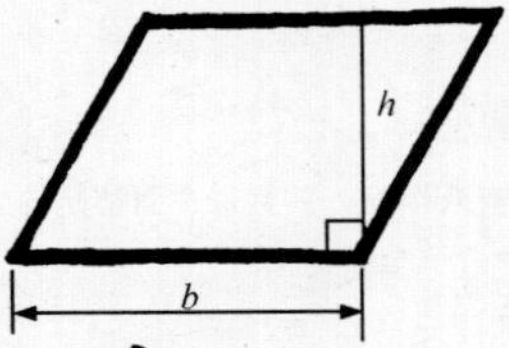

面积 = $b \times h$ 平行四边形

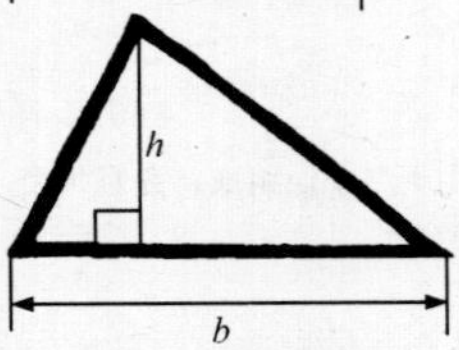

面积 = $1/2 \times b \times h$ 三角形

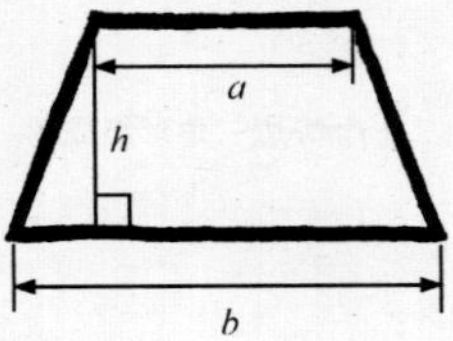

面积 = $\frac{(a+b) \times h}{2}$ 梯形

体积 (41A)

缩写字母：

b = 底面宽

h = 垂直高度

l = 底面长

r = 半径

π =3.1416

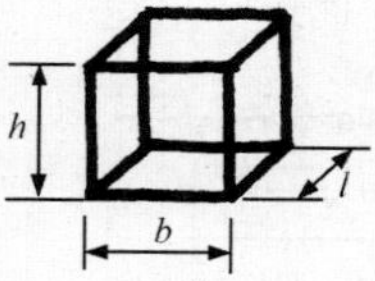

体积 $= b \times h \times 1$ 正方体

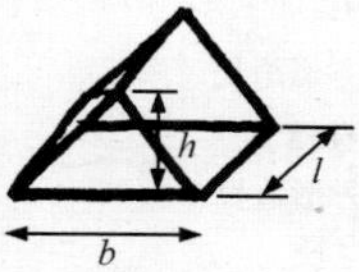

体积 $= \frac{b \times h \times l}{2}$ 棱柱体

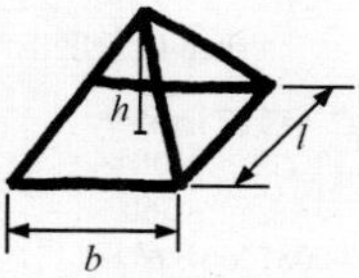

体积 $= \frac{b \times h \times l}{3}$ 棱锥体

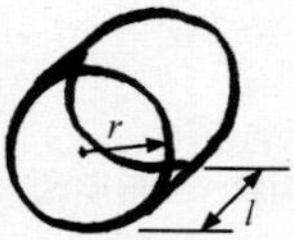

体积 $= \pi \times r^2 \times l$ 圆柱体

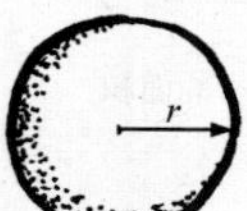

体积 $= \frac{4 \times \pi \times r^3}{3}$ 球体

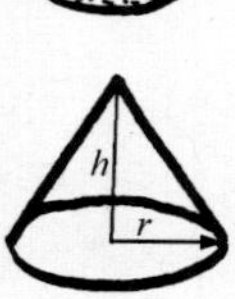

体积 $= \frac{\pi \times r^2 \times h}{3}$ 圆锥体

圆的特性

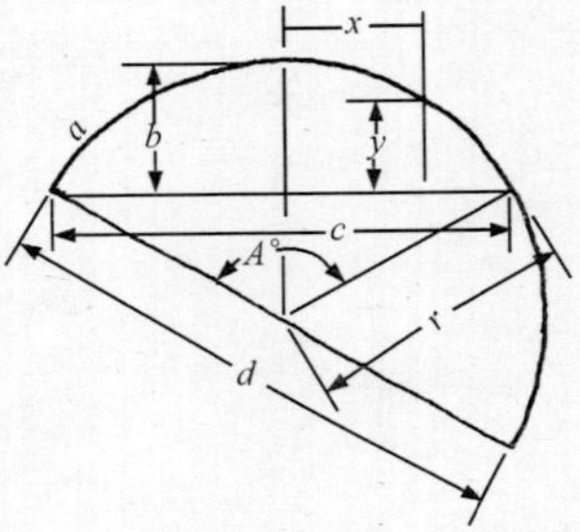

圆周长=6.28318r=3.1416d

直径=0.31831× 圆周长

面积=3.1416r^2

弧长　$a=\dfrac{\pi rA^\circ}{180^\circ}=0.017453rA^\circ$

弧度　$A^\circ=\dfrac{180^\circ a}{\pi r}=57.29578\dfrac{a}{r}$

半径　$r=\dfrac{4b^2+c^2}{8b}$

弦　$c=2\sqrt{2br-b^2}=2r\sin\dfrac{A}{2}$

矢高　$b=r-\dfrac{1}{2}\sqrt{4r^2-c^2}=\dfrac{c}{2}\tan\dfrac{A}{4}$

$=2r\sin^2\dfrac{A}{4}=r+y-\sqrt{r^2-x^2}$

$y=b-r+\sqrt{r^2-x^2}$

$x=\sqrt{r^2-(r+y-b)^2}$

与正方形周长相等的圆的直径 =1.27324× 正方形边长

与圆周长相等的正方形的边长 =0.78540× 圆直径

正方形的外接圆的直径　=1.41421× 正方形边长

圆的内接正方形的边长　=0.70711× 圆直径

扇形

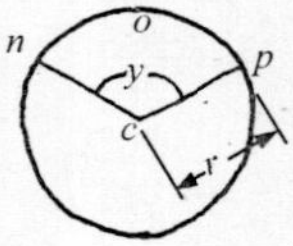

r= 圆半径　　y=ncp 的角度

ncpo 的面积 =1/2（弧长 nop×r）

$=$ 圆面积 $\times\dfrac{y}{360}$

$= 0.0087266\times r^2\times y$

圆缺

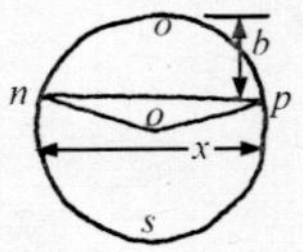

r= 圆半径　x= 弦　b= 矢高

圆缺 nop 的面积 = 扇形 ncop 的面积 − 三角形 ncp 的面积

$=\dfrac{(\text{弧长 nop}\times r)-x(r-b)}{2}$

圆缺 nop 的面积 = 圆面积 − 圆缺 nop 的面积

温度

摄氏度 C ×1. 8 = 华氏度 F

华氏度 F ×0. 5556 = 摄氏度 C

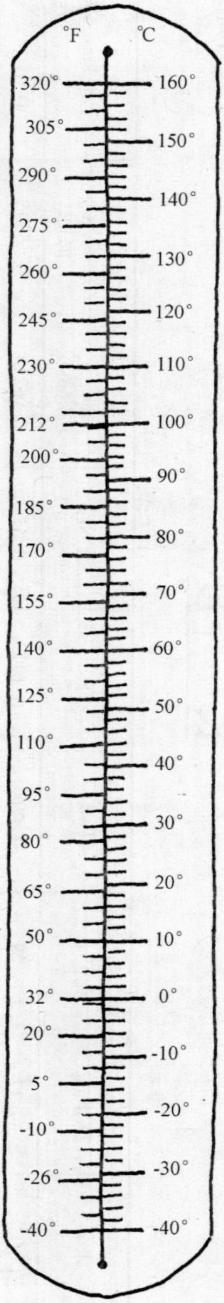

(19A)

长　度

米 m	英寸 in.	英尺 ft.	码 yd.	杆 r.	链 ch.	美制，英里		千米 km
						法定英里	海里	
1	39.37	3.28	1.09	0.199	0.05	$0.{}_0^3 6214$	$0.{}_0^3 5396$	0.01
0.025	1	0.083	0.028	$0.{}_0^2 51$	$0.{}_0^2 13$	$0.{}_0^4 158$	$0.{}_0^4 137$	$0.{}_0^4 254$
0.305	12	1	0.333	0.06	0.015	$0.{}_0^3 189$	$0.{}_0^3 165$	$0.{}_0^3 305$
0.914	36	3	1	0.18	0.045	$0.{}_0^3 568$	$0.{}_0^3 493$	$0.{}_0^3 914$
5.029	198	16.5	5.5	1	0.25	$0.{}_0^2 313$	$0.{}_0^2 271$	$0.{}_0^2 503$
20.117	792	66	22	4	1	0.013	0.0109	0.020
1609.35	63360	5280	1760	320	80	1	0.868	1.609
1853.25	72962.5	6080.2	2026.7	368.5	92.12	1.15	1	1.853
1000	39370	3280.8	1093.6	198.8	49.71	0.621	0.540	1

* 1 米(m) = 10 分米(dm) = 100 厘米(cm) = 1000 毫米(mm)。

注：数字符号${}_0^2$，${}_0^3$，${}_0^4$，等，表示“0”的个数；

例如：1 米 = $0.{}_0^3 6214$ = 0.0006214 法定英里。

面 积

(19A)

平方米 SM	平方英寸 SI	平方英尺 SF	平方码 SY	平方杆 SR	英亩 AC	公顷 HA	平方英里 法定	平方千米 SQ km
1	1550.0	10.76	1.196	0.039	$0.{}^{3}_{0}247$	0.0001	$0.{}^{6}_{0}386$	$0.{}^{5}_{0}1$
$0.{}^{3}_{0}65$	1	$0.{}^{2}_{0}69$	$0.{}^{3}_{0}77$	$0.{}^{6}_{0}26$	$0.{}^{6}_{0}16$	$0.{}^{7}_{0}65$	$0.{}^{9}_{0}25$	$0.{}^{9}_{0}65$
0.093	144	1	0.111	$0.{}^{2}_{0}37$	$0.{}^{4}_{0}23$	$0.{}^{5}_{0}93$	$0.{}^{7}_{0}36$	$0.{}^{7}_{0}93$
0.836	1296	9	1	0.333	$0.{}^{3}_{0}21$	$0.{}^{4}_{0}84$	$0.{}^{6}_{0}32$	$0.{}^{6}_{0}84$
25.293	39204	272.25	30.25	1	0.006	$0.{}^{3}_{0}25$	$0.{}^{5}_{0}98$	$0.{}^{4}_{0}26$
4046.87	6272640	43560	4840	160	1	0.405	$0.{}^{2}_{0}16$	$0.{}^{2}_{0}41$
10000	15499969	107639	11959.9	395.37	2.47104	1	$0.{}^{2}_{0}39$	0.01
2589999		27878400	3097600	102400	640	259	1	2.59
1000000		10763867	1195985	39536.6	247.104	100	0.386	1

(19A)

体　积

立方分米或升	立方英寸	立方英尺	立方码	美制，夸脱		美制，加仑		美制
				液量	干量	液量	干量	蒲式耳
1	61.02	0.035	$0.{}_{0}^{2}13$	1.057	0.908	0.264	0.227	0.028
0.016	1	$0.{}_{0}^{3}58$	$0.{}_{0}^{4}21$	0.017	0.015	$0.{}_{0}^{2}43$	$0.{}_{0}^{2}72$	$0.{}_{0}^{2}47$
28.32	1728	1	0.037	29.92	25.714	7.481	6.429	0.804
764.56	46656	27	1	807.90	694.28	201.97	173.57	21.70
0.946	57.75	0.033	$0.{}_{0}^{2}124$	1	0.859	0.25	0.215	0.027
1.1012	67.20	0.039	$0.{}_{0}^{2}144$	1.1637	1	0.291	0.25	0.031
3.786	231	0.134	$0.{}_{0}^{2}495$	4	3.437	1	0.859	0.107
4.405	268.8	0.156	$0.{}_{0}^{2}576$	4.655	4	1.164	1	0.125
35.24	2150.4	1.244	0.0461	37.24	32	9.309	8	1

美制干量单位：1 蒲式耳 = 4 配克 = 8 加仑 = 32 夸脱 = 64 品脱。

美制液量单位：1 加仑 = 4 夸脱 = 8 品脱 = 32 吉耳 = 128 液盎司。

1 美制加仑 = 0.83268 英制加仑。

19A

重 量

千克 kg	格令	盎司		磅		吨		
		金衡制	常衡制	金衡制	常衡制	净重(短) 2000lb	毛重(长) 2240lb	公制 1000kg
1	15432.4	32.15	35.27	2.679	2.205	$0.{}_{0}^{2}1102$	$0.{}_{0}^{3}984$	0.001
$0.{}_{0}^{4}648$	1	$0.{}_{0}^{2}208$	$0.{}_{0}^{3}23$	$0.{}_{0}^{3}174$	$0.{}_{0}^{3}143$	$0.{}_{0}^{7}714$	$0.{}_{0}^{7}638$	$0.{}_{0}^{7}648$
0.031	480	1	1.097	0.083	0.069	$0.{}_{0}^{4}343$	$0.{}_{0}^{4}306$	$0.{}_{0}^{4}311$
0.024	437.5	0.911	1	0.076	0.063	$0.{}_{0}^{4}313$	$0.{}_{0}^{4}279$	$0.{}_{0}^{4}284$
0.373	5760	12	13.166	1	0.823	$0.{}_{0}^{3}411$	$0.{}_{0}^{3}367$	$0.{}_{0}^{3}373$
0.454	7000	14.58	16	1.215	1	0.0005	$0.{}_{0}^{3}446$	$0.{}_{0}^{3}454$
907.185	14000000	29166.7	32000	2430.56	2000	1	0.893	0.907
1016.05	15680000	32666.7	35840	2722.22	2240	1.12	1	1.016
1000	15432356	32150.7	35274	2679.23	2204.62	1.102	0.984	1

1 英担(cwt.) = $^{1}/_{20}$t = 4 夸脱 = 8 英石 = 112lb = 50.8kg。

(19A)

密度

克/立方厘米 g/cm³	磅/立方英寸 lb./in.³	磅/立方英尺 lb./ft.³	磅/立方码 lb./yd.³	千克/立方米 kg/m³	磅/蒲式耳美制	磅/加仑干量，美制	磅/加仑液量，美制	千克/百升 kg/hl
1	0.036	62.43	1685.56	1000	77.689	9.711	8.345	100
27.68	1	1728	46656	27679.7	2150.4	268.8	231	2767.97
0.016	$0.{}_{0}^{3}579$	1	27	16.02	1.24	0.156	0.134	1.602
$0.{}_{0}^{3}59$	$0.{}_{0}^{4}21$	0.037	1	0.593	0.046	$0.{}_{0}^{2}576$	$0.{}_{0}^{2}495$	0.059
0.001	$0.{}_{0}^{4}36$	0.062	1.686	1	0.078	$0.{}_{0}^{2}97$	$0.{}_{0}^{2}83$	0.10
0.013	$0.{}_{0}^{3}47$	0.804	21.696	12.87	1	0.125	0.107	1.287
0.103	$0.{}_{0}^{2}37$	6.429	173.57	102.97	8	1	0.859	10.297
0.119	$0.{}_{0}^{2}43$	7.481	201.97	119.83	9.31	1.164	1	11.98
0.01	$0.{}_{0}^{3}36$	0.624	16.86	10	0.777	0.097	0.083	1

压 强

(19A)

帕斯卡 (N/m²)	巴 10^5 (N/m²)	磅/平方英寸	大气压	汞柱 (0℃, g=9.807m/s²)		水柱 (15℃, g=9.807m/s²)	
				cm	in	cm	in
1	$0.{}^{4}_{0}1$	$0.{}^{3}_{0}145$	$0.{}^{4}_{0}1$	$0.{}^{3}_{0}75$	$0.{}^{3}_{0}295$	0.0102	0.004
100000	1	14.5	0.99	75	29.53	1020.7	401.8
6894.8	0.0689	1	0.068	5.17	2.04	70.37	27.7
101326	1.01	14.696	1	76	29.92	1034	407.1
1333	0.013	0.193	0.013	1	0.39	13.61	5.357
3386	0.034	0.49	0.033	2.54	1	34.56	13.61
97.98	$0.{}^{3}_{0}98$	0.014	$0.{}^{3}_{0}97$	0.073	0.029	1	0.39
248.9	$0.{}^{2}_{0}25$	0.036	$0.{}^{2}_{0}25$	0.187	0.073	2.54	1

(19A)

功 率

马力(hp)	千瓦(kw)	公制马力	千克米/秒 (kg · m/s)	英尺磅/秒	千卡/秒	B. T. U. /s
1	0. 746	1. 014	76. 04	550	0. 178	0. 707
1. 341	1	1. 36	102. 0	737. 6	0. 239	0. 948
0. 986	0. 736	1	75	542. 5	0. 176	0. 697
0. 013	$0.\overset{2}{0}98$	0. 013	1	7. 23	$0.\overset{2}{0}23$	$0.\overset{2}{0}93$
$0.\overset{2}{0}18$	$0.\overset{2}{0}14$	$0.\overset{2}{0}18$	0. 138	1	$0.\overset{3}{0}32$	$0.\overset{2}{0}13$
5. 615	4. 187	5. 692	426. 9	3088	1	3. 968
1. 415	1. 055	1. 434	107. 6	778. 2	0. 252	1

B. T. U. = Board of Trade Unit,英国贸易工业部(电能)单位。——译者注

能或功

焦耳J（牛顿米）N·m	千克米 kg·m	英尺磅	千瓦时 kWhr	公制马力时	马力时	升-大气压	千卡	英制热单位
1	0.102	0.738	$0.{}_{0}^{6}278$	$0.{}_{0}^{6}378$	$0.{}_{0}^{6}37$	$0.{}_{0}^{2}987$	$0.{}_{0}^{3}24$	$0.{}_{0}^{3}948$
9.807	1	7.233	$0.{}_{0}^{6}272$	$0.{}_{0}^{6}370$	$0.{}_{0}^{6}37$	0.0968	$0.{}_{0}^{2}234$	$0.{}_{0}^{2}93$
1.356	0.138	1	$0.{}_{0}^{6}377$	$0.{}_{0}^{6}512$	$0.{}_{0}^{6}505$	0.0134	$0.{}_{0}^{3}324$	0.0013
3600000	367100	2655000	1	1.36	1.34	35528	859.9	3412
2648000	270000	1952900	0.736	1	0.986	26131	632.4	2510
2684500	2737500	1980000	0.746	1.014	1	26493	641.2	2544
101.33	10.33	74.74	$0.{}_{0}^{4}28$	$0.{}_{0}^{4}38$	$0.{}_{0}^{4}38$	1	0.024	0.096
4186.8	426.9	3088	$0.{}_{0}^{2}116$	$0.{}_{0}^{2}158$	$0.{}_{0}^{2}156$	41.32	1	3.968
1055	107.6	778.2	$0.{}_{0}^{3}29$	$0.{}_{0}^{3}399$	$0.{}_{0}^{3}393$	10.41	0.252	1

例题（十进制换算）

题目：将5′3″转换为一个十进制的数字。

解答：见第129页（第2点）。

3″=0.25′，所以：5′+0.25′=5.25′

例题（十进制换算）

题目：将1/4″转换为十进制。

解答：见第129页（第2点）。1/4″=0.25″

例题（简单代数）

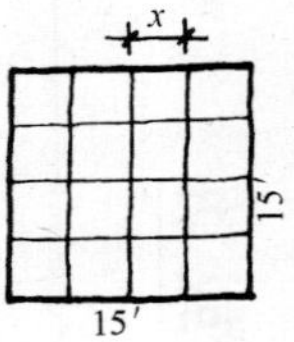

题目：一间15′×15′的房间，须分成4格，问：网格的尺寸为多少？

解答：见第129页（第3点）。

15′÷4=3.75′，或3′9″格栅尺寸=x

例题（比值）

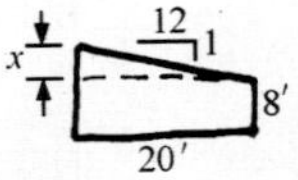

题目：20′长的房间内有一斜面顶棚，顶棚高度与长度之比为1∶12。如果矮墙的高度为8′，问：尽端墙的高度为多少？

解答：见第129页（第4点）。

$\frac{A}{B}=\frac{C}{D}$ 或 $\frac{1}{20}=\frac{x}{20}$　　交叉相乘

$12x=1\times 20$

$x=20\div 12$ 或 1.67′

墙体高度为：　8′+1.67′=9.67′

或约9′8″

<u>例题</u>（百分比）

题目：某承租人添建物原计划面积 5000SF，后决定增至 8500SF。问：它的面积增加了百分之多少？

解答：见第 130 页（第 6 点）。

8500SF − 5000SF = 3500SF（增量）

3500SF ÷ 5000SF = 0.7，或<u>增加了 70%</u>

<u>例题</u>（坡度）

题目：一斜坡高 3′，长 28′。问：它的坡度是多少？

解答：见第 130 页（第 8 点）。

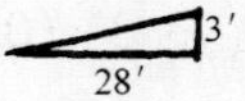

$$\% \text{坡度} = \frac{\text{垂直高度}}{\text{水平距离}} = \frac{3'}{28'} = 0.107',$$

或<u>10.7% 坡度</u>

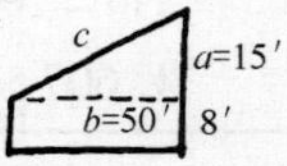

<u>例题</u>（直角）

题目：一斜面顶棚，一端比正常高度（8′）高出 15′。若房间长度为 15′，问：顶棚长度是多少？

解答：见第 130 页（第 9 点）。

$$c = \sqrt{a^2 + b^2} = \sqrt{15^2 + 50^2} = \underline{52.2'}$$

例题（单位换算）

题目：将公寓的面积由 835SF 换算成平方米（m^2）。

解答：参考第 147 页的表，1SF = 0.093 m^2。

所以：835SF × 0.093 m^2/SF = 77.7 m^2

例题（十进制换算、单位换算）

题目：将 5′-3¼″的单位转换成毫米（mm）。

解答：

根据第 129 页，将英制单位转化成十进制的数值：1/4″ = 0.25″，英寸数 = 3 + 0.25。转换成十进制的英尺：3″（0.25′）与 4″（0.33′）之间差额的 1/4 = 0.08′ ÷ 4 = 0.02′。

所以，5′ + 0.25′ + 0.02′（1/4″） = 5.27′。

根据第 146 页，将单位转换为米（m）：1′ = 0.305m，所以，5.27′ × 0.305 = 1.607m。因为 1m = 1000mm（见第 146 页最后部分），

1.607 × 1000 = 1607mm

例题（复利计算）参见第 130 页

题目：如果某商品 2000 年的价格是 $ 5.00/SF，问：以每年 2% 的增长率，至 2003 年，它的价格将是多少？

解答：

2000		$ 5.00/SF
2001	（×1.02 =）	$ 5.10/SF
2002	（×1.02 =）	$ 5.20/SF
2003	（×1.02 =）	$ 5.30/SF

I. 建筑法规

1. 区划 (45)

当室内设计师设计的承租人添建物或现有房屋改建工程的用途发生变化时，他必须与当地的区划或规划部门核查设计条件。举例来说，若要将房屋的用途由办公室转变成餐馆，所要解决的问题要点如下：

a. 区域

b. 准许用途

c. 被禁止的用途或准许的特殊用途

d. 设备操作限制

e. 最大建筑密度

f. 容积率

g. 相邻区域的约束条件

h. 停车泊位需求

i. 装卸区需求

j. 停车泊位布置的限制条件

k. 标牌（室外）

l. 为批准和（或）聆听所提交的必要材料

m. 尽管与土地相关的私人契约、条件和限制（CC&Rs）不属区划条例范围，但也必须核查。

n. 室内设计师做此类工作时，也许需得到一位建筑师或土木工程师的帮助。

2. 居住建筑规范要求 (27B)

(《2000 国际居所建筑规范》[IRC])

注：这部分内容与《NFPA 5000 规范》的独栋或双拼住宅极其相似。

居所建筑的设计要求使用下列条款。IRC 适用于独户或双拼住宅，以及 3 层以下、有独立出口及附属结构的多户联排住宅(Townhouses)。

a. 场地定位

(1) 应与建筑红线保持 3′的距离。

(2) 小于 3′的墙必须为 1 小时耐火墙。

(3) 与最近的内部红线的防火间隔小于 3′的外墙（通常设有女儿墙）上不允许开设窗户。

b. 相邻住宅单元的隔墙至少为 1 小时耐火结构（如有消防喷淋系统，则至少为 1/2 小时耐火结构)。

c. 窗户与通风

(1) 居室必须由外窗获得自然采光与通风，外窗面积不得少于地面面积的 8%，可开启面积不得小于 4%。

(2) 盥洗室与洗衣房必须通过可开启外窗获得自然通风，其面积不得小于 3SF（其中 1/2 可开启)。

(3) 可使用机械通风及人工照明代替自然通风与采光。

(4) 当相邻房间的公用墙上的洞口面积超过墙面积的 1/2，且洞口面积大于室内地面面积的 1/10，但不小于 25SF 时，其中任何一个房间都可被视为其相邻房间的一部分。

d. 房间尺寸

(1) 至少有一间房面积达 120SF。

(2) 除厨房外，其他居室的面积至少应达 70SF。

(3) 厨房面积至少为 50SF。

(4) 居室任何方向的尺寸至少为 7′0″。

e. 顶棚高度

(1) 最小高度为 7′0″。

（2）对间距小于4′的露梁房间，梁底高度可为6′6″。

（3）地下室的最小高度为6′8″（距障碍物6′4″）。

（4）对斜屋顶房间，只要求1/2的面积达到最小顶棚高度，但最低处不得低于5′。

f. 卫生设施

（1）一个居住单位（DU）必须有一间带洗涤槽的厨房。

（2）一个居住单位（DU）必须有一间带抽水马桶、洗脸盆、浴缸或淋浴间的盥洗室。

（3）每个洗涤槽、洗脸盆、浴缸或淋浴间应有冷热自来水。

g. 火灾报警系统（烟雾报警）

（1）每套住宅必须在每间卧室及通向卧室的走廊中，以及每一楼层（楼梯附近）及地下室中设置烟感探测器。

（2）在新建建筑中，烟感探测器由大楼系统供电，但需配置备用发电设备。

（3）若为增建或改建工程（尤其是增加卧室），那么整座建筑应配有烟感探测器。

（4）在现有建筑中，烟感探测器可以仅由电池电源控制。

h. 出口

（1）门

（a）至少有一扇入户门达到3′宽、6′8″高。

（b）门的两侧至少有一个楼面或平台，其标高不得低于门槛1.5″。

（c）在室外，门可以开在最高一级踏步处，如果门是由踏步向外开，并且踏步或平台的高度不低于8″，那么，平台至少应与踏步或门等宽，进深不小于36″。

（2）紧急出口

（a）卧室及设有居住空间的地下室至少应有一扇门或可开启窗户。

（b）窗户必须可从室内开启，净开启面积不得小于5SF（地面以上）或5.7SF（24″高、20″宽），窗台不得高于地面44″。

（c）门窗棂、格栅或铁花格的安装应便于它们从室内开启。

（d）地下窗户应设置窗井。这类窗户的最小净开启面积为9SF，尺寸不得小于36″。当窗井深度大于44″时，须设梯子或台阶。

i. 楼梯

（1）梯段最小宽度：36″。

（2）踏步最大高度：7¾″。

（3）踏步最小净宽：10″。

（4）踏步宽度与高度的最大变量为3/8″。

（5）旋转楼梯：距最窄点12″处踏步宽度达到10″，但各点宽度不得小于6″。

（6）螺旋楼梯的梯段最小净宽为26″。距圆心12″处的最小宽度为7.5″，最大踏步高度为9.5″。最小净空高度为6′6″。

（7）扶手

（a）在敞开一侧，至少有一根连续扶手，且端部固定于立柱或墙上。

（b）高度：距踏步凸边上方34″~38″。

（c）距墙净距：1½″。

（d）扶手宽度：1¼″~2⅝″。

（8）最小净空高度：6′8″。

（9）距地面30″以上的楼面或屋顶开口处的护栏，最小高度为36″。如果为镂空式护栏，其构件间隙不得穿过直径4″的球体。

j. 车库与停车场

（1）车库与住宅单元（DU）的隔墙必须采用1/2″石膏板（车库一侧）及1⅜″SC木材或耐火极限为20分钟的门。

（2）不许设置朝向卧室的窗户。

（3）室外停车场（至少有两侧开口）无需采用上述标准。

（4）地面必须以斜坡趋向车库的门洞。

k. 壁炉：参见第337页。

l. 玻璃：见第311页。

m. 电气：见第460页。

n. 居所建筑的无障碍要求（根据IBC及ADA［ANSI］）：

（1）没有“无障碍”要求的设施：

（a）1至2层独立住宅单元（DU）（见本章）。

（b）R-1型建筑（少于等于5间出租房的供膳寄宿房屋及旅馆）。

（c）小于3个DU的R-2及R-3型建筑（公寓及家庭式疗养所）。

（d）现有居住建筑。

（e）因陡坡而不便实施无障碍措施的地方（见IBC）。

（2）有“无障碍”要求的设施：

（a）无障碍单元的类型（ANSI）

—A型：全方位的无障碍单元。

—B型：最低标准的无障碍单元。

（b）范围

—大于5个DU的R-2和R-3类建筑，每个DU应达到B型要求，除了：

—大于20个DU的R-2类建筑：20%（但至少有1个DU）为A型。如果没有电梯，只对底层提无障碍要求。必须有20%的底层DU为B型。

—卧室（包括所有R类建筑）

无障碍单元	单元总数	无障碍单元	单元总数
1	1~25	10	201~300
2	26~50	12	301~400
4	51~75	13	401~500
5	76~100	3%	501~1000
7	101~150	30+2/100（超过1000）	超过1000
8	151~200		

3. 建筑法规 (26) (27) (37A)

注：参见第 xi 页的“序”。

室内设计师的首要责任之一，就是使所设计的承租人添建物或室内改建工程满足防火规范条例。两大建筑法规关于改建项目的问题是新结构打乱了防火构件以及实现易达性。室内设计师应得到建筑物的现状平面图，了解规范的基本要求（建筑类型、结构类型、出口使用荷载，建筑物自动喷淋系统配置情况等)。室内设计师可能不会熟悉所有复杂的法规，所以他（或她）应与建筑官员或建筑师密切配合。而且，得到建筑部门先前为建筑物及承租人添建物颁布的许可证也是较好的信息资源。

新版《2000 国际建筑规范》（IBC）与《1997 UBC》相比，有较大变动（新版《NFPA 5000 建筑规范》［NFPA］与 IBC 极其相似)。本手册以 IBC 为准（同时注明 NFPA 的不同之处)。

室内设计师需要判断哪本规范适用于该项目的管辖范围。

注：本节及以下各表选自《建筑师便携手册》（第三版)。某些表被本书省略了（表 C，表 I，表 O，表 C-C，表 F-F 及表 H-H)，但保留了原意。

初级规范的查阅步骤包括：

a. <u>居住荷载</u>：利用 IBC 表 A（第 180 页）确定的居住荷载，某些情况下将有助于我们确定建筑类型。在项目初期，需要一张满足各项要求的建筑计划区域列表，其中包括各区域的名称及其建筑面积、使用类型和居住荷载。居住荷载的总和将有助于确定建筑的总体使用类别，并为出口设计提供依据。如果建筑设计同步跟进的话，占用荷载可不断提高（NFPA 规范见第 194 页表 A-A。注：NFPA 的等候区占用荷载为 3SF/人)。

b. <u>建筑类型</u>：建筑规范中根据用途确定建筑类型，是为了将类似的生活安全问题集中归类。表 B（第 182 页）提供了所有建筑类型的用途概要。在某些情况下，可参考规范中的详细解释

（NFPA 规范见第 196 页表 B-B）。如果改建工程导致用途或功能的改变，必须使原有建筑达到目前规范的要求。但是，如果新用途的危险低于原建筑，规定可作相应调整。

c. 结构类型：室内设计师应该意识到建筑的结构类型可能给室内工程造成的影响。结构类型取决于建造材料的易燃性能（易燃体或非易燃体），以及墙、柱、梁、楼板或其他结构构件的耐火极限（小时）。木材是一种典型的易燃体。钢材与混凝土则是典型的非易燃体，然而，当钢材在火中受热并开始变软时，它便失去了结构强度。

建筑抵御火灾的能力包括两个方面。首先，它应能耐火——采用整体性、不可燃材料建造，如混凝土或砖石砌体。其次，它应能防火——以不可燃材料作外壳，比如在钢柱或木立筋的外面覆盖石膏灰泥、墙面板等。

请注意，"耐火等级（小时）"的概念是指火焰燃烧"穿透"或毁坏一个建筑构件所用的时间。

以下是根据 IBC 划分的结构类型：

— I 和 II 型（耐火）结构，不可燃，用混凝土、砖石和/或内嵌钢筋建造，用于耐火极限要求为 2～3 小时的建筑。

— II-B 型结构，同样采用上述材料，但其耐火时间较短。轻钢结构较适合这种类型。

— III-A、IV、V-A 型结构，拥有由砖石或混凝土砌筑的不可燃外墙，内部结构允许采用包括木材在内的任何材料，但需设 1 小时防火保护。

— IV 型结构为可燃的重型木结构。其耐火时间是由大型木料（实际厚度至少是 2″～3″）获得的。木料表面的木炭能形成防火层，以保护残留木料。外墙必须采用不可燃材料。

— V-B 型结构为轻质木结构，而且通常无耐火级别。

注：耐火级别数字越高，结构造价越低，所以，通常选择符合规范要求的最低结构等级（即最高数字）。

除了子分类，NFPA 规范与此基本相同，两者对照如下：

IBC	I		II		III		IV	V	
	A	B	A	B	A	B	—	A	B
NFPA	I	II	II	II	III	III	IV	V	V
	442 (332)	222	111	000	211	200	2HH	111	000

注：NFPA 子分类的 3 个数字（XXX）分别代表墙、柱及楼板的耐火极限。

d. <u>防火措施：</u>各类结构的专门要求见表 D（NFPA 见表 D-D）。如何达到耐火极限见下表。

（1）做室内装修工程，必须确保不影响原有结构构件或防火隔断的防火等级。例如，拆除钢柱外的石膏板墙会使其失去防火保护。在墙和楼板上穿越水管及管道系统是改建工程的一大难题。必须采用专门的耐火等级构件。耐火结构材料的厚度（单位：英寸）将决定其大致的耐火时间，如下表：

项　目	不可燃的 4小时	3小时	2小时	1½小时	1小时	0小时	重型木结构	轻质木结构
钢结构 * 轻型 托梁 立筋	←	见下面的注解 3**			见注解 3C**	→		见下面的注解 3**
混凝土，柱	6″~8″	14″	12″	10″	8″			
墙		6½″	6″	5″	3½″			
平板		6¼″	5″	4⅓″	3½″			
后张拉 楼板		6¼″	5″	4¼″	3½″			
预制 混凝土柱		12″	10″	3″	6″			
梁		9½″	7″	7″	4″			
墙		6½″	6″	5″	3½″			
平板		6¼″	5″	4⅓″	3½″			
木板		8″ +2″	8″	8″	8″			
T形梁		面层	3¼″	2¾″	1¾″	←面层		
砖，砌筑墙体	6″~8″	8″	6″	6″	4″			
穹顶与圆屋顶 矢高不小于1/2跨度		8″	8″	6″	4″			
混凝土砌块墙	8″ 实心	8″	8″	6″	4″			
木料：柱，楼板							8″ ×8″	
屋顶							6″ ×8″	
梁，楼板							6″ ×10″	
屋顶							4″ ×6″	
桁架，楼板							8″ ×8″	
屋顶							4″ ×6″	
木板：楼板							3″ +1″	
屋顶							1⅛″ ~2″	

* 楼板上方 25′ 处的开放式钢结构不需防火保护。
**原文如此。

（2）耐火材料可用于结构构件的防火保护。利用上表及下列数据确定耐火时间（小时，hr）：

— a. 混凝土：1″≈2hr；2″~3″≈4hr。

— b. 实心砌体：2″≈1hr；每英寸增加1hr，4″≈4hr。

— c. 抹灰：1″≈1hr；每英寸增加1hr。

— d. 蛭石（喷涂）：1″≈4hr。

— e. 石膏板：2层1/2″“X”形或1层5/8″“X”形≈3/4~1hr。

价格：蛭石喷涂：1″厚面层，$3.00/SF。

（3）火焰蔓延：装饰材料会燃烧并导致火焰与烟雾。IBC要求装修材料能阻止火焰蔓延，规定如下：

（a）最大火焰蔓延等级，下表给出了规定的装修等级：

室内装修 **表803.4**

表803.4

内墙及顶棚装修要求[k]

建筑类型	有喷淋系统[l]			无喷淋系统		
	竖直出口及出口通道[a,b]	出口引道及其他出口	房间及闭合空间[c]	竖直出口及出口通道[a,b]	出口引道及其他出口	房间及闭合空间[c]
A-1，A-2	B	B	C	A	A[d]	B[e]
A-3[f]，A-4，A-5	B	B	C	A	A[d]	C
B，E，M，R-1，R-4	B	C	C	A	B	C
F	C	C	C	B	C	C
H	B	B	C[g]	A	A	B
I-1	B	C	C	A	B	B
I-2	B	B	B[h,i]	A	A	B
I-3	A	A[j]	C	A	A	B
I-4	B	B	B[h,i]	A	A	B

续表

建筑类型	有喷淋系统[1]			无喷淋系统		
	竖直出口及出口通道[a,b]	出口引道及其他出口	房间及闭合空间[c]	竖直出口及出口通道[a,b]	出口引道及其他出口	房间及闭合空间[c]
R-2	C	C	C	B	B	C
R-3	C	C	C	C	C	C
S	C	C	C	B	B	C
U	无限制			无限制		

国际单位换算：1 英寸 =25.4mm，1 平方英尺 =0.0929m²

a. C 级室内装修材料允许用于低层大堂内应用面积小于 1000 平方英尺、直接覆着于不燃烧基层或通过木垫条覆着于不燃烧基层和耐火砌块（满足 803.3.1 要求）上的护墙板或饰面板。

b. 对 3 层以下建筑（I－3 类建筑除外）的垂直出口，无喷淋系统的建筑允许使用 B 级室内装修材料；有喷淋系统的建筑允许使用 C 级室内装修材料。

c. 房间与间隔空间的要求应以隔墙所围合的空间为准。其中的结构构件应满足耐火等级要求，隔墙应从地到顶。未满足此要求的隔墙将被视为空间的围合构件，且隔断两侧的房间或空间被视作一个空间。为了确定房间或间隔空间的适用要求，特定用房要以主导因素为准，而不论建筑或结构的总体分类。

d. A－1、A－2 和 A－3 类用房的大堂不得采用低于 B 级的材料。

e. 使用荷载小于等于 300 人的集合场所允许采用 C 级室内装修材料。

f. 教堂及祭拜场所，允许在装饰、托梁、面板或圣坛陈设上采用木材。

g. 2 层以上建筑要求采用 B 及材料。

h. 行政空间允许采用 C 级室内装修材料。

i. 容量小于等于 4 人的房间允许采用 C 级室内装修材料。

j. 出口引道内，完工后的地板上方延伸长度小于 48 英寸的护墙板允许采用 B 级材料。

k. 装修材料需满足本规范的其他条款。

l. 当竖直出口、出口通道、出口引道与出口，或房间与空间受到符合 903.3.1.1 或 903.3.1.2 条款的喷淋系统的保护时，可运用此条款。

（b）火焰蔓延等级

级别	火焰蔓延指数	级别	火焰蔓延指数
A	0～25	C	76～200
B	26～75		

（c）采用下列装修材料以满足上述标准。核对装修产品说明以了解类别和指数。

—（1）木材，见第280页；

—（2）铝：火焰蔓延指数5~10；

—（3）砖石或混凝土：0；

—（4）石膏板：10~25；

—（5）地毯：10~600；

—（6）矿棉吸声板：10~25；

—（7）乙烯基树脂瓦：10~50；

—（8）经化学处理的木质纤维板：20~25；

—（9）某些热胀漆能减弱可燃材料的火焰蔓延，以达到A级材料标准。

（d）地板装修材料：如果火焰蔓延造成火灾，大多数地板装修材料将所剩无几，地毯除外。

— 类型：

I级材料（辐射通量≥0.45W/cm^2）有较强的阻燃能力。通常由矮绒头或天然纤维构成。

II级材料（辐射通量为0.22W/cm^2）阻燃能力较弱。通常由高绒头或合成纤维构成。

如果有喷淋系统，在要求采用I级材料的地区允许采用II级材料。

（e）墙面与顶棚的盖缝条和装饰物：

— 至少为C级防火材料。

— 仅占10%的面积(除了配有喷淋系统的礼堂,可达50%)。

— 在I-3类用房中仅允许采用不燃性材料。

— A、E、I、R-1和R-2类宿舍中，仅允许采用难燃性和不燃性材料。

（f）防火负荷：建筑物内含有易引燃或助燃的物体，其典型的PSF值为：10（住宅建筑）至50（办公建筑）（注：PSF为每平方英尺可燃材料的重量）。若将文件存放在金属柜中，该值可降低 80% ~90%。

(g) 织物及家具：见第 357 页。

e. 功能分区：不同用途的建筑受火灾侵害的程度不同，所以，有时需设置防火分隔屏障。表 E 可确定建筑的耐火极限。大多数建筑是几种功能的混合体。如果其中一种功能为次要区域并从属于主要功能，那么整座建筑通常以主要功能来定位。它将不得不满足受更多限制的功能要求，但不一定需要隔墙。

（NFPA 见第 200 页表 E-E。NFPA 允许附属功能区达到总建筑面积的 25%）。

f. 消防喷淋：室内设计师应该注意现有建筑中是否拥有消防喷淋系统。如果有，那么，法规通常要求它们以承租人添建物或改建工程的要求来设置。如果没有，且房屋用途将发生变化，那可能就要求加设该系统。此外，地方法规对消防喷淋的要求也许会比标准规范更高。

消防喷淋装置是建筑物防火安全的最有效途径。IBC 要求下列情形必须设置消防喷淋系统：

—集体使用的房屋：喷淋装置需要安装在 A 组房屋的整个区域，以及介于 A 组功能区与出口疏散楼层之间的所有楼层。其中：

— A-1，当面积大于 12000SF，或居住荷载 >300 时。

— A-2，当防火面积大于 5000SF，或居住荷载 >300 时。

— A-3，当防火面积大于 12000SF，或居住荷载 >300 时。

— A-4，同 A-3，除了主楼层位于出口疏散层（包括主要出入口）的运动区域。

— A-5，货摊、零售区、新闻记者席及其他面积 >1000SF 的辅助建筑。

—教育建筑，建筑面积大于 20000SF 或位于出口疏散层之下的学校，除了每间位于首层并至少有一个出口的教室（NFPA 对 4 层或 4 层以上也要求配备喷淋装置）。

—商业与工业用房：

— F-1 和 S-1，当它们的防火面积 > 12000SF，或 > 3 层，或总建筑面积 > 24000SF 时。

—下列条件下的汽车修理厂：

—≥2 层的建筑，包括防火面积 > 10000SF 的地下室；

—防火面积 > 12000SF 的单层建筑；

—带地下修理厂的建筑。

— S-2 封闭式车库，除了位于 R-3 类建筑之下的车库。

—防火面积大于 5000SF 的用于存放商用货车或汽车的建筑。

—危害性建筑（H）

—公共机构用房（I）（NFPA 要求：防火面积为 20000SF 的、2 层及 2 层以上的、2 岁以下儿童日托所需设置喷淋装置。2 层及 2 层以上非卧床病人保健所［具有一定的结构类型］需设喷淋装置）。

—商务用房（M），其中：

—防火面积 > 12000SF；

— > 3 层；

—各楼层防火面积总面积（包括夹层楼面）> 24000SF（这不适用于 NFPA）。

—居住用房：

— R-1 旅馆用房，不论楼层数或客房间数（除了符合下列条件的公路旅馆：客房层不高于出口疏散层以上 3 层，且每间客房至少有一扇直接通向室外的门）（NFPA 要求任何位于公寓之下的用房设喷淋装置）。

— R-2，高于 2 层（包括地下室）或各防火面积大于 16 个 DU 的公寓楼、集合住宅。

— R-4，各防火面积的居户大于 8 的家庭式疗养所或公助生活设施（NFPA 要求全面的喷淋系统）。

—所有面积大于 1500SF、在地下室或楼面上没有足够通过外墙的消防通道的房屋（R-3 组和 U 组除外）。足够的消防通道指每 50 英尺的墙上应有最小宽度 30″、面积 20SF 的洞口。如果这些洞口仅靠近一侧，那么楼板距洞口不得超过 75′。此外，位于最低消防车进入通道上方 55′以上的楼层内需设消防喷淋系统（除了机场控制塔、露天车库及 F－2 组建筑）。

—杂项：垃圾与待洗床单运送槽；硝酸盐胶卷库房；易燃纤维储藏库（窖）；中庭及舞台。

喷淋安装见第 408 页。

g. 防火区间、墙体、间隔及隔墙

—结构墙：室内设计师将要确定哪些内墙是“承重墙”（外墙一般都是承重墙）。最好的办法就是获得建筑的平面图，并由一位建筑师或结构工程师做顾问。

—耐火等级构件：

—防火墙：设有防火洞口的、由基础至屋顶的（少数情况例外）、用于围合防火区间的耐火等级墙。防火墙使火情不会由一侧传到另一侧。采用防火区间可增大额定建筑面积。防火墙的耐火等级见表 F（NFPA 规定：所有防火墙的耐火极限至少为 2 小时）。

—防火间隔：用于功能分区的耐火等级墙（见表 E）。值得一提的是，当采用消防喷淋系统时（即使是额定喷淋系统），其耐火极限能降低 1 小时（H 和 I－2 类房屋除外）。此外，它还用于围合竖向出口围墙、出口通道、水平出口及辅助区域。支撑隔墙的楼板必须具有相同的耐火等级（某些辅助隔墙除外）。如果建筑物配备喷淋系统，洞口和门无限制条件；否则，洞口尺寸仅限于隔墙长度的 25%（单个洞口的面积必须小于 120SF）。此规定同样适用于防火墙。洞口的耐火等级必须满足第 189 页表 G 的要求。

—防火隔墙

— 1 小时耐火等级墙用于：

—根据表 H 所要求的防火通道（见第 190 页）。

—分隔居住单元。

—分隔 R－1 类建筑中的客房。

—分隔有顶商城内的出租空间。

—配备消防喷淋系统的建筑内的半小时耐火等级墙：

— II－B、III－B 或 V－B 型结构。

—居住单元或客房的隔墙。

—支撑隔墙的楼板必须具有相同的耐火等级（半小时耐火等级墙除外）。

—通道墙上洞口的耐火极限需达 20 分钟；其他洞口 45 分钟。

—在“非燃烧性”构件中，通常采用金属骨架或砖石材料。

在“可燃性”构件中，也许会采用木龙骨，但面层为耐火等级材料（通常为 5/8″X 形石膏板）。典型的 1 小时耐火隔墙为木（或金属）龙骨加双侧的防火石膏板。

—非防火隔墙

—有时，经阻燃处理的木料可用于非燃烧性结构类型。

—通常允许使用木板或类似的 6 英尺以上轻型结构（更高时，必须用玻璃包住顶部）。透光塑料可被用作或用于室内隔墙。

—折叠式可移动隔墙不一定要耐火等级构件，但其面层必须符合火焰蔓延等级要求（见第 164 页）。这些构件不得阻挡任何出口。

h. 出口与楼梯：在初步设计阶段，一个重要的建筑规范要求就是出口的数量与分布。

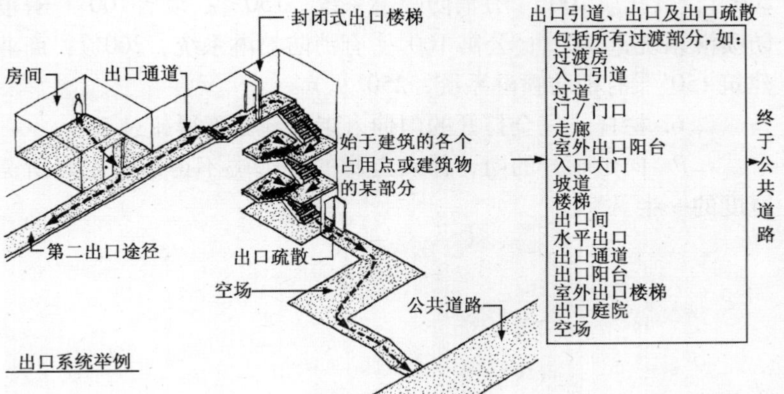

出口系统举例

出口方式：是从建筑或结构的任一点向底层的露天地带（公共道路）的连续路径。它由三个相互独立的部分组成：

—1. 出口引道；

—2. 出口；

—3. 出口疏散。

出口引道：指向出口。仅需一个出口的情况见表 M 和 N；其他情况至少需要两个出口（根据常规，NFPA 规范要求平面布局中有两个出口）。其他基本要求有：

—1. 出口宽度取决于第 190 页的表 J（NFPA 为表 I–1），但走廊宽度通常不得小于44″。当居住荷载小于51 人时，走廊最小宽度可降至36″。学校走廊须达6′；医院8′；大型家庭式疗养所5′。

—2. 尽端走廊的长度不得超过20′（某些情况下为50′）。

—3. 如果需要一个以上的出口，住户应能从走廊系统中的任何一点到达各个出口。

—4. 被当作出口引道的走廊需1 小时耐火结构。除非有喷淋系统。

—5. “任意点至出口的最大通行距离”见第 191 页表 L。（NFPA 规范与此相同，除了：教育建筑150′［有消防喷淋系统，200′］；日托所100′［有消防喷淋系统，150′］；饭店100′［有消防喷淋系统，200′］；公寓100′［有消防喷淋系统，200′］；商业建筑150′［有消防喷淋系统，250′］。）

—6. 栏杆或完全打开的门伸入走廊部分不得超过7″。

—7. 向走廊开的门，伸入走廊的最远端不得超过走廊所需宽度的一半。

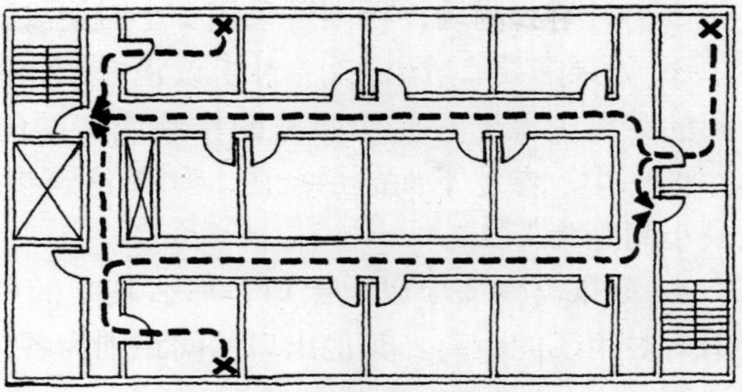

上层写字楼的出口引道--->

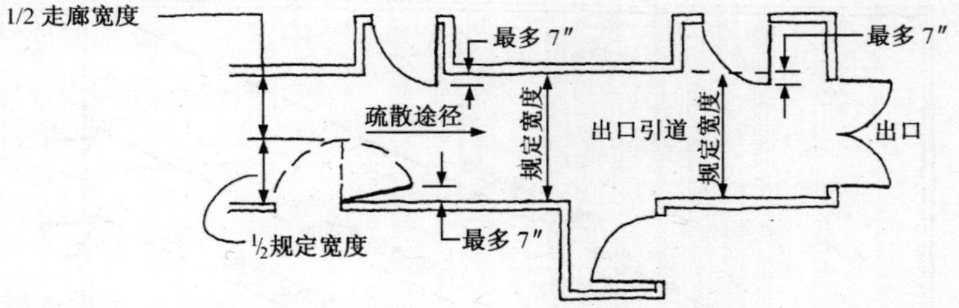

出口：是疏散途径的一部分，它通过墙、楼板、门或其他能够为住户安全到达公共空间提供安全途径的手段独立于建筑的各个区域，只有经过它才能达到离开的目的。最普通的出口形式就是封闭的楼梯间。在单层建筑中，则为向外开的门。

在确定了空间、房间、楼层等的居住荷载后（第 180 页表 A），运用下列准则：

—1. 某些情况下可以采用 1 个出口（如上所述），但通常建筑物或房间都需要 2 个出口（见第 188 页表 K）。在一层以上的建筑中，楼梯成为出口的一部分。电梯不是出口。当居住荷载达 501 至 1000 时需要 3 个出口；超过 1000 时，需要 4 个出口。

（NFPA 与此相同。）

—2. 在四层和四层以上楼宇及 I 和 II－B 类结构中，出口楼梯需要 2 小时耐火围墙；否则可采用 1 小时耐火围墙。

—3. 如果需要 2 个出口（对未设消防喷淋的建筑），那么出口间的距离应等于它们所服务的楼层或房间的对角线（直线距离）的一半。参见下面的示意图。如果建筑物配备喷淋系统，那么最小间距为 1/3d。

—4. 如果需要 2 个以上出口，那么其中的两个出口应至少保持 1/2 对角线的距离。其他出口的间距则为各个方向提供良好出入通道。

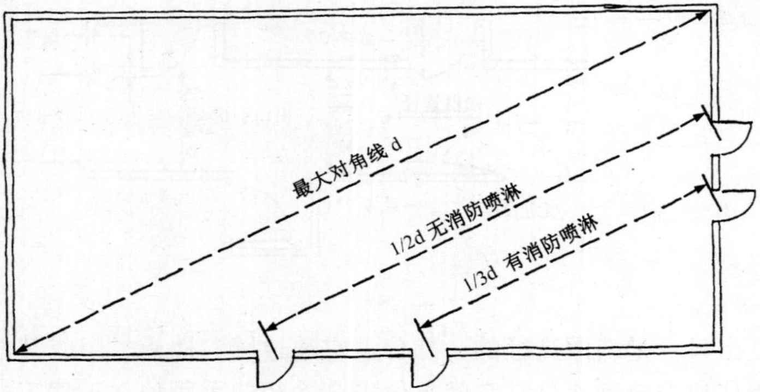

—5. 如果相邻的房间（除了居住单元）不是厨房、储藏室、卫生间、衣帽间，房间的出口允许穿过一间相邻房间（附属用房或高危用房除外）。虽然门厅、休息厅和接待室等不被当作相邻房间，但却常常被穿越。

—6. 总额定出口宽度（单位：英寸）等于“居住荷载×表 J（第 190 页）所示系数”。这个宽度值将按所需出口的数量平均分配给各个出口。

（NFPA 的要求见第 199 页表 I-I。）

—7. 用于计算出口楼梯宽度的总居住荷载是指与其相关的楼层的居住荷载的总和。计算得出的出口楼梯最大宽度能够承担总疏散流量。见第176页的草图。

—8. 最小出口门宽36″，洞口净宽32″。最大门宽48″。

—9. 出口楼梯的宽度与楼梯平台的宽度必须一致，并且须达到计算得出的最小出口楼梯宽度，或：

当居住荷载≥51时，楼梯宽度≥44″；

当居住荷载≤50时，楼梯宽度≥36″。

—10. 当出口处在危险区域或居住荷载≥50时，出口门必须开向疏散方向。

水平出口：是指行人穿过一堵2小时耐火墙进入另一建筑或同一建筑的另一区域的途径，同时它还能隔绝烟火。水平出口的容量不及额定出口容量的一半，并且所有出口必须分流进入一个能容纳出口容量的区域。该区域的面积以“3SF/人”来计算。在公共机构用房中，该区域的面积需要按流动人口“15SF/人”及固定人口“30SF/人”来计算。

出口疏散：是外出手段的一部分，它位于出口终端与公共道路之间，最普通的形式就是“在出口楼梯外、面向公共街道的门”。出口疏散可以通过一个连接出口与公共道路的、由1小时耐火墙围合的院落来实现。如果与街面等高的楼层整个配备消防喷淋，穿越休息区的路径没有阻挡且显而易见，并且疏散层低于楼层，那么这些建筑中50%的出口能够通过这个与街面等高的休息区来疏散人流。

防烟隔离室：是任何比消防车能够进入的最低楼层高75′（或低30′）的建筑所必需的。防烟隔离室是一个经前室进入的出口楼梯，其中既有自然通风，也有机械通风，用于阻止火灾燃烧产生的物质进入封闭的出口楼梯。防烟隔离室需采用2小时耐火结构。它必须直接将人流疏散到室外，或通过一条2小时耐火出口通道疏散人流。在设有消防喷淋的建筑中，配有机械加压装置及排烟通道的楼梯可替代防烟隔离室。

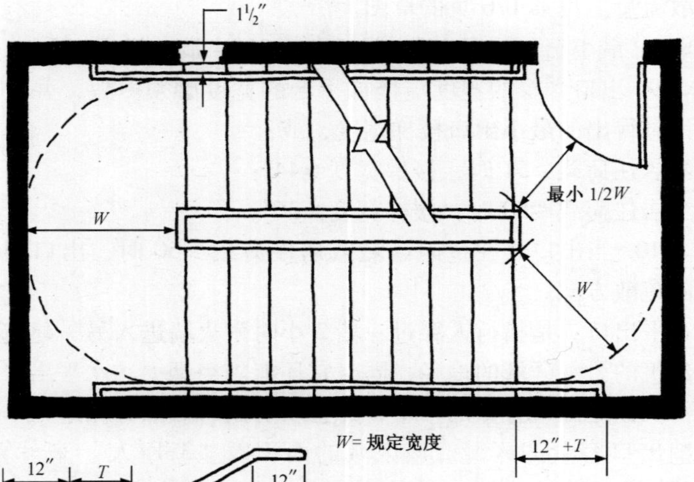

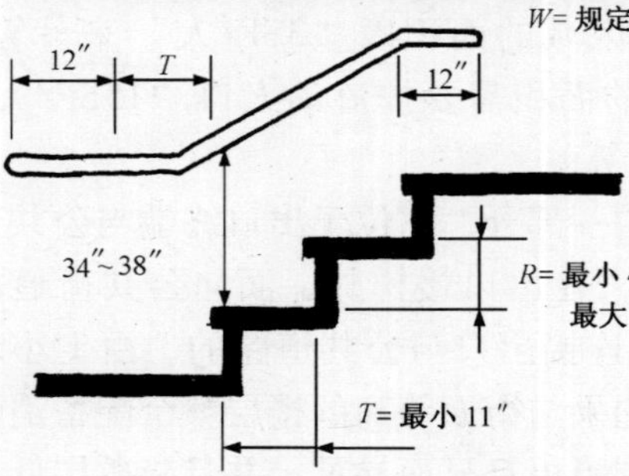

电梯

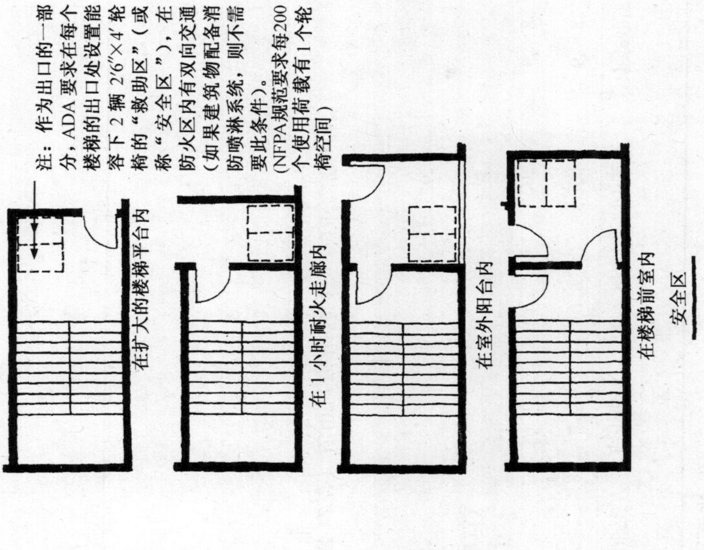
注：作为出口的一部分，ADA要求在每个楼梯的出口处设置能容下2辆2'6"×4'轮椅的"救助区"（或称"安全区"），在防火区内有双向交通（如果建筑物配备消防喷淋系统，则不需要此条件）。
(NFPA规范要求每200个使用荷载有1个轮椅空间)
在扩大的楼梯平台内
在1小时耐火走廊内
在室外阳台内
在楼梯前室内
安全区

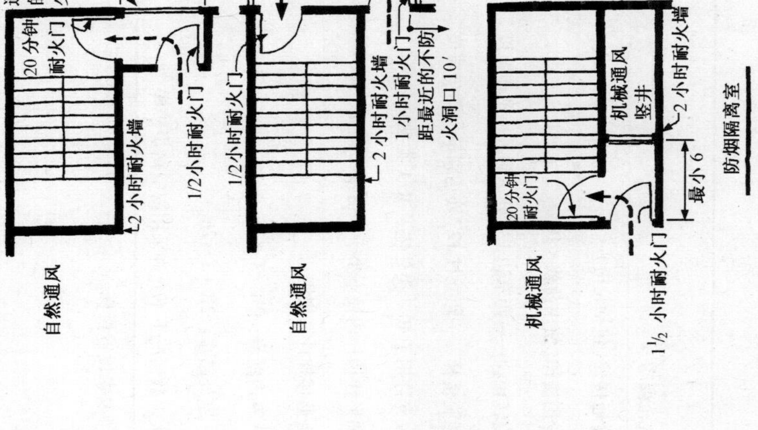
通向室外的开口至少：16SF
20分钟耐火门
2小时耐火墙
1/2小时耐火门
自然通风
1/2小时耐火门
2小时耐火墙
1小时耐火门
距最近的不防火洞口10'
自然通风
20分钟耐火门
机械通风竖井
2小时耐火墙
最小6'
$1\frac{1}{2}$小时耐火门
机械通风
防烟隔离室

楼梯规范要求

规范要求	最小踏步深	竖板 最小值	竖板 最大值	最小宽度	净空高度
普通楼梯(包括轮椅)	11″	4″	7″	36″	6″~8″
专用楼梯(使用荷载<10)	9″		8″	20″	6″~8″
旋转楼梯——距窄边 12″处达到最小踏步宽度*	6″(所有点)				
螺旋楼梯——距立柱 12″处达到最小踏步宽度*	7.5″			26″	
仅允许用于 R-3 类住宅及 R-1 类独立公寓*					
圆形楼梯：内径不小于 2 倍楼梯宽度，最小踏步宽 T = 11″（距内径 12″处）及 10″（在内径处），且最小宽度为 36″					
普通楼梯计算规则：					
室内踏步：2R + T = 25					
室外踏步：2R + T = 26					
大多数情况下不允许采用露空踏步楼梯					

*要求设置栏杆。

坡道坡度规范要求

类 型	最大坡度	最大高度	最大距离
无障碍通道	1:12*	5′	
其他通道	1:8*	5′	
安装了固定座位的通道	1:5		
轮椅坡道，新建设施	1:12*	2.5′	30′
轮椅坡道，现有设施	1:10*	6″	5′
	1:8*	3″	2′
轮椅坡道，路边斜坡	1:10	6″	5′
历史性建筑	1:6		

所有坡度大于5%的步行地面称为坡道

平台宽度等于与平台接壤的坡道最宽处的宽度，最小深度为5′。如果平台位于角落处，那么它的最小尺寸为：5′×5′。

* 坡度大于1:15时，要求设置栏杆。

坡道剖面

表 A ㉗

表 1003. 2. 2. 2
最大额定建筑面积

设计用途	单位使用荷载的额定建筑面积（单位：平方英尺）
农用建筑	300 gross
飞机库	500 gross
机场候机楼	
中央大厅	100 gross
等候区	15 gross
行李认领处	20 gross
行李管理处	300 gross
集合空间	
赌场（基诺、老虎机等）	11 gross
有固定座位的集合空间	见 1003. 2. 2. 9
无固定座位的集合空间	
集中型（只有非固定的椅子）	7 net
站立空间	5 net
非集中型（有桌子和椅子）	15 net
保龄球馆，允许每球道 5 人（包括 15 英尺的跑道及附属区域）	7 net
办公区	100 gross
审判室（除了固定座位区）	40 net
宿舍	50 net
教育建筑	
教室区	20 net
商店及其他培训室	50 net
健身房	50 gross

续表

设计用途	单位使用荷载的额定建筑面积（单位：平方英尺）
H-5 制造与加工区	200 gross
工业用房	100 gross
公共机构建筑	
住院处	240 gross
门诊处	100 gross
病房	120 gross
商用厨房	200 gross
图书馆	
阅览室	50 net
书库	100 gross
更衣室	50 gross
商业建筑	
地下室及底层	30 gross
其他楼层	60 gross
储存、仓库及装运区	300 gross
车库	200 gross
住宅	200 gross
溜冰场、游泳池	
冰场和泳池	50 gross
甲板平台	15 gross
舞台及站台	15 net
附属储藏室、设备房	300 gross
仓库	500 gross

注：1 平方英尺 =0.0929m^2

gross—毛面积

net—净面积

表 B（IBC 2000） ㉗

设计用途分类

A 组：集会型建筑

注：使用荷载小于 50 人并附属于另一用途的集会型房间或空间应作为该设计用途的一部分。

A-1 用于观看演出或电影的集会型场所，通常设有固定座位，其中包括：

电影院
剧院
录像厅

A-2 用于餐饮消费的集会型场所，其中包括：

宴会厅　　餐馆
夜总会　　酒馆或酒吧

A-3 用于敬神、消遣、娱乐及其他 A 组建筑的集会型场所，其中包括：

娱乐场　　体育馆
画廊　　室内游泳池
礼堂　　室内网球场
保龄球场　　报告厅
教堂　　图书馆
社区中心　　博物馆
法庭　　客运车站（等候区）
舞厅　　泳池与弹子房
展览大厅
殡仪馆

A-4 用于观看室内体育比赛及活动的、带观众席的聚会场所，其中包括：

露天圆剧场　　游泳池
溜冰场　　网球场

A-5 用于参与及观看室外活动的场所，其中包括：

露天游乐场　露天看台
体育场

B 组：办公建筑

用于办公、专业服务性行业的建筑或结构，或其中的一部分（包括存档室）。办公建筑中包括：

机场交通控制塔
动物医院、养狗场及走失牲畜待领场
银行
美发美容店
洗车店
市政管理
诊所-门诊
干洗店和洗衣店（收发站及自助店）
12 年级以上的教育用建筑
电子数据处理站
消防站
实验室：测试与研究
汽车展示厅
邮局

印刷所

专业事务所（建筑师、律师、牙医、内科医师、工程师等）

广播台与电视台

电话局

E 组：教育建筑

包括同时有 6 名以上学生及 12 个年级的教育建筑，及监管与照料 5 名以上 2 岁半儿童的教育建筑。

F 组：厂房

不属于 H 类危险用房的、用于装配、制作、精加工、制造、包装、修理或加工等操作的建筑或结构。

F-1　中等危险用房

不属于 F-2 类的工业厂房，其中包括：

飞机　黄麻制品

仪器　洗衣店

运动设施　皮革制品

汽车及其他机动车

机械

面包房　金属

饮料（酒水）　机制木工产品

自行车　电影及电视胶片

船：建造　乐器

笤帚和刷子　光学物资

办公机械　造纸厂

照相机与相片印制设备

胶卷

帆布及类似织物　塑料制品

满铺地毯及小块地毯（包括清洗）　印刷品或出版物

衣服　活动房屋式游艺车

建筑与农业机械　垃圾焚烧

消毒剂　鞋

干洗及染色　肥皂和洗涤剂

电灯装置及发电厂

纺织品

电子仪器　烟草

发动机（包括重建）

拖车

食品加工　靠垫

家具　木材：蒸馏

大麻纤维制品　木制品（橱柜）

F-2　低危险用房

制作或制造不可燃材料且在精加工、包装或加工过程中不会引起重大火灾的工业厂房。其中包括：

饮料（酒水）　玻璃制品

砖石　石膏

陶瓷制品　冰冻甜食

铸造车间　金属制品（骨架和装配件）

H 组：高危险用房

IBC 对各分项提供了详尽定义。通常这种分类须由建筑主管部门、消防局或某位专业顾问来做。由于 H 型房屋的分类变得越来越模糊，这里对各分类用途做一扼要说明：

H-1：包含具有高度爆炸危险的材料

H-2：产生、混合或配制易燃或可燃液体或粉末的地方。

H-3：利用易燃或可燃液体，包括存在产生大火或高热危险的有机过氧化物及氧化剂。

H-4：存在有害健康的材料，如腐蚀性和有毒的化学材料。

H-5：半导体制造厂。

I 组：公共机构用房

在这类空间中的人，或因健康因素被约束于医疗环境中，或因自由限制被约束于刑罚环境中。

I-1：能容纳 16 人以上的居住场所（若少于等于 5 人，属 R-3 类建筑）。

I-2：24 小时照料 5 名以上病人的医疗建筑，如医院、疗养所等（若少于 5 人，属 R-3 类建筑）。这类建筑还包括 24 小时照顾 2 岁半以下幼儿的托儿所。

I-3：在监禁条件下容纳 5 人以上的场所，如监狱和拘留所。规范中还有 5 条更细的规定。

I-4：日托所（如果小于等于 5 人，属 R-3 类建筑，在一定条件下属 E 类建筑）。

M 组：商业用房

用于展示、销售及储备物资的建筑，如百货商店、药店、市场、商品展销室、零售或批发商店。还包括汽车加油站。

R 组：居住用房

注：独栋或双联住宅被归纳于《国际住宅规范》（IRC）中，见第 167 页。其他住宅，包括：

R-1：临时居住设施（30 天以内），包括大型旅馆与公路旅馆。

R-2：3 个以上居住单元，以常住居民为主的居住单元，如公寓、宿舍、女修道院、兄弟会、妇女联谊会。

R-3：包含 1 个或 2 个为 5 人以下、任何年龄的成人或儿童提供不到 24 小时服务的居住单元的建筑。

R-4：居住人数大于 5 而小于 16 的家庭式疗养院或公助养生设施。

S 组：仓储建筑

仓库，分以下等级：

S-1　中等危险仓库：

不属于 H 类的储存易燃物资的场所。其中还包括汽车修理厂及飞机库。详情见规范。

S-2　低危险仓库：

储存不燃材料的场所。详情见规范。

U 组：公用设施

建筑本身为附属用房，不属于任何一类建筑。包括多层停车库及私人车库。

其他特殊类型：

有顶商城

高层建筑（75′ 以上）

中庭

地下建筑

结构构件

表 D (27) 表 601—表 602

表 601

建筑构件的耐火极限要求（小时）

建筑构件	I 型		II 型		III 型		IV 型	V 型	
	A	B	A[d]	B	A[d]	B	HT	A[d]	B
结构框架[a] 包括柱、梁、桁架	3[b]	2[b]	1	0	1	0	HT	1	0
承重墙									
外墙[f]	3	2	1	0	2	2	2	1	0
内墙	3[b]	2[b]	1	0	1	0	1/HT	1	0
非承重墙及隔墙									
外墙	见表 602								
内墙[e]	见 602 款条律								
楼板结构 包括主梁及次梁	2	2	1	0	1	0	HT	1	0
屋顶结构 包括主梁及次梁	1 1/2[c]	1[c]	1[c]	0[c]	1[c]	0	HT	1[c]	0

国际单位换算：1 英尺 =304.8mm。

a. 结构框架就是立柱及与立柱直接相连的大梁、次梁、桁架梁及外墙托梁，且承重构件被设计能够承受重力。与立柱不相连的楼板或屋顶板被视为次要构件，不属结构框架的一部分。

b. 屋顶支撑构件：仅仅支撑屋顶的耐火等级结构框架及承重墙允许降低 1 小时耐火极限。

c. 1. 除了工业厂房（F-1）、危险性用房（H）、商业用房（M）及中等危险仓库（S-1），结构构件不要求防火保护，包括任何部位都高于下方楼板 20 英尺以上的屋顶结构的屋架及顶板。经阻燃处理的木构件允许用于这类不防火构件。

2. 在所有建筑用房中，耐火木结构允许用于要求 1 小时以下耐火极限构件的地方。

3. 在 I 型及 II 型结构中，阻燃木料允许用于二层以下建筑，包括作为屋顶结构一部分的大梁及桁架。

d. 根据 903.3.1.1 条款，被批准的自动消防喷淋系统允许代替 1 小时耐火极限结构，除非根据规范的其他条款不要求采用这一系统，或者根据 506.3 条款用于提高允许面积，或根据 504.2 条款用于提高允许高度。不允许替代 1 小时防火外墙。

e. IV 型结构中的非承重内墙，还可参见 602.4.6 条款。

f. 不得小于由防火间隔距离确定的耐火等级要求（见表 602）。

各类建筑用房

表 E ㉗

表 302.3.3

各建筑用房的防火要求（小时）[a]

用途	A-1	A-2	A-3	A-4	A-5	B[b]	E[e]	F-1	F-2	H-1	H-2	H-3	H-4	H-5	I-1	I-2	I-3	I-4	M[b]	R-1	R-2	R-3, R-4	S-1	S-2[c]	U
A-1	2	2	2	2	2	2	2	3	2	NP	4	3	2	4	2	2	2	2	2	2	2	2	3	2	1
A-2[h]	—	2	2	2	2	2	2	3	2	NP	4	3	2	4	2	2	2	2	2	2	2	2	3	2	1
A-3[d,f]	—	—	2	2	2	2	2	3	2	NP	4	3	2	4	2	2	2	2	2	2	2	2	3	2	1
A-4	—	—	—	2	2	2	2	3	2	NP	4	3	2	4	2	2	2	2	2	2	2	2	3	2	1
A-5	—	—	—	—	2	2	2	3	2	NP	4	3	2	4	2	2	2	2	2	2	2	2	3	2	1
B[b]	—	—	—	—	—	2	2	3	2	NP	2	1	1	1	2	2	2	2	2	2	2	2	3	2	1
E	—	—	—	—	—	—	2	3	2	NP	4	3	2	3	2	2	2	2	2	2	2	2	3	2	1
F-1	—	—	—	—	—	—	—	3	3	NP	2	1	1	1	3	3	3	3	3	3	3	3	3	3	3
F-2	—	—	—	—	—	—	—	—	2	NP	2	1	1	1	2	2	2	2	2	2	2	2	3	2	1
H-1	—	—	—	—	—	—	—	—	—	4	NP	NP	NP	NP	NP	NP	NP	NP	NP	NP	NP	NP	NP	NP	NP
H-2	—	—	—	—	—	—	—	—	—	—	4	1	2	2	4	4	4	4	2	4	4	4	2	2	1
H-3	—	—	—	—	—	—	—	—	—	—	—	3	1	1	4	3	3	3	1	3	3	3	1	1	1
H-4	—	—	—	—	—	—	—	—	—	—	—	—	2	1	4	4	4	4	1	4	4	4	1	1	1
H-5	—	—	—	—	—	—	—	—	—	—	—	—	—	2	4	4	4	3	1	4	4	4	1	1	3
I-1	—	—	—	—	—	—	—	—	—	—	—	—	—	—	2	2	2	2	2	2	2	2	4	3	2
I-2	—	—	—	—	—	—	—	—	—	—	—	—	—	—	—	2	2	2	2	2	2	2	3	2	1
I-3	—	—	—	—	—	—	—	—	—	—	—	—	—	—	—	—	2	2	2	2	2	2	3	2	1
I-4	—	—	—	—	—	—	—	—	—	—	—	—	—	—	—	—	—	2	2	2	2	2	3	2	1
M[b]	—	—	—	—	—	—	—	—	—	—	—	—	—	—	—	—	—	—	2	2	2	2	3	2	1
R-1	—	—	—	—	—	—	—	—	—	—	—	—	—	—	—	—	—	—	—	2	2	2	3	2	1

续表

用途	A-1	A-2	A-3	A-4	A-5	B[b]	E[e]	F-1	F-2	H-1	H-2	H-3	H-4	H-5	I-1	I-2	I-3	I-4	M[b]	R-1	R-2	R-3, R-4	S-1	S-2[c]	U
R-2	—	—	—	—	—	—	—	—	—	—	—	—	—	—	—	—	—	—	—	—	2	2	3	2	1
R-3, R-4	—	—	—	—	—	—	—	—	—	—	—	—	—	—	—	—	—	—	—	—	—	2	3	2[g]	1[g]
S-1	—	—	—	—	—	—	—	—	—	—	—	—	—	—	—	—	—	—	—	—	—	—	3	3	3
S-2[c]	—	—	—	—	—	—	—	—	—	—	—	—	—	—	—	—	—	—	—	—	—	—	—	2	1
U	—	—	—	—	—	—	—	—	—	—	—	—	—	—	—	—	—	—	—	—	—	—	—	—	1

国际单位换算：1 英尺 =304. 8mm。

NP——禁用

a. 允许降低耐火极限的条件见 302. 3. 3 条款。

b. 下列情况下，M 和 B 类用房中的附属储藏区不需设功能分区：

1. 储藏区面积小于楼层面积的 10%，或
2. 储藏区配备自动喷淋系统，且面积小于 3000 平方英尺，或
3. 面积小于 1000 平方英尺。

c. 仅用于私车或游戏车的区域可降低 1 小时耐火极限。

d. 如果建筑面积小于等于 750 平方英尺，附属的集合型区域不作为独立用房。

e. 附属于 E 类用房的集合型用房不作为独立用房。

f. 使用荷载小于 100 的附属性宗教教室或礼堂不作为独立用房。

g. 特例情况见 302. 3. 3 条款。

h. 商业厨房不必独立于餐馆的就餐区。

表 K ㉗

表 1005.2.1

最小出口数量

使用荷载	最小出口数量	使用荷载	最小出口数量
1～500	2	大于 1000	4
501～1000	3		

表 M ㉗

表 1004.2.1

单个出口空间

设计用途	最大使用荷载	设计用途	最大使用荷载
A，B，E，F，M，U	50	H-4，H-5，I-1，I-3，I-4，R	10
H-1，H-2，H-3	3	S	30

表 G ㉗

表 714.2
洞口的防火保护等级

构件类型	构件耐火极限（小时）	洞口最小防火等级（小时）
额定耐火极限大于 1 小时的防火墙及防火间隔	4	3
	3	3[b]
	2	$1^{1}/2$
	$1^{1}/2$	$1^{1}/2$
1 小时耐火等级结构的防火间隔：		
竖井及出口围墙	1	1
其他防火间隔	1	3/4
防火隔墙：		
出口通道围墙	1	0.33[a]
其他防火隔墙	1	3/4
外墙	3	$1^{1}/2$
	2	$1^{1}/2$
	1	3/4

注：a. “测试要求”见 714.2.3 条款。

b. 安装于防火墙上同一洞口相对两侧的、具有 1.5 小时防火等级的两扇门被认为等同于耐火等级为 3 小时的一扇门。

表 H ㉗

表 1004.3.2.1

通道耐火等级

设计用途	使用荷载	额定耐火等级（小时）	
		无喷淋系统	有喷淋系统[c]
H-1，H-2，H-3	所有荷载	1	1
H-4，H-5	大于 30	1	1
A,B,E,F,M,S,U	大于 30	1	0
R	大于 10	1	1
I-2[a]，I-4	所有荷载	不允许	0
I-1，I-3	所有荷载	不允许	1[b]

注：a. I-2 类用房的要求见 407.3 条款。

b. I-3 类用房降低耐火等级的条件见 408.7 条款。

c. 根据 903.3.1.1 或 903.3.1.2 条款全面配备自动喷淋系统的建筑。

表 J ㉗

表 1003.2.3

单位荷载的出口宽度

设计用途	无喷淋系统		有喷淋系统[a]	
	楼梯（英寸/人）	其他出口（英寸/人）	楼梯（英寸/人）	其他出口（英寸/人）
下列用途之外的所有用房	0.3	0.2	0.2	0.15
危险性用房：H-1、H-2、H-3 和 H-4	0.7	0.4	0.3	0.2
公共机构用房：I-2	0.4	0.2	0.3	0.2

注：国际单位换算：1 英寸 =25.4mm。

a. 根据 903.3.1.1 或 903.3.1.2 条款全面配备自动喷淋系统的建筑。

表 L ㉗

表 1004.2.4
出口引道通行距离[a]

设计用途	无喷淋系统（英尺）	有喷淋系统（英尺）
A，E，F-1，I-1，M，R，S-1	200	250[b]
B	200	300[c]
F-2，S-2，U	300	400[b]
H-1	不允许	75[c]
H-2	不允许	100[c]
H-3	不允许	150[c]
H-4	不允许	175[c]
H-5	不允许	200[c]
I-2，I-3，I-4	150	200[c]

注：国际单位换算：1 英尺 =304.8mm。

a. 参见下列条款修正出口引道的额定通行距离：

402 条款：商城的距离限制。

404 条款：穿越中庭空间的距离限制。

1004.2.4.1 条款：F-1 和 S-1 类建筑的距离增加限制。

1008.6 条款：集合座位空间的距离增加限制。

1008.6 条款：露天集合座位空间的距离增加限制。

1005.2.2 条款：单个出口的建筑。

第 31 章：临时建筑的限制。

b. 根据 903.3.1.1 或 903.3.1.2 条款全面配备自动喷淋系统的建筑。根据 903.3.1.2 条款允许安装喷淋系统的建筑，参见 903 条款。

c. 根据 903.3.1.1 条款全面配备自动喷淋系统的建筑。

表 N ㉗

表 1005.2.2

单出口建筑

设计用途	建筑物的地面以上最大高度	单个楼层的最大使用人口（或居住单元）及通行距离
A，B[d]，E，F，M，U	1 层	使用人口 50，通行距离 75 英尺
H-2，H-3	1 层	使用人口 3，通行距离 25 英尺
H-4，H-5，I，R	1 层	使用人口 10，通行距离 75 英尺
S[a]	1 层	使用人口 30，通行距离 100 英尺
B[b]，F，M，S[a]	2 层	使用人口 30，通行距离 75 英尺
R-2	2 层[c]	居住单元 4，通行距离 50 英尺

注：国际单位换算：1 英尺 =304.8mm。

a. 露天停车楼的额定出口数量参见条款 1005.2.1.1。

b. 空中交通控制塔的额定出口数量参见条款 412.1。

c. 根据 903.3.1.1 或 903.3.1.2 条款全面配备自动消防喷淋系统且根据 1009 条款配备紧急安全出口及救生口的 R-2 类建筑，地面以上最大高度应为 3 层。

d. 根据 903.3.1.1 条款全面配备自动消防喷淋系统的、设计用途属 B 类的建筑物的最大通行距离应为 100 英尺。

记事

表 A-A (37A)

5000-126 建筑结构与安全规范

居住荷载系数 **表 11.3.1.2**

用途	ft^2（每人）[1]	m^2（每人）[1]
集合型设施		
完全集中，无固定座位	7（净面积）	0.65（净面积）
不甚集中，无固定座位	15（净面积）	1.4（净面积）
长凳型座位	1 人/18 英尺长	1 人/45.7 英尺长
固定座位	固定座位的数量	固定座位的数量
等候空间	见 16.1.6.1	见 16.1.6.1
厨房	100	9.3
图书馆书库	100	9.3
图书馆阅览室	50（净面积）	4.6（净面积）
游泳池	50（水面面积）	4.6（水面面积）
游泳池甲板	30	2.8
有器械健身房	50	4.6
无器械健身房	15	1.4
舞台	15（净面积）	1.4（净面积）
照明与检修口的轻便梯、架空过道、铁格架子	100（净面积）	9.3（净面积）
卡西诺赌博机及类似的游戏	11	1
溜冰场	50	4.6
教育设施		
教室	20（净面积）	1.9（净面积）
工艺室、实验室、职业培训室	50（净面积）	4.6（净面积）
日托所	35（净面积）	3.3（净面积）
保健设施		
医院治疗部	240	22.3
医院住院部	120	11.1
拘留与教养设施	120	11.1

续表

用途	ft^2（每人）[1]	m^2（每人）[1]
居住设施		
饭店与宿舍	200	18.6
公寓楼	200	18.6
膳宿与疗养，大型	200	18.6
工业设施		
一般与高度危险的工业设施	100	9.3
特殊用途工业设施	NA	NA
办公设施	100	9.3
仓储设施（商店仓库除外）	NA	NA
商业设施		
位于街道层上的商店[2,3]	30	2.8
位于两个或两个以上街道层上的商店[3]	40	3.7
位于街道层之下的商店[3]	30	2.8
位于街道层之上的商店[3]	60	5.6
仅用于办公的楼地面	见办公设施	见办公设施
仅用于储存、验收及装运的楼地面（不对外开放）	300	27.9
大型商城	根据各空间的用途确定系数[4]	根据各空间的用途确定系数[4]

注：NA = 不适用。居住荷载是指（任何时间）可能达到的最大居住人数。

1. 除注有“净面积”的系数外，其他所有系数均为毛面积。
2. 为了确定不同侧面属于不同街道的，有两个或两个以上直接通往街道（不包括胡同或类似的偏僻街道）的地面层的商业设施的居住荷载，所有类似的地面层都被视为“街道层”。居住荷载系数为每人 $40ft^2$（$3.7m^2$）销售空间毛面积。
3. 为了确定没有街道层、但通过楼梯与电梯直接通往街道的商业设施的居住荷载，位于商业设施入口的楼层被视为“街道层”（见 3.3.221.2 的“街道层”）。
4. 商城中被视作人行道且不用作“可出租面积”的那部分空间的居住荷载不以表 11.3.1.2 为依据来估算。但是，商城人行道出口方式的居住荷载可由表 11.3.1.2 所确定的划分后的商城的可出租面积［不包括“定位商店”（anchor store，商场中通中廊和外部的商店——译者注）］所对应的最低总居住荷载系数来确定。

每个独立的“出租空间”都有通往室外或商城的出口方式，该出口方式的居住荷载可利用表 11.3.1.2 种相应的居住荷载系数来计算。

每个独立的“定位商店”都有不依赖商城的出口方式。

表 B-B（NFPA 5000） (37A)

设施用途分类

集合设施：用于集合50或50人以上商讨、祭拜、娱乐、就餐、酒会、消遣、交通等候等用途的设施、或专门的娱乐性建筑，不计居住荷载。

教育设施：用于1～12年级、6人或6人以上、每天4小时和每周12小时以上的教育用途的设施。

日托设施：有4名或4名以上客户接受其亲属或法定监护人以外的人每日少于24小时的照顾、抚养及监护。日托所是一种特殊分类（见规范）。

保健设施：用于4人或4人以上的药物或其他治疗的设施，其中的住户大多由于年龄、身体或心理能力较弱，或者安全距离不受住户控制等原因而缺乏自我保存能力。

非卧床病人保健设施：用于同时为4名或4名以上病人提供服务或治疗的建筑或建筑中的一部分，为在紧急条件下不借助他人而不能自我保存的病人（以门诊病人为主）提供治疗或麻醉。

拘留所与教养院：在各种等级的限制及安全条件下，用于收容4人或4人以上的设施，其中的住户大多因安全距离不受住户控制而不具自我保存能力。规范中细分为5个分项。

居住设施：除保健设施及拘留所与教养院以外的寄宿设施。

独栋或双联住宅：包含2个及2个以下居住单元的建筑，且每个居住单元由一户家庭的成员及3名以下的外人占有，即使有，可住于出租房内。

寄膳宿舍或寄宿舍：不用作一户或两户家庭住宅、可供16人以下寄宿的建筑或建筑的一部分，以短暂或临时寄宿为主，无护理设施，提供（或不提供）膳食，但不为个人提供独立烹饪设备。

饭店： 供16人以上寄宿（以短暂寄宿为主），由同一机构管理的一栋或一组建筑，有（或无）膳食。

宿舍： 联合占用和独立管理下的、在一间或一系列相邻房间中为16名以上非同一家庭的成员提供集中寄宿的一栋建筑或建筑中的一个空间，有（或无）膳食，但无个人烹饪设备。

公寓建筑： 包含3个及3个以上居住单元的建筑，有相互独立的厨房及卧室。

家庭式提供膳宿及护理的疗养所： 为4名或4名以上与业主或经营者无血缘或婚姻关系的住户提供膳宿的、用于提供个人保健服务的建筑或建筑中的一部分。它分为小型（16人以下）和大型设施。

商业设施： 用于展示和销售商品的设施。细分为3个等级（见规范）。

办公设施： 用于记账和档案保存或处理非商业性业务的设施。

工业设施： 在其中制造产品或实施加工、安装、组合、包装、装饰或修理等工序的设施。其中分“一般用途”与“特殊用途”两种。

仓储设施： 主要用于储存或掩藏货物、商品、产品、交通工具或动物的设施。

其他特殊设施：

有顶商城
高层建筑（高度在75'以上）
四合院
地下建筑

高危险设施： 表C-C所列的5级防护型设施与表B所列的IBC的“H”类设施相类似。

表 D-D (37A)

5000-84　　建筑结构及安全规范

I 至 V 类结构的耐火等级（hr）　　**表 7.2.2**

	I类		II类			III类		IV类	V类	
	442	332	222	111	000	211	200	2HH	111	000
外部承重墙[a]										
支撑一层以上楼板、立柱或其他承重墙	4	3	2	1	0[b]	2	2	2	1	0[b]
仅支撑一层楼板	4	3	2	1	0[b]	2	2	2	1	0[b]
仅支撑屋顶	4	3	1	1	0[b]	2	2	2	1	0[b]
内部承重墙										
支撑一层以上楼板、柱子或其他承重墙	4	3	2	1	0	1	0	2	1	0
仅支撑一层楼板	3	2	2	1	0	1	0	1	1	0
仅支撑屋顶	3	2	1	1	0	1	0	1	1	0
立柱										
支撑一层以上楼板、柱子或其他承重墙	4	3	2	1	0	1	0	H	1	0
仅支撑一层楼板	3	2	2	1	0	1	0	H	1	0
仅支撑屋顶	3	2	1	1	0	1	0	H	1	0
次梁、主梁、桁架及拱										
支撑一层以上楼板、柱子或其他承重墙	4	3	2	1	0	1	0	H	1	0
仅支撑一层楼板	2	2	2	1	0	1	0	H	1	0
仅支撑屋顶	2	2	1	1	0	1	0	H	1	0
楼板结构	2	2	2	1	0	1	0	H	1	0
屋顶结构	2	$1^{1}/2$	1	1	0	1	0	H	1	0
内部非承重墙	0	0	0	0	0	0	0	0	0	0
外部非承重墙[c]	0[b]	0[b]	0[b]	0[b]	0[b]	0[b]	0[b]	0[b]	0[b]	0[b]

注：H = 耐火木结构构件（见要求说明）。

a. 见 7.3.2.1。

b. 见 7.3 节。

c. 见 7.2.3.2.13、7.2.4.2.3 及 7.2.5.6.8。

表 I-I (37A)

表 11.3.3.1　利用率

占用区域	楼梯		水平构件与坡道	
	in.*	cm*	in.*	cm*
寄宿舍与疗养所	0.4	1.0	0.2	0.5
保健设施，有喷淋系统	0.3	0.8	0.2	0.5
保健设施，无喷淋系统	0.6	1.5	0.5	1.3
超过最大容许工程量的高危险性设施，见 34.1.3 所述的控制面积	0.7	1.8	0.4	1.0
其他	0.3	0.75	0.2	0.5

* 每人

表 E-E (37A)

功能分区间隔的额定耐火等级（hr）[a]　　　　表 6.2.4.1

	集合设施≤300	集合设施>300 至≤1000	集合设施>1000	教育设施	日托所住户>12 人	家庭式日托所	保健设施	非卧床病人保健设施	拘留与教养设施	独户与双联住宅	出租宿舍
集合设施 ≤300		0	0	2	2	2	2^b	2	2^b	2	2
集合设施>300 至≤1000			0	2	2	2	2^b	2	2^b	2	2
集合设施 >1000				2	2	2	2^b	2	2^b	2	2
教育设施					2	2	2^b	2	2^b	2	2
日托所>12 人客户						1	2^b	2	2^b	2	2
家庭式日托所							2^b	2	2^b	2	2
保健设施								2^b	2^b	2^b	2^b
非卧床病人保健设施									2^b	2	2
拘留与教养设施										2^b	2^b
独户与双联住宅											1

续表

	饭店	公寓楼	寄宿舍小型	寄宿舍大型	商业设施	商业设施，有顶商城	商业设施，大宗零售	办公设施	工业设施低危	工业设施	仓储设施低危	仓储设施
集合设施 ≤300	2	2	2	2	2	2	3	1	2	3	2	3
集合设施 >300 至≤1000	2	2	2	2	2	2	3	2	2	3	2	3
集合设施 >1000	2	2	2	2	2	2	3	2	2	3	2	3
教育设施	2	2	2	2	2	2	3	2	3	3	2	3
日托所 >12 人客户	2	2	2	2	2	2	3	2	3	3	2	3
家庭式日托所	2	2	2	2	2	2	3	2	3	3	2	3
保健设施	2[b]	2[b]	2[b]	2[b]	2[b]	2[b]	3	2[b]	2[b]	3	2[b]	3
非卧床病人保健设施	2	2	2	2	2	2	3	1	2	3	2	3
拘留与教养设施	2[b]	2[b]	2[b]	2[b]	2[b]	2[b]	3	3	2[b]	3	2[b]	3
独户与双联住宅	2	2	1	2	2	2	3	2	2	3	2	3
出租宿舍	2	2	2	2	2	2	3	2	2	3	2	3
饭店		2	2	2	2	2	3	2	2	3	2	3
公寓楼			2	2	2	2	3	2	2	3	2	3
寄宿舍，小型				1	2	2	3	2	3	3	2	3
寄宿舍，大型					2	2	3	2	3	3	2	3
商业设施						0	3	2	2	2	2	2

续表

	饭店	公寓楼	寄宿舍小型	寄宿舍大型	商业设施	商业设施，有顶商城	商业设施，大宗零售	办公设施	工业设施低危	工业设施	仓储设施低危	仓储设施
商业设施，有顶商城							3	2	3	3	2	3
商业设施，大宗零售								2	3	3	2	2
办公设施									2	2	2	2
工业设施，低危										0	1	2
工业设施											1	2
仓储设施，低危												1
仓储设施												

a. 当建筑物全面配备符合55.3条款要求的经批准使用的自动喷淋系统时，可降低1小时耐火等级，但任何情况下不得低于1小时。

b. 不允许采用注释a中“因采用喷淋系统而降低1小时耐火等级”的条款。

例题

题目：在一栋“空壳”建筑（12 层高）的一层将建一“承租人添建物”。现状平面显示：每层面积 40000SF，建筑类型：B（办公），结构类型：Ⅱ-A，有喷淋系统。

该“承租人添建物”将要改建成 10000SF 的自助食堂（其中，25% 为厨房，75% 为餐厅）。

问：它应满足哪些基本的规范要求？

解答：从第 162 页开始

a　居住荷载

按照 IBC（见表 180 页表 A）：

空间	面积		系数		人数
餐厅	7500SF	÷	15	=	500
厨房	2500SF	÷	200	=	13
					513

按照 NFPA（见第 194 页表 A-A）：

餐厅	7500SF	÷	15	=	500
厨房	2500SF	÷	100	=	25
					525

b　确定建筑类型

按照 IBC（见第 182 页表 B）：A-2

按照 NFPA（见第 196 页表 B-B）：集合设施

注：即使主要建筑的用途属于 B 类，此专项用房可被视为 A，厨房则被归类为 A 的一部分，除非有特别标注。

c　确定结构类型

根据平面图，该建筑的设计等级为Ⅱ-A。相应的，NFPA 的等级为Ⅱ-111（见第 164 页）。

d　审核防火措施

1. 耐火等级结构

据第185页表D，IBC要求“II-A”型结构的所有构件都应为1小时耐火极限构件。

据第198页表D-D，NFPA对“II-III”型结构的要求相同。

注：所有将穿过1小时耐火楼板的管道竖井都需要做防火保护。

2. 火焰蔓延等级

按照第165页的表，A-2类建筑有喷淋系统的级别是：

	级别	火焰蔓延指数
房间	C	76~200
出口	B	26~75

由于此空间将配备喷淋系统，所有地毯都可算做II级（见第167页）。

在选择面层装饰材料时，设计师必须坚持使用额定等级之上的产品（有时需核对产品说明）。由于C级（墙面和顶棚）及II级（地毯）是最低要求，所以应该不成问题。

e 功能分区

按照IBC规范要求，由表E（第186页）查得：分区隔墙必须有2小时防火保护。NFPA规范与此相同（第200页表E-E）。这意味着，周围的墙体及上方的楼板都必须有2小时防火保护。参见第385页，由金属龙骨加2层防火石膏板（双侧）构成的隔墙为2小时耐火等级墙。这些墙将直接升至2层楼板的底部。设想一下楼板的结构类型，钢梁上的金属甲板，也许再喷涂耐火材料，将使其耐火极限由1小时增至2小时（见第164页）。现在，管道竖井（见d-1的注解）将穿过2小时耐火等级楼板。所有穿过围墙（非外墙）的管道都必须配置适用于2小时耐火等级墙的防火阀。

注：参见表 E 有关厨房中的注 h。

f　<u>消防喷淋</u>

该建筑已经配置了喷淋系统。如果没有，根据“自助食堂”的性质，将依照“集合设施的喷淋要求”（第 168 页）来配置。

g　<u>防火区间、墙体、间隔及隔墙</u>

根据表 D（第 185 页）。非承重内墙可参考规范的相关章节，不属于本书内容。进一步查对规范，将发现，这些构件必须是 1 小时耐火等级构件。参见第 385 页，金属龙骨加 1 层防火石膏板（双侧）能符合此要求。

h　<u>出口</u>

据上述“a”，居住荷载为 513 至 525（取决于所用规范）。按照第 173 页“1”中所述，需要 3 个出口，其中 1 个是厨房后部的服务出口。假设是巨大的敞开式餐厅，另两个出口将会是主要入口，再加上一个出口门（必须位于距入口 1/3 对角线距离的地方）。

根据第 174 页的“6”，出口尺寸为：

IBC（第 190 页表 J）：513(居住荷载)×0.15＝77″

77″÷3(出口数)＝25½″

NFPA(第 190 页表 H)：525(居住荷载)×0.2＝105″

105″÷3(出口数)＝35″

由于最小出口宽度为 36″（见第 175 页），即每个出口至少为 3′宽。

如果出口不直接通向室外，那就必须通向一条耐火等级通道。

当初步设计及规范研究完成后，设计师还要与规范执行官复审。

4. 无障碍设计（ADA 要求）⑳

a. *概述*：本条款是关于《美国残疾人规范》（the Americans with Disabilities Act，简称 ADA）（条款 3，国家公民权法）所规定的残疾人在非政府建筑中的可达性要求（条款 2 适用于政府建筑）——根据 ICC/ANSI A117.1—1998 修订。地方或州法规（部分）在关于改建或新建建筑方面可能会有更多限制，将对每项考虑中的条款，运用更专门的法律。

b. ADA 适用于

（1）*供游乐饮食的公共场所*（包括家庭、俱乐部及教堂）。建筑物中通常包含供公众使用的空间及仅供雇员使用的空间。

（2）*商业设施*（仅为雇员），几乎无额定要求，仅需一个无障碍入口、出口及能经过所有功能性设施的路径。只有当雇员中有残疾雇员（条款 1）时，才运用更严格的标准。

c. *现有建筑*应遵循此原则：如果“唾手可得”（无需付出过多的人力物力或空间损失），那就要尽可能地清除“建筑障碍”。从理论上来说，应尽力清除所有障碍。当障碍不能轻易消除时，允许采用“等效简化”手段。需除障部位的优先次序为：

（1）游乐饮食类公共场所的入口；

（2）向公众开放的商品与服务区域的入口引道；

（3）休息设施的引道；

（4）清除其他所有障碍。

d. *改造*现有建筑需要更高标准。至少，改建部分将具备“无障碍”功能。如果改建区域是建筑的“主要功能区”，那么，必须提供一条从入口至该区域（包括公共休息室、电话及喷嘴式饮水龙头）的无障碍通道，只有当这条通道的修建费用超过主要功能区改建费用的 20% 时，才可免除。

e. *新建建筑或设施*必须完全符合规范要求，除非“结构上无法实现”。

f. ADA 的全部目录参见书末的“英汉词汇对照”。

根据 ADA 设计的无障碍通道
（室内与室外）

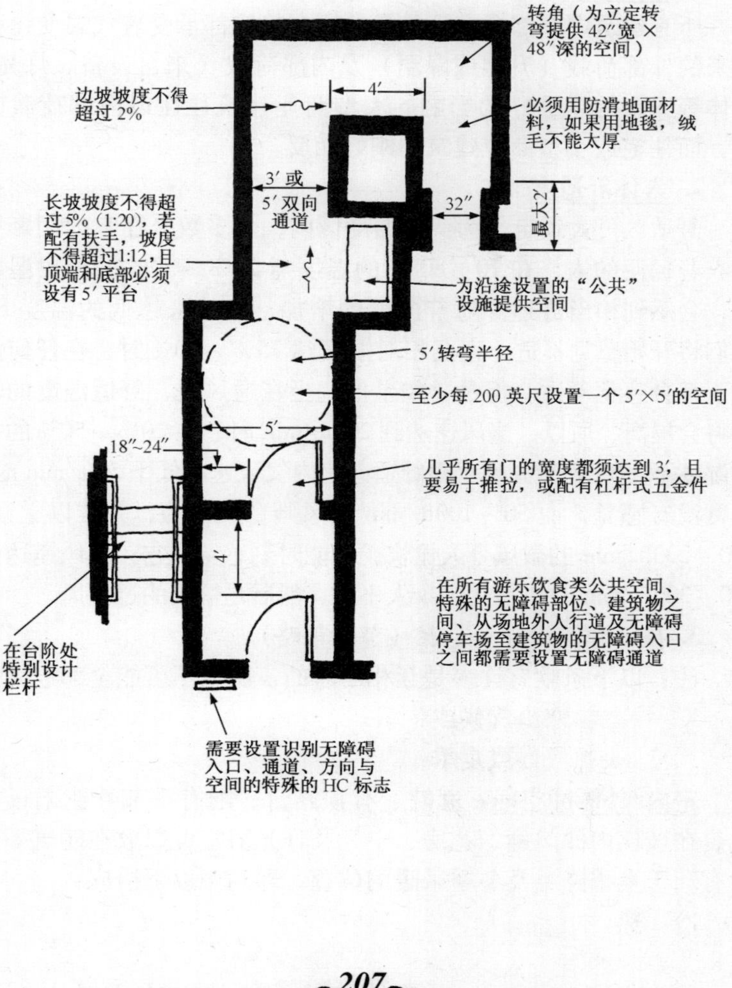

J. 能源（“被动”与“主动”的保存途径） (47)

室内设计师的工作对象通常是已经确定了能源要求（尤其是外部气候荷载）的现有建筑。然而，承租人添建物或改建工程确实将影响内部荷载。本节可当作节能指南。

1. 建筑类型

所有建筑内部都会产生热量。所有建筑都承受着气温变化所带来的外部荷载（升温或降温）及内部荷载（来自设备、灯光、人体等元素的热量）的影响。大型商业建筑往往以内部荷载为主，而住宅或小型商业建筑则刚好相反。

2. 人体舒适度

舒适区可大致定义为：在温度区内，大多数坐在室内阴影里并衣着轻便的人，在 70～80°F 的温度与 20%～50% 的相对湿度下，会感到相当舒适。随着湿度的增加，在越来越低的温度下，他们将开始感觉不适，直至相对湿度达 75%～80% 时，在任何温度下都会感觉不适。但是，如果他们坐在通风处，舒适温度的范围将会提高，所以，当风速达到 200ft/min 时，在 20%～50% 的相对湿度下，85°F 的温度仍很舒适。室内气流速度低于 50ft/min 时，通常没有感觉，而 50～100ft/min 的风则令人愉快，并难以觉察；100～200ft/min 的微风令人愉快，但能时刻感觉到它；当风速达到 200～300ft/min 时，首先会令人不快，然后是恼人的过堂风。

3. 被动建筑设计一览表（节能策略）

注：以下条款有许多是互相矛盾的，所以不可能全部选用。

X　　　　寒冷气候或冬季

　X　炎热气候或夏季

室内/外缓冲空间：庭院、有顶露台、配有季节性遮阳板并包裹在玻璃内的门廊、花房、中庭及日光浴室可以放在建筑平面中有利于夏季降温及冬季采暖的位置，即利用以下措施：

冷　热

a. 设置室外半保护区，以节制全年气候。

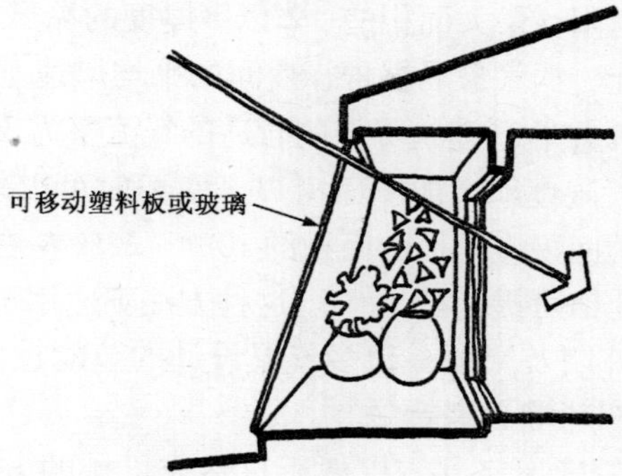

b. 设置室内朝阳区，以最大限度地获得热量。

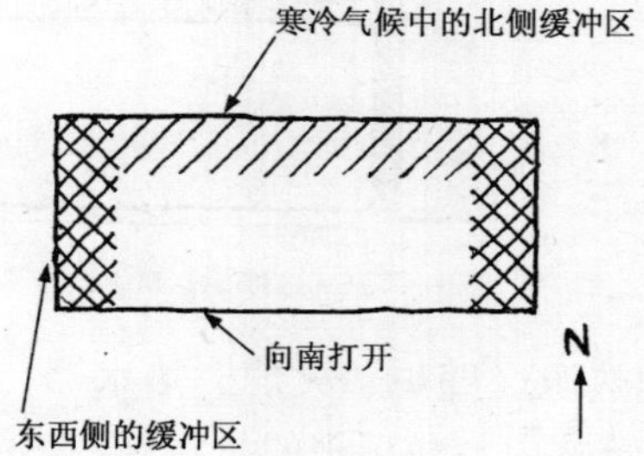

c. 根据太阳朝向安排各功能用房。如，以“坏”朝向（如西向）作贮藏室，以“好”朝向（如南向）作起居室。

向阳的墙与窗：很多技术都是通过向阳的窗户和墙体，利用冬日阳光来给建筑物采暖，详列如下：

d. 用高热容材料来储存太阳能。在室内设置“实心物质”可以获得最佳效果。一般来说，每平米阳面窗户需要 1 ~ 1¼CF 的混凝土墙或砖石砌体。当窗户不朝阳时，需四倍多的物质才能达到相同效果。在上述区域不要铺设地毯。

e. 同一“物质效应”可反过来用于干热（晴天）气候。“光洁的”建筑可在寒冷的夜晚为第二个白天预先降温。必须确保实心墙体的遮阳。最大面积的、2″以下厚度的黏土、混凝土或装饰灰泥效果最佳。据气象局报告，夜间的平均风速基本为 24 小时平均风速的 75% 左右。建筑降温的合适的气流率为 30 换气量/小时。

f. 最大限度地增加阳面窗户（需要时可以外伸）。一般说来，阳面玻璃的面积应是地面面积的 10% ~25% 左右。在北方/寒冷地区，这一比值可提高到 50%。这种方法不适用于南方/炎热地区。

隔热外墙及屋顶：很多气温设计的节能技术是以使室内空间隔绝于外部环境为宗旨的。

g. 设置通风竖井，以便用自然或机械的方式回收住房热量。这可使顶棚处的暖空气或自烟囱回收的热量得到再利用。

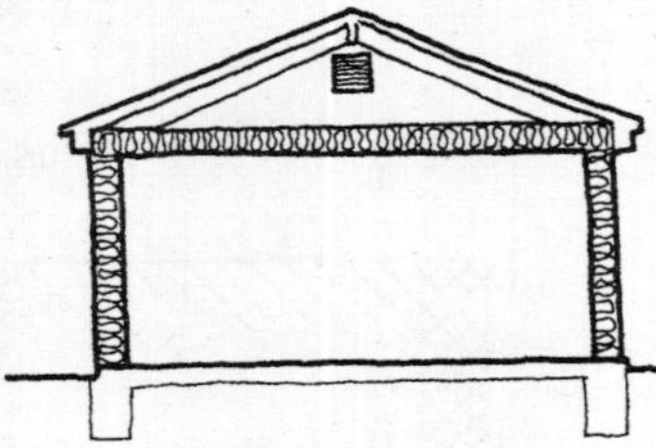

h. 把热源（壁炉、火炉、热水器、烤箱、洗衣机等）集中放置于建筑物内。最理想的是将这些热源放在较低的楼层上。

i. 将热源（热水器、洗衣机等）置于室外。

j. 利用前庭或在入口设置室外“屏风”，以避开不理想的风向。

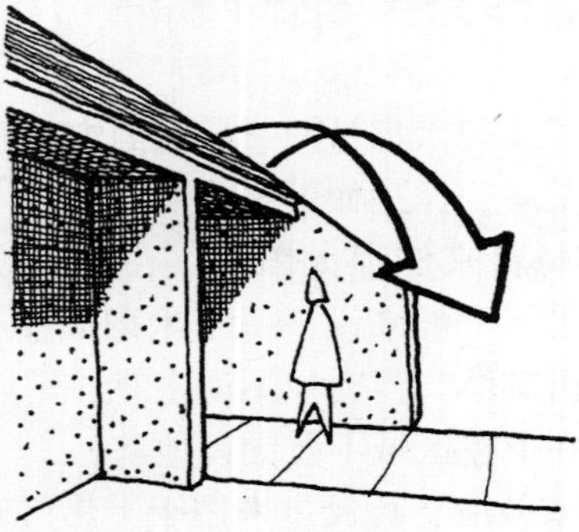

k. 将低使用率的空间、储藏室、公用设施及车库当作缓冲地带，将它们放在朝向“差”的位置（如：寒冷气候下的北侧，或是炎热气候下的西侧）。

l. 细分室内空间，以创建独立的采暖和降温区。例如相互独立的起居空间与睡觉区。

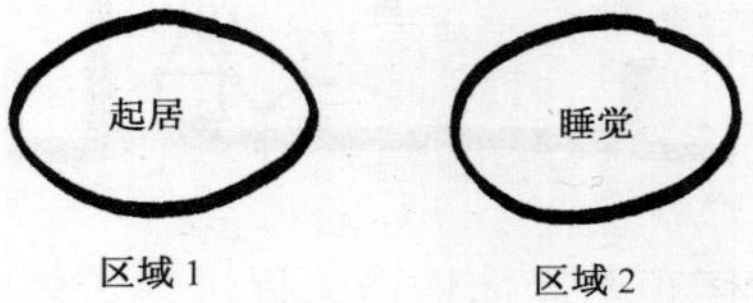

m. 尽量减少门窗洞口（一般在北侧、东侧和西侧）。

n. 设置通风孔，使空气在专门的空间与装置内流通。见第337、338页的“壁炉”。

自然通风：给建筑降温的简单概念。

o. 利用室内的“敞开式平面”，促进自然风的流动。

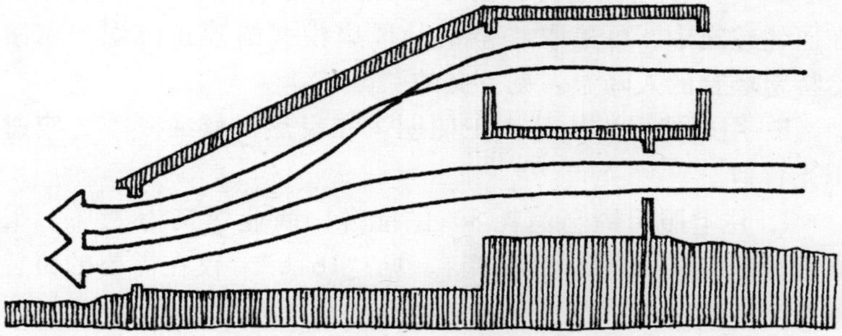

p. 设置竖向通风竖井，促进室内空气流通。

q. 利用复式屋顶与墙体构造，促进建筑体内通风。

r. 使门窗洞口的位置及尺寸有利于主导风的自然流通。下列做法可获得最佳效果：

使窗户位于房间相对的两侧。

尺寸相等的进、出风口可获得最大换气量。

较小的进风口可提高风速。

4. 主动建筑设计一览表（节能策略）

a. 尽可能用风扇代替压缩机，这样可节约20%左右的能源。在居住建筑中，可采取“全室”风扇模式给建筑降温，用吊扇给特定场合的人降温。见下文的“o”。

b. 用自然采光代替人工照明。在炎热气候或夏季，应避免阳光直射。

c. 住宅照明约会消耗8%的能源，商业建筑为27%。采用高效光源（50~100流明/瓦）。见“16 A”。仅在需要的位置设置照明开关及控制器，并充分利用日光。

d. 尽可能用燃气代替电，这样能减少多达75%的费用。

e. 使用高效设备与装置

（1）微波炉比对流式烤箱更可取。

（2）冰箱的功率最好为5~10kBtu/日或535~1070kWh/年。

f. 如果用壁炉，应采用配有密封高温玻璃的高效型壁炉，通过红外线感应器与外界的氧化空气相隔绝。参见第337页。

g. 采用夜间降温与荷载控制装置。

h. 采用多区域的暖通空调系统（HVAC）。

i. 将管道置于空调空间，或做密封隔热处理。

j. 隔开冷、热水管（R=1~3）。

k. 把空气开关置于空调空间。

l. 将恒温器安装在远离阳光直射的地方，并加装护栏。

m. 采用效率达70%以上的燃气采暖设备及175%以上的电气采暖设备。

n. 采用效率大于10的钢管制冷设备及效率大于2.5的铜管制冷设备。

o. 在商用暖通空调系统中使用“节能法”，有效利用良好的室外温度。

p. 在干热气候下，采用蒸发冷却法。

q. 用燃气或太阳能代替电力进行热水供暖，并单独设置热水锅炉。

r. 对某类建筑或某些部位，公用设施有个高峰使用率，如夏季的午后。必须确定这个高峰荷载率并设计满足此要求。因此，高峰荷载可能比年节能量更重要。某种意义上，节能与节能费是不同的概念。大型建筑有时采用蓄热系统，例如在热天的非高峰期制冰。这些系统在日（或年）温度变化幅度大、电气成本高、高峰期与非高峰期的成本差额大的区域工作效率最佳。

s. HVAC系统用电占总能源的百分比：

居住建筑

冷天	70%
热天	40%

办公建筑

冷天	40%
热天	34%

t. TBS（总建筑管理系统）节省大量能源。

K. 可持续性设计 ④ ⑩A

绿色设计是利用设计及建筑技术最大限度地减少环境影响，降低建筑能耗，进而促进住户健康的“全系统方法”。“如果不将力量发挥到极限，就不能充分利用它。”——这是典型的美国方式。绿色运动的方式正好与之相反。

1. 概述

a. 节能：不断增长的能源需求是建筑物影响环境的最大原因。见第208页的“能源”。

b. 再循环建筑：重复利用现有建筑及基础设施，以替代空地开发。

注：不幸的是，拆除旧建筑并建造一座新建筑的造价往往比保存并重新修建旧建筑（使其满足新规范的要求）的造价低。

c. 创建社区：设计社区，以降低对汽车的依赖并促进交互式交通，包括步行。

d. 减少材料的运用：优化设计，利用更小空间，并有效使用材料。

e. 保护并改善场地环境：力图与现有地形及环境相结合，而不要将其“夷为平地”。

f. 选择低污染材料：在经济构成中，建筑约占40%的原材料。应详细列明低污染材料及高性能材料。大多数因建筑材料引起的环境污染发生在施工安装之前。原材料取自土壤或森林。产品在生产或加工的过程中制造污染，并消耗能量。避免使用产生污染的材料，不是要损失其他功能、耗尽有限的自然资源或用有毒、有害的物质来制造。应详细列明在提取、制作或运输过程中的低能耗材料类型。

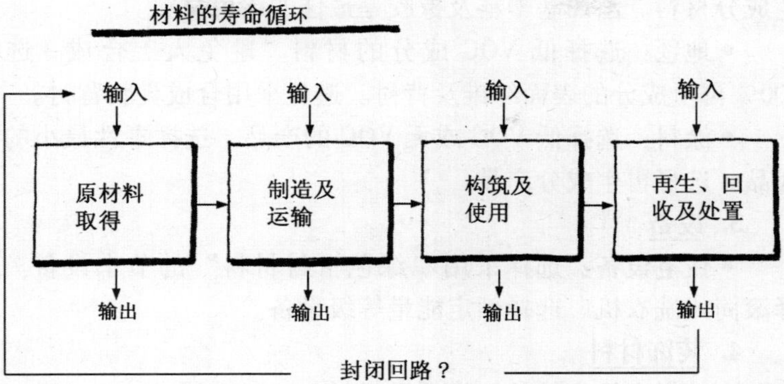

g. 延长使用寿命：设计提高建筑物的耐久性及对环境的适应力。建筑物的寿命越长，用来偿还其对环境造成的影响的时间就越长。详细列明耐久性好、不腐烂、易维修或可替换的材料类型。设计建筑物的适应性（新建筑功能）。

h. 节水：设计提高建筑物及景观的用水效率。

i. 创造健康建筑：提供安全、舒适的室内环境。目前约有6万多种40年前尚不为人知的化工材料。许多常用的建筑材料及产品产生有害废气。

j. 降低建造及拆除的浪费：循环、再生及回收工地废物。

2. 面层材料

• 石膏板：利用再生材料、合成石膏。收集碎屑当作土壤改良剂。

• 瓷砖：选择再生成分材料或被回收当作锦砖（马赛克）或骨料。

• 吸声板：利用高再生成分材料。利用珍珠岩或矿化木纤维来防止纤维脱落。

• 木地板：选择FSC认证的产品。选择再生地板材料。选择可重新装饰的、带厚面板的工程用地板。选择无毒、低VOC成分的饰面材料和添加剂。考虑用竹子代替木材。

• 弹性地面材料：选择用低VOC粘结剂做的材料。选择再生成分材料。乙烯基塑料及橡胶是最佳的绿色材料。

- 地毯：选择低 VOC 成分的材料。避免人工合成。选择100%再生成分的表面纤维及背衬。避免采用合成乳胶背衬。
- 涂料：选择低 VOC 或无 VOC 的产品。选择毒性最小的替代品。选择再生成分产品。

3. 设备

- 住宅设备：选择采用“绿色密封材料”的节水设备。选择滚筒式洗衣机。选择额定能量等级设备。

4. 装饰材料

- 选择有机生长的植物纤维材料。
- 选择天然染料或未染色的织物。
- 使用 FSC 认证的木制产品。
- 使用翻新家具。
- 选择具有天然防虫功能的纤维。
- 选择回收的复合纤维。

5. 机械

- 选择低流量、节水型卫生器具（1.6GPF 以下的抽水马桶）。
- 选择堆肥厕所系统。
- 选择不使用破坏臭氧的冷凝剂的制冷设备。
- 设计无粪生活污水系统。
- 不使用 PVC 管线（存在回收问题）。
- 使用用户热水交换器。

L. 声学 ② ③ ④ ⑩ ⑪A

声音是一系列经由弹性介质的振动而产生的压力。它不断变化的力度与稀薄度或远（低沉），或近（高亢），或宽（响亮）或窄（轻柔）。

一切可感声音都有一个声源、一条传播途径及一个接听者。所有声音都有音量、方向及音长。传播途径可以是空气传声或结构传声。

声音具有四种可量化的属性：速度、频率、强度及漫射性。就速度而言，声音穿越固体的速度要比穿越空气快（并且穿越热空气的速度要比穿越冷空气快）。频率是声音每秒钟的振动次数，即赫兹（Hz），随音色与音调不同而变化。人的平均音调约为1000Hz。强度是力量水平（即响度），单位为分贝（dB）。衰减度是声音从声源出发向外传播时的强度损失。漫射噪声（抑制或干扰噪声强度）是从多个相似声源发出的声音。

在音效设计中应考虑声音正反两方面的作用。

正面作用是指确保建筑的混响特性符合建筑功能。见下文的“1”。

反面作用是指阻止室外噪声对建筑静区的干扰。见下文的“2”。

1. 室内声学

声音可以比作光。声音控制就是利用声音的反射与漫射，来增强音乐厅或录音棚这类空间的音响效果，以及用吸声法降低办公室这类典型空间的噪声。

a. 反射：房间的几何形状对音效控制至关重要。大型内凹表面具有聚声作用，一般应避免使用；反之，凸形表面则具有扩声作用。

b. 漫射：促进连续声均匀分布并能增强“现场感”（这对表演艺术非常重要）。漫射作用随物体表面的不规则性增加而加强，理想的漫射表面既不吸声也不反射声，而使声波扩散开来。

c. 吸声：是最有效的降噪手段（见第227页的表）。声波以1100fps的声速传播，这样低的传播速度足以使反射波形干扰原声波（预期信号）。混响时间就是它的衡量标准。

从室内发出的任何声响都会被室内表面吸收或反射。柔软材料具有吸声性能；硬质材料具有反射性能。如果房间尺寸和表面材料选择恰当，反射回来的声音与原始声音混合，可以加强声音效果，便于交流；但当房间长度超过30英尺时，则会出现不良混声（回声）；特别是当房间表面反射率高、且凹面朝向听众时，回声更强。

房间的容积与表面特征将决定其混响时间。混响时间是指声音衰减60分贝所需的秒数，可以用以下公式计算：

$$RT = \frac{0.05 \times \text{房间体积（cf）}}{\text{房间平均吸声率}}$$

理想的室内混响时间为：

办公与商业空间	0.5秒
演讲厅	1.0秒
音乐室	1.5秒
体育馆	2.0秒

吸声系数，又称降噪系数（NRC），表面吸声量等于吸声系数乘以该表面面积。房间的总吸声量就是房间内所有表面吸声量的总和。吸声系数越高，吸声量越大，最大值为1.0（完全吸收）。

总的来说，吸声系数低于0.2被认为是反射（材料），高于0.2为吸声（材料）。常用吸声系数为：

1½″玻璃纤维板材	1.0
地毯与胶垫	0.6
吸声板（无漆）	0.8
布面座椅	0.6
一位听众	0.8
混凝土	0.02
石膏板	0.05
玻璃	0.09
瓷砖	0.01
织物	0.30

房间的平均吸声系数至少应达0.2，但一般超过0.5时，效果就不太理想，而且也不够经济。较低的吸声系数适用于大房间，较高的吸声系数适用于小房间或噪声大的房间。虽然理论上吸声材料可用于房间任何部位，但在大房间内用于顶棚更为有效，在小房间内则用于墙面更为有效。如果要在室内增加吸声材料以改善吸声性能，那么总吸声量至少应增加3倍，从而使吸声系数介于0.2至0.5之间。实际的增加限额约为10倍。房间吸声量每增加1倍，混响时间减少½。

例题

一间20′×10′×9′（高）的办公室，内有地毯、吸声顶棚及石膏板墙面（其中1/3配有吸声材料），问：这间办公室的吸声系数及混响时间为多少？

解答

吸声系数：

地面：	$0.6\times200=120$
2/3 墙面：	$0.05\times356=18$
1/3 墙面：	$0.8\times178=142$
顶棚：	$0.8\times200=\underline{160}$
	440

$$平均吸声系数 = \frac{总吸声量}{房间表面积的总和}$$

$$= \frac{440}{20 \times 9 \times 2 + 10 \times 9 \times 2 + 10 \times 20 \times 2}$$

$$= \frac{440}{940SF} = 0.47，OK.$$

$$混响时间 = \frac{0.05 \times (10 \times 20 \times 9)}{440} = 0.2 < 0.5，所以，$$

OK.

d. 影响音效的其他因素：

如果走廊高度明显大于宽度，那么必须同时在它的墙面与顶棚中放置吸声材料，尤其在地面为硬质材料时；如果走廊宽度大于高度，那么只对顶棚做吸声处理即可。

声学要求较苛刻的房间需要有恰当的空间容积。如：报告厅需要 120 立方英尺/座，音乐厅需要 270 立方英尺/座。

“声线图”是有效的声响控制工具。同光线一样，声波的反射角等于它的入射角。同理，凹形面具有聚声作用，凸形面则具扩声作用。

扩声：接听者距声源 110′以内时，最好将扬声器组合置于声源前方上空。如果某些接听者在 110′开外，应在 35′内放置一个顶置联网小型扬声器。

2. 隔声

当声波从墙和楼板通过时，墙和楼板会因声波通过而发生振动，于是噪声就随声波振动传递到“静区”。传声方式共有两种：一种是通过结构传声，另一种是通过空气传声。

*结构传声*是由于设备的移动或人在硬质楼板上的走动而引起的建筑材料的振动。

*空气传声*是通过气体振动。当声波到达墙面，墙面材料受迫振动；振波穿过墙体材料，再由墙体另一侧将振波传回

空气。

降噪与隔声准则

a. 应选择安静、有防噪措施的场地，并使建筑的门、窗背离噪声源。

b. 利用场地屏障，如墙体或园林（密植树林或矮树篱，落叶和常绿灌木组团）能有效降低音量。

c. 避免闹区与静区相邻。使噪声特征相似区域相邻。将卧室紧邻卧室，起居室紧邻起居室。

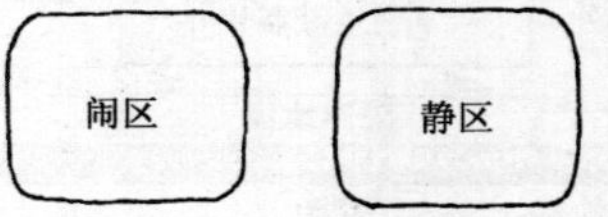

d. 根据平方反比定律（如光线），当听者与声源的距离增加时，他耳内的声压值与距离的平方成反比。所以，必须与声源保持距离。

e. 合理安排空间，以减少声音传播问题。尽可能加大相邻空间的开窗距离，如：将闹区背靠背布置，将壁柜置于动、静区之间。

f. 实心块材（混凝土或砖石）是最佳的隔声材料。

g. 选用静音机械设备。采用防振、吸声套管及弹性接管，管内流速设计为低速。

h. 利用地毯降低因走动而产生的结构传声（加上垫层，效果更佳）。

i. 避免顶棚上空的迂回传声。

j. 避免墙体与楼板交接处的迂回传声。

k. 墙与楼板上的孔洞（如电器盒）能成为声音的渗透源。在100SF的石膏板墙上开一个1SF的洞，其传声量相当于整面墙的传声量。

l. 可以通过堵缝等方式防止空气渗透以阻止漏声。

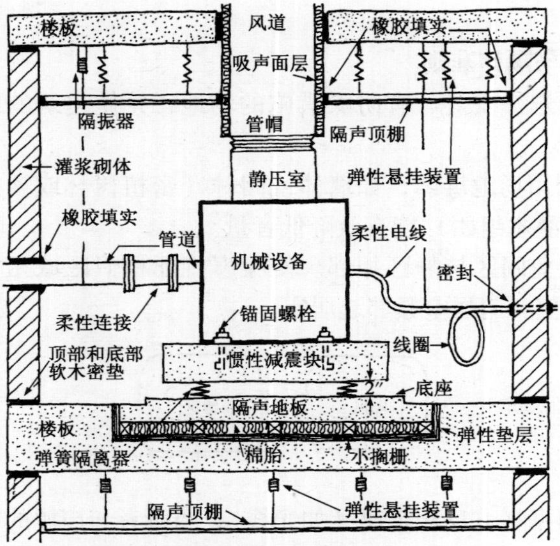

⑪A 隔绝机械噪声的方法

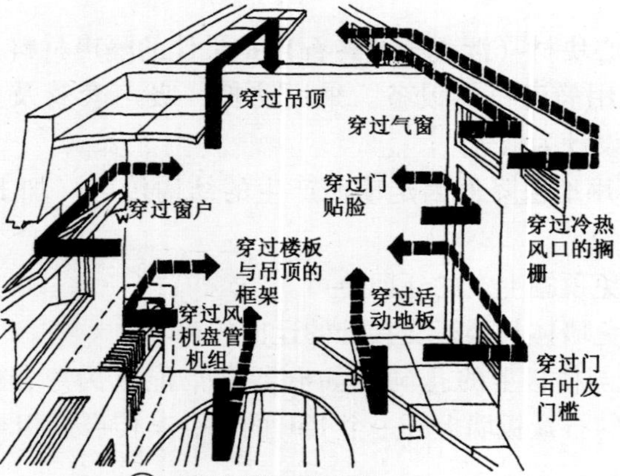

⑪A 房间之间的侧传声途径

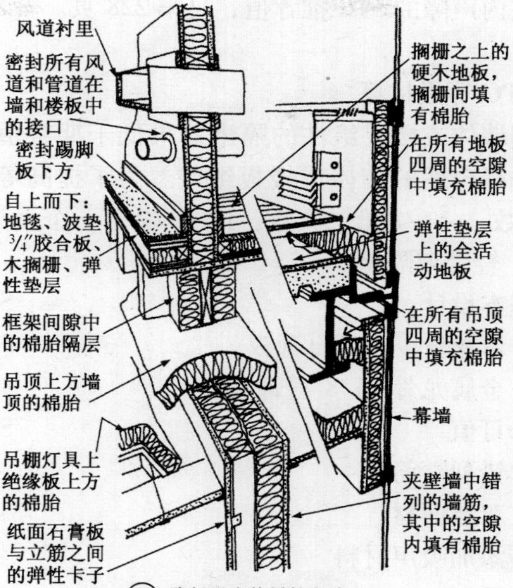

(11A) 降低噪声传播的方法

m. 墙与楼板的类型以声音传播等级（STC）来划分，该值用于衡量不同屏障的降噪能力。数值越高，降噪能力就越好。在确定一个屏障所需的 STC 值时，可以大致利用以下规则：

n. 降低撞击噪声的最佳方法是抑制噪声源。

STC 值（隔声等级）

25　　透过声障，可以听清正常谈话。

30　　（透过声障），可以听到大声谈话并能较好地理解。

35　　（透过声障），可以听到大声谈话，但难以听清。

42～45（透过声障），可以隐约听到大声谈话，但不能听到正常谈话。

46～50（透过声障），不能听到大声谈话，但可隐约听到除语音外的其他大音量声响。

室内声障的 STC 推荐值，见第 228 页。

STC 等级估算

当墙体或楼板组件的隔声效果低于期望值时，可作下列改进。选择合适的墙体或楼板组件。为了提高等级，选择修订值（最大数，+1/2 第二大数，再 +1/2 下一个大数，依此类推）：

a. 轻骨架隔墙

基本设计	STC 等级
木龙骨/ 1 /2″石膏板	32
金属龙骨/ 5/8″石膏板	39
修订值	STC 增量
错列立筋	+9
双层面材	+3 ~ +5
添加吸声材料	+5

b. 厚墙

密度越大，等级越高。密度由低到高的排列顺序为：混凝土砌块（CMU）、砖、混凝土。

基本设计	STC 等级
4″CMU、砖及混凝土	37 ~41、42
6″	42、46
8″	47、49、51
12″	52、54、56
修订值	STC 增量
混水墙面	+7 ~ +10
加 1/2″厚石膏抹灰	+2 ~ +4
用砂填充砌块孔隙	+3

c. 木地板

基本设计	STC 等级
½″胶合板，橡木地板面层，无吊顶	25
修订值	STC 增量

加铺地毯	+10
⅝″石膏板吊顶	+10
加弹性减振板	+7
加吸声材料	+3

d. 混凝土楼板

基本设计	STC 等级
4″、6″、8″厚的混凝土板	41、46、51
修订值	STC 增量
弹性吊顶	+12
加小格栅	+7
加吸声材料	+3

e. 玻璃

1/4″浮法玻璃	26
双层玻璃	32

f. 门

木门　空心门	26
实心门	29
金属门	30
特殊吸声门	35~38

价格：吸声毡：2″厚 = \$0.75/SF（10%L 与 90%M）。

4″以下每增加 1″价格增加 \$0.15。

例题

请估算，如何使一间办公室的木龙骨石膏板隔墙的STC值达到45。

首先，木龙骨/½″石膏板隔墙的STC值=		32
增加错列立筋:		+9
双面双层石膏板:	½×5=	+2.5
在立筋间加吸声棉:	½×5=	+2.5
	总和=	46.0

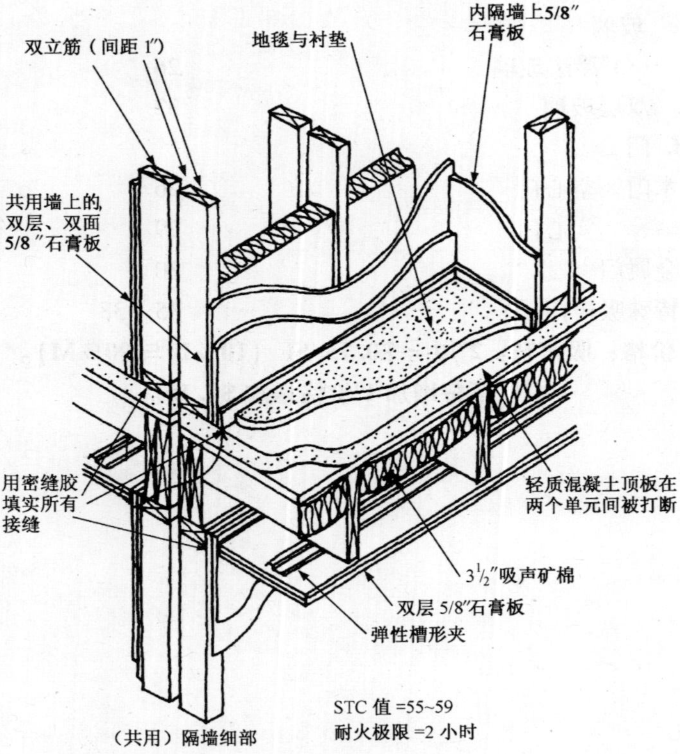

（共用）隔墙细部

⑤

常见用房的吸声处理

房间性质	顶棚处理	墙面处理	特殊处理
礼堂、教堂、剧场、音乐厅、音像工作室、演讲室与音乐室			●
董事会议室、电话会议室	●	●	
教室	●	○	
商业厨房	●		
计算机与营业机房	●		
走廊与门厅	○		
健身房、露天剧场及娱乐空间	●	●	
疗养病人的房间	●		
实验室	●		
图书馆	●		
机械设备用房			●
会议室	●	○	
敞开式办公空间	●	●	
私人办公室	●		
餐馆	●	○	
学校、车间、工厂	●	●	
库房与商业店铺	●		

●强烈推荐

○可取建议

隔声标准 ④

声源房用途	相邻的接听房	声源与接听者之间所有传声途径的最小隔声要求
行政区、医生套间、私人办公室、大型会议室。高度机密的私密性要求	相邻的办公室及相关空间	STC 50 ~ 55
普通办公室、普通的小会议室。一般私密性要求	相邻的办公室及功能相似的区域	STC 45 ~ 50
大规模的普通商业办公空间，绘图室、银行业务层	走廊、休息室、数据处理及功能相似的区域	STC 40 ~ 45
位于工厂试验与测试区的商店及实验室。一般私密性要求	相邻的办公室、检验区、走廊	STC 40 ~ 45
机械设备用房	任何空间	STC 50 ~ 60 +
多住户楼房	邻居(独立住户)	
(a) 卧室	卧室	STC 48 ~ 55
	浴室	STC 52 ~ 58
	厨房	STC 52 ~ 58
	起居室	STC 50 ~ 57
(b) 起居室	走廊	STC 52 ~ 58
	起居室	STC 48 ~ 55
	浴室	STC 50 ~ 57
	厨房	STC 48 ~ 50
学校建筑		
(a) 教室	相邻的教室	STC 50
	实验室	STC 50
	走廊	STC 45
(b) 较大的音乐或戏剧演出空间	相邻的音乐或戏剧表演区	STC 60
(c) 练声房	练声房	STC 55
室内空间	外部空间	STC 35 ~ 60
剧场、音乐厅、演讲厅及音像工作室	任何相邻空间	咨询有资质的声学顾问

M. 色彩 (9) (11A) (36) (45A)

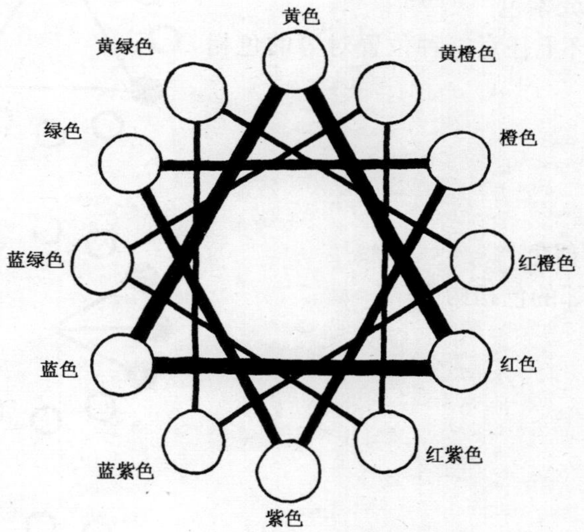

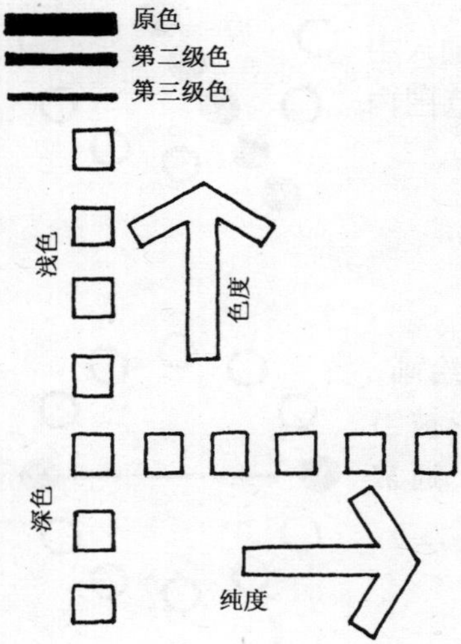

色 环
（就颜料而言）

以三维角度考察色彩

1. 色相（“颜色”）
2. 色度（由浅至深）
3. 纯度（饱和度）

色彩对比

1. 一种颜色对比另一种颜色
2. 深色对浅色
3. 补色（红对绿，黄对紫，橙对蓝）
4. 暖色对冷色（红-橙-黄对蓝-绿）
5. 小对大

1. 基本色彩示意图

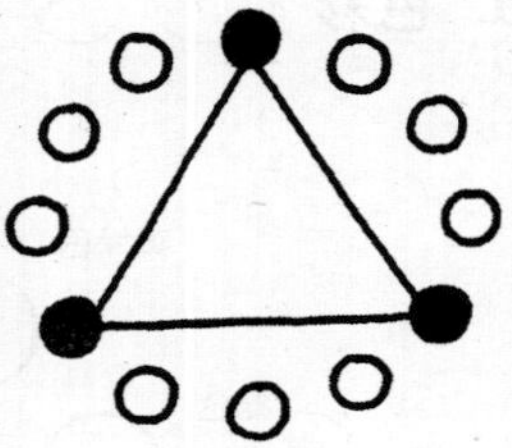

a. 三元素色

由色环上任意三种位置对等的色相组成。

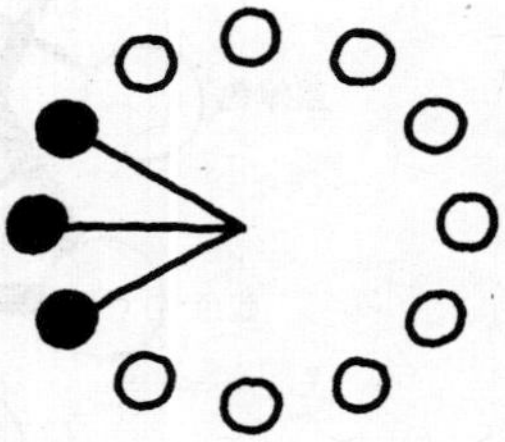

b. 类似色

由相邻的色相构成。

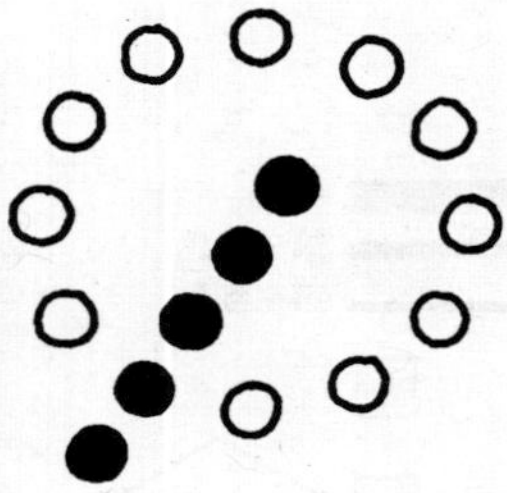

c. 单色

仅用一种色彩（色相），通过加入中性色——黑或白，可在明度值的范围内变化。

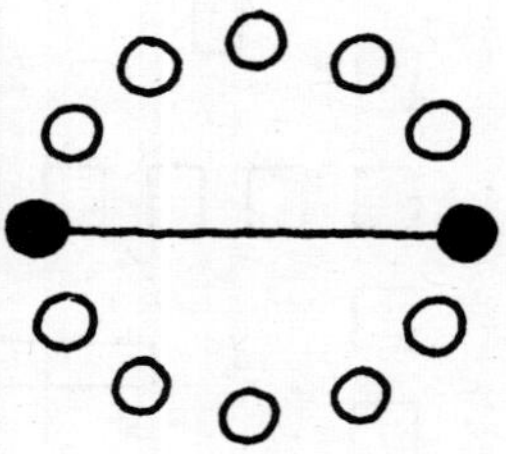

d. 互补色

使用色环上正好相对的色彩绘画，将形成对比。通常，其中一种色彩被当作主色，而另一种则被用于点缀。通常还要改变对比色的面积和量度。

e. 分散互补色

由一种色彩及与其补色相邻的两种色彩构成。

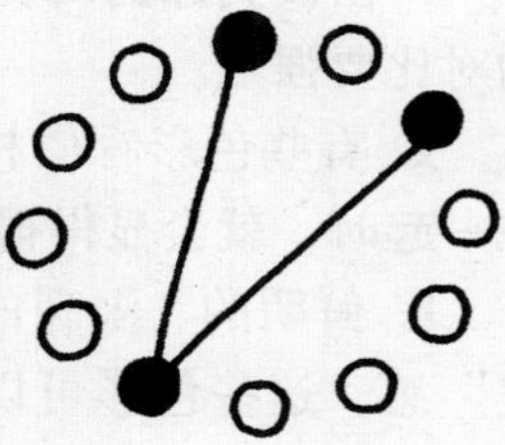

f. 双互补色

由相邻的两种色相和它们各自在色环上与其直接对应的色相组成。

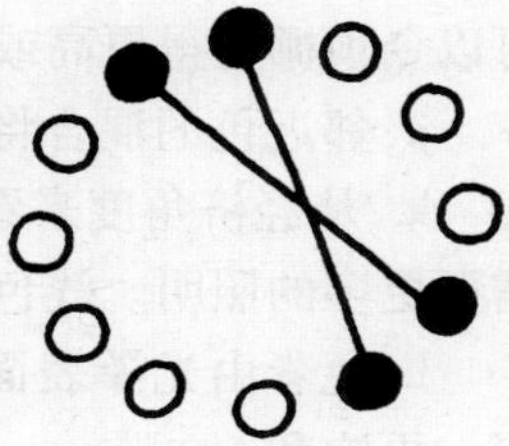

g. 多色图

其中包含三种以上的色相。通常需要强调一种色彩，并将其作为基础色，再加上其他在色值上与之近似的色彩。

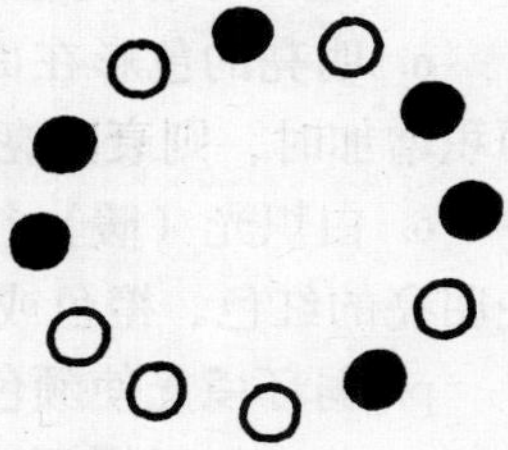

2. 色彩经验方法

a. 你的主色调大约应占房间面积的2/3。均匀的色彩面积往往不太令人满意。主色调覆盖的典型区域有墙、顶棚及部分地面。

b. 第二重要的色调通常用于地面、家具或窗帘。

c. 强调色在色彩方案中扮演“调味品”的角色。

d. 研究色彩在所处的照明条件（自然光及各类人工照明）中的预期颜色。

e. 面积越大，色彩就显得越亮。通常较暗的色调被用于较大的区域。

f. 由浅到深的对比，比由色相到色相或由灰暗到鲜亮饱和的对比要强烈。

g. 有些色彩看似相同，好像只有细微的差别，但将它们放在一起时，就会显得很不同。

h. 鲜明的、温暖的（红色/橙色）及较深的色彩产生“前进”感。这些色彩可以用于尽端墙的引深、降低顶棚高度或在室内形成一种封闭的感觉。

i. 冷色（蓝色/绿色）、暗色及浅色产生“后退”感。它们可以令顶棚显得更高或令房间显得更宽敞。

j. 邻近色的混合将趋于“协调”。

k. 从经济角度来看，深色吸收更多的光线（及热量），所以需要更多的照明。浅色反射光线，因而只需较少的照明。

l. 色彩由光泽表面的反射比由无光泽表面的反射要显得更深、更饱和。

m. 色彩在有纹理的表面上比在光滑的表面上要显得更暗淡。

n. 明亮的色彩在面积扩大时，会增加亮度；暗淡的色彩在面积增加时，则衰减亮度。

o. 白炽光（暖）往往使色彩变暖。在这种光线下，应考虑使明亮的红色、橙色或黄色“变冷”或变灰。

p. 弱环境光使颜色变灰。

q. 荧光灯根据不同的种类，能使色彩千变万化。在某些情况下，它可以突出蓝色色调并使红色变冷。它会使很多颜色变得很刺眼。

r. 朝南的方向会带来阳光的暖色调。

s. 朝北的方向会带来冷光。

t. 冷淡、苍白的色彩似乎能使人放松并缩短时间的流逝。所以它们较适合重复性工作场所。温暖、明亮的色彩则能提升活力并增强时间意识。所以它们较适合娱乐与浪漫的场景。

u. 冷色使较热的环境变得更能忍受。同样，暖色也能使较冷的环境更能忍受。

v. 近感色（红-黄）通常使物体变大。远感色（绿-紫）却常使物体看起来更小。

3. 典型墙体与顶棚的光反射率

等级	表面	色彩	光反射率（%）
浅	油漆	白色	81
		象牙白	79
		米色	74
	石材	米色	69
中	油漆	浅黄	63
		浅绿	63
		浅灰	58
	石材	灰	56
深	油漆	棕色	48
		深灰	26
		橄榄绿	17
		浅栎棕色	32
		红褐色	8
	水泥	原色	25
	砖	红色	13

4. 典型的反射率（%）

a. 商业空间

顶棚	80%
墙面	50%
地面	20%

b. 工业空间

顶棚	50%
墙面	50%
地面	20%

c. 教室

顶棚	70%～90%
墙面	40%～60%

地面	30% ~50%
课桌面	35% ~50%
黑板	20%

5. 表面

a. 镜面：能镜像入射光线的平滑、光泽的表面。

b. 无光表面：散发模糊光线的平滑、暗淡的表面。

c. 漫射面：大范围散射入射光线的粗糙、暗淡的表面。

第2部分　场所家具

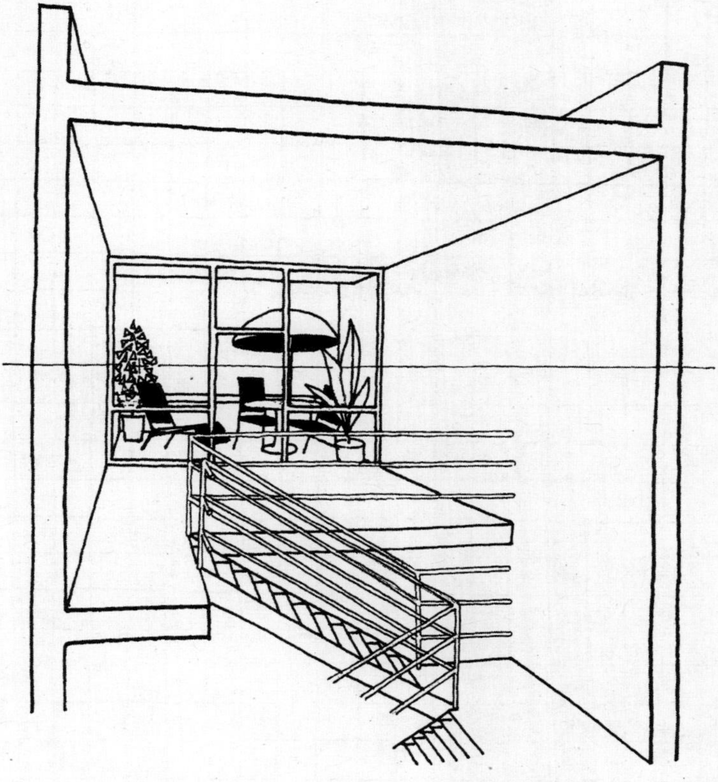

记事

铸铝边椅／带软垫#1210-2000，
“典雅”系列, BROWN JORDAN
提供。价格：$995

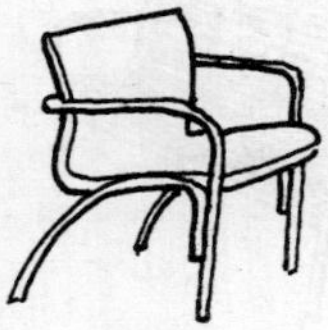

椭圆型铝制边椅／带金属网吊索
#1890-2000,“Legend Mesh”系列,
OWN JORDAN 提供。价格：$425

桌子，金属支架／玻璃台面“ROMA”系列，
#2386-4200φ42″，BROWN JORDAN
提供。价格：$725

桌面遮阳伞，#1390-9823“市场”系列，
BROWN JORDAN 提供。价格：$1115

金属椅“CATENA”系列
“景观形式”提供。价格：$630

金属椅“VERONA”系列
“景观形式”提供。价格：$370

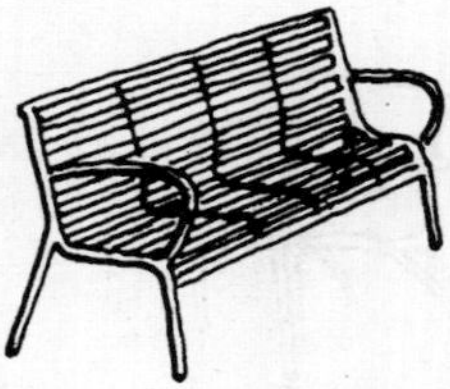

金属长椅“SCARBOROUGH-72”
“景观形式”提供。价格：$1860

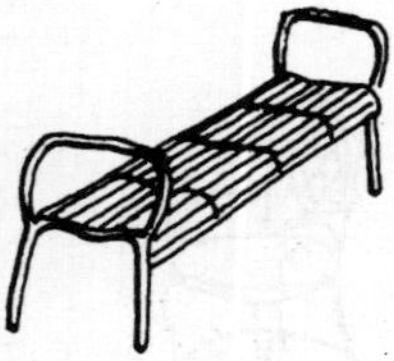

金属长椅“SCARBOROUGH-72”
“景观形式”提供。价格：$1560

实木扶手椅“BERKSHIRE”系列
“Smith 与 Hawken”提供。价格：$480

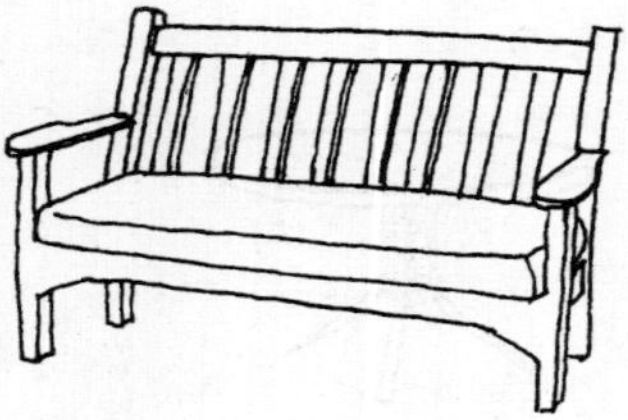

实木长椅“BERKSHIRE”系列
“Smith 与 Hawken”提供。价格：
5′长：$730
8′长：$1200

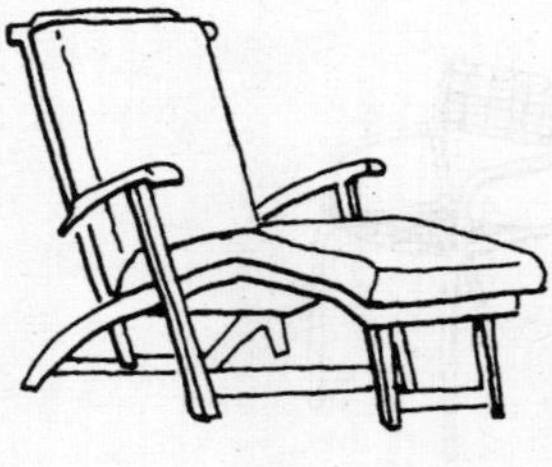

蒸汽椅，木制/带软垫，#A496950，
“Smith 与 Hawken”提供。价格：$650~$850

藤椅/带软垫“BANCRAF”系列
“Smith 与 Hawken”提供。价格：$480~$550

混凝土长椅“经典”系列 PHX，
预制品公司设计浇筑。价格：$160

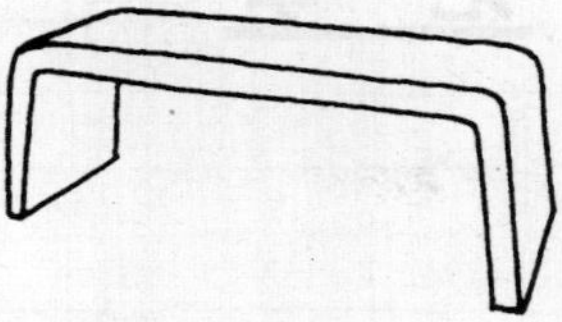

混凝土长椅“Scottsdale”系列 PHX，
预制品公司设计浇筑。价格：$205

混凝土烟灰容器#PSAR 1624，16″×24″，
PHX，预制品公司设计浇筑。价格：$95

混凝土垃圾桶#PSWR 3032，30″×32″，30GAL
PHX，预制品公司提供。价格：$385

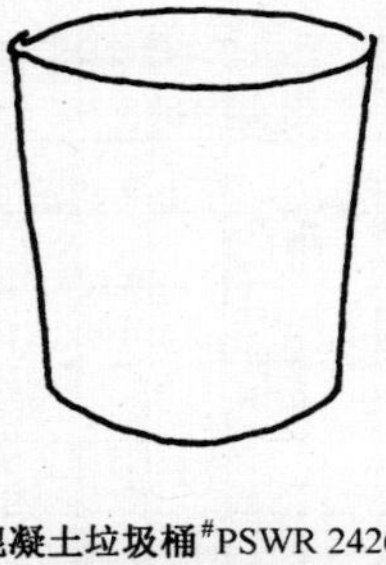

混凝土垃圾桶#PSWR 2426，24″×26″，
PHX，预制品公司提供。价格：$285

记事

第 3 部分　混凝土饰面

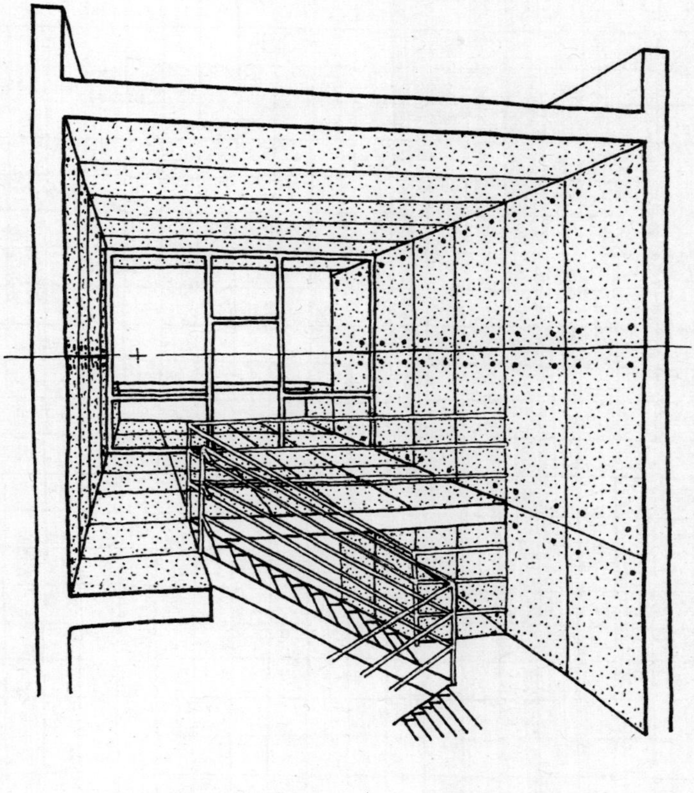

记事

A. 概述

由于混凝土常被用于建筑结构的框架与楼板中，所以室内设计师对这种材料的兴趣很小。但是在某些情况下，室内设计师将不得不详细设计混凝土面层的做法。这种情况可能出现在他与建筑师合作设计外墙或内墙时，或合作改造一栋将要添加楼板的单层房屋的内部空间时。

混凝土墙体与楼板一般会有面层材料。当它们裸露在外并经特殊的装饰处理时，将获得理想的视觉效果。

B. 地面（楼层上的楼板）

裸露的混凝土水平表面通常留在建筑物的外部，但是它们也能被用于建筑内部，以获得特殊效果。可能的饰面做法包括：

1. 钢镘刀涂抹

通常，地面的装修总是先于地面将要安装的罩面材料。钢镘刀涂抹的表面易产生湿滑现象。可在材料中加入硬化剂并让它们暴露于工业建筑的内部。

2. 扫毛饰面

令表面粗糙以提高防滑能力，常用于室外人行道。

3. 水刷石饰面

尽管常用于室外的人行道和庭院，但也能被用于室内以起到特殊效果。水刷石的骨料通常为¾″~1½″的各色石子。

价格：楼板价格外加 $0.90 ~ $2.00/SF。

4. 彩色混凝土

可以是整体搅拌的混凝土构件，也可在构件表面用手工现抹。

价格：楼板价格外加 $0.85 ~ $3.60/SF。

5. 花式缝隙饰面

在表面划缝，以获得不同的视觉效果。

价格：划 1″深的缝：楼板价格外加 $1.35/LF。

6. 彩色混凝土仿真花饰

可在表面仿造砖、石头或其他装饰性纹理和材料。

价格：模压花纹：楼板价格外加 $10.25 ~ $51.00/SF。

C. 墙体

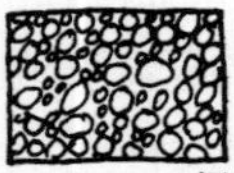

裸露的骨料

1. 彩色混凝土、化学缓凝剂或裸露的骨料。

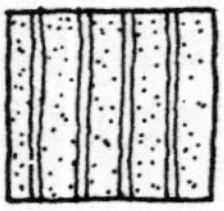

浇筑

价格：化学缓凝剂（裸露骨料）：墙体价格外加 $0.75/SF。

2. 不同的造型模板浇筑

价格：墙体价格外加 $2.70 ~ $6.50/SF。

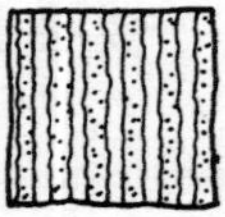

锤凿饰面

3. 对混凝土表面进行修饰和加工

在混凝土最后的硬化阶段实施。

价格：墙体价格外加 $1.40 ~ $3.50/SF。

D. 顶棚

当顶棚为裸露的混凝土时，它们通常为楼板或屋顶的底面。

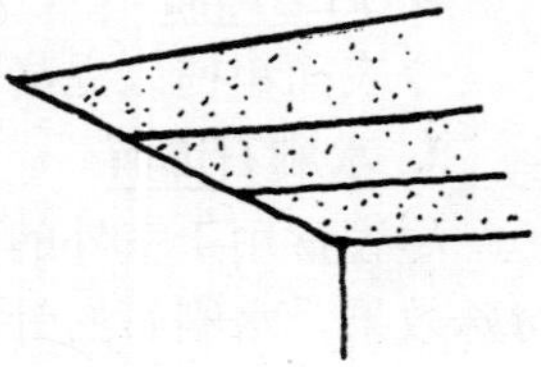

1. 裸露的厚板

有时用于酒店。这种顶棚通常位置偏低，以至于不能在其下面作悬吊式顶棚，其表面通常会做吸声处理。

2. 双向密肋板

偶尔被用于公共建筑，这种顶棚通常较高，并有意被暴露出来，作为一个设计元素。

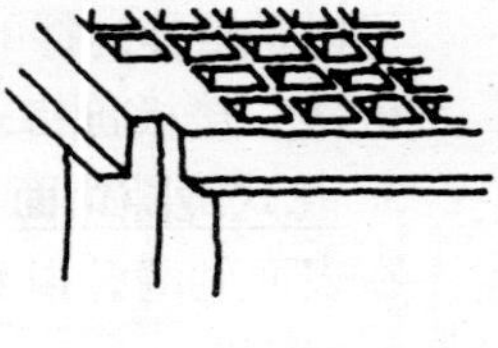

第4部分　砌　　体

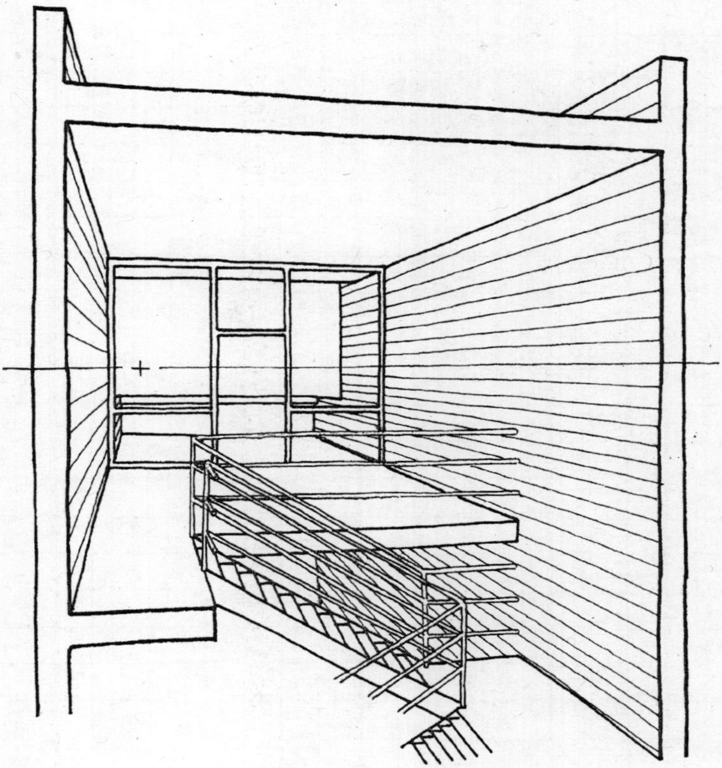

记事

A. 砌体材料与饰面 (4) (45A) (46) (49)

1. <u>概要</u>: 砌体，就像混凝土一样，很少被室内设计师用到。然而，在改造工程中，偶尔会需要采用砌体墙。“砌块地面” 参见第321页。

砖石材料包括：

a. 砖

（1）耐火砖；

（2）非耐火砖（“土坯砖”）。

b. 混凝土块材（或混凝土砌块，简称CMU）

c. 石块；

d. 玻璃砖。

2. 砌合灰缝

3. 砌墙砌式

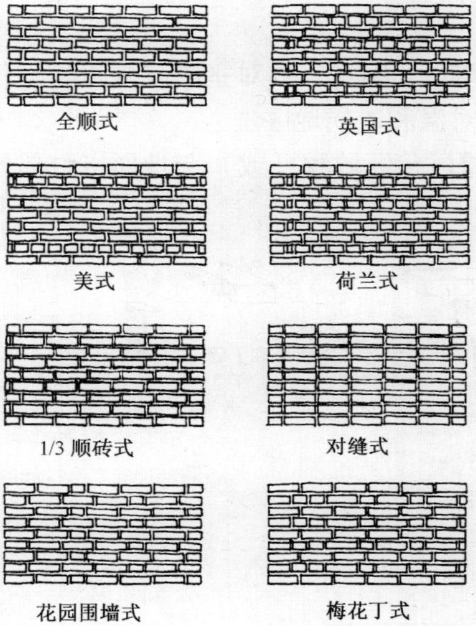

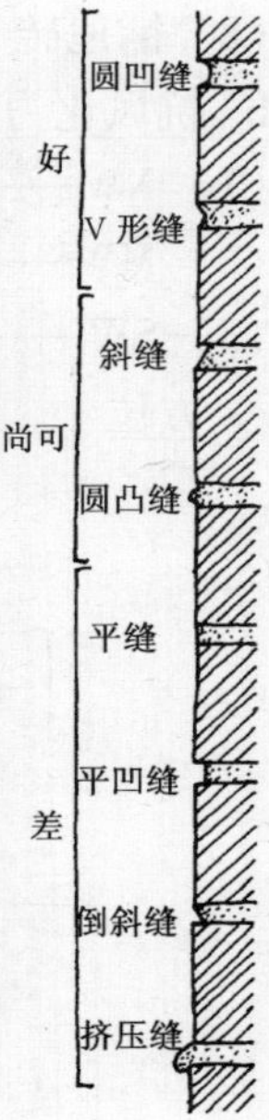

4. 表面涂层：必须是（参见第 326 页）

（1）“可以过渡的”（密封缝隙）。

（2）有透气性的（不让蒸汽进入墙体）。

5. 砖

a. 类型

（1）普通（砌筑）砖

（2）面砖

（a）FBX 精品面砖

（b）FBS 标准面砖

（c）FBA 建筑面砖

（3）熔渣砖

（4）釉面砖

（5）耐火砖

（6）空心砖

（7）灰砂砖（白色、黄色）

（8）铺地砖

b. 抗风化力

（1）NW——忽略风化因素；针对室内或背阴场所。

（2）MW——针对温和气候地区。

（3）SW——严重风化区域和（或）与地面接触部分。

c. 方位

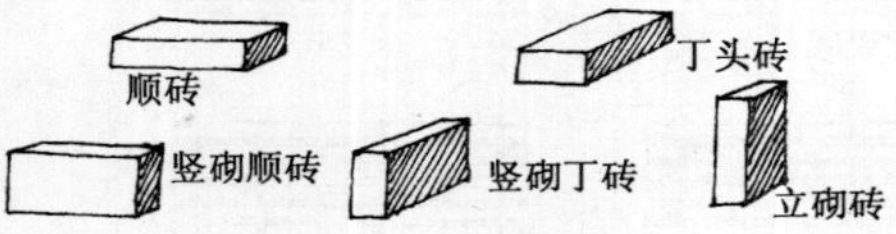

d. 尺寸：基于4″模数及3/8″灰缝的模制砖。

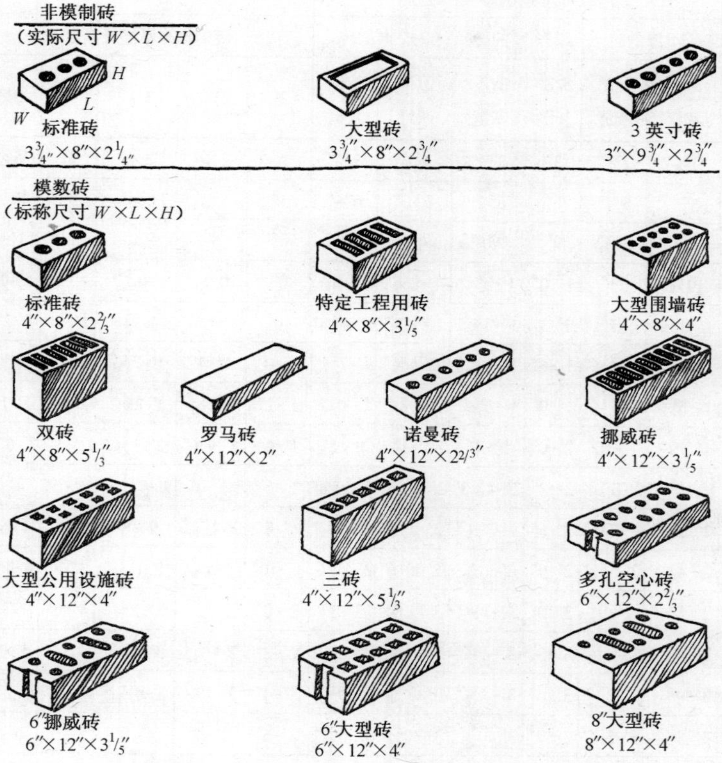

e. 砖层：见第250页。

f. 价格：标准砖墙，顺砖砌合/配加固钢筋（25% M 与 75% L）（变化范围 +5% 至 −20%）：

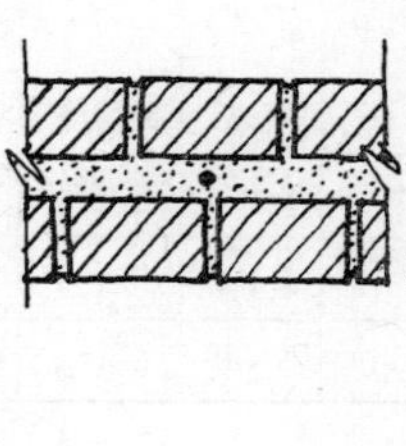

4″，半砖，砌面墙	$11.00/SF
8″，一砖，实心墙	$23.00/SF
12″，一砖半，实心墙	$34.00/SF
其他砌式，加 15%~30%	

砖 层

砖层	非模制砖						模制砖				
	2 1/4″厚的砖		2 5/8″厚的砖		2 3/4″厚的砖		砖的标称厚度（高度）				
	3/8″ 灰缝	1/2″ 灰缝	3/8″ 灰缝	1/2″ 灰缝	3/8″ 灰缝	1/2″ 灰缝	2″	2 2/3″	3 1/5″	4″	5 1/3″
1	2 5/8″	2 3/4″	3″	3 1/8″	3 1/8″	3 1/4″	2″	2 1/16″	3 3/16″	4″	5 5/16″
2	5 1/4″	5 1/2″	6″	6 1/4″	6 1/4″	6 1/2″	4″	5 5/16″	6 3/8″	8″	10 11/16″
3	7 7/8″	8 1/4″	9″	9 3/8″	9 3/8″	9 3/4″	6″	8″	9 5/8″	1′-0″	1′-4″
4	10 1/2″	11″	1′-0″	1′-0 1/2″	1′-0 1/2″	1′-1″	8″	10 11/16″	1′-0 13/16′″	1′-4″	1′-9 5/16″
5	1′-1 1/8″	1′-1 3/4″	1′-3″	1′-3 5/8″	1′-3 5/8″	1′-4 1/4″	10″	1′-1 5/16″	1′-4″	1′-8″	2′-2 11/16″
6	1′-3 3/4″	1′-4 1/2″	1′-6″	1′-6 3/4″	1′-6 3/4″	1′-7 1/2″	1′-0″	1′-4″	1′-7 3/16″	2′-0″	2′-8″
7	1′-6 3/8″	1′-7 1/4″	1′-9″	1′-9 7/8″	1′-9 7/8″	1′-10 3/4″	1′-2″	1′-6 11/16′″	1′-10 3/8″	2′-4″	3′-1 5/16″
8	1′-9″	1′-10″	2′-0″	2′-1″	2′-1″	2′-2″	1′-4″	1′-9 5/16″	2′-1 5/8″	2′-8″	3′-6 11/16′″
9	1′-11 5/8″	2′-0 3/4″	2′-3″	2′-4 1/8″	2′-4 1/8″	2′-5 1/4″	1′-6″	2′-0″	2′-4 13/16′″	3′-0″	4′-0″
10	2′-2 1/4″	2′-3 1/2″	2′-6″	2′-7 1/4″	2′-7 1/4″	2′-8 1/2″	1′-8″	2′-2 11/16′″	2′-8″	3′-4″	4′-5 5/16″
11	2′-4 7/8″	2′-6 1/4″	2′-9″	2′-10 3/8″	2′-10 3/8″	2′-11 3/4″	1′-10″	2′-5 5/16″	2′-11 3/16″	3′-8″	4′-10 11/16′″
12	2′-7 1/2″	2′-9″	3′-0″	3′-1 1/2″	3′-1 1/2″	3′-3″	2′-0″	2′-8″	3′-2 3/8″	4′-0″	5′-4″
13	2′-10 1/8″	2′-11 3/4″	3′-3″	3′-4 5/8″	3′-4 5/8″	3′-6 1/4″	2′-2″	2′-10 11/16′″	3′-5 5/8″	4′-4″	5′-9 5/16″
14	3′-0 3/4″	3′-2 1/2″	3′-6″	3′-7 3/4″	3′-7 3/4″	3′-9 1/2″	2′-4″	3′-1 5/16″	3′-8 13/16′″	4′-8″	6′-2 11/16′″
15	3′-3 3/8″	3′-5 1/4″	3′-9″	3′-10 7/8″	3′-10 7/8″	4′-0 3/4″	2′-6″	3′-4″	4′-0″	5′-0″	6′-8″
16	3′-6″	3′-8″	4′-0″	4′-2″	4′-2″	4′-4″	2′-8″	3′-6 11/16′″	4′-4 3/16″	5′-4″	7′-1 5/16″
17	3′-8 5/8″	3′-10 3/4″	4′-3″	4′-5 1/8″	4′-5 1/8″	4′-7 1/4″	2′-10″	3′-9 5/16″	4′-6 3/8″	5′-8″	7′-6 11/16″
18	3′-11 1/4″	4′-1 1/2″	4′-6″	4′-8 1/4″	4′-8 1/4″	4′-10 1/2″	3′-0″	4′-0″	4′-9 5/8″	6′-0″	8′-0″
19	4′-1 7/8″	4′-4 1/4″	4′-9″	4′-11 3/8″	4′-11 3/8″	5′-1 3/4″	3′-2″	4′-2 11/16″	5′-0 13/16″	6′-4″	8′-5 5/16″
20	4′-4 1/2″	4′-7″	5′-0″	5′-2 1/2″	5′-2 1/2″	5′-5″	3′-4″	4′-5 5/16″	5′-4″	6′-8″	8′-10 11/16″
21	4′-7 1/8″	4′-9 3/4″	5′-3″	5′-5 5/8″	5′-5 5/8″	5′-8 1/4″	3′-6″	4′-8″	5′-7 3/16″	7′-0″	9′-4″
22	4′-9 3/4″	5′-0 1/2″	5′-6″	5′-8 3/4″	5′-8 3/4″	5′-11 1/2″	3′-8″	4′-10 11/16″	5′-10 3/8″	7′-4″	9′-9 5/16″
23	5′-0 3/8″	5′-3 1/4″	5′-9″	5′-11 7/8″	5′-11 7/8″	6′-2 3/4″	3′-10″	5′-1 5/16″	6′-1 5/8″	7′-8″	10′-2 11/16″
24	5′-3″	5′-6″	6′-0″	6′-3″	6′-3″	6′-6″	4′-0″	5′-4″	6′-4 13/16″	8′-0″	10′-8″

混凝土砌块的类型与尺寸

标称尺寸 $W \times L \times H$（比实际尺寸大$3/8''$）

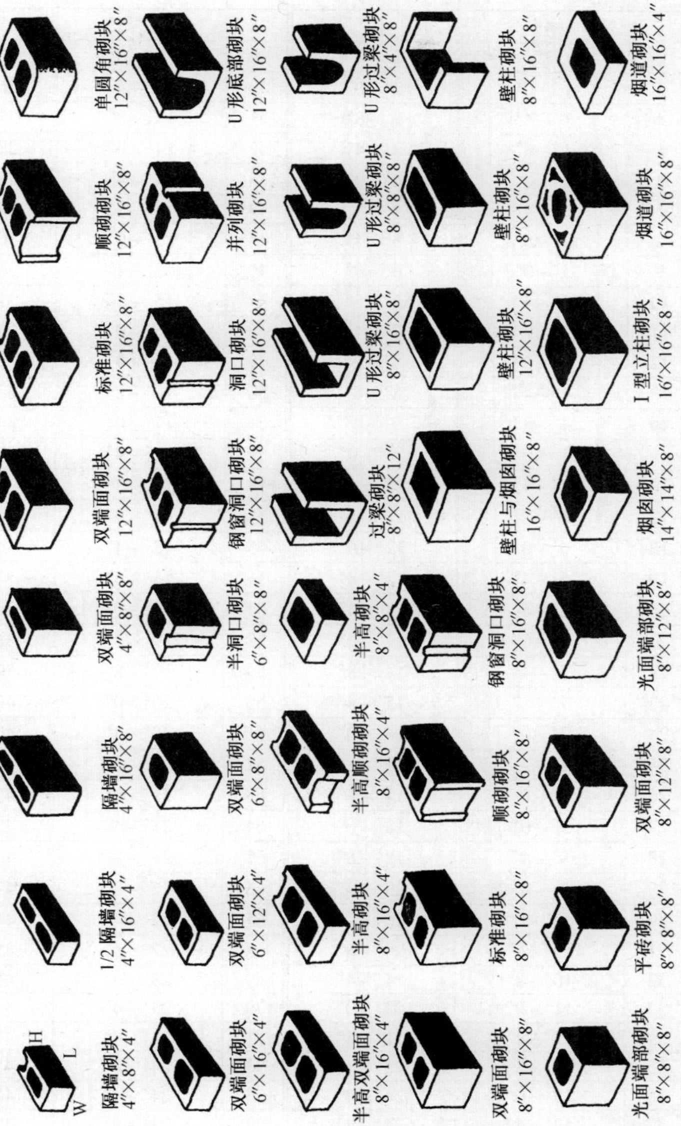

混凝土砌块层

层	4″高的砌块	8″高的砌块	层	4″高的砌块	8″高的砌块
1	4″	8″	38	12′-8″	25′-4″
2	8″	1′-4″	39	13′-0″	26′-0″
3	1′-0″	2′-0″	40	13′-4″	26′-8″
4	1′-4″	2′-8″	41	13′-8″	27′-8″
5	1′-8″	3′-4″	42	14′-0″	28′-0″
6	2′-0″	4′-0″	43	14′-4″	28′-8″
7	2′-4″	4′-8″	44	14′-8″	29′-4″
8	2′-8″	5′-4″	45	15′-0″	30′-0″
9	3′-0″	6′-0″	46	15′-4″	30′-8″
10	3′-4″	6′-8″	47	15′-8″	31′-4″
11	3′-8″	7′-4″	48	16′-0″	32′-0″
12	4′-0″	8′-0″	49	16′-4″	32′-8″
13	4′-4″	8′-8″	50	16′-8″	33′-4″
14	4′-8″	9′-4″	51	17′-0″	34′-0″
15	5′-0″	10′-0″	52	17′-4″	34′-8″
16	5′-4″	10′-8″	53	17′-8″	35′-4″
17	5′-8″	11′-4″	54	18′-0″	36′-0″
18	6′-0″	12′-0″	55	18′-4″	36′-8″
19	6′-4″	12′-8″	56	18′-8″	37′-4″
20	6′-8″	13′-4″	57	19′-0″	38′-0″
21	7′-0″	14′-0″	58	19′-4″	38′-8″
22	7′-4″	14′-8″	59	19′-8″	39′-4″
23	7′-8″	15′-4″	60	20′-0″	40′-0″
24	8′-0″	16′-0″	61	20′-4″	40′-8″
25	8′-4″	16′-8″	62	20′-8″	41′-4″
26	8′-8″	17′-4″	63	21′-0″	42′-0″
27	9′-0″	18′-0″	64	21′-4″	42′-8″
28	9′-4″	18′-8″	65	21′-8″	43′-4″
29	9′-8″	19′-4″	66	22′-0″	44′-0″
30	10′-0″	20′-0″	67	22′-4″	44′-8″
31	10′-4″	20′-8″	68	22′-8″	45′-4″
32	10′-8″	21′-4″	69	23′-0″	46′-0″
33	11′-0″	22′-0″	70	23′-4″	46′-8″
34	11′-4″	22′-8″	71	23′-8″	47′-4″
35	11′-8″	23′-4″	72	24′-0″	48′-0″
36	12′-0″	24′-0″	73	24′-4″	48′-8″
37	12′-4″	24′-8″	74	24′-8″	49′-4″

6. 混凝土砌块（CMU）

a. 类型：素混凝土砌块（灰色）、彩色混凝土砌块、铺路砌块、形状特殊的砌块（如“塌陷砌块”）以及表面特殊的砌块（表面裂纹、表面拉毛等）。

b. 尺寸：见第251页。

c. 分层铺设：见第252页。

d. 价格：CMU（标准重量、素混凝土、全顺砌合、典型的加固方法和砂浆）

4″墙：　\$6.00/SF（通常为25%～30% M和75%～70% L）

6″墙：　\$6.50/SF（同上）

8″墙：　\$7.50/SF（对特殊砌块，如釉面砌块、装饰性砌块、过筛砌块等，变化范围为+15%至150%）

12″墙：\$9.25/SF（同上）

对住宅工程，造价削减30%～40%。

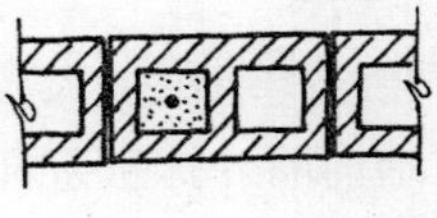

7. 石块

a. 砌块种类

（1）方石：强度和稳定性最佳；它在水平基层上被四边切方。灰缝宽½″至¾″。

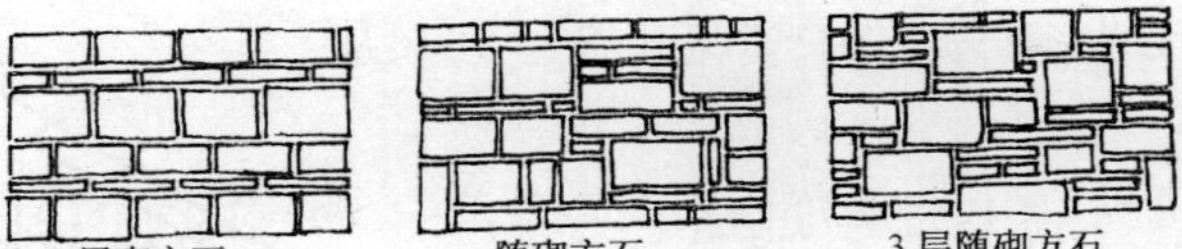

层砌方石　　随砌方石　　3层随砌方石

（2）琢方石（成层毛石）：强度与稳定性较佳；砌筑时，不必像方石那样小心搭配，但要比毛石精心得多。

层砌毛石

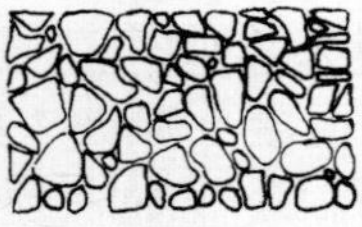
碎拼毛石

（3）毛石：砌筑时修琢最少，或为厚薄不匀的成层灰缝，或为完全的不规则花式。所有石头交错搭接以使墙体更加稳固，还有许多石头延伸穿过墙体（若为全宽度墙体）以增强其横向刚度。如果在砌筑时，能细致地将优质水泥砂浆填满所有空隙，那么这堵墙对普通结构来说，已具备了足够的耐久性。

b. 典型材料

（1）石灰石

（2）砂岩

（3）石英石

（4）花岗石

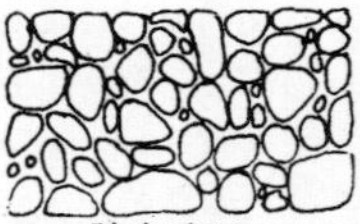
随砌毛石

c. 墙体类型

（1）全宽度墙体

（2）实体砌面墙（在结构墙中加入拉结钢筋）

（3）薄砌面墙（在结构墙外抹灰浆面层）

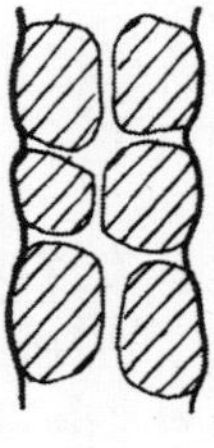

d. 价格：4″砌面墙(最普通)：$12.00 ~ $14.50/SF（40%M与60%L)(变化范围：+50%)。

18″毛石墙(清水墙)：$44/CF（40%M与60%L)

8. 玻璃砖

a. 厚度：3″和4″。

b. 尺寸：4½″、6″、7½″、8″、9½″及12″见方。

c. 每隔16″设一道加固钢筋。

d. 室内隔断：长度不得超过25LF，面积不得超过250SF。

e. 价格：4″厚，6″、8″或12″见方为$27 ~ $32.50/SF（55%M和45%L)。

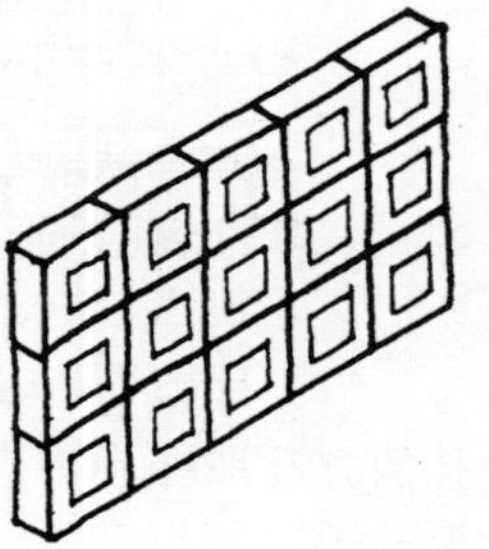

第 5 部分　金　　属

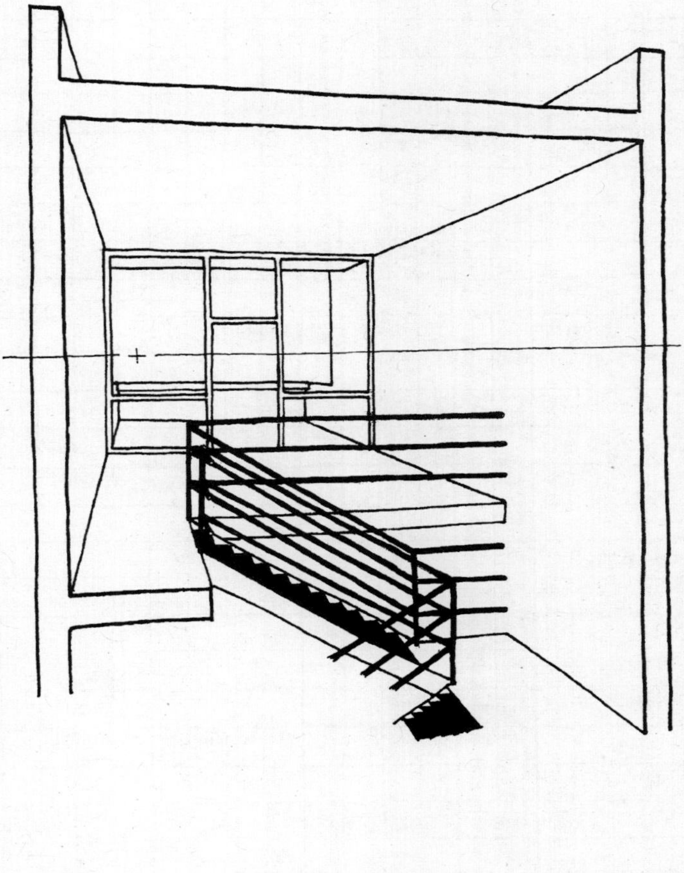

记事

A. 金属 (4) (27) (32) (45A) (49)

1. 概述

a. 黑色金属（含铁）

（1）纯铁：柔软，易加工，氧化迅速，对酸敏感。

（2）铸铁：脆性，防锈，抗压强度高。用于格栅、楼梯等处。

（3）韧性铸铁：与铸铁相同，但比铸铁更易加工。

（4）锻铁：柔软，防锈，抗疲劳，可用机械加工。用于制作栏杆、格栅、螺丝及装饰性物件。

（5）钢：含碳的铁，强度最大的金属。用于结构构件。

（6）不锈钢：最佳的防锈合金。用于挡水构件、扶手、小五金、连接件及设备。

b. 有色金属（不含铁）

（1）铝：柔软，可延展，防锈性高，强度低。

（2）铅：密度大，可加工，有毒，防锈。加入合金能提高其硬度和强度。用于防水、隔声及防辐射的构件。

（3）锌：防锈，脆性，强度低。用于屋顶、防水构件、小五金、连接件等需要防止锈蚀的金属构件的“表面镀锌”。

（4）镍铬合金：被当作明亮的防锈“电镀”合金。

（5）蒙乃尔合金：防锈性高。用于制作扣件和锚件。

（6）铜：防锈，抗压，抗疲劳，可延展。用于线路布设、屋面、防水构件及管道。

（7）青铜：一种用于“电镀”的合金。

（8）黄铜：含锌的铜。用于小五金、扶手、格栅等。

2. 金属的锈蚀

a. 电化作用或电化腐蚀，出现在不同金属之间或是金属与另一处于潮湿环境中并负载电流的金属之间。这两种极端金属如下表所示，腐蚀敏感性越高的金属被腐蚀的可能性就越高：

阳极（+）：腐蚀敏感性最高的金属
镁
锌
铝
镉
铁/钢
不锈钢（主动的）
软焊料
锡
铅
镍
黄铜
青铜
镍铜合金
铜
不锈钢（被动的）
银钎焊料
阴极（-）：腐蚀敏感性最低的金属

b. 金属在与其他化学活性材料接触时，也会产生腐蚀，尤其是在有水的情况下。这样的例子包括：铝与混凝土或砂浆的接触，以及钢与经过处理的木材之间的接触。

3. 规格： 见第 259 页。

4. 轻金属框架

a. 托梁

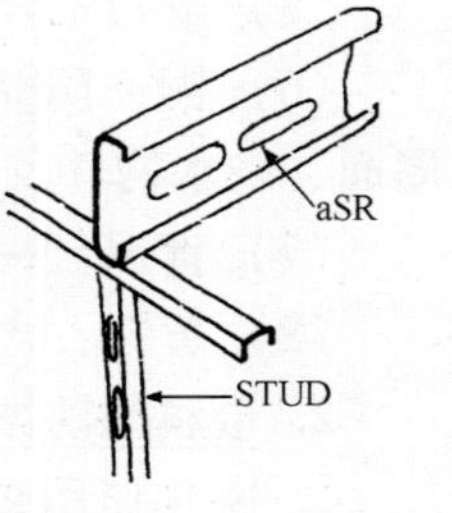

（1）为降低荷载并达到 32′的跨度组成经济的楼板体系。

（2）高度：6″、8″、9″、10″、12″。

（3）间距：中距 16″、24″、48″。

（4）规格：12 ~ 18（轻质材料 = 20 ~ 25GA，结构材料 = 18 ~ 12GA）

(5) 横梁中距通常为5′-8′。

b. <u>立筋</u>

(1) 尺寸

(a) 宽度：¾″、1″、1⅜″、1⅝″、2″。

(b) 高度：2½″、3⅝″、4″、6″、8″。

<u>金属规格（GA）</u>

规格	尺寸图例	美制标准		尺寸图例
		十进制	分数	
000		.3750″	3/8″	
00		.3437″	11/32″	
0		.3125″	5/16″	
1.		.2812″	9/32″	
2.		.2656″	17/64″	
3.		.2391″	15/64″	
4.		.2242″	7/32″	

续表

规格	尺寸图例	美制标准		尺寸图例
		十进制	分数	
5.	■	.2092″	13/64″	●
6.	■	.1943″	3/18″	●
7.	■	.1793″	11/64″ +	●
8.	■	.1644″	11/64″ –	●
9.	■	.1495″	6/32″ –	●
10.	■	.1345″	9/64″ –	●
11.	■	.1196″	1/8″ –	●
12.	■	.1046″	7/64″ –	●
13.	■	.0897″	3/32″ –	●
14.	■	.0747″	5/64″ –	●
15.	■	.0673″	1/16″ +	●
16.	■	.0598″	1/16″ –	●
17.	■	.0538″	3/64″ +	●

续表

规格	尺寸图例	美制标准		尺寸图例
		十进制	分数	
18.	■	.0478″	3/64″ +	●
19.	■	.0418″	3/64″ –	●
20.	■	.0359″	1/32″ +	●
21.	■	.0329″	1/32″ +	●
22.	■	.0299″	1/32″ –	●
23.	■	.0269″	1/32″ –	●
24.	■	.0239″	1/32″ –	●
25.	■	.0209″	1/64″ +	●
26.	■	.0179″	1/64″ +	●
27.	■	.0164″	1/64″ +	●
28.	■	.0149″	1/64″ –	●
29.	■	.0135″	1/64″ –	●
30.	■	.0120″	1/64″ –	●

（2）规格：14、15、16、18、20

（3）间距：中距12″、16″、24″

5. 金属零件

a. 钉子

（1）尺寸："分"为钉子的长度单位。2分钉子的长度为1″。

每增加一“分”，增加$\frac{1}{4}''$：

12 分 =$3\frac{1}{4}''$长

16 分 =$3\frac{1}{2}''$

20 分 = $4''$

30 分 = $4\frac{1}{2}''$

40 分 = $5''$

50 分 = $5\frac{1}{2}''$

60 分 = $6''$

经验估算法：较保险的办法就是选用长度为 3 倍板厚的钉子。

（2）类型

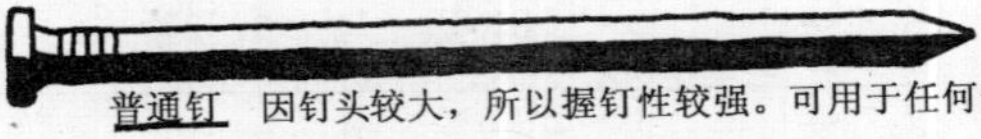

普通钉　因钉头较大，所以握钉性较强。可用于任何部位

箱用钉　与普通钉类相似，又与铆钉相近。易弯曲，劈裂木材的可能性较小

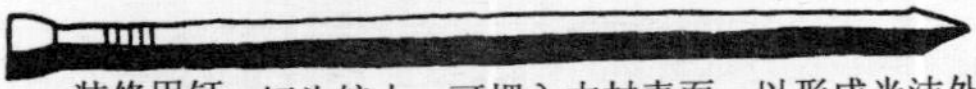

装修用钉　钉头较小，可埋入木材表面，以形成光洁外观

小头钉　一种装修用钉，但带有较厚的螺栓杆及大角度的钉头，用于地板及门贴脸

屋面钉　带有较宽的钉头，并常为镀锌铁钉，需根据屋面类型选择不同的型号

水泥钉　表面经硬化处理，并带有螺栓槽纹，用于将木材固定在混凝土或砌体表面

板墙钉　带有胶泥涂层及特殊的钉头，以便能嵌入干墙板的表面

曲头钉　一种小型的装修用钉，用于细小的装饰构件

b. 螺丝和螺栓

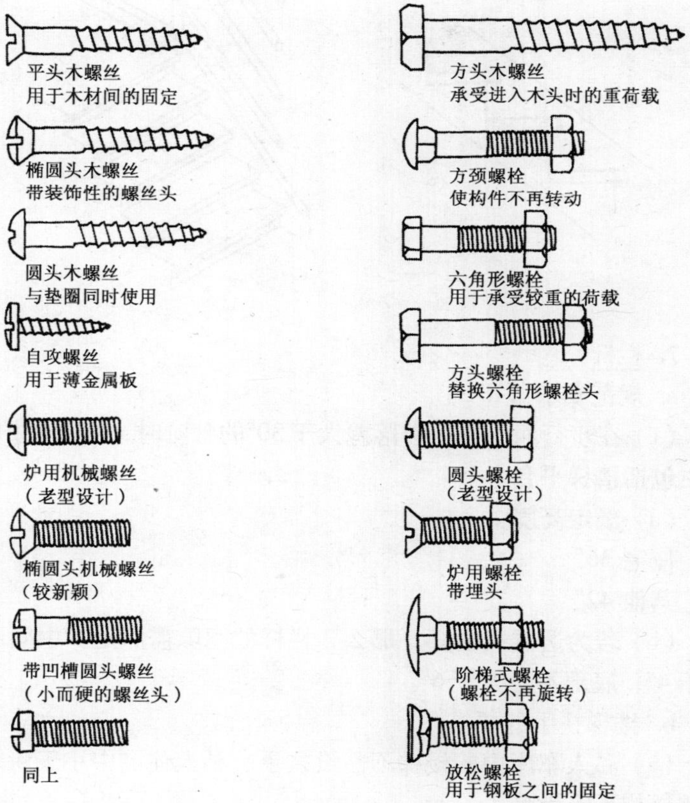

6. 楼梯

a. 规范要求见第171页。

b. 价格：水泥填充钢盘，4′宽，带楼梯平台及通透式栏杆：一个梯段（12级台阶）为$4100（80% M与20% L）。每级台阶加$245。

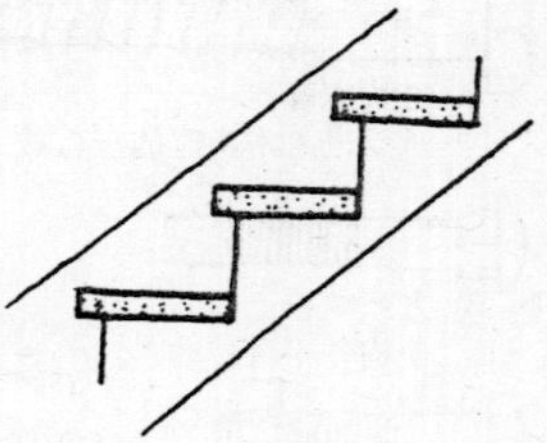

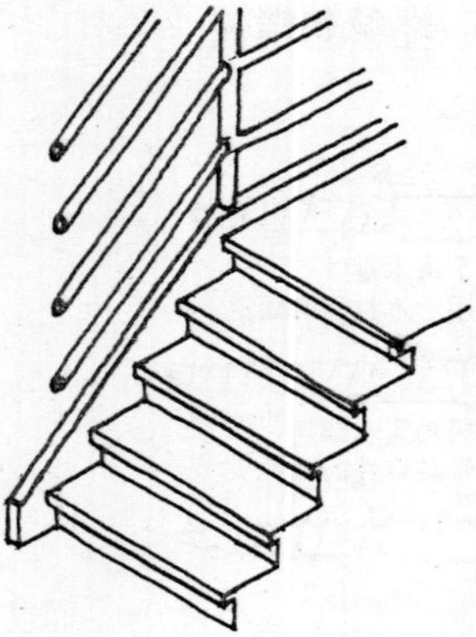

7. 栏杆

a. 规范要求（IBC）

（1）在步行面的尽端有落差大于30″的台阶时，需设置护栏。其中包括楼梯平台。

（a）额定高度：

住宅 36″

其他 42″

（b）若为通透式栏杆，那么，栏杆的间隙需满足：中间不得大于4″，底部不得大于6″。

b. 楼梯扶手的要求：

（1）私人车库内的楼梯不需设扶手。私人住宅中小于4级台阶的楼梯不需设扶手。

（2）宽度小于44″的楼梯或私人住宅内的楼梯，只需设单侧扶手。

（3）宽度大于44″的楼梯需设两侧扶手，并且台阶宽度每增加88″，需增设一道扶手。

（4）其他要求见下图。

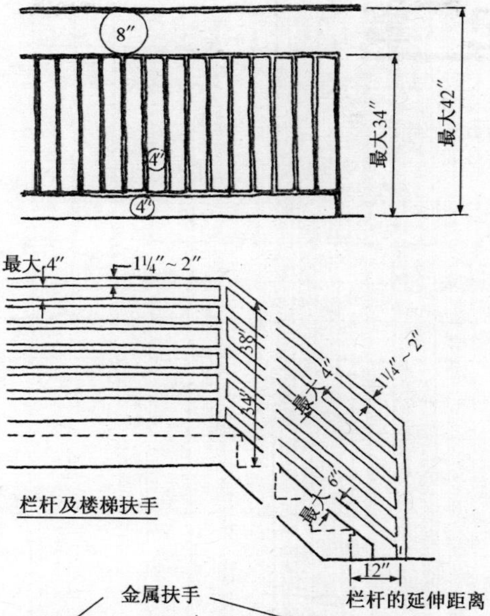

栏杆及楼梯扶手

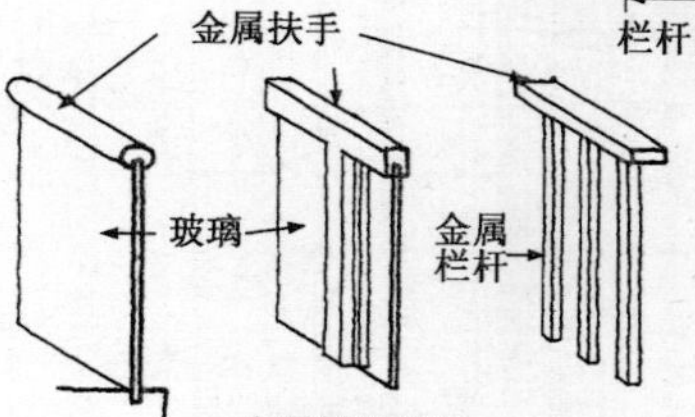

金属栏杆类型

c. 价格

金属栏杆

楼梯：钢管，3 根，直径 1¼″：

$31/LF（50% M 和 50% L）

不锈钢：3 倍价格

墙的护栏：钢或铝：$20/LF

不锈钢：2 倍价格

独立式装饰性栏杆：$150 ~ $600/LF

记事

第6部分　木　　材

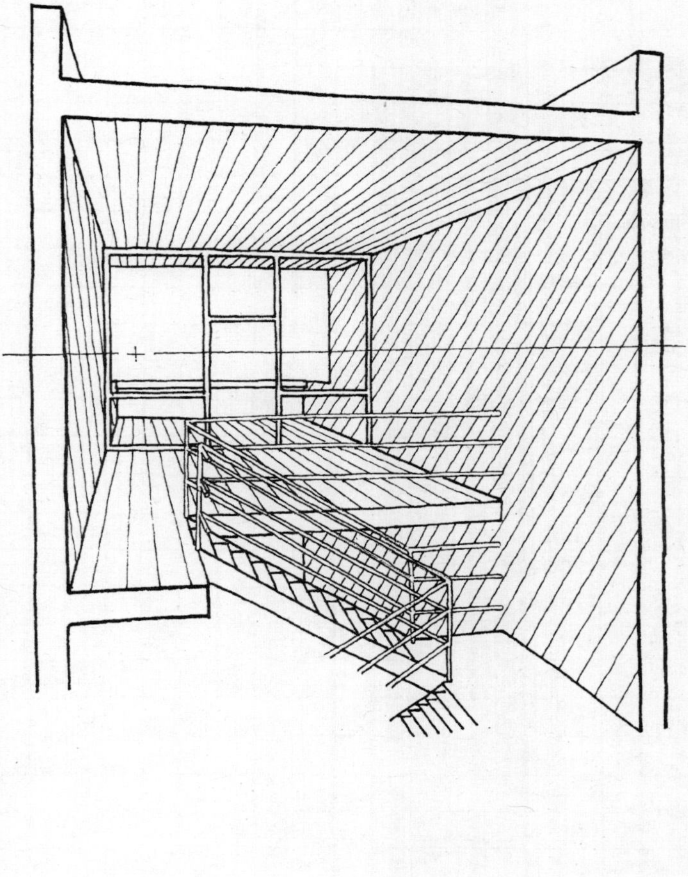

记事

A. 木材 (4) (11) (12) (31) (45A) (46) (49)

1. 概述（注：木种一览表见第280页，木地板见第320页）

a. 两种基本的建筑用木材

（1）软木（来自常绿乔木），用于基本构造。

（2）硬木（来自落叶乔木），用于家具和装修。

b. 受潮与收缩：木材中的含水量以其与木材烘干（尽可能地干燥）重量的百分比来表示。木材烘干时，首先失去的是细胞内的水分，而不会出现收缩；当木材达到纤维的饱和点后（干细胞），进一步的干燥才使木材收缩。最终，木材与周围空气的相对湿度达成动态平衡。室内木材通常在冬季收缩而在夏季膨胀。木材的平衡含水量一般在6%～11%之间，但达到12%～15%就被认为足够干燥了。在干燥过程中木材会逸出水分，从而变得更硬、更强、更轻且不易屈曲。当木材的含水量小于20%时，木材最不易腐朽。

2. 木料

a. 尺寸

（1）断面

标称尺寸	要获得实际尺寸
裁成2～8块的	减去½″
裁成8块以上的	减去¾″

（2）长度

（a）软木：裁切成6′至24′长，以2′递增。

（b）硬木：裁切成1′长，以1′递增。

b. 经济性：在2′或4′的模数间，以4″、16″、24″、48″等分时，最经济。

c. 缺陷：见下图例。

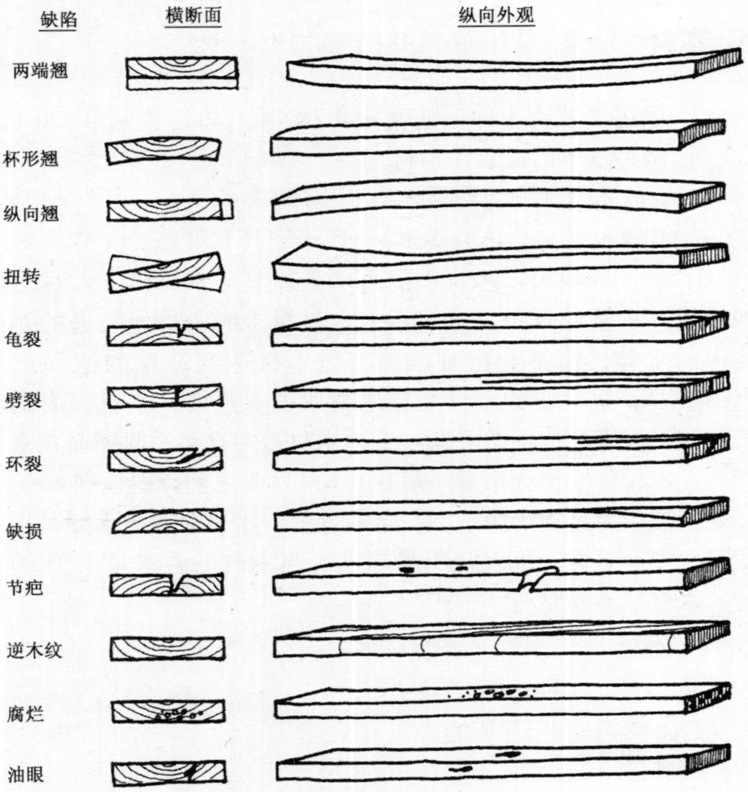

d. 等级

（1）加工用材或半成材：主要用于再加工产品（门、窗、细木工制品等）。

（2）风干木材

（a）板材

__ 1″至 1½″厚，2″宽（或更宽）；

__仅作为外观等级材料；

__用于墙板、地板垫板及门窗框。

（b）规格木料

__2″至4″厚，2″ 宽（或更宽）；

__作为强度等级（应力等级）材料；

__用于基本构造；

__轻型框架木料：2″～4″宽；

__梁、板两用木料：宽度≥6″；

__甲板：宽度≥4″（优选木材和商品木材）。

（c）原木

__等于或大于130mm×130mm（5″×5″）；

__作为强度级材和耐用级材；

—可用“结构等级”来评定。

（3）结构级材（根据应力等级，下降排序）

（a）轻型框架木料：结构级、标准级和实用级。

（b）轻型结构框架（梁、板体系）：结构1级、2级或3级（对露天工程来说，某些型号的木材还应为外观等级材料）。

（c）原木：选择结构1号。

注：工作应力值可根据木材种类按级分配。

（4）外观级材

（a）天然纹理饰面：A或B。

（b）涂料饰面：C或D。

（c）基本结构或公用设施：普通，1～5级。

e. 经加压防腐处理的木材：对软木料进行处理：用外力使防腐化学物进入木材细胞，使材料具备防腐性能。此方法通常不用于室内，而用于：

（1）直接与地面接触的部位。

（2）距地面小于18″的楼板托梁（或小于12″的承重梁）。

（3）与混凝土或砖砌体接触的板材、垫底横木或小搁栅。

（4）暴露于空气中或地下室内的立柱。

（5）伸入混凝土或砖砌体中，且空隙不足½″的梁的端部。

（6）距地面高度不足6″的木材。

（7）支撑透水楼板或屋顶，且暴露于空气中的木结构构件，做防水隔离层的除外。

(8) 木垛式挡土墙或框格式挡土墙。

(9) 在经验证明必须对室外工程(如台阶和栏杆)作防腐处理的地区。

f. 经验估算法则:对立筋中距为16英寸的隔墙,以每延英尺墙需一根立筋来估算,然后加上顶部和底部的两块垫头木(上槛和下槛)。对任何一种框架,基本框架构件的总量(单位:LF)可以通过间距及表面积(SF)来测算:

中距12″	1.2 LF/SF
中距16″	1.0 LF/SF
中距24″	0.8 LF/SF

(还应加上双层板、镶板条、垫头木、洞口框架等)。框架附件、螺钉、格栅吊挂件、连接件等的价格可大致估算为木料价格的0.5%~1.5%。木料费用可按"板材英尺(BF)"为单位来估算,"1BF"相当于一块1英尺长、1英尺宽和1英寸厚(144立方英寸)的木板或其他任何体积与之相等的不同形状的粗加工板材所需的木料总量。比如,100块1英寸厚的12英寸×16英尺长的成形板材的BF值等于:

$$100 \times 1 \times 12 \times 16/12 = 1600\ \text{BF}$$

利用下表来估算板材的BF值:

每SF面积对应的BF值

	中距12″	中距16″	中距24″
2×4s	0.8	0.67	0.54
2×6s	1.2	1.0	0.8
2×8s	1.6	1.33	1.06
2×10s	2.0	1.67	1.34
2×12s	2.4	2.0	1.6

价格:木料价格根据BF值来估算。

立筋	\$0.55/BF
立柱	\$0.60/BF

搁栅 $0.60/BF

梁（道格拉斯冷杉） $0.70/BF

以上价格仅为材料费。所有现场费用估计为上述价格的2倍。

立筋式隔墙：2×4s，中距24″：$1.00/SF（50%M与50%L），变化范围：±10%。每增加一跨（即16″和12″中距）价格增加30%。2×6s，中距24″：$1.35/SF（材料费、人工费、变化范围及间距同上）。

3. 细部

窗洞粗开口

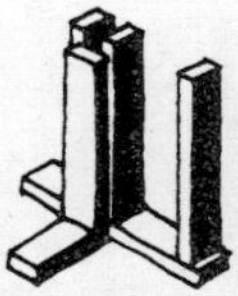

内墙与外墙的搭接

墙与顶棚的搭接

内墙与外墙的搭接

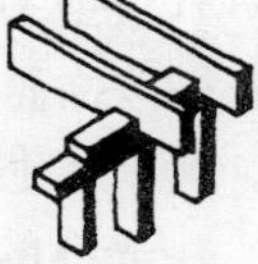

墙与顶棚的搭接

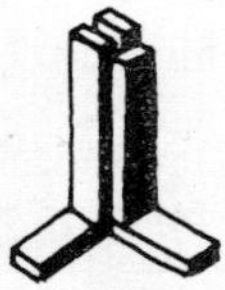

外墙角

外墙角

外墙角

4. 层压木材

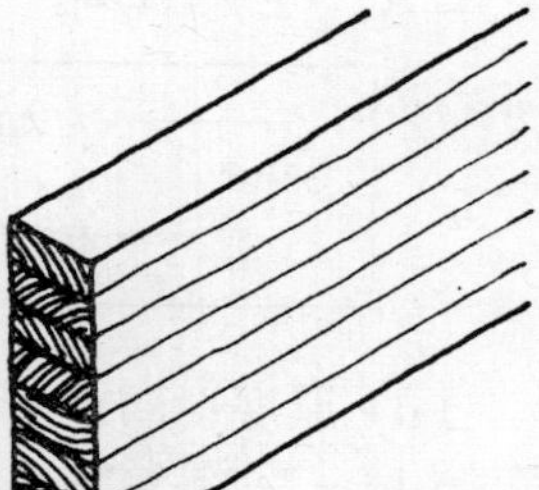

a. 层积木（胶合层压木梁）：对大型结构构件来说，层积木在装修外观、抗风化性能、含水量控制及尺寸把握性方面都优于原木。

b. 护墙板

（1）复合板：在重新组合的木芯外粘上饰面板。

（2）无饰面板的板材。

（a）定向纤维板（OSB）；

（b）刨花板。

（3）胶合板。

（a）两种主要类型

__室外用等级；

__使用防水胶粘剂；

__C 级或 C 级以上面板；

__用于永久性外墙；

__室内用等级；

__使用耐水胶粘剂；

__D 级或 D 级以上面板。

奇数板层。面板和背板的纹理组织各向同性

（b）按饰面板种类定级

__N 所有芯材或液材（用天然纹理饰面）；

__A 光滑的易上漆板材；

__B 实木光滑表面；

__C 用作壁板的板材（最低等级的室外用板材）；

__D 最低等级的室内用胶合板。

（c）工程等级

__结构 I 级和 II 级、标准级、室外 C-C 级；

__跨度识别标志。

32/16

左边的数字为屋顶支撑的跨度

右边的数字为楼板支撑的跨度

（d）厚度：3 层 = ¼″、⅜″

5 层 = ½″、⅝″、¾″

7 层 = ⅞″、1″、1⅛″、1¼″

（e）板材尺寸：4′（或5′）×8′（或12′）

5. 装修用木材（室内用硬木胶合板）

a. 尺寸

（1）厚度：$\frac{1}{8}$″~1″，以$\frac{1}{16}$″和$\frac{1}{8}$″递增。

（2）宽度：18″、24″、32″、36″和48″。

（3）长度：4′、5′、6′、7′、8′和10′。

b. 类型

（1）技术型：全防水胶结剂。

（2）Ⅰ型（室外用）：全防水胶结剂/防水、防霉。

（3）Ⅱ型（室内用）：耐水胶结剂。

（4）Ⅲ型（室内用）：防潮胶结剂。

c. 等级

（1）特等1极：极轻微瑕疵。

（2）优等1级：适合于天然纹理饰面。

（3）坚固2级：适合于上漆饰面。

（4）实用3级：可能有露明缺陷。

（5）背板4级：可能有很多裂缝。

d. 木纹与花案

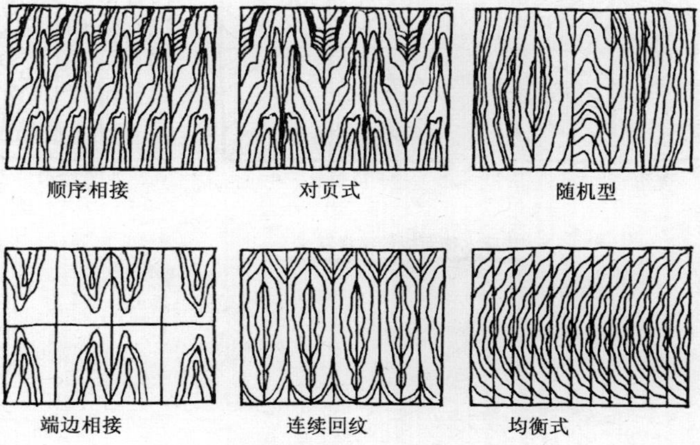

饰面板拼接类型

价格：饰面胶合板： $2.00 ~ $6.00/SF

贴脸： $3.50 ~ $6.50/LF

橱柜：见第 277 页。

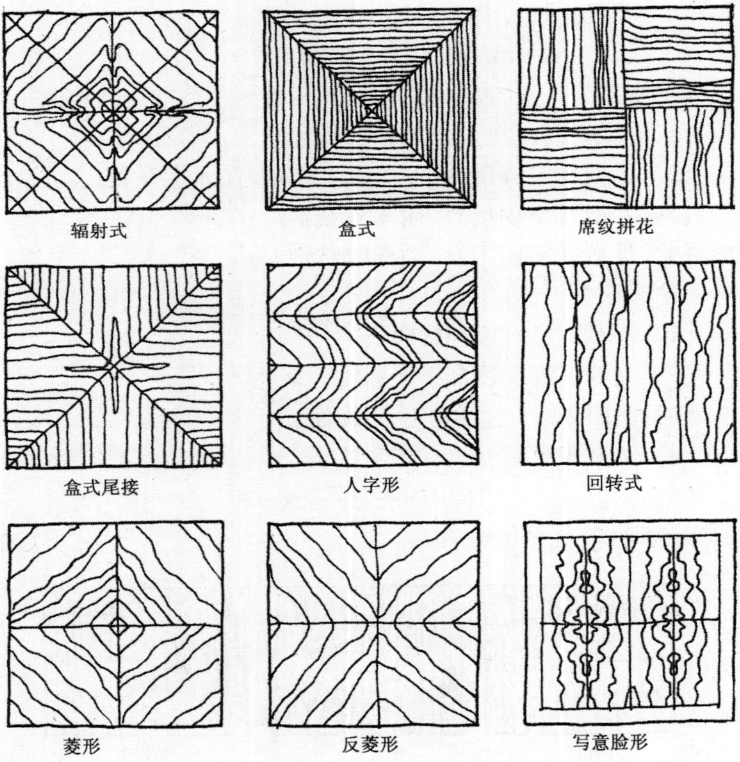

特殊木饰面板的拼接花式

6. 橱柜

等级通常取决于面层处理的性能。

a. 经济型橱柜（最低等级）

一般非工厂预制品。无背板。通常有一扇四周封边的门。台面底部不做特殊处理，有可能产生翘曲。单元间的分隔为开口框架。搁板通常用卡子来调整。

b. 定制橱柜（标准等级）

一般为工厂预制品。有背板。所有裸露的胶合板或刨花板的边缘都有饰面材料包裹。单元间的分隔为实心隔板。抽屉采用硬木导板以获得较好的耐磨性，可调搁板主要固定于内侧立柱。饰面板通常采用塑料层压板。

c. 高级橱柜（最高等级）

工厂预制品。最好的构造工艺与材料。所有的转角为斜角对接。在抽屉间有实心挡板防止灰尘进入。抽屉全部由硬木制成，并采用高级五金配件。台面不是用钉子，而是用隐蔽的夹具或螺丝来固定。所有接口均为锚固或胶粘（用木块）。可调搁板主要固定于内侧立柱。饰面板通常采用高光洁度塑料层压板或漆木。

d. 价格

标准等级（定制家具）：

壁柜 = $70/LF

底柜 = $130/LF

台面 = $30 ~ $70/LF

$230 ~ $270/LF（90% M 与 10% L）

高级橱柜，加 65%。

经济型橱柜，减 45%。

7. 塑料层压板

a. 高压层压板是由 8 至 10 层树脂浸渍纸经热压处理后形成的类似塑料的复合板。

b. 厚度：一般用途：$\frac{1}{16}$″；竖直面：$\frac{1}{32}$″。

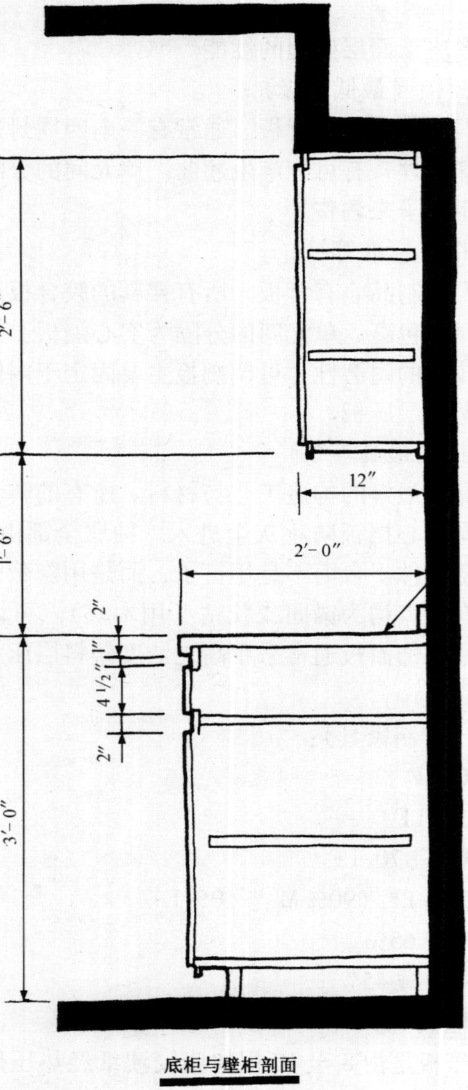

底柜与壁柜剖面

c. 表面处理

__光洁的

__无光的

__带纹理的

__低光泽的

__油亮的

d. 边缘处理

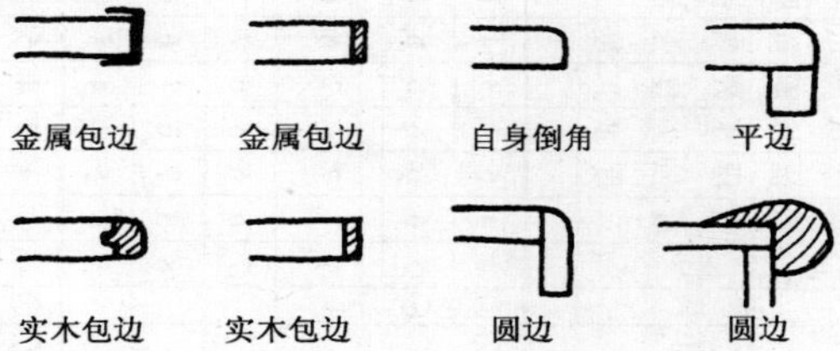

e. 价格：仅为材料价，$1.00 ~ $1.35/SF

8. <u>实体面材</u>（实体聚合物加工工艺）

a. 一种现代化的合成材料，外观类似大理石或石头。

b. 主要厂商是“Corian”，常被当做“实体面材”的代名词。

c. 用于盥洗台及工作台。有时也用于墙面和厕所隔墙。

d. 尺寸：½″，一般用于水平面；

¼″，用于墙面；

用于基层材料之上（有些产品的跨度可达12′）。

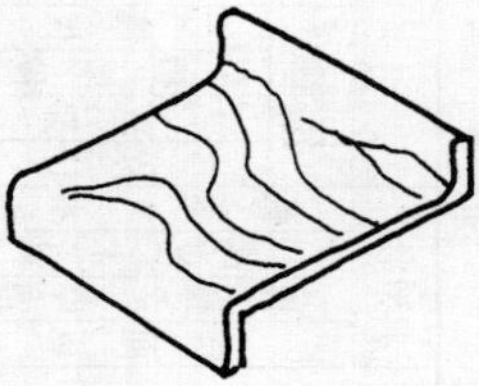

e. 由以下材料制成

（1）矿物填充剂；

（2）聚合物（丙烯酸、聚酯纤维或塑料）。

f. 色彩与表面花饰种类繁多，有纯白色、棕黄色，还有木纹和大理石图案。表面有无光的、半光洁度的和高光洁度的。

g. 价格

平均价，½″厚，纯色，无光：$32 ~ $54/SF（50% M 与50% L）。

顶面，非标准色，半光或高光洁度表面：$43 ~ $65/SF。

9. 木种一览表

●代表一般用途和性质
○可能的或受限制的用法
□只能是经过处理的木材
+ 火焰蔓延等级的范围为 1～10(最低 1,最高 10)

			典型形式				用途																			性能										
							建筑物				隔墙		地面			屋面		基础/室外工程						设备												
	类型	色彩	饰面板	板材/厚板	规格木料	板条/木块	立柱	框架	护墙板	挡板	骨架	面板	搁栅	粗装修	饰面	垫层	面板	木桩	木基础	挡土墙	立柱	平台	设施	橱柜	家具	收缩性	抗弯强度	顺纹抗压强度	逆纹抗压强度	侧面硬度	冲击抗弯强度	防腐性能	抗风化能力	可涂刷性	注	
	软木																																		软木	
1	雪松，西部红木	红棕色至白色	○	●	●		●	●	●	●	●	●	○			●	●				●	●	●	○	○	2	4	5	4	3	4	8	7	7	+78	1
2	落羽杉，无叶植物	黄棕色					●	●	●	●	●	●	○			●	●				●	●	●	○	○	5	6	6	6	6	6	8	7	7	+115	2
3	冷杉，道格拉斯（沿岸）	红棕色		●	●	●	●	●	●	●	●	○	●	●	●	●	●	■	■	■	■	■				7	7	7	6	7	6	6	5	4	+145～150	3
4	西部铁杉木	浅棕色		●	●		●	●	●	●	●		●			●	●		■	■	■	■				7	6	6	5	6	7	5	5	5	+140～155	4
5	西部落叶松	棕色					●	●	●	●	●		●			●	●	□				●				8	3	7	6	7	6	6	5	4		5
6	松木—ledgepole			●	●		○	●	○	○	○		○			●						■				5	4	5	4	4	5	5	5	5	+60～75	6
7	松木—黄松	白色至浅黄色		●	●		○	●	○	●	●	●	○			●	●		■	■		■		○	○	4	3	4	5	4	5	5	5	6	+120～245	7
8	松木—红松	淡棕色		●	●		○	●	○	●	●	●	○			●	●		■			●		○	○	5	5	5	5	5	6	5	5	4	+105～200	8

续表

●代表一般用途和性质
○可能的或受限制的用法
□只能是经过处理的木材
+ 火焰蔓延等级的范围为1~10（最低1，最高10）

			典型形式				用途																			性能									注	
							建筑物				隔墙		地面			屋面		基础/室外工程						设备												
	类型	色彩	饰面板	板材/厚板	规格木料	板条/木块	立柱	框架	护墙板	挡板	骨架	面板	搁栅	粗装修	饰面	垫层	面板	木桩	木基础	挡土墙	立柱	平台	设施	橱柜	家具	收缩性	抗弯强度	顺纹抗压强度	逆纹抗压强度	侧面硬度	冲击抗弯强度	防腐性能	抗风化能力	可涂刷性		
	软木																																		**软木**	
9	松木一南方松树	白色至浅黄色		●	●	●	○	●	●	●	●	●	○	●	●	●	●	■	■	■	■	■				7	7	7	6	7	6	5	5	5	+142	9
10	松木一糖槭树	奶白色					●	●	●	●	●	●	○			●	●					■		○	○	3	3	4	3	3	4	5	5	6		10
11	红木一老植物	深红至深棕	○	●	●		●	○	○	●	○	●	○			○	●				●	■	●	○	○	2	5	6	5	5	4	8	7	7	+75	11
12	云杉一黑云杉						○	○	○	○	○		○			○	○					□				5	4	5	3	5	5	5	5	5		12
13	云杉一恩格尔曼式云杉	奶白色		●	●		○	○	○	○	○		○			○	○					□				5	3	3	3	3	4	5	5	5		13
14	云杉一红云杉						○	●	○	○	○		○			○	○					□				6	5	5	5	5	4	5	5	5		14
15	云杉一北美云杉	淡黄棕色		●	●		○	●	○	○	○		○			●	●					□				6	5	5	5	5	5	5	5	5		15
	硬木																																		**硬木**	
1	白蜡树	奶白色至浅棕色	●			○						○			○										●	5	6	6	6	6	6	4	5	5		1
2	山毛榉	白色至红棕色	●			●						●												●	●	8	5	5	5	5	5	5	5	6		2
3	黄桦	浅棕色	●			●						●			○									●	●	7	5	4	4	5	6	5	5	6	+105~110	3
4	樱桃木	红棕色	●			●						●			○									●	●	3	4	5	3	4	3	6	5	5		4

续表

●代表一般用途和性质 ○可能的或受限制的用法 □只能是经过处理的木材 + 火焰蔓延等级的范围为1~10（最低1，最高10）			典型形式				用途																			性能									注	
							建筑物				隔墙		地面			屋面		基础/室外工程					设备													
	类型	色彩	饰面板	板材/厚板	规格木料	板条/木块	立柱	框架	护墙板	挡板	骨架	面板	搁栅	粗装修	饰面	垫层	面板	木桩	木基础	挡土墙	立柱	平台	设施	橱柜	家具	收缩性	抗弯强度	顺纹抗压强度	逆纹抗压强度	侧面硬度	冲击抗弯强度	防腐性能	抗风化能力	可涂刷性		
	硬木																																		硬木	
5	美国榆树	棕色	●									●													●	6	3	3	8	4	4	5	5	5		5
6	洋槐	金-棕色					○					○							○	○	○					2	8	8	8	8	5	8	5	5		6
7	桃花心木	红棕色	●			●						●			●									○	○											7
8	糖槭木（硬）	白色至红棕色	●			●						●			●									○	●	6	6	6	6	6	5	5	5	6	+104	8
9	红橡木	红棕色至棕色	●			●						●			●									○	○	7	3	3	5	5	3	5	5	5	+100	9
10	美国鹅掌楸	白色至棕色（带绿色）	●							○		●												○	○	4	3	3	2	3	3	5	5	7	+170~185	10
11	红木（黑檀、紫檀等）	红、棕、黑的混合色	●									●												●	●											11
12	柚木	黄褐色至深棕色	●			●						●			○		○						○	●	●											12
13	黑胡桃木	深棕色	●	○								●			○									●	●	4	6	6	4	6	4	7	6	5	+130~140	13

第 7 部分　隔热与防潮

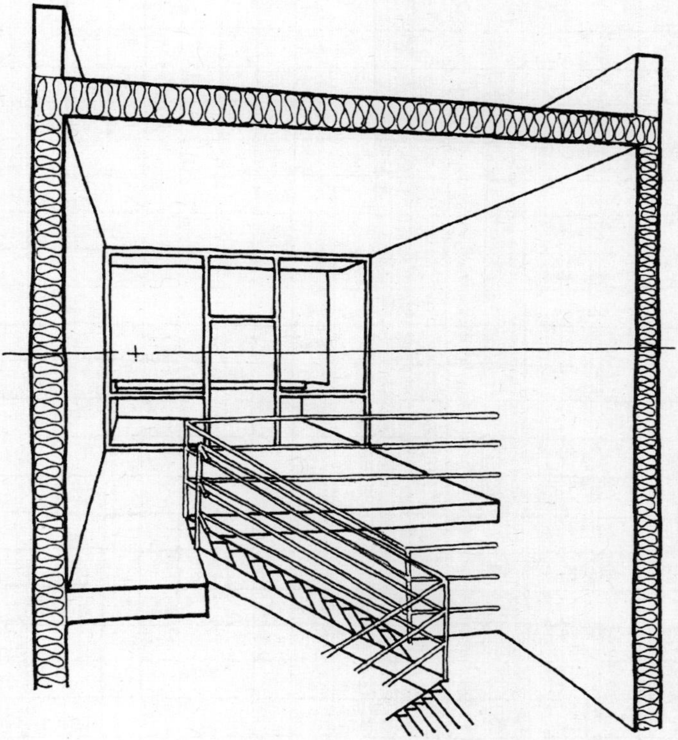

记事

A. 防水与防潮 (4) (45A)

室内设计师可能会在某些与内部用水相关的部位涉及防水问题。如淋浴间和花盆。

1. 防水

防水是指防止水体流入建筑物内（通常在静水压力下，如饱和的土壤）。一般涉及地下室墙或甲板面层，可通过下列措施达到防水目的：

a. 防水卷材：浸透沥青的油毛毡或纺织品成层涂刷沥青。

b. 海多罗里提克（Hydrolithic）防水材料：沥青或塑料涂层（高弹性的）。

c. 外加防水剂：掺入混凝土中。

典型价格：

弹性的，$\frac{1}{32}$″氯丁橡胶：$3.30/SF（50% M 与 50% L）。

2 毡 3 油沥青卷材：$1.40/SF（35% M 与 65% L）。

2. 防潮

防潮是指防止潮气（来自地下水或无静水压力的地表水）渗透到建筑物。防潮措施包括：

a. 地面标高以下：2 层沥青涂料、高密度水泥砂浆、硅和塑料。

b. 地面标高以上：见第 326 页的“油漆与涂料”。

典型价格：

沥青涂层，每层单价：$0.20/SF（50% M 与 50% L）。

B. 隔蒸汽层

如果室内设计师的工作涉及屋顶和外墙，本节将给他们提供防蒸汽渗透的建议。

1. 概述

a. 蒸汽可以通过以下途径渗透进入墙体和屋顶：

(1) 渗滤——蒸汽通过材料的原因是由于：

(a) 室内外蒸汽压力的不同；

(b) 建筑材料的渗透性。

(2) 空气渗漏是因为：

(a) 竖井拔风效应；

(b) 风压；

(c) 建筑压力。

b. 蒸汽达到它的露点并冷凝成水时，才成为问题，它可引起墙体、屋顶和地板构件的破坏。

2. 隔蒸汽层

隔蒸汽层应设在构件温暖或潮湿的一侧。在寒冷的气候条件中，应面向室内；在温暖、潮湿的气候条件中，应面向室外。隔蒸汽层也经常设在架空楼板的下方，以保护楼板免受地下潮气的影响。

隔蒸汽层的衡量标准为泊姆（perm）（=1 格令/平方英尺/小时/英寸汞柱压强差）。1 格令约等于 1 滴水。对于有资格做隔蒸汽层的材料来说，其泊姆速率必须小于或等于 1.0。对金属薄片、聚乙烯薄膜等材料来说，较好的泊姆速率为 0.1（或更小）（应避免铝片与砂浆接触）。各类材料的泊姆值见第 288 页。应小心避免刺破隔蒸汽层。

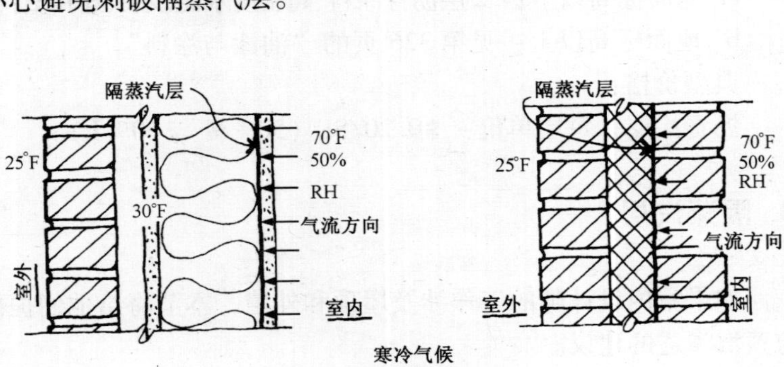

寒冷气候

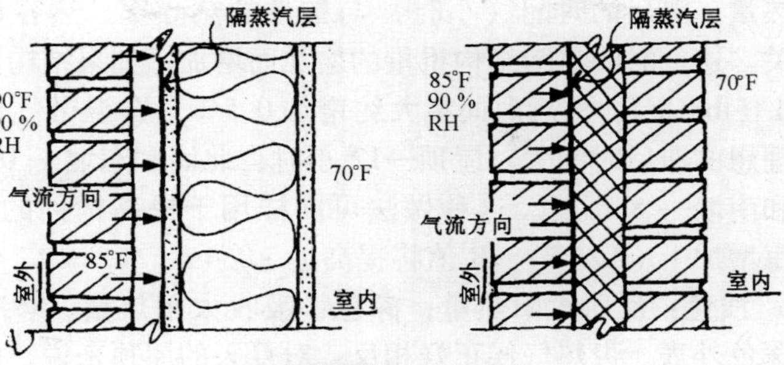

湿热气候

其他防潮措施还包括：在寒冷气候中的内墙板及潮热气候中的砌体或装饰抹灰外墙上的弹性涂层。见第 326 页的“油漆与涂料”。必须注意将所有接缝与缝隙密封嵌实。

典型价格：聚乙烯薄板，2～10mm：$0.15～$0.25/SF。

C. 保温隔热 ⑦

如果室内设计师的工作涉及屋顶和外墙，本节将给他们提供典型的保温要求及措施。

1. <u>隔热</u>就是利用现代轻质材料中截留的空气阻碍热流。

2. <u>在建筑设计</u>中，需设计不同构件（屋顶、墙、楼板）达到最小热阻（ΣR）。每个结构构件都具有一定的阻止热流的性能，而轻质的保温隔热材料使这一阻力大大增加。

$$\sum R = \underset{*}{R1} + R2 + R3 + R4 + \underset{*}{R5}, \cdots\cdots$$ ＊（空气接触层）

“各元素的热阻（r）”见第 288 页。

另一常用术语是透热系数 U：

$$U = Btuh/ft^2/°F = \frac{1}{\sum R}$$

3. <u>**控制热流的其他因素**</u>

a. 建筑构件（如墙体）的质量（密度或重量）：将延缓或

储存热量。滞后的时间（小时）与构件的热导率、热容量及厚度有关。这一时间将随结构重量的增加而增加，如果结构重量每增加1（lb/CF），滞后时间将大约增加0.5%。在温带气候条件下，理想的滞后时间为：屋顶—12小时；北墙和东墙—0小时；西墙和南墙—8小时。这种做法可同样用于提高构件的R值，重量每增加1（lb/CF），R值将提高近+0.4%。

b. 浅色：反射太阳热量；深色：吸收太阳热量。寒冷气候适用深色外表，炎热气候正好相反。对夏天的屋顶来说，深色与浅色的总体效果相差20%。

4. 典型的保温层

R=11　　3½″厚

R=19　　6″厚

R=22　　6½″厚

R=26　　8¼″厚

R=30　　9″厚

典型价格：

屋顶保温层，6″R=19：$1.00/SF（60%M与40%L）

9″R=30：$1.10/SF

墙面保温层，4″R=11：$0.55/SF（50%M与50%L）

6″R=19：$0.70/SF

金属箔片背衬，加$0.50/SF。

硬质保温层：$0.60～$1.50/SF（1″，R=4）到$1.00～$3.50/SF（3″，R=12.5）

5. 建筑材料的隔热性能

材料		重量（磅）	r值（每英寸）	泊姆
水		60		
土壤：	干的	75～95	0.33	
	饱和的		0.05	
砂/砂砾：	干的	100～120		
	湿的			

续表

材料		重量（磅）	r值（每英寸）	泊姆
混凝土：	规定重量	150	0.11	
	轻质的	120	0.59	
砖石砌体				
砂浆		130	0.2	
普通砖		120	0.2	1（4″）
8″厚CMU：	规定重量	85	1.11	0.4
	轻质的	55	2	
石材		±170	0.08	
金属				
铝		165	0.0007	0（1mil）
钢		490	0.0032	
铜		555	0.0004	
木材				
胶合板		36	1.25	½″=0.4～1
硬木		40	0.91	
软木		30	1.25	2.9（¾″）
防水材料				0.05
隔蒸汽层				0.05
保温材料				
矿木棉		4	±3.2	>50
填充物			3.7	>50
珍珠岩		11	2.78	
保温板：	聚苯乙烯		4	1～6
	纤维板		2.94	
	玻璃纤维板		4.17	
	聚氨酯		8.5	
空气				
介于不反射材料之间			1.34	
单侧反射材料			4.64	
双侧反射材料				
内部膜层			0.77（平均值）	
外部膜层				
冬天			0.17	
夏天			0.25	

续表

材料	重量（磅）	r值（每英寸）	泊姆
门			
金属			
纤维芯板		1.69	
聚氨酯芯板		5.56	
木门：实心 $1\frac{3}{4}''$		3.13	
空心 $1\frac{3}{8}''$		2.22	
单层玻璃	160	0.90	
抹灰（装饰抹灰）	110	0.2	
石膏板	48	0.6	
水泥	145		
水磨石			
吸声石膏板顶棚			
弹性地板		0.05	
地毯和波垫		2.08	
油漆			0.3~1

（见第326页）

第 8 部分　门、窗及玻璃

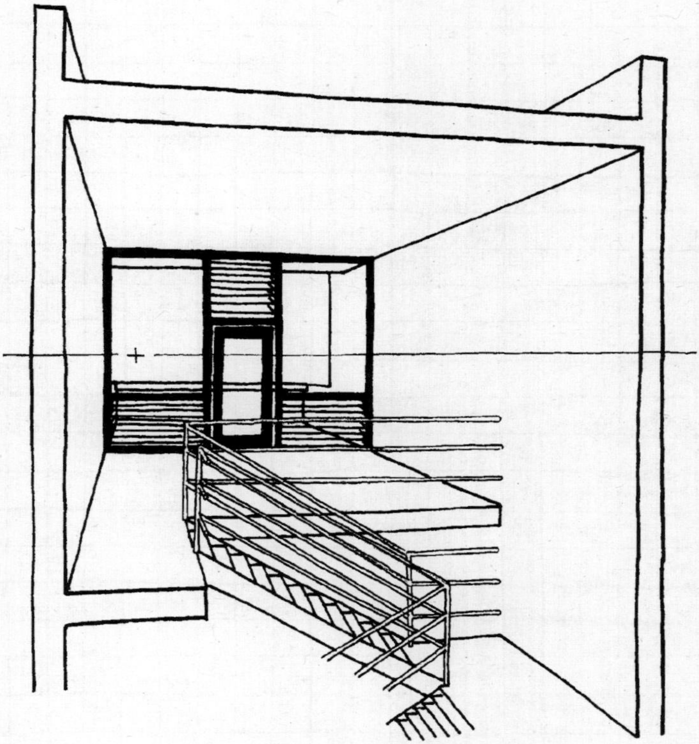

记事

A. 门　④　⑦　⑫　(45A)　(49)

1. 入门方式（《美国残疾人规范要求》）⑳

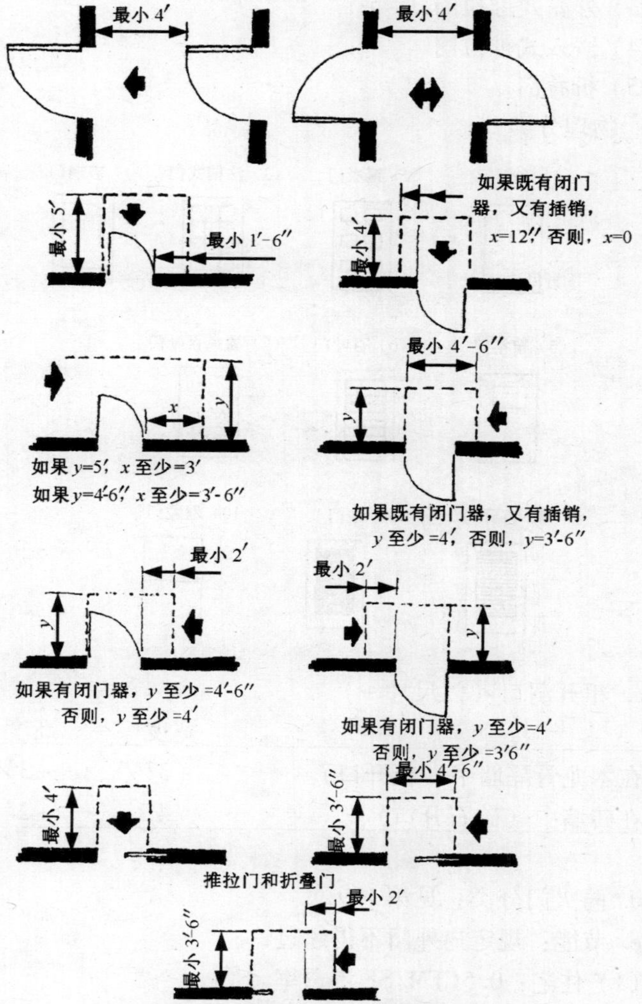

注：所有凹室中的门必须满足前入口的要求。

2. 基本要求

a. 按操作方式分类

(1) 弹簧门

(2) 带边门的推拉门

(3) 外露式推拉门

(4) 嵌入式推拉门

(5) 折叠门

b. 物理分类

(1) 光面门

(2) 镶板门

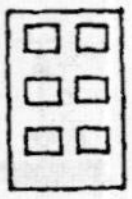

(3) 法国式门

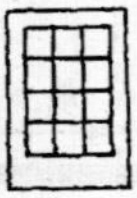

(4) 玻璃门

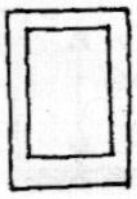

(5) 窗格门

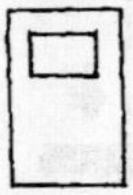

(6) 百叶门

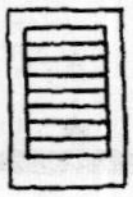

(7) 通风百叶门

(8) 百叶门

(9) 纱门

(10) 双截门

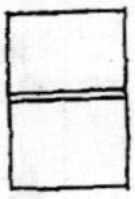

c. 粗开洞口（门尺寸 +）

	宽度	高度
在木龙骨隔墙中（粗开口）	+3½″	+3½″
在砖墙中（砖石开口）	+4″	+2″~4″

d. 防火门分类：见第 189 页。

e. 节能：规定户外门不得超过：

(1) 住宅：0.5CFM/SF 渗透率。

(2) 非住宅建筑：11.0CFM/LF 缝隙渗透率。

（3）R-2隔热性能。

3. 空心金属门与门框

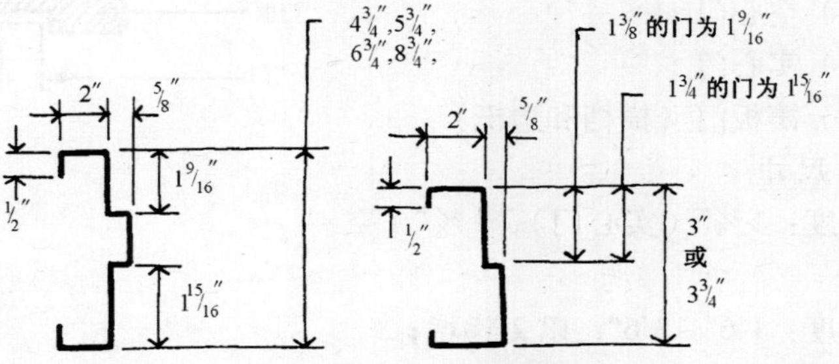

双企口　　　　单企口

a. 材料（材料规格见第259页）。门的典型规格为16、18、20；门框的典型规格为：12，14，16，18。

用途	门框	门扇
重型门（入口、楼梯、公共厕所、技术用房）	12，14	16
中型到轻型（房间、衣帽间等）	14，16，20	18

b. 门（门的所有构造均采用16～22GA）

厚度　1¾″和1⅜″

宽度　2′～4′，以2″递增

高度　6′8″、7′、7′2″、7′10″、8′、10′

价格：门框：3′×7′，18GA：＄6.75/SF（包括洞口）或16GA：＄7.65/SF（60%M和40%L），可以变化±40%。

门：3′×7′，20GA，1¾″：＄14.60/SF；3′×6′8″，20GA，1⅜″：＄14.00/SF（85%M和15%L）

增加：铅衬：＄660/扇；8″×8″玻璃：＄120/扇；隔声门：＄30/扇；3小时防火门：＄120/扇；¾小时防火门：＄25/扇。

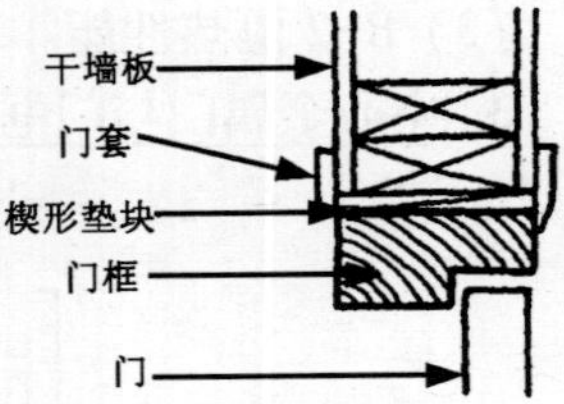

4. 木门

a. 类型

(1) 光面门

(2) 空心门

(3) 实心门

(4) 镶板门（横档和边梃）

b. 尺寸

厚度：1¾″（实心门），1⅜″（空心门）；

宽度：1′6″~3′6″，以2″递增；

高度：6′、6′6″、6′8″、6′10″、7′。

c. 材料（白桦、柳安木、高强耐水硬纤维板）

光面门	镶板门
硬木面板	#1：采用硬木或松木（清漆饰面）
高级：清漆饰面	#2：道格拉斯冷杉木
#3 较好：油漆饰面	胶合板（油漆饰面）
隔声：（只能用油漆饰面）	

d. B级和C级防火门（使用矿物门芯）。

典型价格：

木门框：室内门，松木： $4.00/SF（包括洞口）

室外门，松木： $7.80/SF

（硬木价格3倍于此）

门：空心门，1⅜″，硬质纤维板 $5.30/SF

实心门，1¾″，硬质纤维板 $10.90/SF（75% M 和 25% L）

硬木面板的价格同上。

雕花实心户外门的价格，为上述价格的4~6倍。

5. 其他门

a. 玻璃推拉门

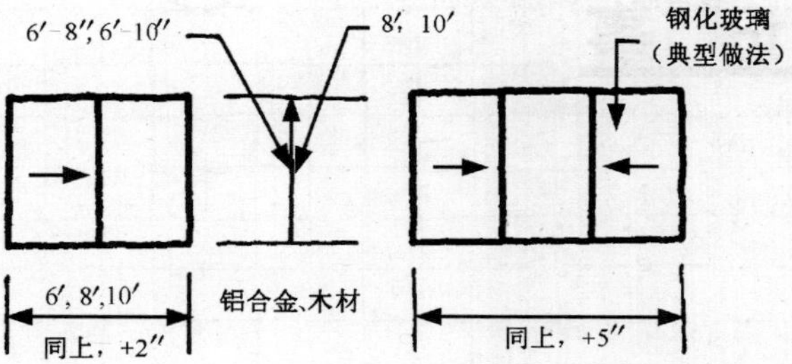

典型价格（铝合金加¼″厚的钢化玻璃）：

6′宽：$770 ~ $900/扇（85% M 和 15% L）

12′宽：$1220 ~ $1800/扇

隔热玻璃价格增加10%。

b. 铝合金“店面门”（典型高度7′）

玻璃门的典型价格：$35/SF（85% M 和 15% L）。变化范围：-25% ~ +55%。

c. 住宅车库门

最小轿车宽度8′（建议采用9′）；

最小高度6′6″（顶棚最小高度7′2″）。

价格：$28.75/SF（75% M 和 25% L）。

d. 折叠门

2扇门板：洞口宽度：1′6″、2′0″、2′6″、3′0″

4扇门板：洞口宽度：3′0″、4′0″、5′0″、6′0″

6扇门板：洞口宽度：7′6″

8扇门板：洞口宽度：8′0″、10′0″、12′0″

价格：手风琴式衣柜折叠门，带门框和镶边：$23.00/SF。

记事

B. 窗 (4) (12) (32) (45A) (49)

“价格信息” 见第302页。

1. 基本要求

a. 与墙体一样，窗户也要能够抵御

（1）冬天的风

（2）四季的雨

（3）噪声

（4）冬季的寒冷

（5）冬天的雪

（6）飞虫

（7）夏季的热

同时它们还应能带来：

（1）外部景观

（2）空气流通

（3）自然光

（4）冬季的太阳热能

b. 尺寸标记：3′宽×6′高=3060

c. 操作类型，见第302页。

d. 类型选择，见第300页。

e. 窗户以铝合金、钢及木材为原料，典型尺寸见第304和第305页。

f. 节能：窗户窗框的缝隙渗透率不得超过0.34CFM/LF（或0.30CFM/SF）。NFRC等级：U值：0.50（0.25更好），SHGC：0.40。

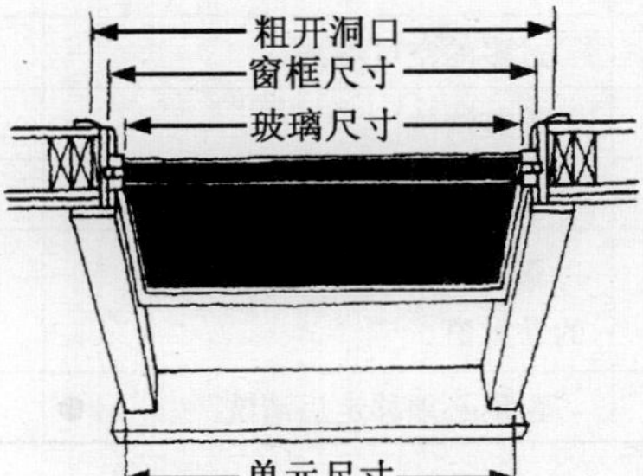

●特征标记	窗户类型													
缺　点	双悬窗	双悬窗，反向	平开窗，外开	平开窗，内开	遮棚式上旋窗	旋转窗，竖轴	旋转窗，水平轴	上悬外开窗	底部铰接内开窗	固定窗	百叶窗	连续天窗	挑窗	水平推拉窗
只有50%的面积可以打开	●	●												●
打开时，不能防止雨水进入	●	●	●			●								●
如果前面有障碍物，不易操作	●	●					●	●						●
如果较低的气窗与走道相邻，会有危险			●		●	●	●	●				●	●	
需要设置挡风条	●	●	●	●		●	●	●	●					●
水平构件遮挡视线	●	●			●		●				●	●	●	
竖直构件遮挡视线			●	●										●
如果结构不够牢固，会下垂			●	●										
当气窗打开时，玻璃很快会变脏					●		●	●	●		●	●	●	
进入的气流不能转向	●	●	●		●	●		●	●		●		●	●
过多的空气渗漏											●			
很难清洗											●			
与家具、窗帘等发生冲突				●		●	●		●					
很难设置纱扇及防暴风雨的外重窗						●	●							●
窗扇必须移走后清洗	●							●		●		●		●

续表

●特征标记	窗户类型													
优 点	双悬窗	双悬窗，反向	平开窗，外开	平开窗，内开	遮棚式上旋窗	旋转窗，竖轴	旋转窗，水平轴	上悬外开窗	底部铰接内开窗	固定窗	百叶窗	连续天窗	挑窗	水平推拉窗
没有下沉的倾向	●	●			●	●	●	●	●	●		●		●
易安装纱扇及防暴风雨的外重窗	●	●		●	●			●						●
能提供100%的洞口通风面积			●	●	●	●	●	●	●		●	●		
便于清洗/ 配有合适的五金件		●		●		●	●		●					
将偏流风向			●	●	●	●	●		●		●	●		
部分开启时，能提供防雨保护					●		●	●	●		●	●	●	
使进入的气流向上流动					●		●		●		●	●	●	
能经济有效地利用零头尺寸											●			●
可实施大尺寸窗户										●				●

各类窗户的操作方式、材料及费用

注:价格含玻璃　　　＊(90% M 与 10% L)

类　型	通风面积	铝合金窗	钢窗	木窗
 固定窗	0%	均价 $15.30/SF(70% M 与 30% L)变化范围 ±70%	均价 $20/SF	均价 $28.75/SF＊ 变化范围 -10% ~ +20% 借景窗
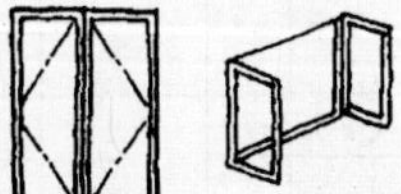 平开窗	100%		均价 $20 ~ $30/SF (85% M 与 15% L)	均价 $40/SF＊ 变化范围 +70% ~ -40%
挑窗 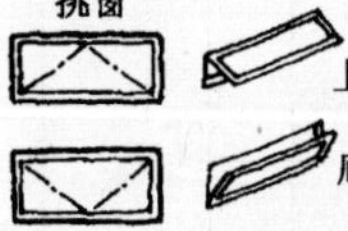 上旋窗 底铰内开窗	50% ~ 100%	$28 ~ $34/SF (均价)(75% M 与 25% L)	$30 ~ $35/SF＊ (均价)	均价 $45/SF (85% M 与 15% L), 变化范围 +60%, -40%
 推拉窗	50% ~ 100%	均价 $20 ~ $22/SF (80% M 与 20% L)		均价 $30/SF, 变化范围 ±60%

续表

类　型	通风面积	铝合金窗	钢窗	木窗
 双悬窗	50%	$21.25 ~ $23.50/SF（均价）*	均价 $39/SF*	均价 $34.50/SF（85% M与15% L），变化范围 +70%，-45%
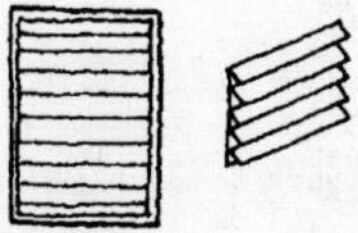 百叶窗	100%	均价 $23/SF（80% M与20% L）		
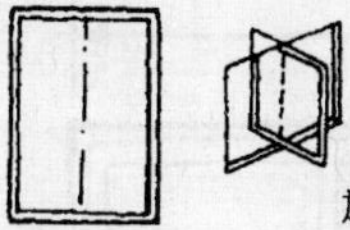 旋装窗	100%		均价 $23/SF(85% M与15% L)	

典型木窗亮子

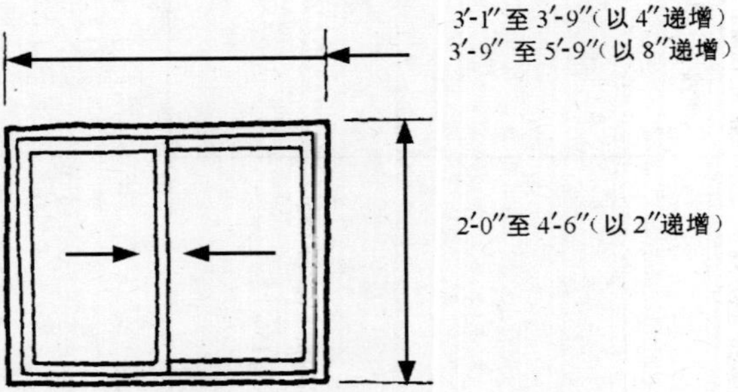

水平推拉窗

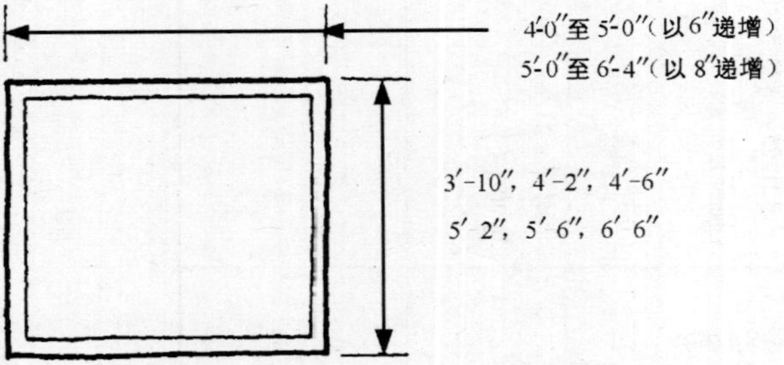

借景窗

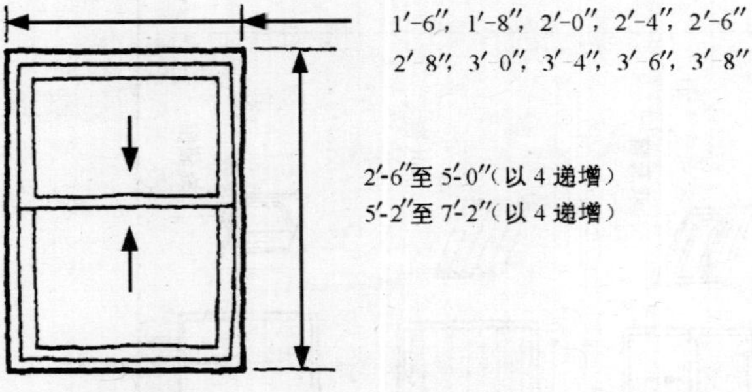

双悬窗

铝合金窗：住宅用尺寸
钢窗：不包括窗梃尺寸

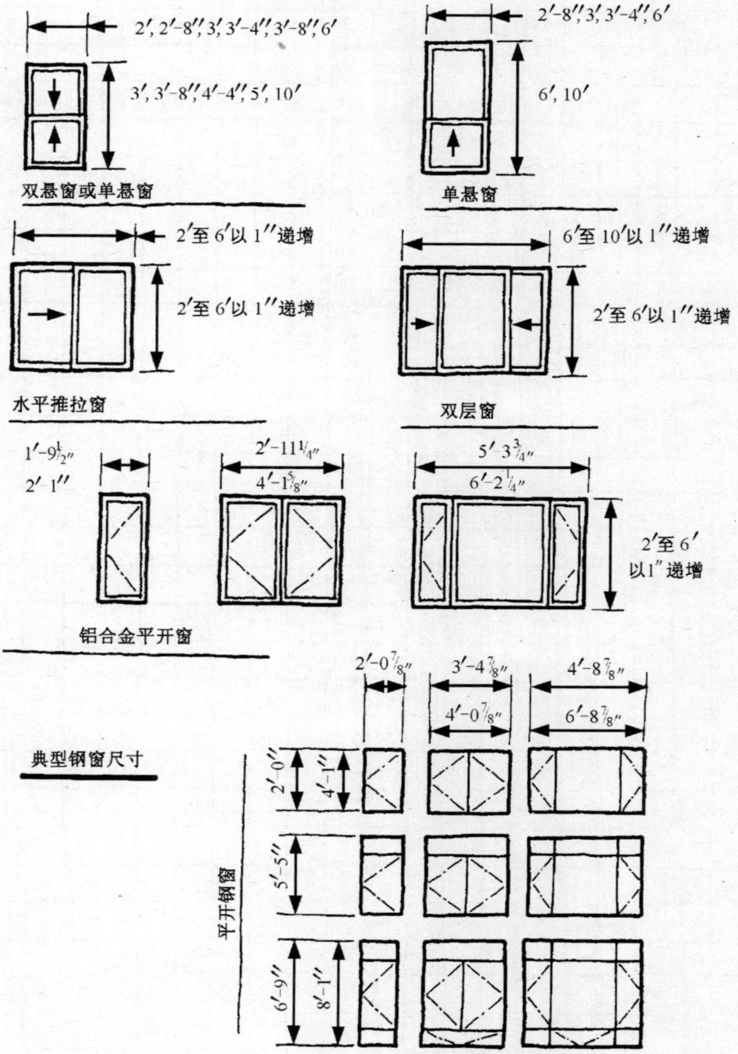

记事

C. 五金件 (12) (20) (45A)

1. **考虑的基本问题是：**如何……

a. 悬挂门

b. 锁门

c. 关门

d. 保护门

e. 停住门

f. 密封门

g. 设置门铃

h. 设置门的电动装置

2. **建议的安装位置**

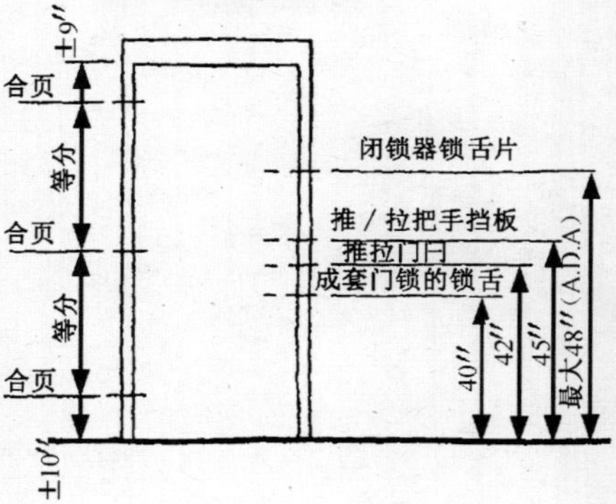

3. **门把手的惯用位置**

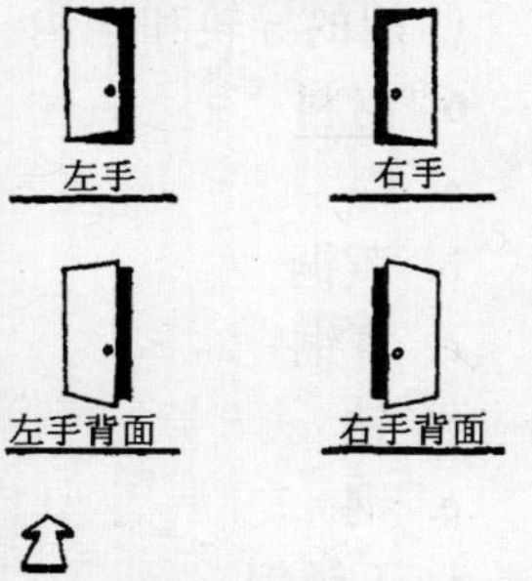

4. **需考虑的问题**

a. 操作的功能及便利性

b. 耐久性，由以下因素决定：

(1) 使用频率

(a) 高

(b) 中

(c) 低

(2) 所处的气候和天气条件（铝合金和不锈钢门窗能较好地适应潮湿或沿海地区）。

c. 材料、形状、表面纹理、饰面层及色彩。

5. 典型的五金件

a. 成套门锁（锁、把手、门闩）

b. 合页

c. 自动关门器

d. 紧急出口栓

e. 推/拉门闩和挡板

f. 门脚护板

g. 止门器和定位器

h. 门坎

i. 挡风条

j. 门的导轨和挂钩

6. 材料

a. 铝

b. 黄铜

c. 青铜

d. 铁

e. 钢

f. 不锈钢

7. 饰面层

BHMA#	US#	饰面层	基层材料
__600	US P	着色油漆	钢
__601	USB 1	亮光清漆	钢
__602	US 2C	镀镉	钢
__603	US 2G	镀锌	钢
__605	US 3	抛光黄铜，透明涂层	黄铜*
__606	US 4	缎光黄铜，透明涂层	黄铜*
__611	US 9	抛光青铜，透明涂层	青铜*
__612	US 10	缎光青铜，透明涂层	青铜*
__613	US 10B	氧化青铜，涂油磨面	青铜*

续表

BHMA#	US#	饰面层	基层材料
__618	US 14	光亮镀镍，透明涂层	黄铜，青铜*
__619	US 15	缎光镀镍，透明涂层	黄铜，青铜*
__622	US 19	平光黑色涂层	黄铜，青铜*
__624	US 20D	深层氧化雕塑青铜，透明涂层	青铜*
__625	US 26	抛光镀铬	黄铜，青铜*
__626	US 26D	缎光镀铬	黄铜，青铜*
__627	US 27	缎光铝，透明涂层	铝
__628	US 28	缎光铝，透明阳级化镀层	
__629	US 32	抛光不锈钢	
__630	US 32D	缎光不锈钢	
__684	—	抛光黑铬	黄铜，青铜*
__685	—	缎光黑铬	黄铜，青铜*

*有时也适用于其他基层材料。

8. ADA-便于残疾人使用的五金件

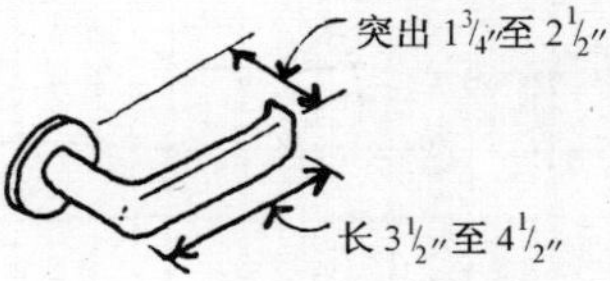

水平把手

门拉手

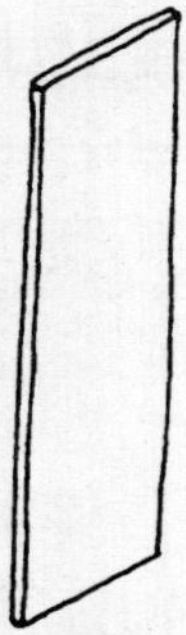

推拉门

9. 价格

居住建筑：$95/樘（80% M 和 20% L）

变化范围 -30%，+120%

商业建筑：

办公室：

室内：$195/樘（75% M 和 25% L）

室外：$375/樘（加安全门装置后，约为 $425）

注：特种门，如医院的门，价格可能会增加至 $570/樘。

记事

D. 玻璃 (26) (27) (45A) (49)

1. 概述

玻璃是一种非常现代的建筑材料，因为它使建筑物的室内外空间建立了视觉联系。但在使用时还存在许多问题。

2. 法规要求

IBC 要求在有人为挤压危险的地方安装安全玻璃。安全玻璃是指钢化玻璃、夹丝玻璃及夹层玻璃。危险位置是指：

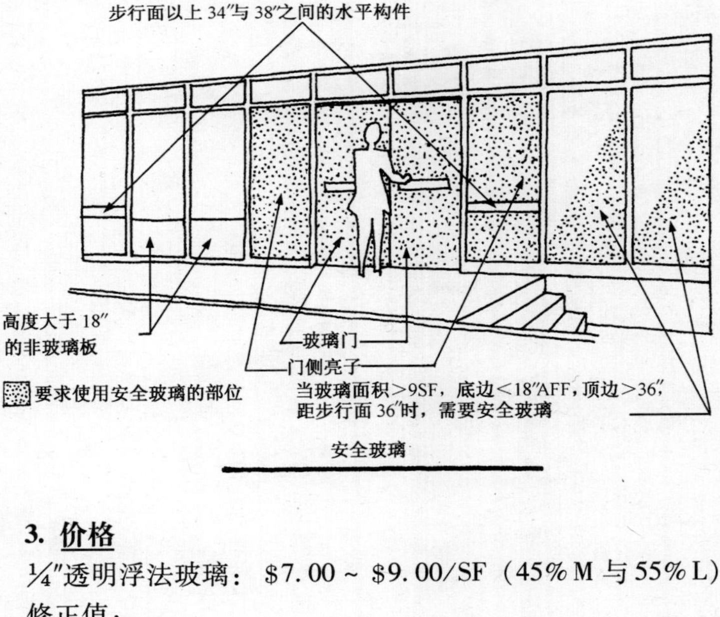

安全玻璃

3. 价格

¼″透明浮法玻璃：$7.00 ~ $9.00/SF（45% M 与 55% L）

修正值：

厚度：

⅛″玻璃	−30%
⅜″玻璃	+40%
½″玻璃	+110%

结构：

钢化玻璃　+20%

夹层玻璃　+100%

热工性能：

彩色或反射玻璃　+20%

双层中空玻璃和/或低反射玻璃　+100%

第9部分　饰　面　层

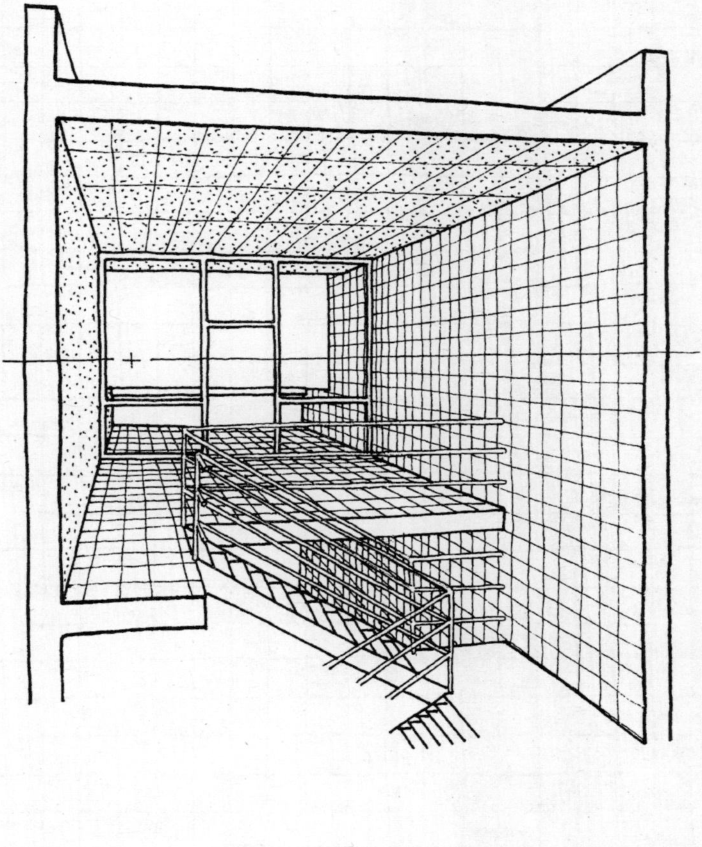

记事

A. 抹灰

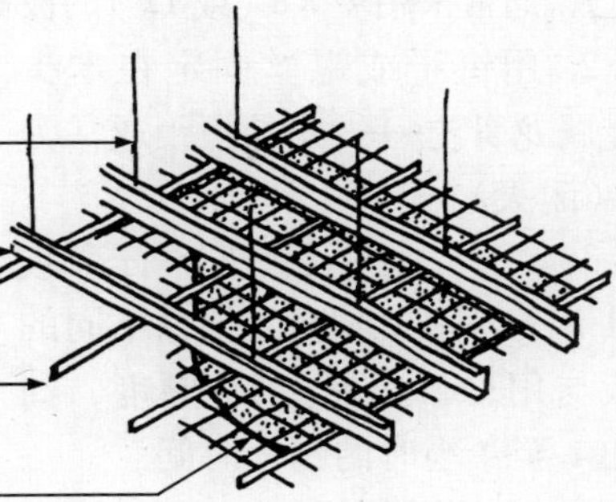

典型吊顶

1. 外墙水泥抹灰（装饰抹灰）。

2. 内墙石膏抹灰。

3. 墙龙骨的立筋中距通常为 12″~24″；木龙骨，中距采用 16″。

4. 完全抹灰：3 层（粗底层、中间层及饰面层），但砌筑墙体可能有 1~2 层。

5. 接缝：室内顶棚：最大中距 30′。

室外墙体/拱腹：中距为 10′~20′。

6. 在闭塞空间内设置通风孔（½″/SF）。

7. 养护：48 小时湿养护，各层间隔 7 天。

价格：

板条抹灰加油漆顶棚：\$2.00~\$6.50/SF（25% M 与 75% L），不同的抹灰材料，价格可上扬 +60%。

纸褙钢丝网装饰抹灰墙体：\$2.20/SF 的装饰抹灰 + \$1.00/SF 的钢丝网（50% M 与 50% L）

B. 石膏墙板（干墙板） ④ ⑫

1. 通常采用4′×8′(或12′)的板材,厚度1/4″~1″,以1/8″递增。

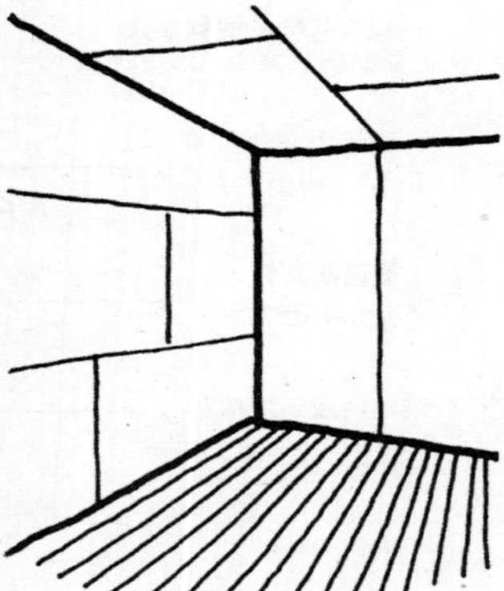

2. 用钉子或螺丝固定在木头或金属龙骨上——龙骨中距通常为16″（耐火）至24″。

3. “X”型（⅝″厚）石膏板提供1小时耐火时间。根据不同的背板与用途，每增加½″厚度，约增加1至4小时的耐火时间。

4. 防水石膏板（以绿色纸面为标记）可用于受潮部位或外墙。

价格：

木龙骨外½″厚的石膏板：

$0.70/SF（顶棚）

$1.00/SF（柱或梁）

$0.70/SF（墙）

（约50% M与50% L）

金属框架：增加5%。每1/8″厚度，价格约差15%。防火处理：加$0.08/SF。防水处理：加$0.14/SF。接缝与饰面：加$0.40/SF

<u>例题</u>

题目：立筋式隔墙（⅝″石膏板）的造价，表面为待漆状态。

解答：½″石膏板的造价 = $0.70/SF（墙） + $0.09（15%为超出的⅛″厚度） + $0.40（饰面层）。

∴ ⅝″石膏板的造价 = $1.19/SF，报价为$1.20/SF

C. 饰面砖 ④ ⑫

1. 铺砌

a. 厚抹灰层（¾″~1¼″的灰浆层）用于坡道。

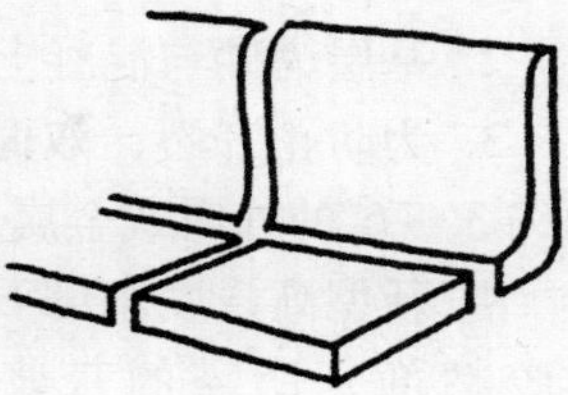

b. 薄抹灰层（⅛″厚的灰浆或胶粘剂），施工迅速、造价低。

2. 灰缝：⅛″~¼″，（缸砖地面可用环氧树脂灌浆）。

3. 类型

a. 用于墙面和地面的釉面瓷砖与无釉瓷砖约¼″厚、4″~6″见方。

b. 用于墙面和地面的陶瓷锦砖约¼″厚、1″~2″见方。

c. 褐土色缸砖令地面坚固耐磨。一般为½″~¾″厚、4″~9″见方。

典型造价：

注：昂贵的进口产品，价格变化很大。

釉面墙砖：$5.90/SF（50% M与50% L），变化范围：-25%~+100%。

无釉地砖：$8.90/SF（65% M与35% L），变化范围：+35%~-10%。

无釉墙砖：$6.60/SF（40% M与60% L），变化范围：+35%~-15%。

缸砖：$9.70/SF（40% M与60% L），变化范围：±10%。

踢脚板：$9.70/LF（40% M与60% L），变化范围：±10%。

再加：彩色：+10%~20%

防滑面：+25%~50%

D. 水磨石 (4) (12)

1. 由石屑与水泥（胶结料）浇筑而成的材料（通常½″厚），有光滑的表面。

2. 基层为砂与混凝土。

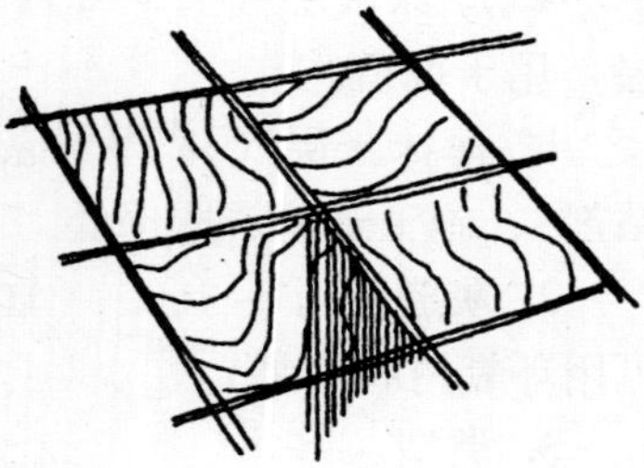

3. 为防止开裂，双向设置中距约3′~6′的外露式金属分格条。

4. 新型高强度水磨石（掺化学胶粘剂）所需的灰浆基层较薄，接缝间距较大。也可采用1″厚、9″至2′见方的水磨石地砖。

价格：$9.00 ~ $15.00/SF（45% M 与 55% L）

地砖：$17.00 ~ $28.00/SF

E. 吸声处理 (4) (12)

1. **<u>吸声顶棚：</u>** 由固定在墙板或混凝土上（通常用胶粘）的小型矿棉纤维板（¾″厚、1′见方）组成。也可将吸声矿物纤维通过胶粘剂点状分布在石膏板或混凝土面上。

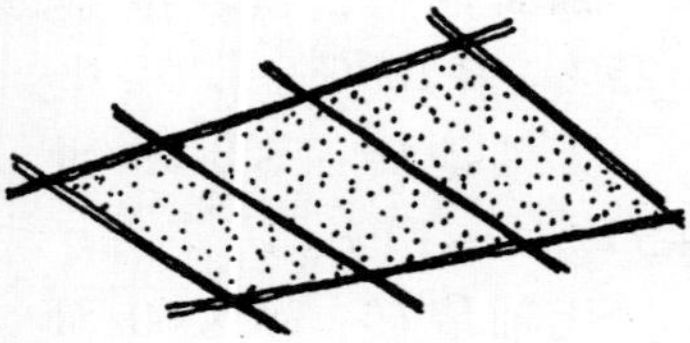

价格：小型矿棉纤维板：$1.10 ~ $1.50/SF（40% M 与 60% L）

2. **<u>悬挂式吸声瓦顶棚：</u>** 能够在顶棚与结构层之间创建一个便于隐藏机械与电器设备的空间。典型做法是将2′×2′或2′×4′的矿棉纤维板固定在显式或隐式金属格栅上（金属格栅通过吊筋悬挂，做法同抹灰顶棚）。饰面层做法广泛。

价格：吸声板：$1.00 ~ $2.00/SF（70% M 与 30% L）；

悬挂系统：$1.00 ~ $1.25/SF（80% M 与 20% L）；

当墙面不深入顶棚时，可省 \$0.10 ~ \$0.20/SF。

3. 其他

a. 悬吊式顶棚还有露框金属顶棚、木顶棚及发光顶棚。

价格：特殊的悬吊式顶棚与悬挂系统：

金属顶棚/上置吸声棉：\$8.30/SF（50% M 与 50% L）；发光塑料顶棚：\$4.10/SF（75% M 与 25% L）。

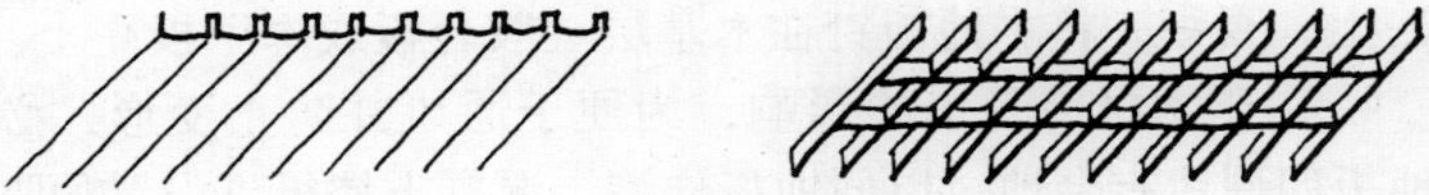

b. 用于吸声的顶棚隔板与旗帜。

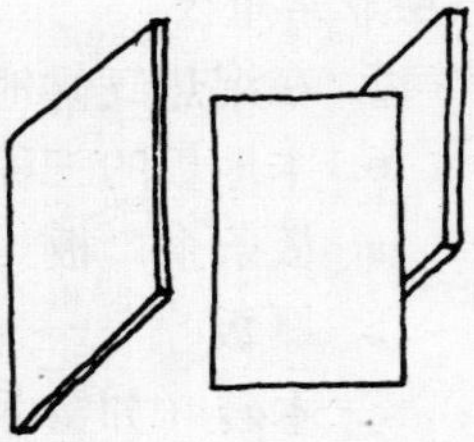

c. 用于特殊吸声效果的吸声板（降噪系数（N.R.C.）为 0.5 ~ 0.8）可采用不同厚度，最大尺寸可达 4′ × 12′。

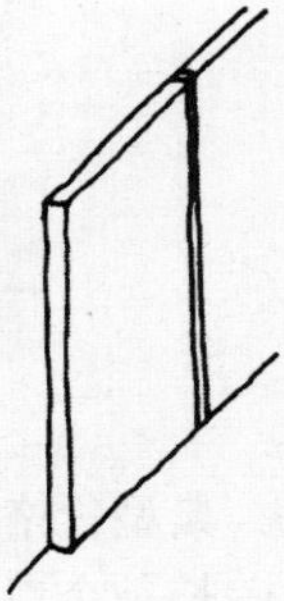

价格：¾″厚固定于侧墙上的软质顶棚（覆盖织物的）：\$8.10/SF（75% M 与 25% L）。

F. 木地板 ④ ⑫

1. 楼地面装修可采用硬木或软木，最常用的有橡木、南方松木及北美黄杉。

2. 全芯等级红木板材是门廊及室外地面的最佳装饰材料。

3. 如果基层为混凝土，通常将木地板固定在小木条（小格栅）上；否则，将木地板钉在木基层（胶合板或木甲板）上。

4. 由于木材易受水的影响，为便于通风并防止变形，必须在地板四周留有余地，以便地板伸缩。混凝土楼板下设置的隔蒸汽层非常重要。

5. 在湿热气候地区，使用经防腐处理的木材。

6. 木地板的三种类型：

a. 板条企口板

b. 厚板

c. 木砖（如镶木地板）

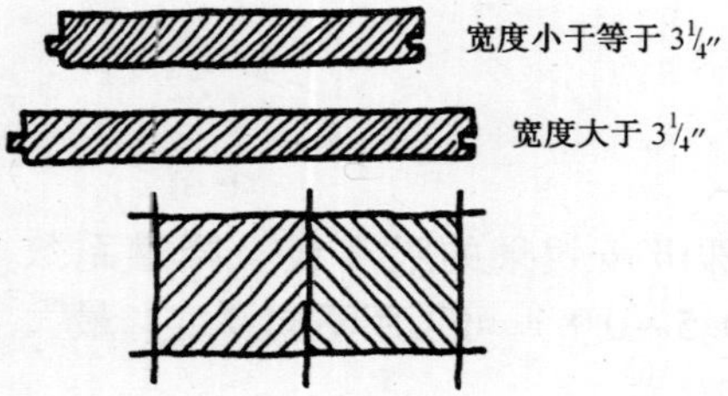

典型价格：

长条企口板：杉木 $5.00/SF（70% M 与 30% L）；

橡木：+90% +10% 饰面；

槭木：+100%，清洗和打蜡 = $0.35/SF。

G. 砌块地面 ④ ⑫

所用材料见“第4部分”。

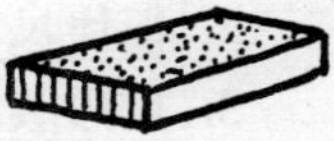

典型价格：

1¼″×4″×8″的砖：$9.25/SF

（65%M与35%L）；

特殊砌式：+15%。

H. 弹性地面 ④ ⑫

1. **<u>弹性地面材料包括</u>**

a. <u>乙烯卷材：</u>最普通的卷材类地面材料，用于那些接缝最少的地方，如长期潮湿的部位。可用于地面以下、地面或地面以上部位。弹性性能好；耐久性中等偏上；静音效果差。

b. <u>乙烯树脂地板块材：</u>最普遍使用的弹性地面材料。可采用单一材料或复合材料，可位于地面以下、地面或地面以上部位。弹性性能差偏上；耐久性最好；静音效果差。可用作踢脚板。

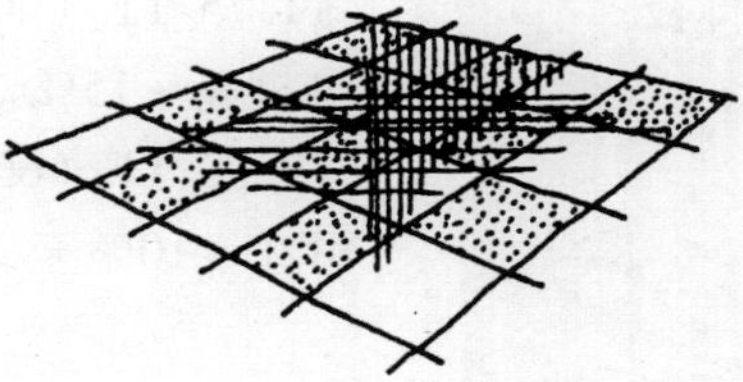

c. <u>橡胶地板块材：</u>对防滑要求高的地方可采用特殊的防滑设计。可用于地面以下、地面或地面以上部位。具有较好的弹性、耐久性及静音效果。还可用作防静电地面、踢脚板及楼梯踏步板。

d. <u>软木地板块材：</u>因有较高的弹性，所以拥有最佳的步行舒适度。同时，还具有最佳的静音效果。但耐久性最差。可用于地面。

e. 油毡卷材或块材：几乎已经随沥青砖一起被淘汰了。只能用在楼板或地面上。弹性及静音性能较差。耐久性中等。

2. 板块尺寸约为1/16″~1/8″厚，9″~12″见方。

3. 用砂胶粘于基层。 基层可以是胶合地板、木甲板上的胶合板、刨花板、混凝土板。

4. 通常要求在楼板下设置隔蒸汽层。

5. 乙烯树脂或橡胶制成的踢脚板常被用于与同种或其他种类的地板配套的墙面。

6. 利用螺钉座或转向轮保护弹性地面免受家具重压。

有多种色彩和图案可用于地面。

典型价格：

实心乙烯树脂地板块材：⅛″×12″×12″	\$3.00/SF（75% M 与 25% L）；不同的图案和色彩可上涨 +20%，“传导型”价格加倍。
乙烯卷材	\$2.75/SF（90% M 与 10% L），不同图案和色彩，变化范围在 -70% 至 +100% 之间。
乙烯树脂踢脚板	\$1.75/LF（40% M 与 60% L）。可提高 +15%。
楼梯踏步板	\$8.00/LF（60% M 与 40% L）。可在 -10% 至 +40% 之间变化。

I. 地毯 (5) (49)

1. 大多数“墙到墙满铺地毯”是这样做的：将绒线穿过粗纤维底衬形成线圈，在线圈的背面刷上乳胶，再覆上第二层底衬以加强地毯的强度与尺寸稳定性。最后，留下未经修剪的线圈以形成粗糙、带结子的表面，或经修剪后留下柔软并带有长毛绒的表面。

2. 地毯的质量通常以它的表面重量（每平方码有多少盎司的圈绒或簇绒）来衡量，这不是地毯的总重量。理想的表面重量为：

a. 小流量区域：20～24 oz/SY

b. 中流量区域：24～32 oz/SY

c. 端区地毯：　26～70 oz/SY

3. 一种较好的衡量方法

$$重量密度系数 = \frac{表面重量 \times 36}{绒头高度} = \text{ oz/SY}$$

理想取值为：

a. 居住空间：3000～3600 oz/SY

b. 商业空间：4200～7000 oz/SY

4. 火焰蔓延等级：见第164页。

5. 两种基本的固定地毯的方法

a. 衬垫与缝合的地毯：拉伸一块独立泡沫波垫，并借助机械力使波垫在接缝处及四周绷紧。柔软的泡沫波垫价格不贵，却能带给地毯柔软、舒适的感觉。较贵的黄麻与油毡垫层则给地毯以较好的稳固性及尺寸稳定性。地毯垫层增加了脚部的舒适性，并降低了噪声，某种层度上来说，还增加了地毯的使用寿命。

b. 粘贴式地毯：这种地毯常用于需承受较大车轮流量的商业区。它一般通过地毯胶紧紧地粘于垫层上。这种方法可最大限度地降低背衬的破坏性挠曲，并避免地毯起皱。

6. 保养因素

a. 色彩：在中性色值范围内的地毯显得比深色或浅色地毯更加耐脏。在区域性地毯中采用典型的土褐色。在酒店、医院、剧场及餐馆等交通繁忙区域采用带图案或色彩丰富的地毯。

b. 交通流量：流量越大，所需的地毯构造密度就越大。如果交通因素中包括轮子的碾压，那么，地毯就需要具备最大的密度以抵抗轮子的碾压，这时，我们只能选用平圈绒或稠密的低剪绒地毯。

7. 地毯材料

纤维	优点	缺点
丙烯酸（很少使用）	与羊毛相似	不是非常密实；吸附油渍
尼龙（使用最多）	非常密实；耐脏性与羊毛相似；静电积聚性较弱	无
涤纶深绒	柔软与舒适	弹性较弱；吸附油渍
聚丙烯室内外兼用	防水；不易褪色和污染；易清洗	易起皱
羊毛	耐久；易清洗；脚感好；易着色	价格最贵

8. 价格：（90% M 与 10% L）（变化范围 ±100%）。损耗指数 10%。

修整/平整地面：$1.80 ~ $6.70/SY（45% M 与 55% L）

地毯垫层

泡沫波垫：$6.15/SY（70% M 与 30% L），变化范围：±10%

黄麻垫层：−10%

聚氨酯垫层：−25%

地毯

丙烯酸纤维，24 oz，中流量：$22.60/SY

28 oz，中/大流量：$28.00/SY

住宅用

尼龙，15 oz，小流量：$16.25/ SY

28 oz，中流量：$19.80/SY

商业用

尼龙，28 oz，中流量：$20.90/SY

35 oz，大流量：$24.60/SY

羊毛，30 oz，中流量：$33.00/SY

42 oz，大流量：$45.00/SY

小方地毯：$2.75 ~ $5.50/SY

地毯种类

编织类型

特征及最佳用途

平圈绒地毯：绒高均等、编排紧密、未经修剪的圈绒。质地坚硬、粗糙。耐磨、易清洗。适用于办公室或交通流量大的区域。

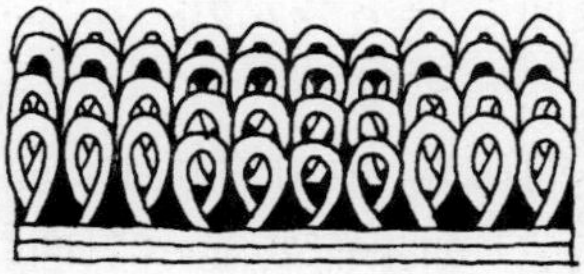

多层圈绒地毯：编排紧密、未经修剪的圈绒以不同的高度构成图案。质地坚硬、粗糙。耐磨、易清洗。适用于办公室或交通流量大的区域。

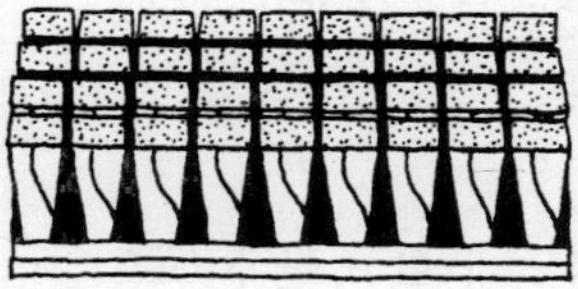

长毛剪绒地毯：将圈绒修剪整齐并保持自然状态（捻数最小）。相当柔软、质地如丝绒一般。经真空吸尘器清扫或印上脚印后，在不同的光线条件下，会呈现出不同的色彩。适用于交通流量少的正房。

起绒地毯（剪绒）：将圈绒修剪整齐并捻紧，相当柔软、质地如丝绒一般。经真空吸尘器清扫或印上脚印后，在不同的光线条件下，会呈现出不同的色彩。适用于交通流量少的正房。

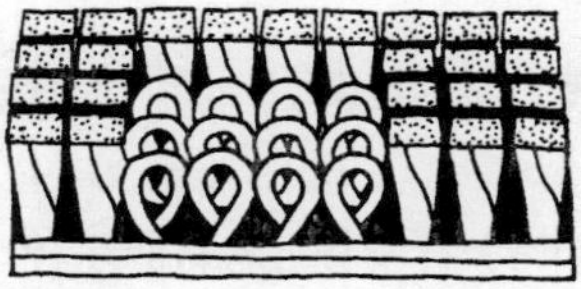

剪绒与圈绒混合地毯：将长毛剪绒与平圈绒相结合，能相当好地掩盖污渍。用于住宅比较理想。

室内外兼用地毯：修剪并紧捻圈绒。质地粗糙，能特别好地掩盖污渍，密实度几乎接近平圈绒。用于住宅比较理想。

J. 油漆与涂料 ⑫ ㊾

1. 概述

a. 油漆与涂料属悬胶液中带颜色的液体（溶剂），它们被用于保护、装饰建筑物的表面。

b. 操作方法：刷涂、滚涂和喷涂。

c. 损坏原因：90%是由于潮湿或表面处理不够充分。

d. 表面处理

（1）木材：用砂纸打磨（如果需要的话）；或可直接上漆。

（2）干墙板：先让它干燥（0~7 天）。如果需要显示表面纹理，应在组织纹理前先刷一道底漆。

（3）砌体与装饰抹灰：等待养护（28 天）之后。

e. 质量

（1）厚度

（a）底漆（及“内涂层”）：1/2~1（干量）毫米/层。

（b）饰面层：1~1½（干量）毫米/层。

（2）透气性：使水汽能透过涂层，从而避免基层与涂料的老化。要求如下（见第 285 页）：

（a）砌体与装饰抹灰：25 泊姆

（b）木材：15 泊姆

（c）金属：0 泊姆

f. 漆面

（1）平光漆：均匀柔和并分散光线。降低基层反射的明视度。不易清洁。通常用于顶棚。

（2）半光泽（蛋壳光泽）漆：除了没有亮光漆的眩光外，具有亮光漆的大部分优点。

（3）半光亮漆。

（4）亮光漆：反射光线，并产生眩光，但表面光滑、易清理、不吸收光线，并能提高基层反射的明视度。

g. 法规制约

(1) 核查国家关于挥发性有机化合物（VOC）（油漆）的使用、油漆溶剂的使用及有害废物等方面的条例。

(2) 核查防火条例中关于承租后或改建中在室内喷涂方面的限制。

2. <u>材料种类</u>

a. 憎水性防腐剂：用于木材。

b. 着色剂：不透明（无光泽）、半透明体或透明体。

c. 木材涂料：清漆、天然树脂漆及硝基纤维素漆。

d. 木材密封涂料：用于防止结疤与油眼中的天然树脂外泌，并封闭木材表面以便为其他涂层做好准备。通常需2遍涂层以锁住表层。因为密封涂料是白色的，所以不能用于清油饰面。

e. 乳胶底漆：是墙板、抹灰面及混凝土表面最佳的首层涂料。除了未经处理的木材，它能很好地附着在任何材料的表面。

f. 醇酸树脂底漆：用于原木。也可用“基层”乳胶漆。

g. 混凝土砌块（CMU）填充剂：一种特殊的乳胶底漆，用于减少砌体表面的空隙以形成光滑表面。它不防水。

h. 乳胶漆：一种合成类水基涂料。这是目前最流行的涂料，因为它能满足环境要求，具有透气性，并能用水清洁。它几乎可被用于所有表面，其中包括已上底漆的（或未被装饰的）木材表面。它能附着在乳胶及平光油漆的上面，但需避免不同于底漆的亮光油漆及醇酸树脂漆。分类如下：

(1) 聚醋酸乙烯酯（PVA）：最常用。25^{+}泊姆。

(2) 丙烯酸树脂：光滑性、弹性及耐久性较大，常用作底漆。小于5泊姆。

i. 醇酸树脂漆：一种取代旧油漆的合成类半溶剂基涂料。由于环境法规的约束，它似乎将被淘汰。主要用于室外金属表面，不具透气性。

3. <u>油漆的体系与价格</u>（30% M 与 70% L）。下表为美国西南部的价格。其他地区，加10%。

涂料饰面体系对比：ICI涂料

产品类型	涂敷价格/SF	使用范围	优点	缺点
室内用：（一级涂料）				
乳胶平光墙面漆（石膏墙板=2层）	25¢~30¢	任何希望获得平光效果的室内表面	几乎无选色限制，可清洗，低异味，干燥快，有极佳的局部修抹及覆盖能力	平光漆可适当清洗，但不可擦洗（就像磁漆）
乳胶蛋壳光磁漆（1层底漆，2层面漆）	35¢~40¢	希望获得轻微光泽的部位	与平光漆相同。但与平光漆相比，其耐久性、可擦洗性及防潮性更好；高品质蛋壳光磁漆具有良好的“阻隔性”	比平光漆更易擦洗，但耐久性比高光泽漆差
乳胶半光泽磁漆（1层底漆，2层面漆）	35¢~40¢	厨房、盥洗室、门与贴脸、橱柜等需要中等光泽效果的部位	与平光漆相同。但与低光泽漆相比，其耐久性、可擦洗性及防潮性更好；高品质半光泽磁漆具有良好的“阻隔性”	可擦洗性比任何低光泽漆都好，但耐久性不如高光泽漆（注：随着光泽度的增加，遮盖力降低）
乳胶光泽磁漆（1层底漆，2层面漆）	35¢~40¢	厨房、盥洗室、门及贴脸、橱柜等要求有高光泽效果的部位	与平光漆相同。但与低光泽漆相比，高光泽漆的耐久性、可擦洗性及防潮性有极大提高	最高的耐擦洗能力，但最低的遮盖力

续表

产品类型	涂敷价格/SF	使用范围	优 点	缺 点
含水半光泽或光泽环氧涂料（双组分）（1层底漆，2层面漆）	60¢～70¢	所有室内墙面、金属、混凝土块及木材表面。对学校、医院、餐馆、公共房屋及工厂的硬质使用区，较为理想	与乳胶漆相同。但在坚硬、粗糙、抗染色的面层上有最好的耐久性及可操作性	在次涂刷需过夜干燥，而非7天完全固化时间
室外用：（一级涂料）				
乳胶高稠度彩色涂料（木材＝2层）	30¢～35¢	室外木质表面，尤其是封檐板和飞檐底板，在这里将强化木材的天然纹理	选色范围广，防潮，防霉变，低异味，并能防止木材腐烂	建议不用于木甲板、地板、室外木制家具、刷光或磨光的胶合板表面
乳胶平光涂料（1层底漆，2层面漆）	35¢～40¢	任何希望获得平光效果的室外表面	几乎无选色限制，可清洗，低异味，干燥快，有极佳的局部修抹及覆盖能力。可用于各种已上底漆的表面；防褪色、防粉化和防霉变	外用平光漆的“自清洁”性不如磁漆

续表

产品类型	涂敷价格/SF	使用范围	优点	缺点
乳胶着色磁漆（1层底漆，2层面漆）	35¢~40¢	希望获得轻微光泽的部位	与平光漆相同，但比平光漆有更好的耐久性，并有较高的“自清洁”性能。防潮、防褪色、防粉化和防霉变	比平光漆更易清洁，但耐久性比高光泽漆差
乳胶半光泽磁漆（1层底漆，2层面漆）	35¢~40¢	希望获得中等光泽效果的部位	与平光漆相同，但与低光泽漆相比，有更好的防潮性及耐久性。防褪色、防粉化和防霉变性能极佳	比任何低光泽漆更易清洁，但耐久性比高光泽漆差
乳胶光泽磁漆（1层底漆，2层面漆）	35¢~40¢	希望获得高光泽效果的部位	与平光漆相同。但与低光泽磁漆相比，高光泽漆有极佳的耐久性、防潮性及防褪色、防粉化和防霉变的性能	最高的可清洗力及耐久性，但遮盖度最低
聚氨酯光泽磁漆（双组分）（1层底漆，2层面漆）	60¢~70¢	一种高性能的化学养护聚氨酯磁漆	特殊的光泽和保色性，出色的耐磨性和防腐性，选色范围广（包括安全标志色），能够很好地防止粘连、碎裂及擦伤	它是所有室外用漆中价格最高的，但服务长度最长，抗紫外线性能最强。也可当作防涂写涂层。最好结合产品经验来应用
清水墙	7¢~10¢	室外混凝土及CMU砌块表面	比重新刷漆更好的清理外墙表面的方法	无

K. 墙面装修材料

1. 墙纸

a. 概述

能在普通的价位上获得很多不同的图案和色彩，但往往易受污染、水蚀及褪色的影响。

b. 类型

（1）带胶或不带胶；

（2）镶边或不镶边；

（3）可清洗和可擦洗；

（4）带底衬的（用于金属箔墙纸）；

（5）可剥离的（当墙纸从墙面上剥离下来时，胶粘剂依然留在墙上）。

c. 图案

（1）重复（每个轮次重复一遍花样）；

（2）随机图案；

（3）直线对比（如方格花纹）；

（4）点对比（每间隔一轮重复一次花样）。

d. 允许20%的损耗余量。

e. 其他墙纸材料还有乙烯基塑料、金属箔、织物、绝缘纸及微薄木。

2. 价格：规则墙纸：$0.80～$1.05/SF(50% M 与 50% L)

植物纤维墙布：$1.45～$3.05/SF

柔性微薄木：$5.15～$6.20/SF

乙烯基塑料墙纸：$1.00～$2.15/SF

铝箔：$2.15/SF

记事

第 10 部分　特种装饰构件

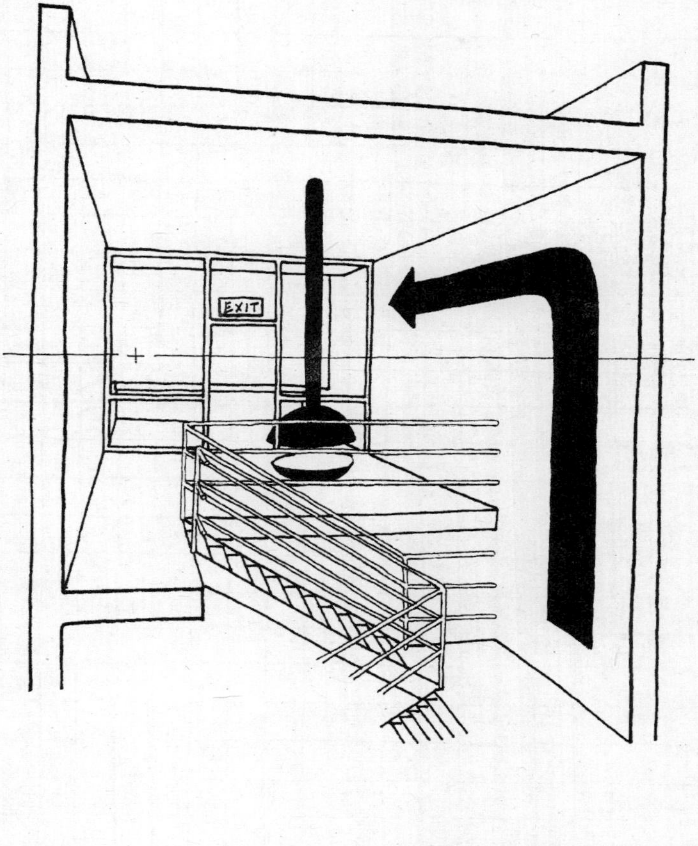

记事

A. 可视展板 (4) (40)

1. 黑板

a. 类型

在不同构造的复合石板或天然石板外覆盖标准的搪瓷饰面。

b. 尺寸

厚度：$\frac{1}{32}$″～$\frac{3}{8}$″。典型尺寸：4′×12′。

价格：壁挂式，$5.00～$12.80/SF（95% M 与 5% L）。

2. 布告栏或图表板

a. 类型

软木板或纤维板（乙烯树脂或粗麻布覆面）。

b. 尺寸

厚度：$\frac{1}{8}$″～$\frac{1}{2}$″。高度：4′。长度：8′、12′、14′、16′⁺。

价格：软木、无框、$\frac{1}{2}$″厚：$6.00/SF(65% M 与 35% L)。

B. 厕所隔板 (4)

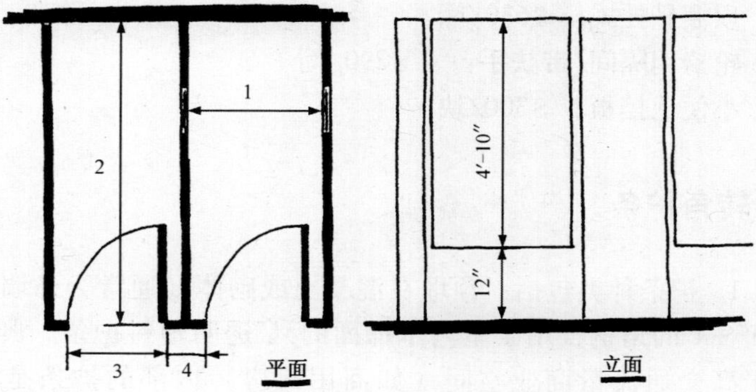

1. 类型

a. 坐地式（带壁柱，如图所示）。

b. 壁挂式（必须在墙上提供支座）。

c. 顶棚悬挂式（必须在顶棚上方设置支座）。

2. 饰面材料

烤漆饰面、搪瓷涂层、塑料层压板、不锈钢、大理石（不能用于壁挂式）。

3. 典型宽度： 2′6″、2′8″、2′10″（最常用）及3′0″。

4. 典型深度

a. 前部敞开：2′6″～4′0″。

b. 前部封闭（带门）：4′6″～4′9″。

5. 典型门： 1′8″、1′10″、2′0″、2′4″、2′6″。

6. 典型壁柱： 3″、4″、5″、6″、8″或10″。

7. 无障碍设计，见第98～99页。

价格：上漆金属（75%～85% M）

（塑料层压板：+25%～35%）

（不锈钢：+100%～160%）

（大理石：+130%～190%）

坐地式：$520/间

壁挂式：$630/间

顶棚悬挂式：$630/间

轮椅用隔间/带扶手：+$290/间

小便池挡板：$300/块

C. 转角护条 ④

1. 护条种类包括：预埋在混凝土或砌体（通常为外墙）中的3″～4″的角钢，用于室内木饰面的½″透明塑料护条。典型的用于高交通流量商业空间（如商用厨房）内部的护条是3″×3″×3′（高）的不锈钢角钢。

2. 价格

不锈钢，16ga.，3½″角钢：$25/LF

透明塑料，2½″护角条：$10.80/LF

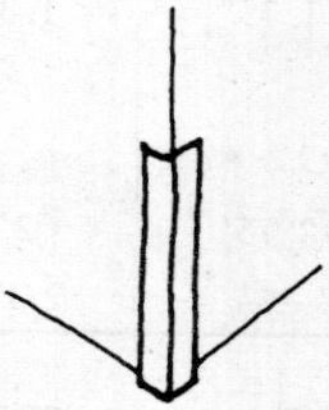

D. 活动地板 ④

1. 用于办公室、医院、实验室、学校广场、计算机机房、电信中心等。为布置书桌、计算机、电话装置、机器及普通的办公设备提供了机械和电气方面的便捷性与灵活性。

2. 种类包括全钢结构、全铝结构及嵌入板材、水泥填缝料或轻质混凝土的钢架或铝架。面层上部通常铺设地毯或乙烯卷材。

3. 常用尺寸2′×2′，厚1½″。下部净高通常为4″~12″。

4. 核对顶棚所需增加的高度及地面固定设备的重量。

5. 价格：24″见方的钢板（带地毯）：$14.60（80% M与20% L）。

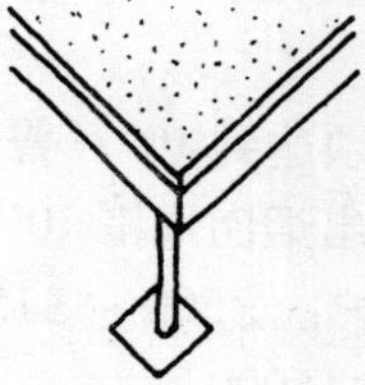

E. 壁炉 ④

1. 典型洞口尺寸（见下图）

W	H	D	S
2′	1.5′~1.75′	1.33′~1.5′	
3′	2′	1.67′	6½″
4′	2.12′	1.75′	6″
5′	2.5′~2.75′	2′~2.17′	9″
6′	2.75′~3′	2.17′~2.33′	9″

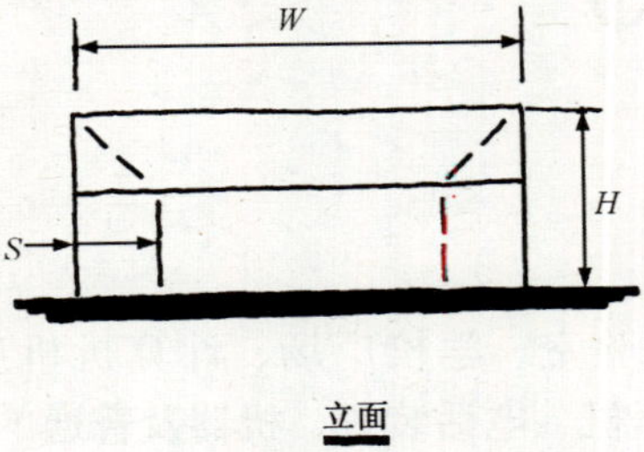

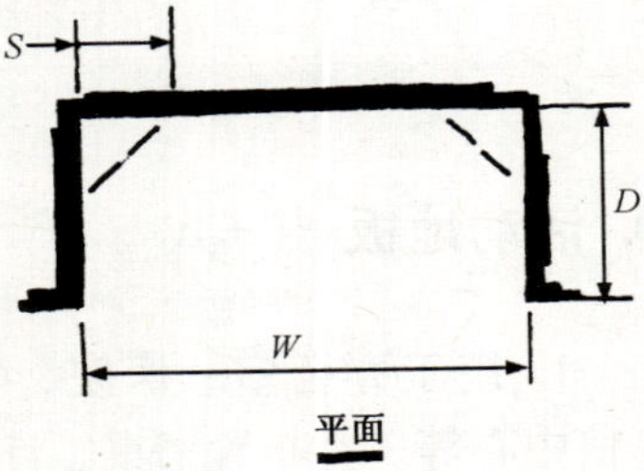

2. 为了节能，需要：

a. 使外面的氧化空气通过管道进入炉膛；

b. 玻璃门；

c. 鼓风机。

3. 根据 IBC

a. 壁炉地面需向前延伸 16″；若洞口面积大于 6SF，需向前延伸 20″。

b. 壁炉地面需向两侧延伸 8″；若洞口面积大于 6SF，需向两侧延伸 12″。

c. 炉膛壁的厚度必须达到 10″（普通砖）或 8″（耐火砖）。

d. 烟囱顶部必须高出烟囱周围 10′以内的任何屋顶构件 2′。

价格：成品金属壁炉：$500～$1500（75% M 与 25% L）；

砖壁炉：$5000～$15000。

F. 图示标志 ④

1. 概述：视觉识别和方向标志对于“找路”（识别建筑物之

间、周围、内部和通行路径）是非常重要的。标志的质量取决于以下几方面：

a. 尺寸；

b. 对比度；

c. 字母及图案设计。

对比

2. 道路标志：可用下表粗略估计

速度（MPH）	视野		标牌尺寸（SF）	样板尺寸（英寸）
	视距	视角		
15	220′		8	
30	310′		40	5
40	450′	35°		7
45	660′		90	
50	545′	30°		8½
60	610′~880′	20°	150	9½

3. 建筑标志

a. 场地方向标志/警示标志必须满足下列条件：

（1）距路缘6′；

（2）距坡底7′；

（3）距交通路口100′~200′；

（4）1′~2.5′英尺见方。

b. 行人有效视距为20′至155′

c. 标志有效尺寸：≈10′/英寸高（每英寸高的标志牌相应的最大视距为10′）。

d. 字母有效高度：≈50′/英寸高。

e. 根据规则，字母必须占据标志面积的40%，并且宽度方向的字母个数不得超过30。

f. 材料

（1）室外

__ a. 建筑标志：成品铝、发光塑料面、背光照明、铸铝、字母贴面、阴模凸纹、雕刻及热压印花。

__ b. 标牌与标志：铸铜或铸铝、丙烯酯塑料、石材、砖及木材。

（2）室内

__ a. 永久性固定：乙烯胶带/粘于背面、硅橡胶或机械固定。

__ b. 半永久性固定：将大小正好的乙烯胶带粘于镶嵌物上。

__ c. 可变的：用一双配对的扣件、磁铁、磁带或磁道。

g. 固定高度

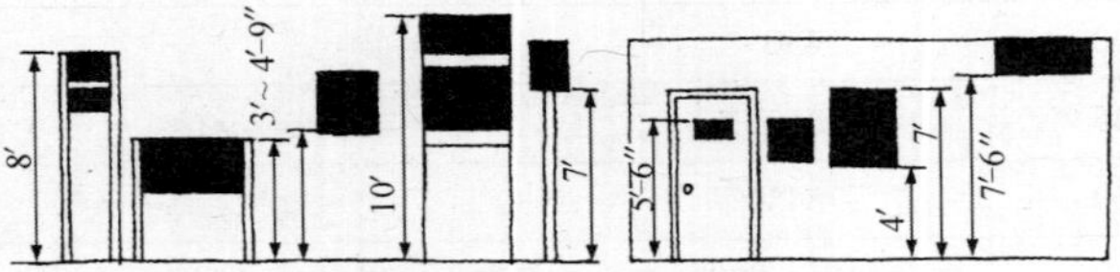

h. 根据《美国残疾人规范》（ADA）的要求，下列地方必须设置轮椅标志：

（1）建筑物的轮椅入口。如果所有入口均为无障碍入口，则不需在每个入口设立标志。

（2）无障碍设施（比如休息室）的轮椅入口。如果所有入口均为无障碍入口，则不需在每个入口设立标志。

（3）ADA（ANSI）现在要求既有触觉标志又有视觉标志（有对比度）。标志可设在门的推入边和拉启边（18″），或者，当门上没有足够的地方时，可设在最近的墙上。视觉标志（电梯处除外）设于地面以上3′4″至5′10″处时（字符高5/8″~1¾″），视距可达15′；设于地面以上5′10″至10′处时（字符高2″~2¾″），视距可达15′~21′；设于地面以上10′处时（字符高3″，超过21′时，+1/8″），视距超过21′。触觉与盲文标志应设于地面以上4′至5′之间。触觉符号应为5/8″~2″高，盲文字符应为$\frac{1}{2}''$ ~ $\frac{3}{4}''$高。象形图（具有高对比度）应有 6″高的背景。

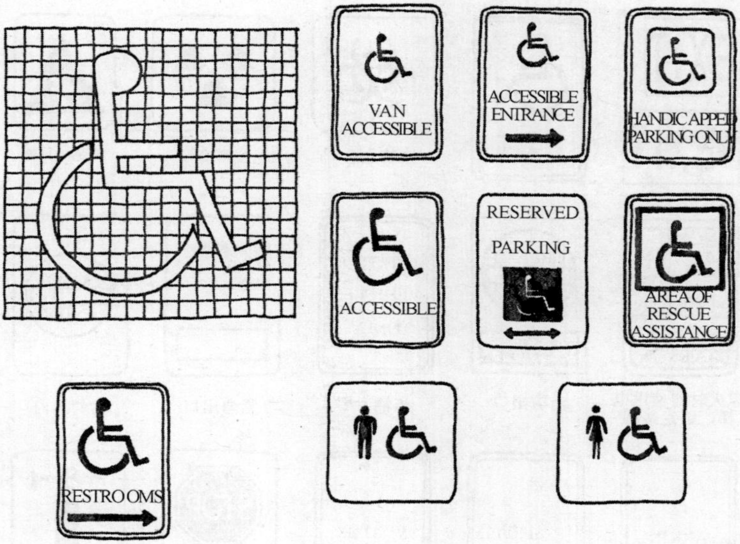

i. 其他常用标志与符号：

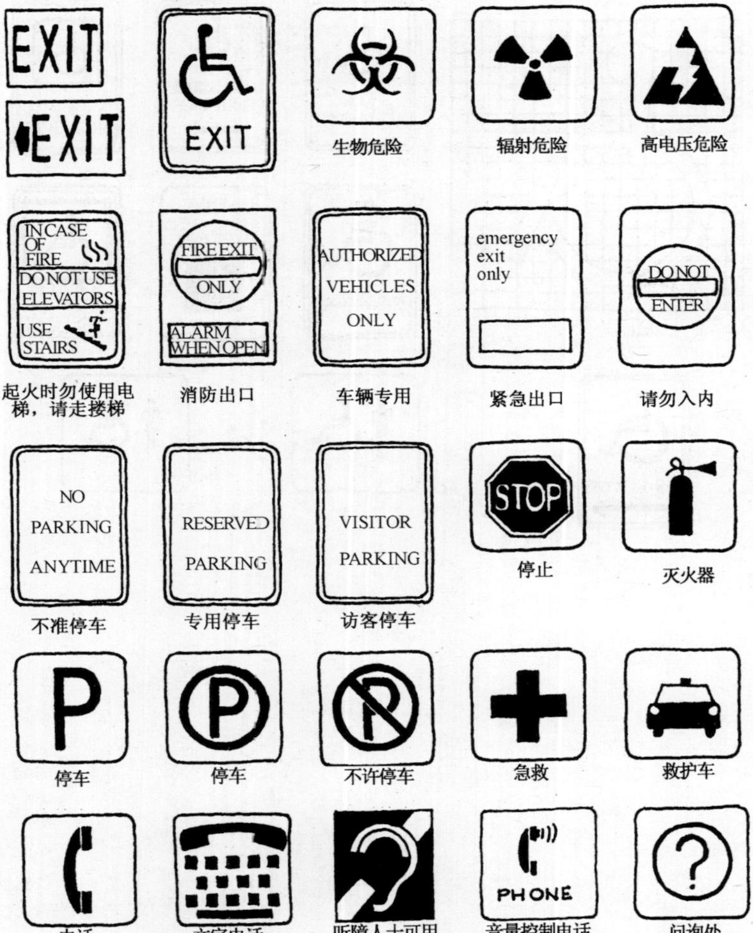
EXIT
EXIT
EXIT
生物危险
辐射危险
高电压危险
IN CASE OF FIRE
DO NOT USE ELEVATORS
USE STAIRS
起火时勿使用电梯，请走楼梯
FIRE EXIT ONLY
ALARM WHEN OPEN
消防出口
AUTHORIZED VEHICLES ONLY
车辆专用
emergency exit only
紧急出口
DO NOT ENTER
请勿入内
NO PARKING ANYTIME
不准停车
RESERVED PARKING
专用停车
VISITOR PARKING
访客停车
STOP
停止
灭火器
P
停车
P
停车
P
不许停车
急救
救护车
电话
文字电话
听障人士可用
PHONE
音量控制电话
?
问询处

允许吸烟

禁烟

盥洗室

女盥洗室

男盥洗室

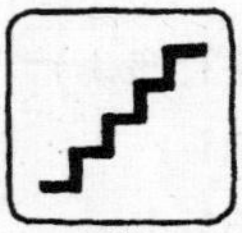
楼梯

电梯

出口楼梯

出租车停靠点

自动扶梯

车辆出租

公共汽车站

机场

火车站

行李

票务

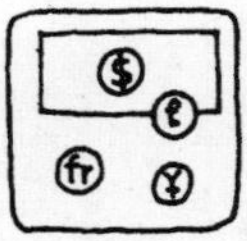
货币交换

储存

等候室

银行 / 现钞机

失物招领

住宿信息

休息室

就餐

咖啡

饮水

垃圾箱

衣帽间

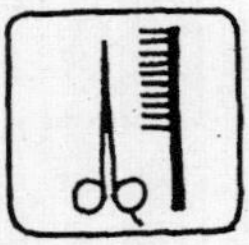
理发

改变标高

价格：

__道路/场地导向牌　$20 ~ $40/SF（40% M 与 60% L）

__塔门/标石　$10000 ~ $40000（40% M 与 60% L）

__室外建筑标牌，背光　$6000 ~ $12000（同上）
照明，单个字母

__标牌，铸铝或铸铜　$500 ~ $900（85% M 与 15% L）

__塑料，胶木　$50 ~ $150/SF（40% M 与 60% L）

__霓虹灯，小型　$2000 ~ $4000（40% M 与 60% L）

__出口电子标志　$300（45% M 与 55% L）

__金属字母　$50 ~ $95/个（60% M 与 40% L）

__有机玻璃　$85 ~ $100/SF（95% M 与 5% L）

__乙烯胶　$20 ~ $30/SF（75% M 与 25% L）

G. 带锁箱柜　④

1. 种类：钢材、塑料层压板、木材。
2. 尺寸
a. 高度：60″至72″
b. 深度：12″、15″、18″和21″；
c. 宽度：9″、12″、15″、18″和24″。
3. 价格：钢柜，12″×15″×72″：$127/个（80% M 与 20% L）。

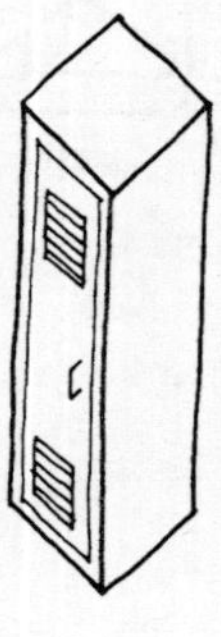

H. 灭火器 (4) (45)

1. 火灾等级

a. A 级：木材、纸张、织物或垃圾引起的火灾。灭火器的通行距离在 75′以内。

b. B 级：汽油、石油、油脂或脂肪引起的火灾。灭火器的通行距离在 30′至 50′以内。

c. C 级：由电气引起的火灾。

2. 居住等级要求

a. 低危险房屋

（1）房屋类型：学校、办公楼及公共建筑。

（2）灭火器数量：每 3000SF 配备一个 A 级灭火器。

b. 中危险房屋

（1）房屋类型：纺织品类商店、仓库。

（2）灭火器数量：每 1500SF 配备一个 A 级灭火器。

c. 高危险房屋

（1）房屋类型：油漆商店，等等。

（2）灭火器数量：每 1000SF 配备一个 A 级灭火器。

3. 特殊要求参见当地的防火规范。

4. 消防柜见第 409 页。

价格：ABC 多功能便携式：

2½磅：$35/个

20 磅：$100/个

消防柜：$160 ~ $215/个

火灾等级（据此选择灭火器）

字符与色彩	标志图	描　述
绿 		A级：烧及普通可燃性材料（如木料、布、纸张、橡胶及多种塑料制品），需要利用水的吸热（降温）效果，或在表面敷上一定量的干式化学阻燃剂
红 		B级：烧及易燃或可燃性液体、易燃的汽油、油脂及类似材料，最好的灭火措施就是排除空气（氧气），抑制可燃性气体的挥发，或阻止产生燃烧的连锁反应
蓝 		C级：烧及供给能源的电力设备，安全的操作要求利用不导电的急救设施
黄 		D级：烧及可燃的金属（如镁、钛、锆、钠、锂和钾）

I. 移动式隔断

1. 类型

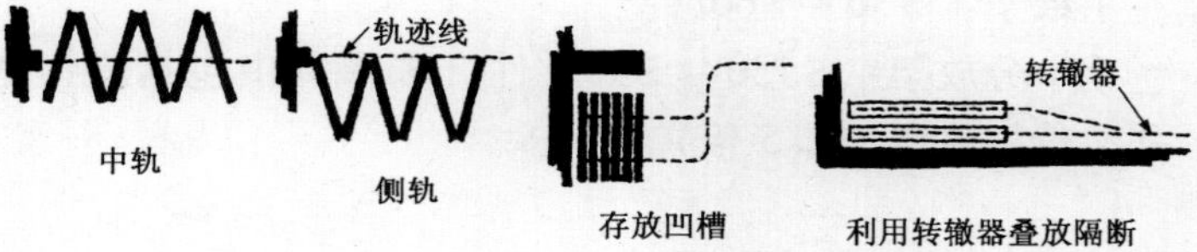

2. 数据

（1）存放槽的宽度：

a. 折叠式：5″~12″；

b. 大板式：15″~17″。

（2）存放槽的深度：一般为洞口宽度的⅙至⅛。

（3）大板宽度通常为48″。

（4）吸声效果：STC值取43至54最佳。

（5）耐火等级：I级最佳。

价格

__可折叠、吸声、乙烯薄膜加木框架：$62.50~$84/SF（70%M与30%L），变化范围：-35%至+50%。

__折叠式、乙烯薄膜表面：$15.50~$36.50/SF。变化范围：±20%。

J. 浴室配件

以下提供的是普通产品的价格。若采用更好的饰面材料（如黄铜），价格将增加75%~100%：

__镜子：$30/SF（90%M与10%L）。变化范围：±25%。

__小件物什（托架、挂钩等）：$15~$30/件（如为嵌入式，价格加倍）。

__杆件：

拉手：$35 ~ $45/件

毛巾杆：$15 ~ $30/件

__药柜：$80 ~ $100/件

__手纸架：$30 ~ $60/件

__毛巾分放架：$130 ~ $400/件（如果其中包括废物储放器，那么价格将增加2.5倍）。

K. 储物架 (4) (40)

1. 坚固的金属架（工业用），较为典型。

a. 宽度：24″~48″，以6″递增。

b. 深度：9″~18″，以3″递增。24″~36″，以6″递增。

c. 高度：3′3″、6′3″、7′3″、8′3″及10′3″。

d. 搁板以1″为增量调节。

2. 储物架可采用与上述规格不同的其他尺寸。其他类型包括钢丝网、木搁板等（预制或现场制作）。

价格：工业金属货架18GA，6层搁板：

__12″深：$36/LF

__18″深：$43/LF

__24″深：$50/LF

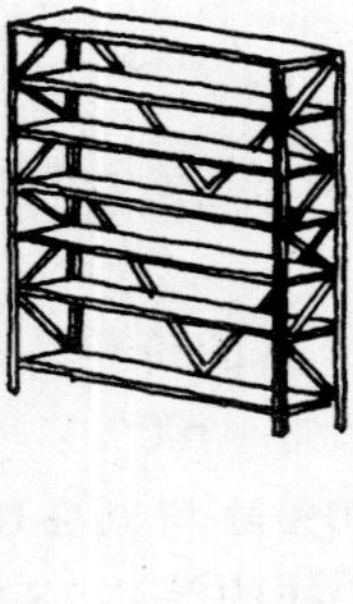

第11部分 设　　备

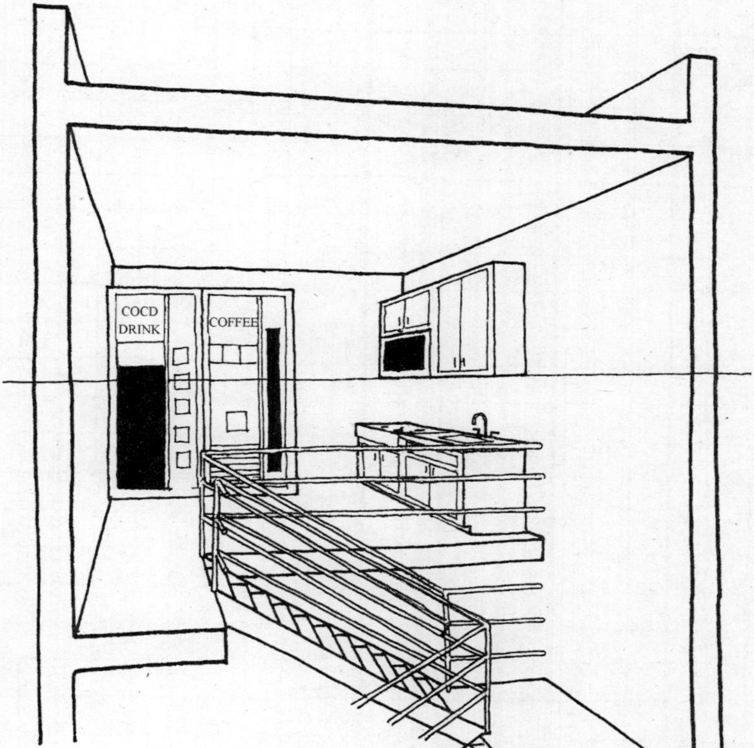

记事

A. 中央真空净化设备

价格:安装第一个1080SF为$1000,然后每平方英尺增加$0.15。

B. 保险箱

价格：办公用，4小时耐火极限，1.5′×1.5′×1.5′ = $3000
装珠宝用，63″×25″×18″ = $16000

C. 教堂设施（典型尺寸）

1. 靠背长凳

额定最小宽度为18″/人，每条长凳不得超过21′长。
价格：$80 ~ $150/LF

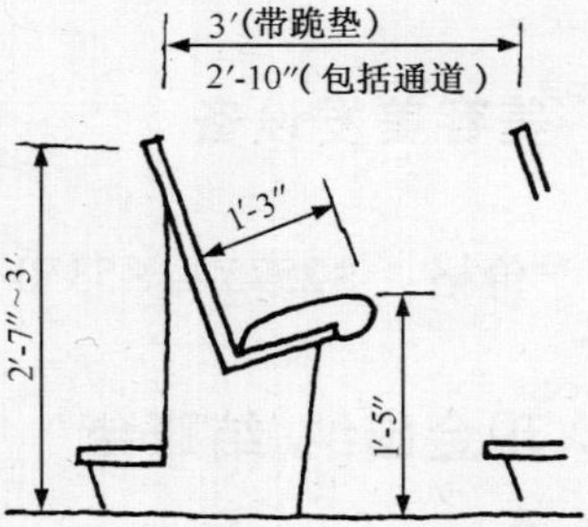

2. 布道坛

可移动的，2′见方；
固定的，5′见方。
价格：$1350 ~ $7925

3. 祭坛

价格：$2075 ~ $10700

4. 圣餐台

3′×7′

5. 洗礼盆

2′×2′
价格：$710

D. 图书馆

1. 书库

书架区的总尺寸，以每平方英尺 16 本书来规划。在书架间留出 3′~4.5′的通道。书架搁板的垂直距离为 12″~14″。书架框架可为钢制或木制。典型深度为：8″、10″及 12″。双向书架尺寸加倍。书架的典型高度为：42″、60″、82″及 90″。典型宽度为 3′。履带式搁板能节省空间 45%。

价格：金属、双向，10″搁板 ×90″高：\$135/LF。

2. 书架式阅览桌

每个书架式阅览桌需配备 2′深 ×3′宽 ×4′高的座位空间。

价格：书架式阅览桌，硬木：\$725 ~ \$940

加木椅：\$100

E. 剧院舞台布景设备

价格：整套舞台设备：\$95 ~ \$500/SF（舞台面积）

观众座位：\$125 ~ \$285/位

F. 美容美发设备

价格：\$2575 ~ \$5350/座椅

G. 现金出纳/结账台

价格：超市，单个传送带：\$2225

餐馆或商店的记账器：\$565 ~ \$2500

H. 洗衣房设施

1. 住宅用

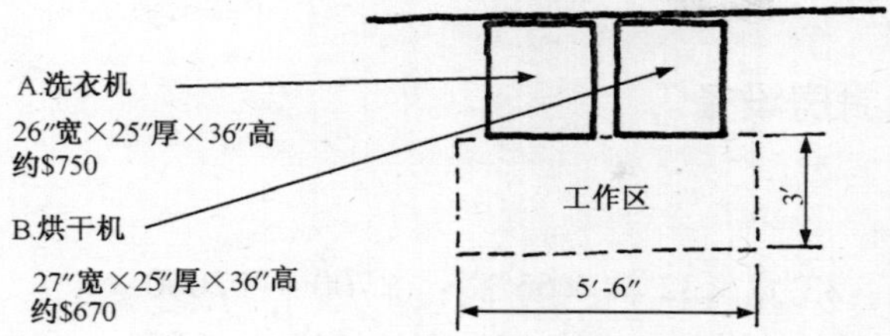

2. 商用

a. 一个700SF左右的投币式洗衣房的总体布局中将包括14台洗衣机、9台滚筒式烘干机，以及折叠桌椅和投币售货机。

b. 投币式自动洗衣机的尺寸：最小：28″宽和30″深（20磅洗衣机）；最大：40″宽和40″深（50～60磅洗衣机）。典型高度44″。两侧净空距离18″；后方净空距离24″，前方净空距离48″。

c. 投币式自动烘干机的尺寸：最小：31″宽和44″深（30磅）；最大：72″宽和54″深（200磅）。后方净空距离24″，前方净空距离48″。

d. 洗衣机和烘干机都需要在后方留出2′的排水和通风空间。

e. 商业洗衣房必须按ADA要求，使用前方加载的洗衣设备。

价格：投币式商用烘干机：$2775/台

洗衣机：$1200/台

I. 投影屏

价格：壁挂式或顶棚悬挂式：$6.30～$9.65/SF

J. 食品供给设备

价格：

餐馆：$89～$146/SF（厨房面积）

办公楼：$71.50～$115/SF（厨房面积）

酒店：$95～$155/SF（厨房面积）

K. 居室厨房设备

价格：
冰箱，33″宽×32″深×66″高：$700～$2000
洗碗机，23″宽×24″深×33″高：$500～$825
洗涤槽：$400～$660
操作台面/灶具，36″宽×27″深×36″高：$1000～$2750
壁炉（微波炉），25″宽×22″深×18″高：$320～$680

L. 投币式自动售货机

1. **典型种类与尺寸**（单位：英寸）

类型	宽	深	高
取款机	12	18	38
糖果机	34	28	72
冷饮机	37	26	72
热饮机	38	33	72
冷藏食品	41	36	72
微波炉	22	13	12

2. ADA **建议**（非要求）采用的轮椅有效作用高度

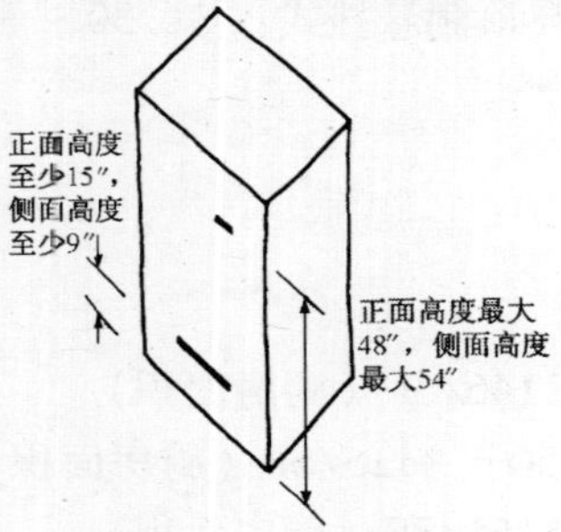

第 12 部分　室内家具与陈设

记事

A. 基本价格 ④ (23A)

家具与室内物件的价格变化幅度可达 -75% 至 +500%（或更多），它比建筑物其他任何一个项目的价格变化要大得多。本章所提供的价格是一个合理的中间价及“批发”价。有关折扣方面的信息，参见第 5 页。

B. 织物

1. 织物定约协会（Association of Contract Textiles，简称 ACT）建议核查下列内容：

a. 耐火性测试标准

根据管辖范围，必须遵守下列标准及测试。核对适用的建筑或防火规范，或核对适用的建筑或消防部门的规定。某些情况下，可能适用州法律的规定。核对产品说明上的规定。

普通试验名称	说　明	标准名称/编号	分类类型
__ Steiner 风洞试验	用于墙面及顶棚装修的火焰蔓延和烟尘浓度测试。参见第 165 页的第（3）项	ASTM E84 NFPA 255 UL 723 建筑材料防火测试 UL 992	分类等级
__辐射板试验	用于室内地板。参见第 167 页的“（d）”项	ASTM E648 NFPA 253 NBS IR75-950	分类等级
__纤维绒球试验	地毯	DOC FF1-70 DOC FF2-70	合格或不合格
__竖向火焰试验	用于竖向的挂毯、帷幕、窗帘、墙帷、塑料薄膜	NFPA 701 ASTM D6413	合格或不合格

续表

普通试验名称	说　明	标准名称/编号	分类类型
__转角试验（用于装修） （带软垫的面料）	用于墙面或顶棚表面的起绒、簇绒、或圈绒织物或挂毯	NFPA 265 UBC 42-2 NBC 42-2 NBC 房间墙角耐火性试验 SBC 标准测试 评估房间壁布助火性能的方法： NFPA 286	合格或不合格 分等级
__阻燃试验（用于装修） （全尺寸实物模型）	类似香烟烧痕试验。测试带软垫的家具的易燃性	NFPA 260 CAL 116 ASTM 1353 NFPA 261 CAL 117 ASTM 1352	合格或不合格 分类等级
__烟尘浓度试验	测试材料燃烧时释放的烟尘总量及浓度	ASTM E662 NFPA 258	分类等级
__毒性试验	测试材料燃烧时释放的毒性气体总量	LC 50 软化试验	分等级
__软坐垫试验 （全尺寸） （按比例缩小）	测试家具燃烧的总量	NFPA 266 CAL 133 ASTM E1537 UL 1056 NFPA 272 ASTM 1474	合格或不合格 分等级
__床垫		NFPA 267 ASTM E1590 CAL 129 FF 4-72	分等级 合格或不合格

b. 耐磨性

a	A	测试
15000	30000	Wyzenbeek
加倍摩擦	加倍摩擦40000	Martindale

c. 光照不褪色性能

必须通过4级（暴露在紫外线中40~60小时）。

d. 干湿摩擦不掉色（织物上的颜料不掉色）。

e. 其他物理特性

（1）绒球掸刷试验：测量纤维末梢缠结绒球的趋势。

（2）码/棱线滑移试验：确定织物在棱线处被拉开的可能性。家具装饰用布必须承受25 lbs的力，悬挂织物必须承受15 lbs的力。

（3）断裂/抗拉强度试验：衡量织物抵抗断裂与撕裂的能力。各类材料必须通过的测试力分别是：

室内装饰用布	50 lbs
镶板织物	35 lbs
悬挂织物，6 oz以上	25 lbs
6 oz以下	15 lbs

2. <u>价格</u>

家具装饰用布

混纺织物	\$15 ~ \$80/SY
尼龙	\$20 ~ \$50/SY
聚酯纤维	\$35 ~ \$45/SY
丝绸	\$45 ~ \$75/SY
羊毛织物	\$40 ~ \$80/SY
乙烯基系织物	\$20 ~ \$40/SY

耐火处理，价格增加\$5/SY。

C. 艺术品及附件

1. 艺术品（照片、仿制品等）

价格：$30 ~ $600/件

2. 烟灰缸及垃圾容器

价格：$75 ~ $300/件

D. 人工细木制品

参见第277页。

E. 窗户装饰

1. 帷帘

a. 所有笔直地悬垂于窗前，并随意地褶叠着的织物。它们一般比较重，可从一边或两边牵拉。

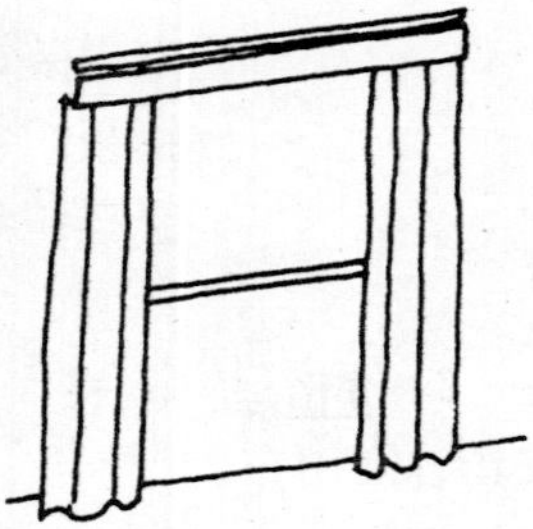

b. 悬垂织物必须与玻璃保持2″~4″的距离，并高出地面少许。

c. 丰满度视面料总量而定：

100% =2倍窗户宽度

200% =3倍窗户宽度

d. 在帷帘后使用衬帘，可遮挡光线并降低由窗户摄入的热量。

e. 价格：$20 ~ $110/SY

2. 遮阳帘

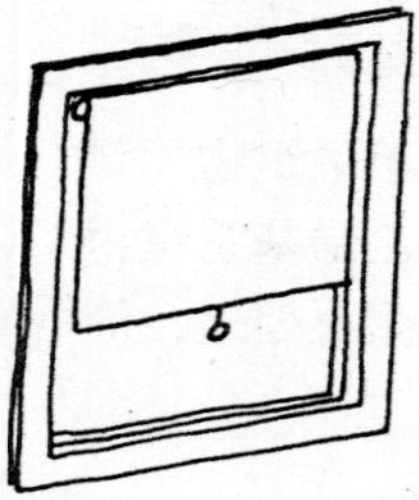

a. 这是一种通过上面的滑轮装置由上向下拉伸的窗帘。其面料可以是半透光或不透光的。在减少室内光线的同时它还营造了私密性。遮阳帘可以由织物、乙烯薄膜、竹子或编织木条制成。

b. 价格：$2 ~ $20/SF

3. <u>百叶帘</u>

a. 它由百叶板条组成，这些板条收起时叠在一起。面料可选用金属、乙烯塑料或附着于乙烯塑料上的织物。

b. 水平百叶通常宽 1″ ~ 2″，略有弯曲，以便更好地反射光线。

c. 垂直百叶通常宽 3″ ~ 7″，笔直下垂。

d. 价格：$4.50 ~ $7.25/SF

4. <u>窗帷</u>

通常采用透明的薄沙织物，既能摄入光线，又能保持一定的私密性。

5. <u>百叶窗</u>

通常为带有可调板条的、薄薄的百叶木窗扇。

F. 家具

参见第 357 页上有关室内装饰价格的建议。

本节所提供的价格为清单价（即零售价），去掉零头，并给出一个大致范围。

空间布局见第 53 页。

本节提供了各类家具及价格的建议。其中既包括住宅类家具，也包括商业类家具，正如目录所示，本节共有 10 大类家具样品。

1. 场所家具

参见第 235 页。

2. 休息室/门廊/起居室家具

基本平均价	住宅类	商业类
安乐椅，36″×36″	\$925	\$1050
沙发，36″×84″	\$2300 ~ \$4000	\$4000
咖啡几，30″×60″	\$500 ~ \$800	\$520 ~ \$700

软垫沙发，#836-72
贝克家具公司提供
价格：\$5600~\$7600

软垫座椅，#836-38
贝克家具公司提供
价格：\$3200~\$4300

软垫座椅，#6402
贝克家具公司提供
价格：\$2900~\$3500

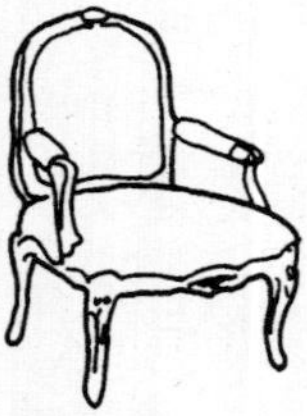

软垫座椅，#456
贝克家具公司提供
价格：\$27000~\$3000

安乐椅，#9052
“ALGONQUIN”牌
BERNHARDT公司提供
价格：$1270

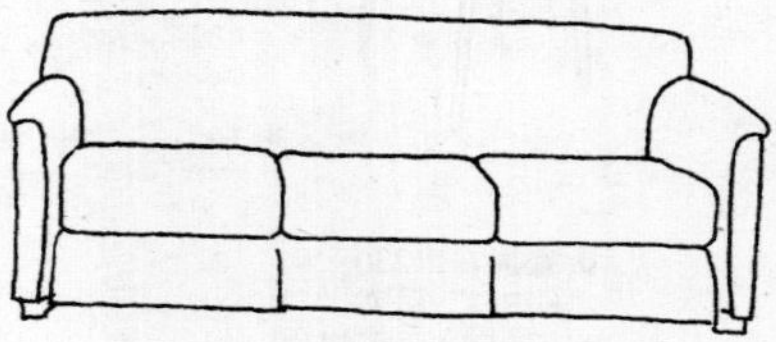

三人沙发，#9057
“ALGONQUIN”牌
BERNHARDT公司提供
价格：$2285

椅子，#260
“BLOOM”系列
BRAYTON公司提供
价格：$1675-$2940

椅子，#235
“RAVE/敞开”系列
BRAYTON公司提供
价格：$920~$1545

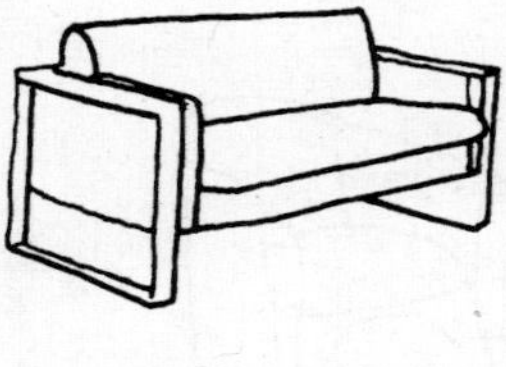

双人沙发，#140-2WB
“BUXTON”系列
BRAYTON公司提供
价格：$1190~$2720

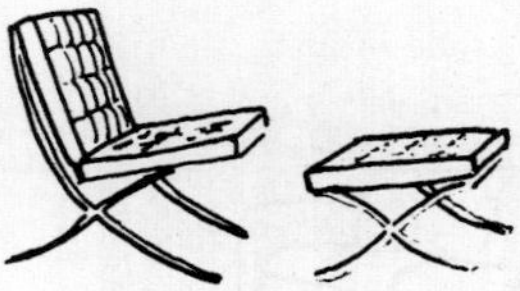

巴塞罗那椅和凳
BRUETON公司提供
价格：椅$8060
凳$4085

折叠椅，#1230
“KIRO”系列
ARCADIA公司提供
价格：$325~$400

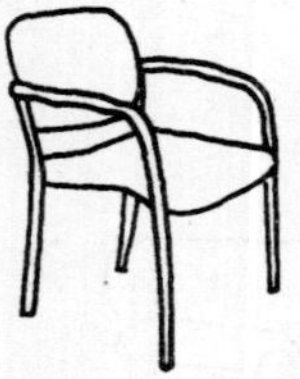

带扶手的折叠椅
“KIRO”系列
ARCADIA公司提供
价格：$340~$425

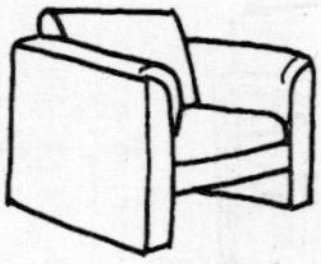

扶手椅，#5171
“5100”系列
HON®公司提供
价格：$615~$800

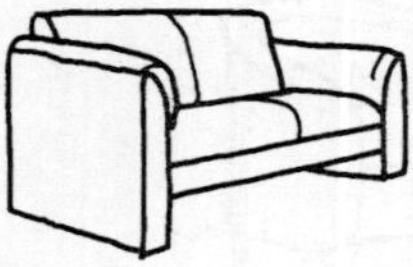

双人座椅，#5172
“5100”系列
HON®公司提供
价格：$820~$1065

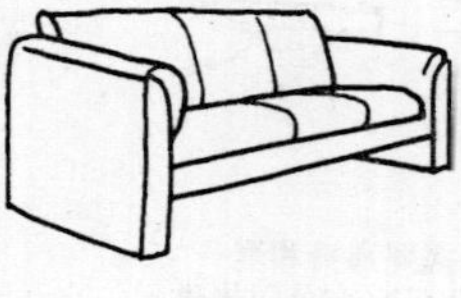

长沙发，#5175
“5100”系列
HON®公司提供
价格：$1090~$1415

安乐椅，#39123
“ALPINE”系列
PATRICIAN公司提供
价格：$995~$3960

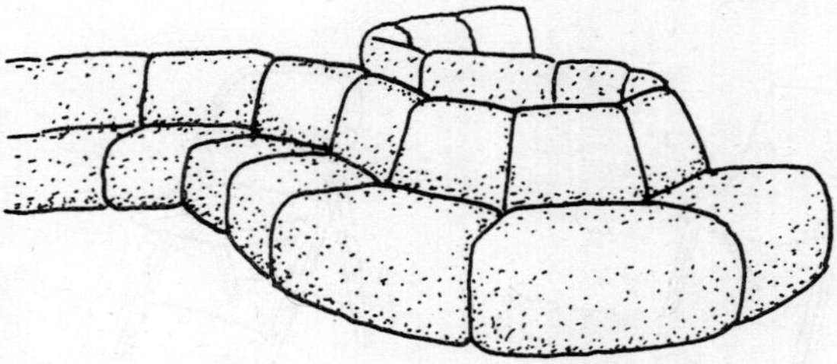

曲线形软垫接待座

"LINN"® 系列，August公司提供，价格：

中间单元

#3051- 20FF：$1064 ~ $1501

直线单元

#3001-FF：$1006~$1370

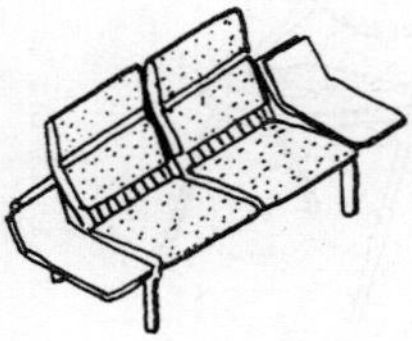

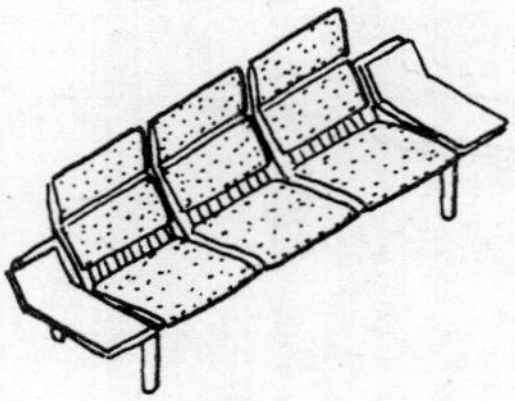

独立软垫座椅，Wilkhahn公司提供

双人座

#762-62：$4100~$5110

三人座

#763-62：$5275~$6725

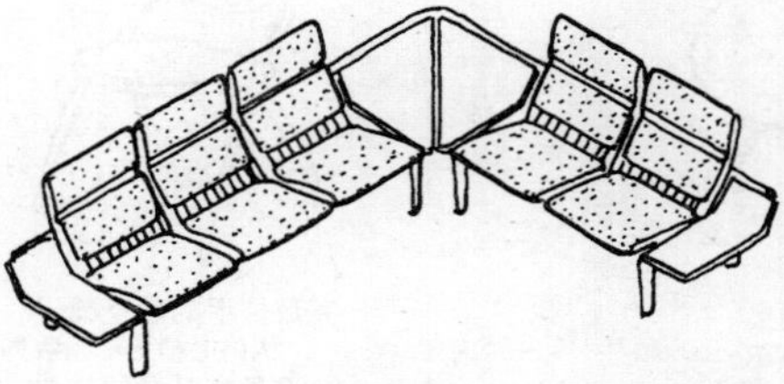

独立软垫座椅，Wilkhahn公司提供

三人座#763-73加二人座#762-95

价格：$11000~$14000

3. 普通家具

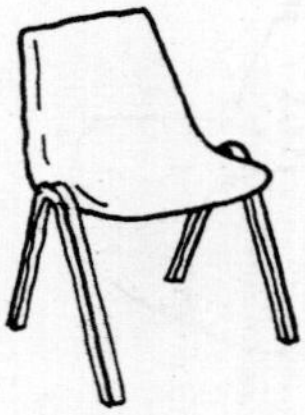

可叠放塑料椅，#7500
VIRCO公司提供
价格：$60

金属折叠椅，#162
VIRCO公司提供
价格：$25

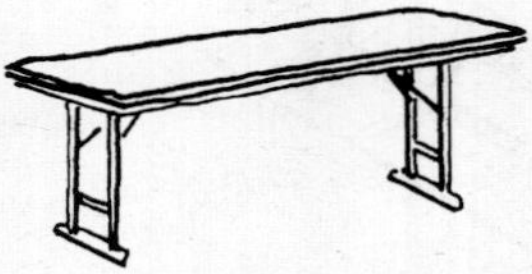

可调高度折叠桌W/PB台面
#6000系列，VIRCO公司提供
30″×72″
价格：$265

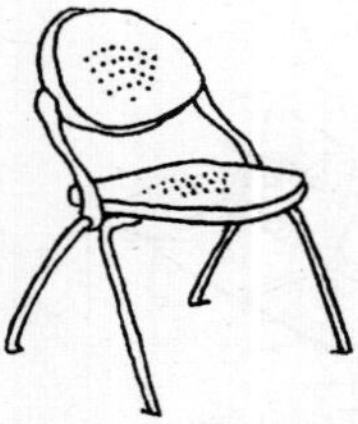

无扶手有孔钢板椅，
“APPLAUSE”系列
设备家具公司提供
价格：$240~$265

轻质金属宴会桌
直径60″，#6160R
VIRCO公司提供
价格：

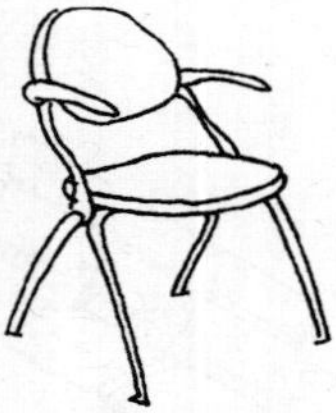

带扶手的软垫椅
“APPLAUSE”系列
设备家具公司提供
价格：$365~$550

4. 长凳、边桌、矮茶几、高凳、书柜

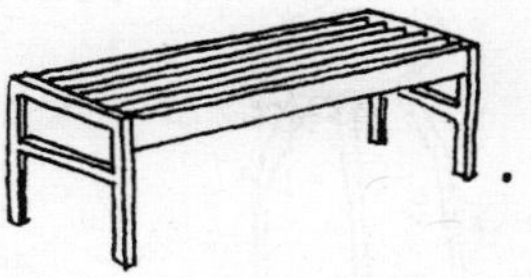

板条木凳，#AM101
PREBEN SCHOU公司提供
价格：$400

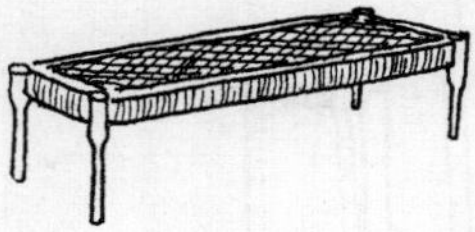

柚木/绳索长凳，#63A
JL MOLLERS MOBELFABE公司提供
价格：$400

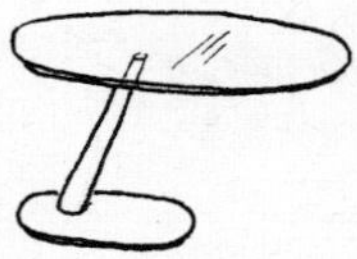

玻璃/金属/木制底座茶几
“BIBI”系列
NAOS公司提供
价格：$700

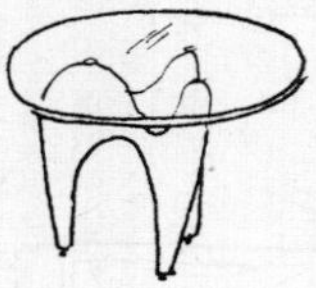

玻璃与金属边几
“BOOMERANG”系列
ELITE公司提供
价格：$630

咖啡茶几，#7854
贝克家具公司提供
48″宽，30″深，17″高
价格：$1800

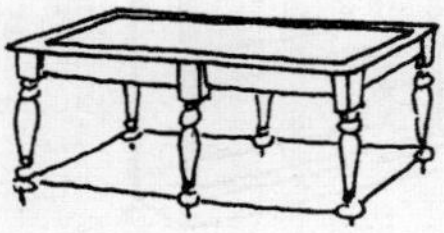

咖啡茶几，#4655
贝克家具公司提供
52″宽，26″深，19″高
价格：$240

吧台凳，#JA137
皮革与镀铬
STODIO 99公司提供
价格：$140

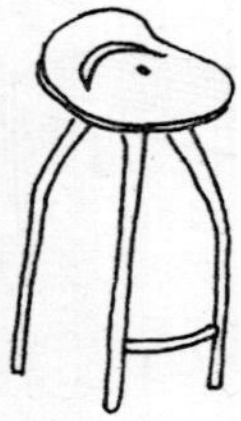

吧台凳，“LYRI”牌
MAGIS公司提供
价格：$260

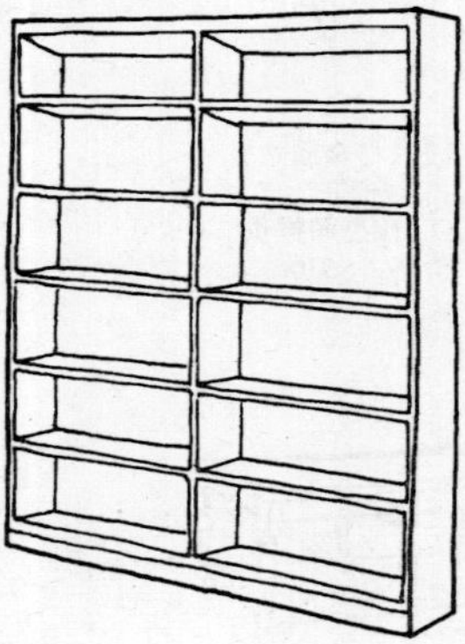

木书架
双排，48″×84″
VIFA公司提供
价格：$130

木书架，“经典”
TUILVM-SCANBIRK公司提供
价格：72″ H×30″ W：$190
48″ H×30″ W：$140
36″ H×30″ W：$110

5. 办公家具

工作椅，#679
"VAIL"系列
Arcadia公司提供
价格：$700~$925

低靠背工作椅
"名流"系列
Arcadia公司提供
价格：$915~$1100

高靠背软座垫老板椅
#6501，木制
Hon® 公司提供
价格：$720~$935

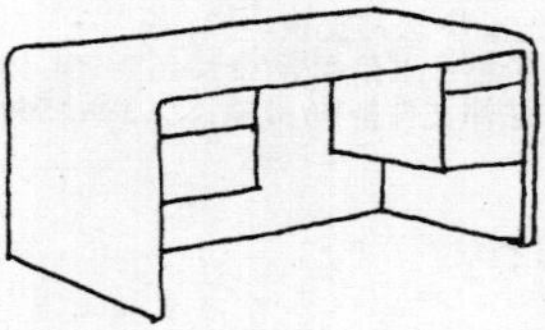

传统木制书桌
#98291，Hon®公司提供
价格：$1649

书桌，层压板制
94000系列
Hon®公司提供
价格：$1329
边桌：直径48″：$955

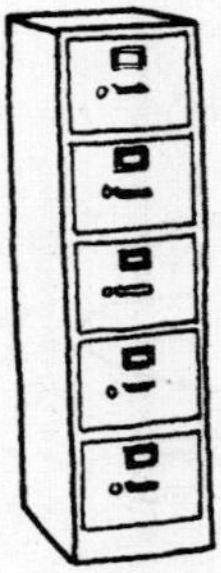

竖向金属文件柜
5抽屉，210系列
Hon® 公司提供，60″高
价格：书信柜W/带锁15″×28″：$616
法律文件柜W/带锁18″×28″：$687

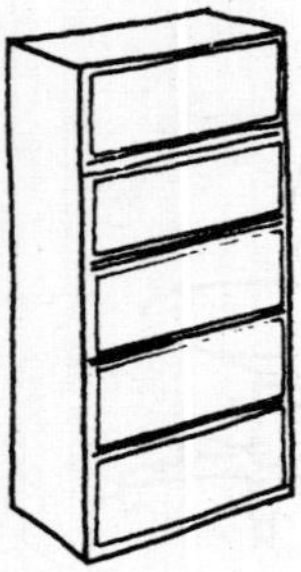

横向金属文件柜，5抽屉
67″高，800系列
Hon® 公司提供
价格：30″宽：$1111
42″宽：$1449

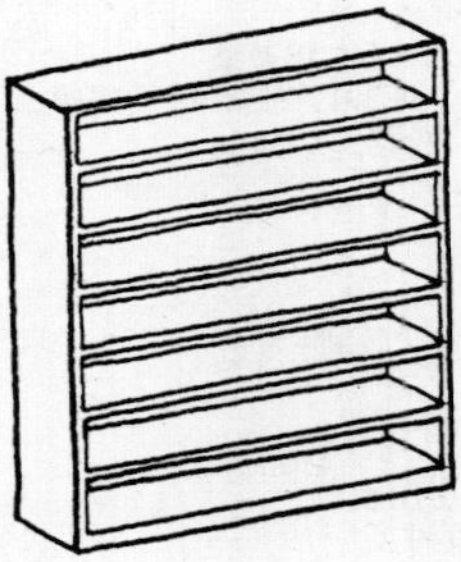

层压板书柜，6块搁板
36″宽×11½″深×84″高
1870系列，Hon® 公司提供
价格：$299

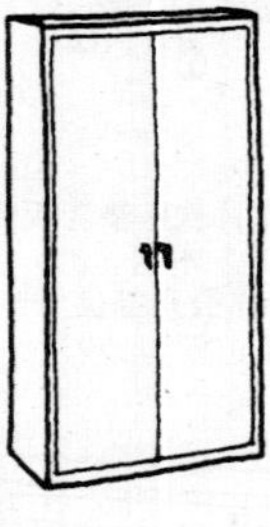

金属储藏柜，5块可调搁板
Hon® 公司提供，36″宽×72″高
价格：24″深：$520
18″深：$448

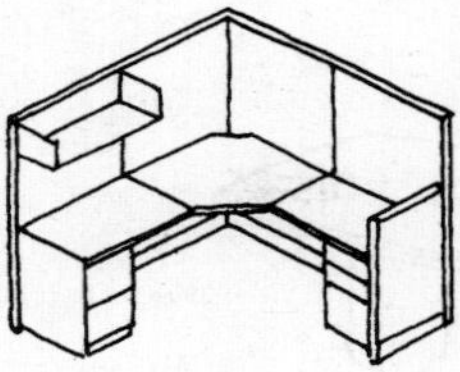

秘书/文书工作间
6′×6′×64″高
价格：$3750

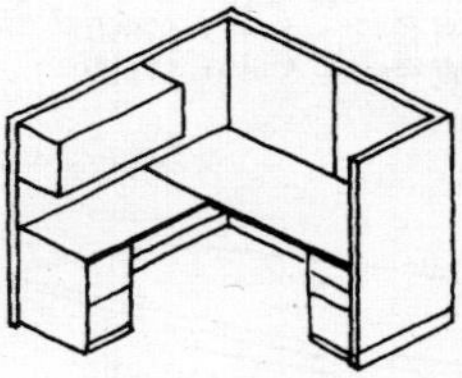

秘书/职员工作间
6′×6′×64″高
价格：$3400

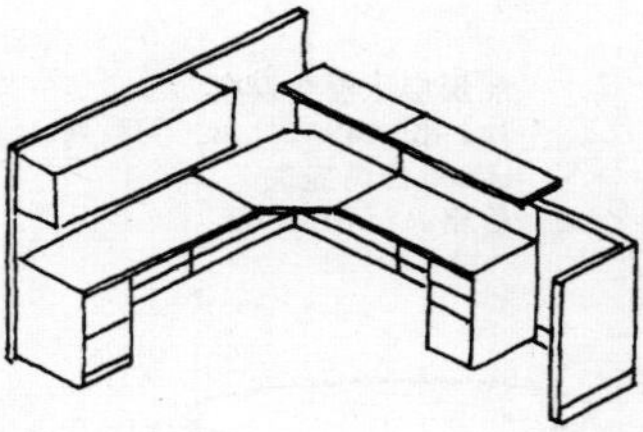

行政秘书工作间
8′×9.5′×64″高
价格：$4860

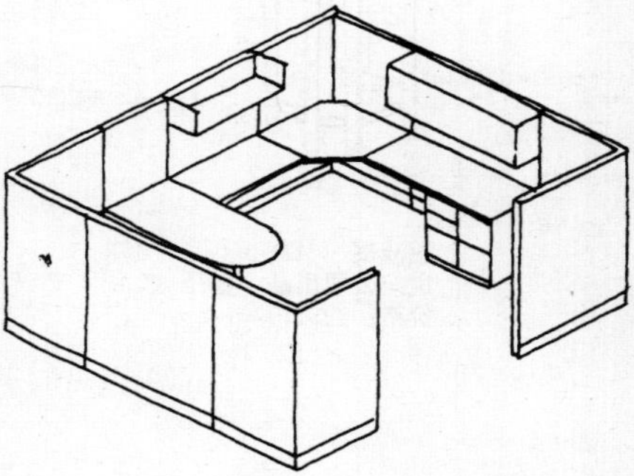

经理工作间
11.5′×12.5′×64″高
价格：$8100

6. 餐厅/会议室家具

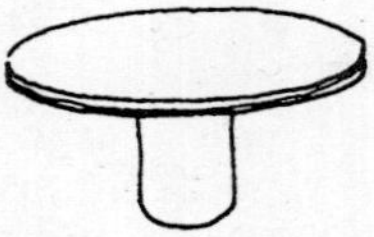

Anello圆桌
Brueton公司提供
价格：直径42″：$5700~$7170
直径60″：$7280~$10940

Anello方桌
Brueton公司提供
价格：直径42″：$6435~$7890
直径60″：$7470~$11130

长方形Anello桌
Brueton公司提供
价格：36″×72″：$6200~$8830

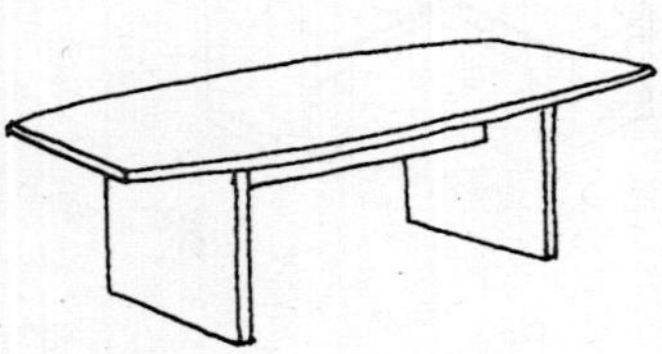

船形层压板会议桌
144″长×48″宽，80000系列
Hon®公司提供
价格：$570~$660

宴会桌，#421-312
世纪公司出品
45″宽×120″长
价格：约$4245

游戏桌，#421-311
世纪公司出品，直径48″
价格：约$2190

7. 课桌椅

折叠式书写椅，Z组
Verco公司提供
价格：$80

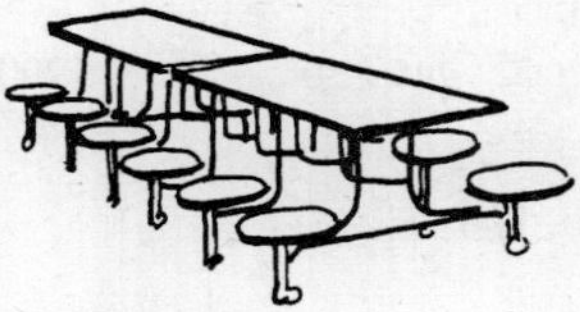

折叠桌凳（塑料面板、12个凳子），Verco公司提供
27″或29″宽×12′长
价格：$2575

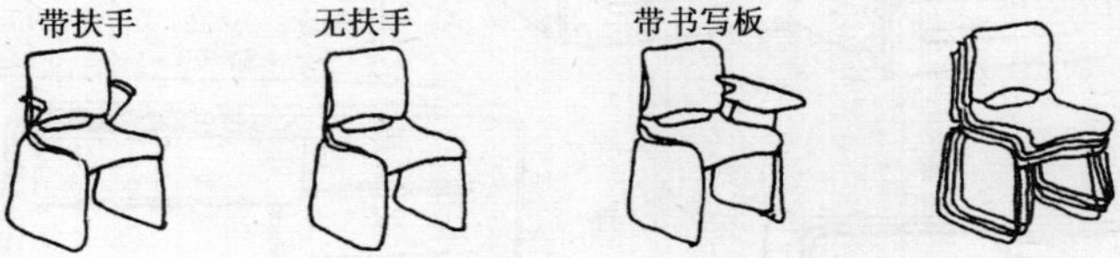

热塑性塑料及软垫钢椅，可叠放
“EMOTION”系列，设备家具公司提供
价格：带扶手：$215~$520/把
无扶手：$165~$470/把
带书写板：$365~$670/把

8. 卧室家具

基本平均价	住宅用	商业用
床	$600 ~ $1700	
边桌，24″×30″	$200 ~ $400	$145
写字台,24″×48″	$750	$475
五斗橱,24″×72″	$1700	$1100

床与床头柜

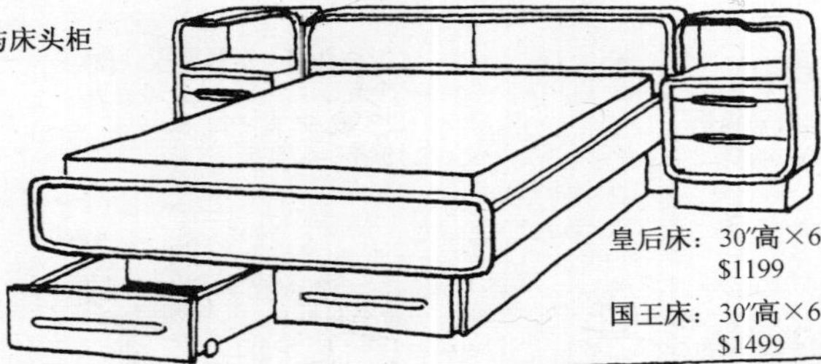

床头柜：$449/个

皇后床：30″高×66″宽×90½″长
$1199

国王床：30″高×66″宽×90½″长
$1499

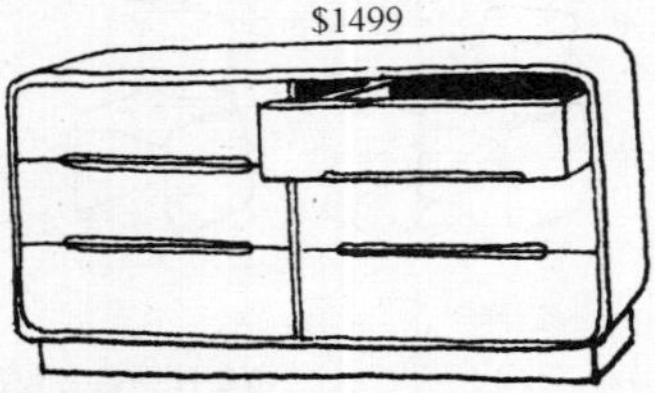

双排五斗橱，价格：$999
29″高×57½″宽×19″深

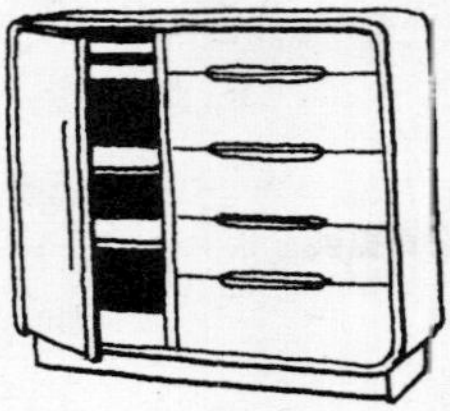

“男用” 五斗橱
44½″高×48″宽×19″深
价格：$1395

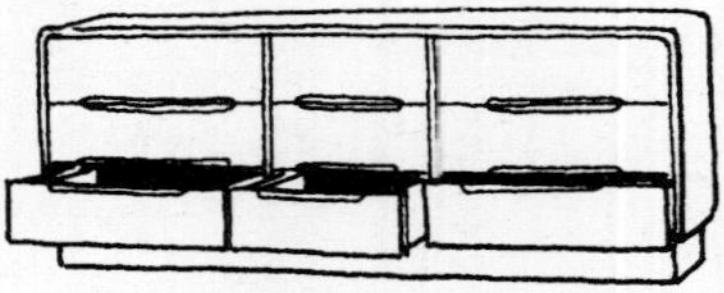

三排五斗橱
29″高×77″宽×19″深
价格：$1395

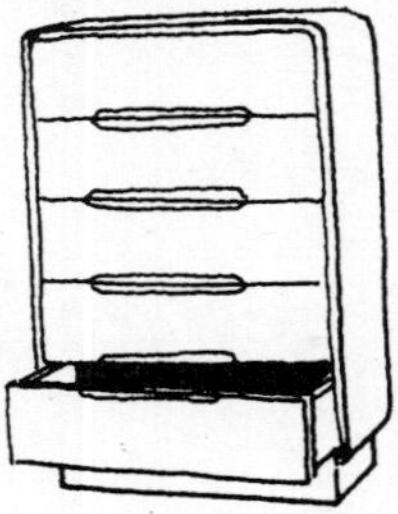

单排五斗橱
44½″高×29″宽×19″深
价格：$799

柚木卧室家具，81 系列，太阳橱柜公司提供

9. 台灯

照明设计参见第443页。
典型价格：台灯$
　　　　　落地灯$300

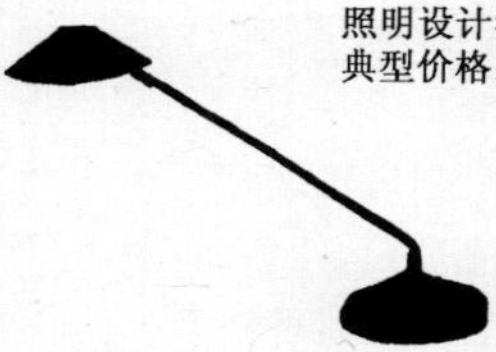

“CIAO”台灯，#T6
KOCH+LOWY公司提供
价格：$275~$300

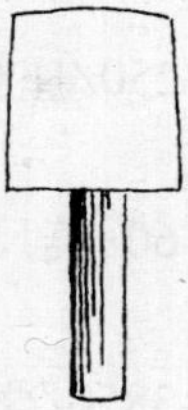

圆柱台灯
镀铜或镀铬，#T245CI
KOCH+LOWY公司提供
价格：$315~$335

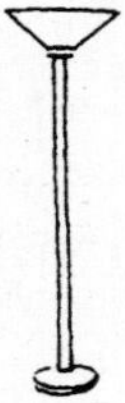

“王朝”火炬灯，#F4206B
KOCH+LOWY公司提供
价格：$390~$490

“药房”落地灯，#F-6，“CIAO”
KOCH+LOWY公司提供
价格：$290~$300

台灯，“VANESSA”
DESIGNS公司提供
价格：$280

柚木台灯
SCANDINAVIAN灯具公司
价格：$170

10. 其他家具平均价格

a. 剧场座椅
$175 ~ $250/座位

b. 教堂长椅
$85 ~ $160/英尺

c. 宿舍家具
$200 ~ $3850/学生

d. 病床
$930 ~ $2600/床

e. 酒店家具
$2200 ~ $8675/房间

f. 成片座椅

（1）教室
$70 ~ $128/座位

（2）报告厅
$160 ~ $440/座位

（3）礼堂
$175 ~ $280/座位

g. 餐馆

（1）餐桌台面及基座（4 台面）
$150

（2）餐桌台面及基座（2 台面）
-25%

（3）餐桌台面及基座（6 台面）
+25%

（4）椅子
$150

（5）售货台
$35 ~ $65/LF（深度）（不包括餐桌及基座）

（6）软垫长凳

$13/LF（长度）（不包括餐桌及椅子）

G. 小块地毯与地垫

参见第 322 页的“地毯”。

1. 东方地毯

a. 年代

（1）古董地毯：75 年以上。

（2）半旧地毯：小于 75 年。

（3）新地毯：10 至 15 年。

b. 结构

（1）双面无绒头式（Kelims）：两面均光滑。

（2）Sumak：地毯中织入了人字形图案效果。

（3）多花球式：地毯顶面为绒毛，背面光滑。

c. 种类

（1）波斯地毯

（a）特征：曲线形花卉图案，花瓶、飞鸟等。地毯中间为团花装饰。

（b）尺寸：10′×15′、13′×24′。

（2）土耳其地毯

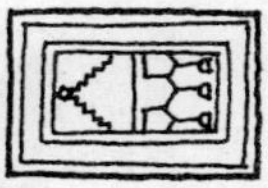

（a）特征：穆斯林祈祷时用的跪垫，祭坛图案和郁金香。红色与绿色。

（b）尺寸：3′×5′、5′×7′、6′×10′。

（3）高加索地毯

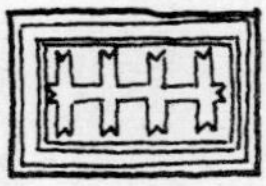

（a）特征：人、飞禽和走兽的几何图案。深红色。

（b）尺寸：5′×7′、6′×10′。

（4）土库曼地毯

（a）特征：成排的直线八角形图案。深红棕色。

(b) 尺寸：6′×10′、15′×24′。

(5) 中国地毯

(a) 特征：中国的符号、云边和花鸟。

(b) 尺寸：5′×8′、9′×12′。

(6) 其他：摩洛哥、阿富汗、巴基斯坦地毯等。

d. 价格：新地毯：$1000⁺

古董地毯：$100000⁺

2. 入口门垫

价格：嵌入式，橡胶地垫，3/8″厚：$24.00/SF

H. 室内植物

1. 常见室内植物外形轮廓

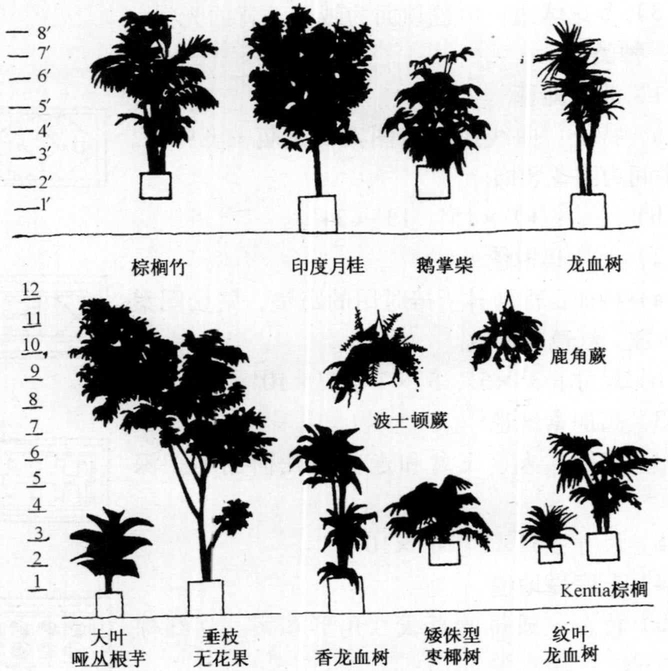

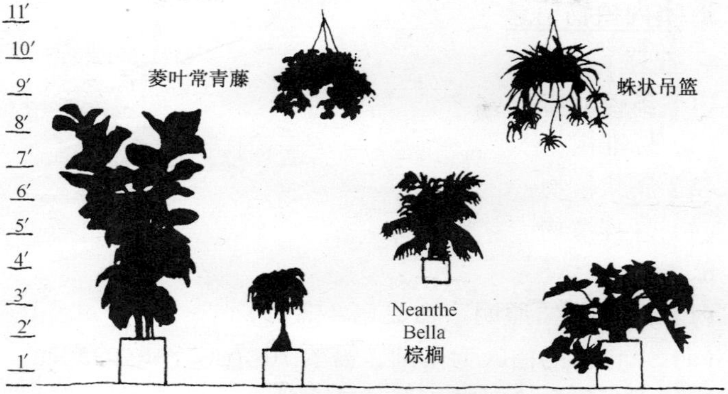

2. 一些需要低光照的植物

俗名	学名
克利夫兰和平百合	*spathiphyllumx "clevelandii"*
玉米植物龙血树	*Dracaena Fragrans "Massageana"*
Franscher 万年青	*Aglaomema X Fransher*
金叶万年青	*Aglaomema "Pseudobracteatum"*
珍妮特·克雷格龙血树	*D. Deremensis "Janet Craig"*
马来丽人龙血树	*A. "Malay Beauty"*
Mauna Loa 和平百合	*Spathiphyllum X "Mauna Loa"*
Neanthe Bella 棕榈	*Chamaedorea Elegans "Balla"*
Parrot Jungle 万年青	*Aglaonema "Parrot Jungle"*
Pewter 万年青	*A. "Malay Beauty"*
银色国王万年青	*Aglaonema X "Silver King"*
银色皇后万年青	*A. X "Silver Queen"*
白雪皇后万年青	*A. X "Snow Queen"*
纹叶龙血树	*D. Deremensis "Warneckei"*
彩叶中国万年青	*Aglaonema Commutatum*
Warneck 龙血树	*D. Deremensis "Warneckei"*
白马王子龙血树	*Aglaonema "Pseudobracteatum"*

3. 室内植物信息

a. 种类

（1）多枝节树

（2）标准树

（3）簇状植物

（4）悬挂植物

b. 需求

（1）光照（“照明”参见第443页）

（a）以正常的白天为基础，需要10至12小时的光照，但有些植物每天只需2小时的光照就能存活。

（b）地面植物至少需要50 fc（英尺－烛光）的光照度；桌面植物至少需要75fc的光照度。

（c）光线必须是全光谱的。确切地说，是“全光谱紫外线”光照。

（2）水

（a）通过手、软管或滴水给植物以正常的浇灌。在水中加入低浓度的促花素和氯化物，并使pH值保持在5～6之间。

（b）提供正确的排水途径，甚至有必要通过油池泵或虹吸管使其与建筑物的管道系统相接。

（3）土壤

必须是多孔隙的、松散的，50%的固体，25%的水分及25%的空气。

4. 价格

原生植物：

5′高的树（无花盆）＝$55/株

灌木：$25～$55/棵

桌面植物：$10/棵

悬挂植物：$10～$25/棵

人造纤维：上述价格的2倍

花盆：$5～$30/个

第 13 部分　装配式构件

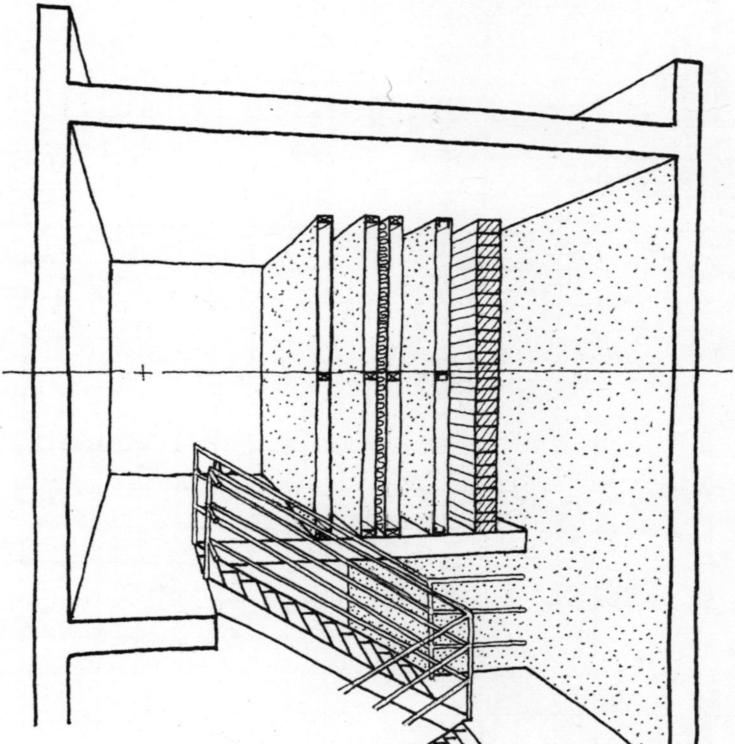

记事

A. 内墙构件

下列墙体构件图例提供了：

__宽度；

__声音传播等级（STC），参见第 224 页及以后；

__耐火极限（小时），参见第 164 页；

__价格；

__不包括面层材料。

1. 干板隔墙

a. 木龙骨

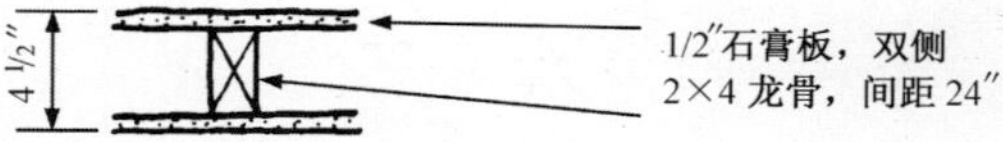

STC=30~34
耐火极限 =0 **小时**
价格：$2.40/SF

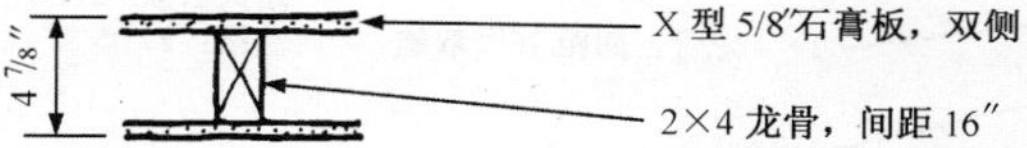

STC=30~34
耐火极限 =1 **小时**
价格：$3.10/SF

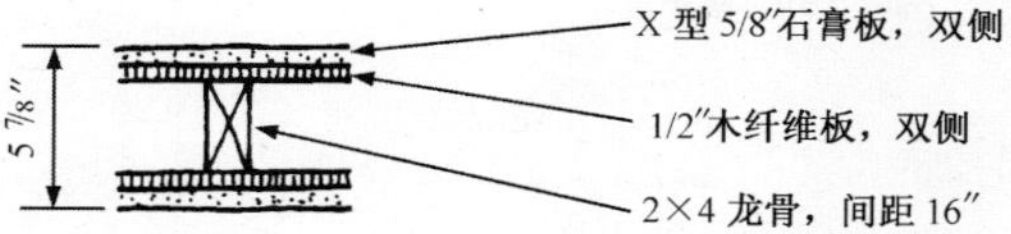

STC=45~49
耐火极限 =1 **小时**
价格：$4.75/SF

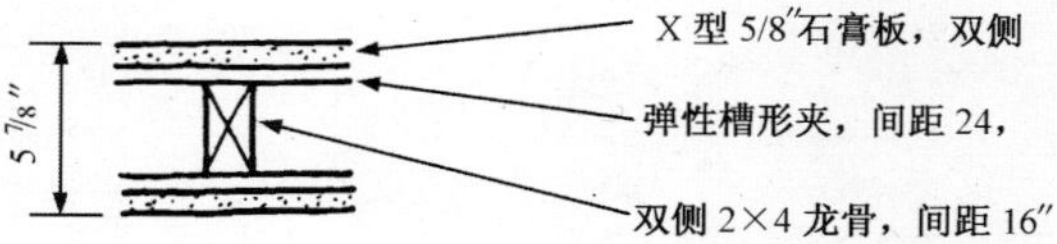

STC=45~49
耐火极限 =1 **小时**
价格：$4.45/SF

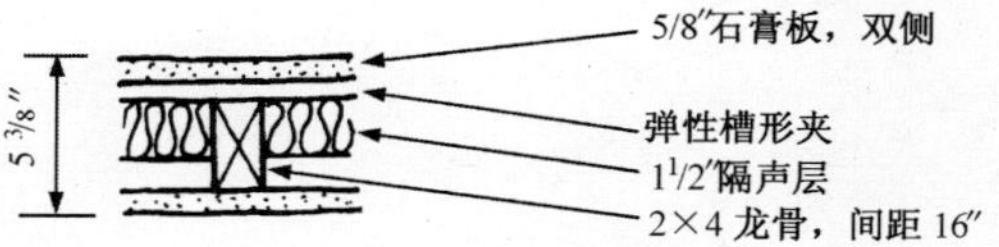

STC=50~54
耐火极限 =1 **小时**
价格：$4.30/SF

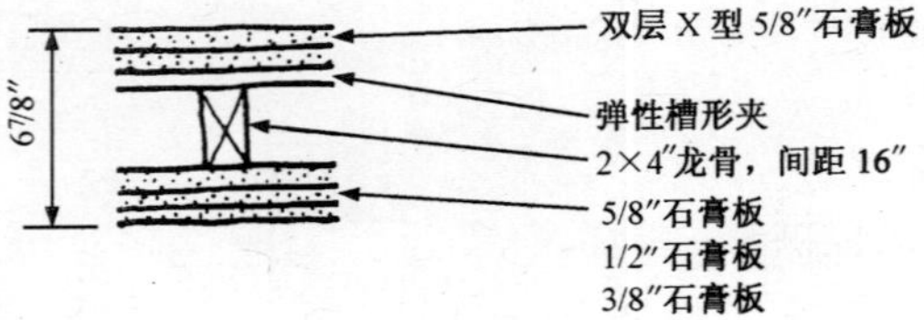

STC=60~64
耐火极限 =1 小时
价格：$6.50/SF

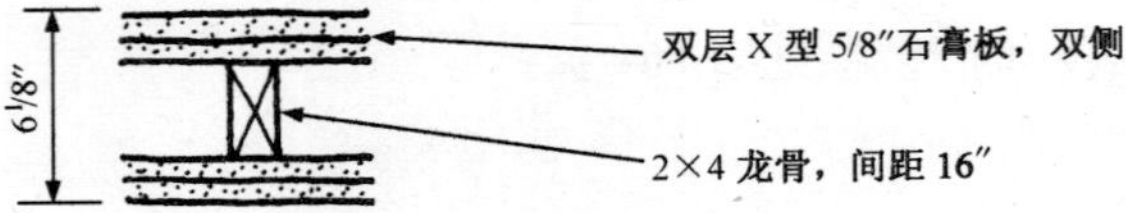

STC=40~44
耐火极限 =2 小时
价格：$4.90/SF

STC=50~54
耐火极限 =2 小时
价格：$6.20/SF

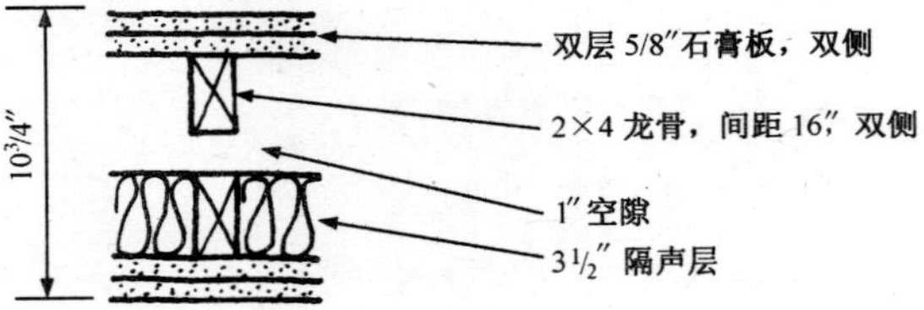

STC=55~59
耐火极限 =2 小时
价格：$7.05/SF

b. 金属龙骨

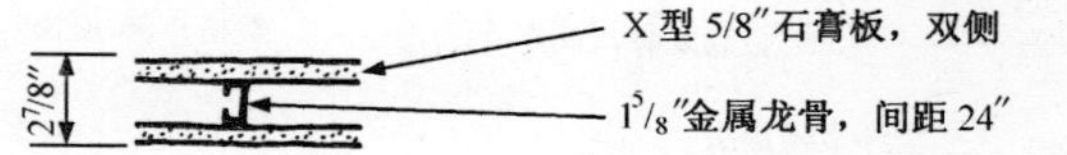

STC=35~39
耐火极限 =1 小时
价格：$3.00/SF

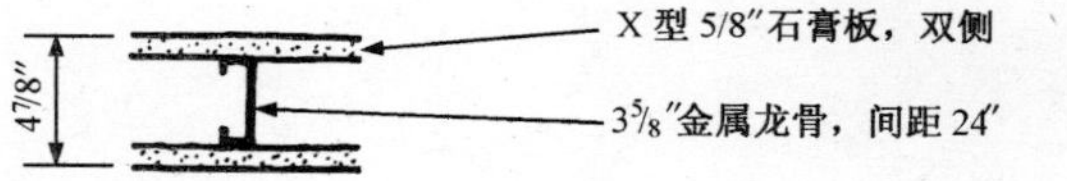

STC=40~44
耐火极限 =1 小时
价格：$3.55/SF

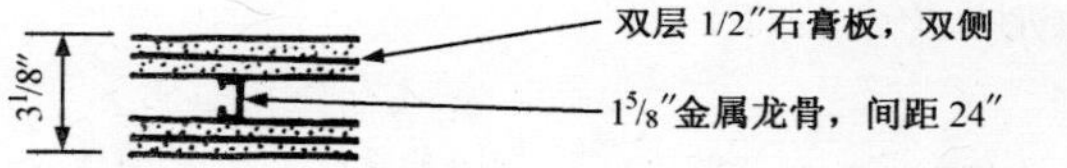

STC=45~49
耐火极限 =1 小时
价格：$4.90/SF

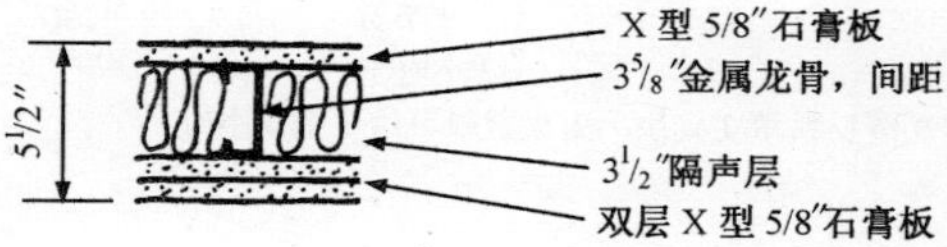

STC=45~49
耐火极限 =1 小时
价格：$5.35/SF

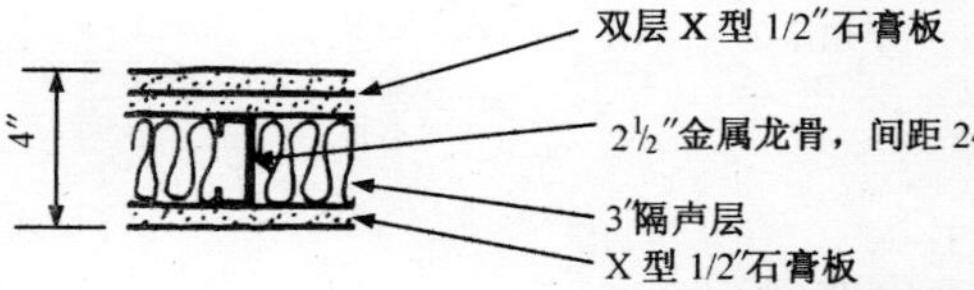

STC=50~54
耐火极限 =1 小时
价格：$4.40/SF

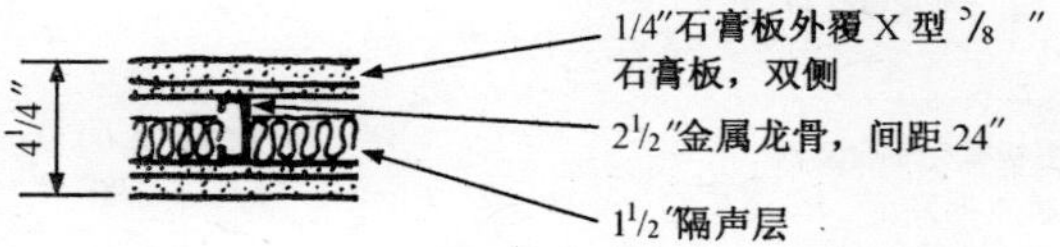

STC=55~59
耐火极限 =1 小时
价格：$4.75/SF

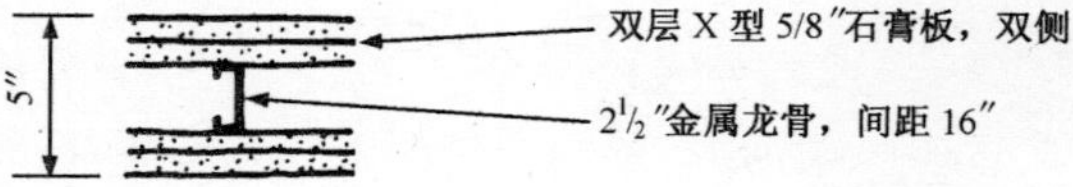

STC=40~44
耐火极限 =2 小时
价格：$5.45/SF

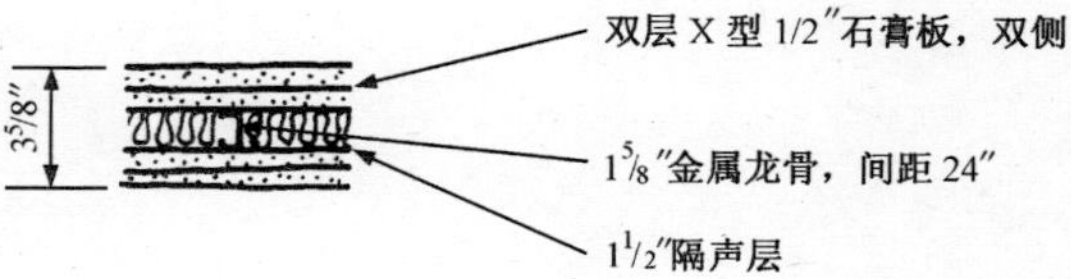

STC=50~54
耐火极限 =2 小时
价格：$4.95/SF

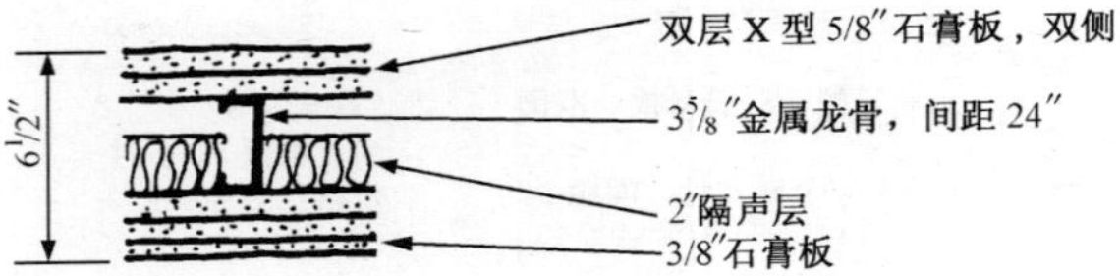

STC=55~59
耐火极限=2 小时
价格：$6.40/SF

2. 砌块式隔墙

a. 混凝土空心砌块（未装饰）

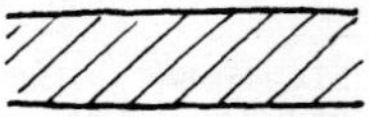

墙厚	STC	耐火极限	价格
4″	37	1 小时	$6.00/SF
6″	42	$1^{1}/2$ 小时	$6.50/SF
8″	47	2 小时 *	$7.50/SF

* 如果用灌缝材料填实砌块，耐火极限可达 3 至 4 小时。

b. 普通砖

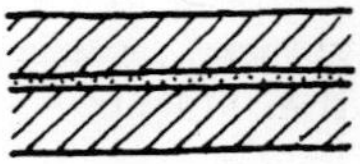

类型	墙厚	STC	耐火极限	价格
半砖墙	4″	41	1 小时	$11.00/SF
一砖墙	8″	49	3~4 小时	$23.00/SF

3. 玻璃隔墙（¼″钢化玻璃）

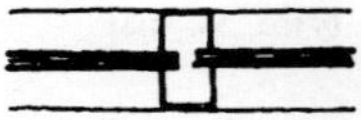

	价格
阳极氧化铝合金框	$32.50~$38.00/SF
橡木框架	$22~$27/SF

B. 顶棚 ㉛

顶棚选择一览表

组件	成本比较	重量（磅/SF）	声效		横向荷载	抗冲击能力	上悬力	坑变形能力	防潮性能	饰面层			备注
			吸声	声传播						预制	现制 纹理	现制 涂料	
悬吊式吸声板顶棚，显露式骨架	1~2	2~3	G	F~P	F~P	P~F	P~G	G	P~F	●			
悬吊式吸声板顶棚，隐蔽式骨架	4~5	↓	↓	↓	F	P	G	↓	↓	●			
悬吊式抹灰顶棚	3~5	4~6	P	G	P	↓	↓	F~P	P		●	●	
悬吊式石膏板顶棚	2~3	3~4	↓	↓	G	↓	↓	↓	F~P		●	●	
直接式吸声板顶棚	4~5	2~3	G	G	N/A	↓	N/A	N/A	P~F			●*	*“非过渡性”油漆
喷涂顶棚	1~2	0.2~0.3	↓	↓	↓	↓	↓	↓	P		●		

●表示常规用途
P= 差（poor）
F= 中（fair）
G= 好（good）

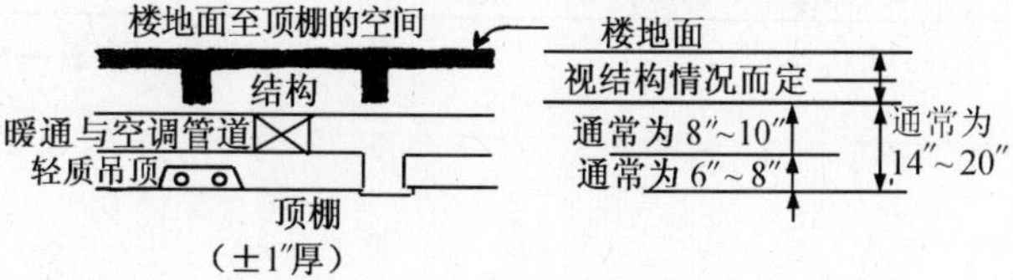

C. 地面 ㉛

地面材料一览表

	成本比较	重量（磅/SF）	舒适性	湿度			交通负荷					抗冲击力	清洗		位置				基层		防滑性能	传导性	其他
							步压			轮压													
				干	微湿	湿	低	中	高	橡胶	钢		轻	重	室外	地面以下	地面	地面以上	木	混凝土			
石材	0.9~3	15~40	P	●	●	●	○	●	●	○		●	●	○	●	●	●	●		●	○		
砖	0.4~0.9	20~40	P	●	●	●	●	●	●	●		●	●	●	●	●	●	●	●	●	○		
混凝土	1.2~2.5	10~75	P	●	●	●	●	●	●	●	○	●	●	●	●	●	●	●		●	●	○	
瓷砖	2~4	4~6	P	●	●	●	●	●	●	○			●	●	●	●	●	●	●	●	●	●	
缸砖	4~5.5	4~6	P	●	●	●	●	●	●	○		●	●				●	●	●	●	●	●	●
弹性地面	0.6~2	1~2	G	●	●		●	●		●		●	●				●	●	●	●	●	●	
木地板	3~5	1~10	F	●	●		●	●		●		○	●	●	●	●	●				●		

续表

	成本比较	重量（磅/SF）	舒适性	湿度			交通负荷					抗冲击力	清洗		位置				基层		防滑性能	传导性	其他
							步压			轮压													
				干	微湿	湿	低	中	高	橡胶	钢		轻	重	室外	地面以下	地面	地面以上	木	混凝土			
地毯	1.5~5	0.5~1	G	●			●	●				●	●				●	●	●	●	●	○	
环氧树脂	3~5	3~7	F	●	●	●	●	●	●	●	●	●	●	●	●	●	●	●	●	●	●	●	

注：●表示常规用途和适用性

○表示可能的或限制性的用途和适用性

* 防滑性

建议采用的静力摩擦系数：

正常 = 最小0.5，轮椅（ADA）= 0.6（最小），坡道 = 0.8（最小）。

≤0.2，非常光滑；0.3~0.4，光滑；扫毛混凝土饰面通常为0.5~0.7；楼梯或坡道的石英砂防滑条≥0.8。

摩擦系数等于水平力与竖向力之比，路面波形需满足 ASTM D-2047 的标准。

记事

第 14 部分 传送系统

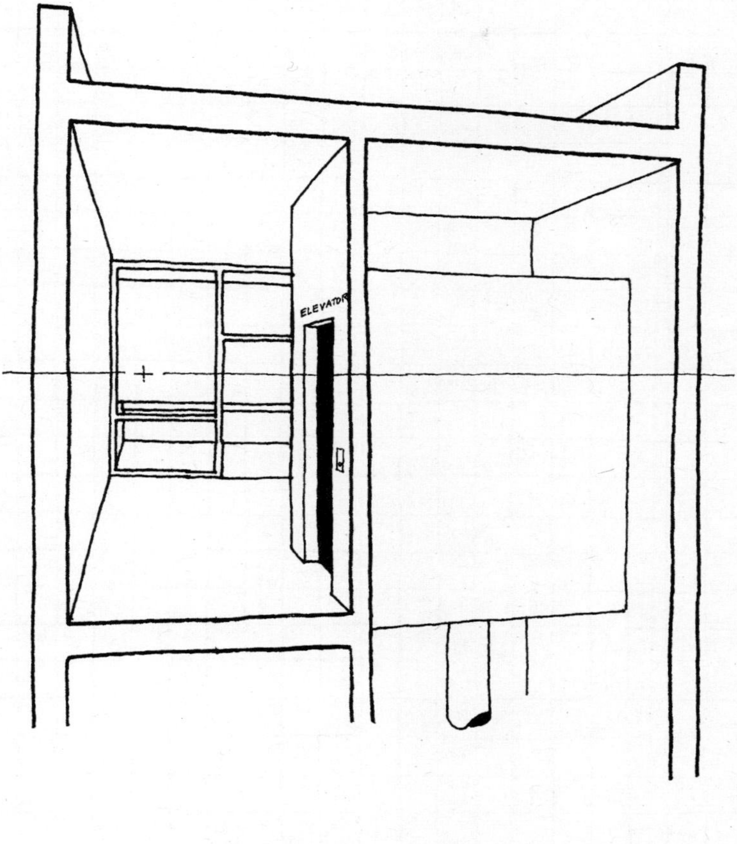

记事

A. 电梯 (10) (45A)

根据 ADA 要求，任何 3 层以上或各层面积大于 3000SF 的建筑需要配备一台电梯。

1. 液压式电梯是成本最低、速度较慢的一种电梯。它依靠活塞的运动上下移动，主要用于 2 至 4 层的低层建筑，因为不必迅速运送很多人。

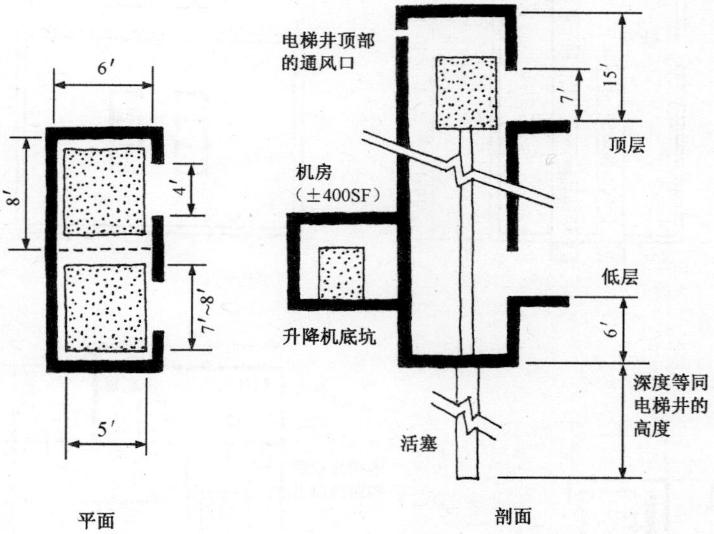

价格：

载客电梯　3 站，3 个洞口：每台 $51000（50fpm，2000 磅）至 $64000（150fpm，3000 磅）。增加：50fpm/站 = + $3500；500 磅/站 = + $3500；1 站 = + $5300；定做内室 = + $5000。

液压货运升降机　$56750（50fpm，3000 磅）至 $86100（150fpm，6000 磅）。

2. 牵引式电梯：牵引式电梯的轿箱挂在一根衡重缆索上，

通过牵引机对缆索的上下拉动来驱动。它在高速运行时非常平稳，并不受限制。通常，电梯机房的建筑面积等于2倍的升降机井面积。机房既可设在电梯机房的旁边，也可设于电梯井旁的任何楼层。电梯井、电梯机房、底坑及停靠平台都是建筑物内的主要构件，并常常占其造价的10%以上。

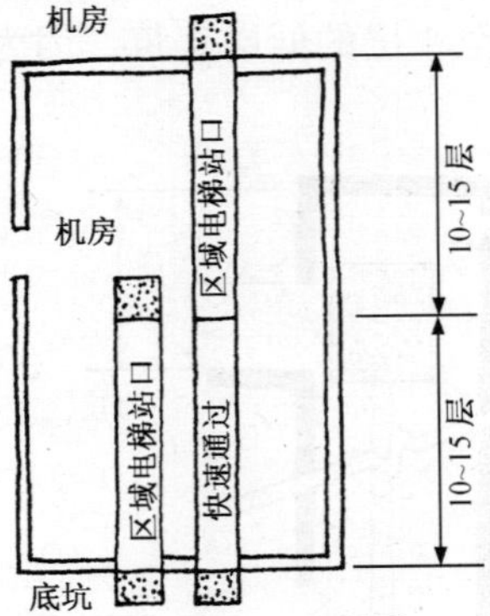

剖面

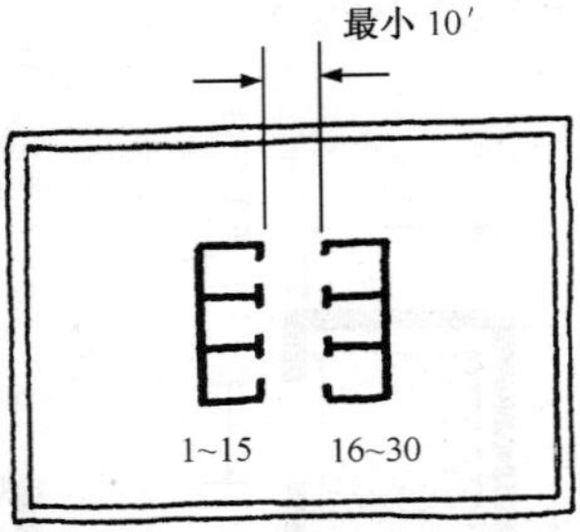

平面

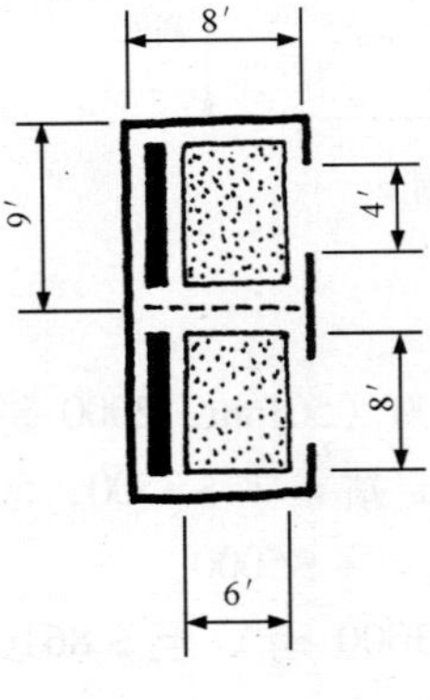

平面

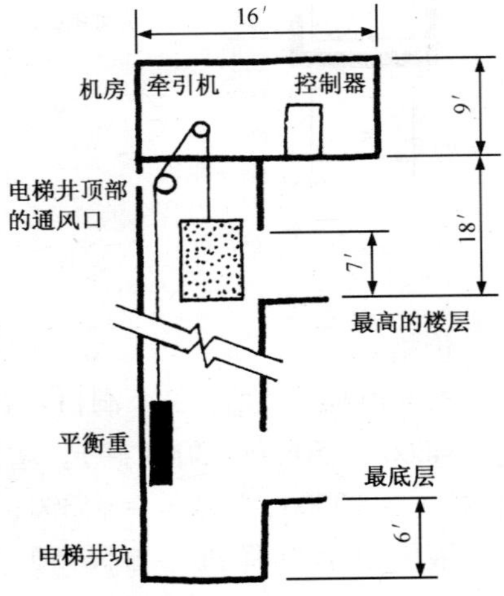

剖面

价格：

载客电梯/电梯井 6站，6个洞口：\$66000(50fpm,2000磅)至\$127000(300fpm,4000磅)。增加:1站=+\$4000;50fpm/站=+\$2000;500磅/站=+\$2000;1个洞口/站=+\$4500;定做内室=+\$4800。

货运电梯（2站）/电梯井 \$100000（50fpm，3500磅）至\$118000（200fpm，5000磅）。

3. 电梯的经验规则

a. 商用

（1）每30000SF的楼层净面积需要一部载客电梯。

（2）每300000SF的楼层净面积需要一部服务电梯。

（3）电梯厅宽度最小为10′。

（4）银行内的电梯应由4部或4部以下的轿箱组成，这样，人们就可以轻易地使用其中一部电梯。

（5）在高层建筑中，电梯系统被划分成若干区域以服务于不同的楼层组，比较典型的划分办法是10~15个楼层一组。服务于上层区域的电梯，由电梯厅开始迅速抵达上层区域的起始楼层。服务于下层区域的电梯终止于其所服务的最高楼层，并且其机房就位于该楼层上。

（6）非常高的建筑物内都有一个电梯起止厅，它由一部快速电梯提供服务。人们来到前厅，乘上快速电梯，以到达相应的电梯起止厅，然后从快速电梯上下来，再等候区域电梯。

（7）经过布局设计，使到达电梯的最大步行距离不超过200′。

（8）根据ADA的要求，在购物中心和保健公司内必须设置无障碍电梯。在小于3层或各层面积小于3000SF的设施中不需设置电梯。但是，如果设置了电梯，那么其中至少有一部必须是无障碍电梯（参见第396页）。

b. 住宅用

(1) 酒店和大型公寓楼内，每70至100个单元配备一部电梯。

(2) 3至4层建筑内，如果电梯坏了，可步行上楼，所以，可选择一部液压式电梯。

(3) 5至6层建筑内，需要两部电梯，既可是液压式电梯(较慢)，也可是牵引式电梯（较好）。

(4) 7至12层建筑，必须配备2部牵引式电梯。

(5) 12层以上建筑，需配备2至3部牵引式电梯。

(6) 高层建筑需配备商用电梯。

(7) 电梯厅及走廊内需布置足够的空间和座位。

c. 4层及4层以上建筑的电梯中，至少有一部满足担架使用要求。

d. ADA—无障碍电梯（见第395页第（8）点）:

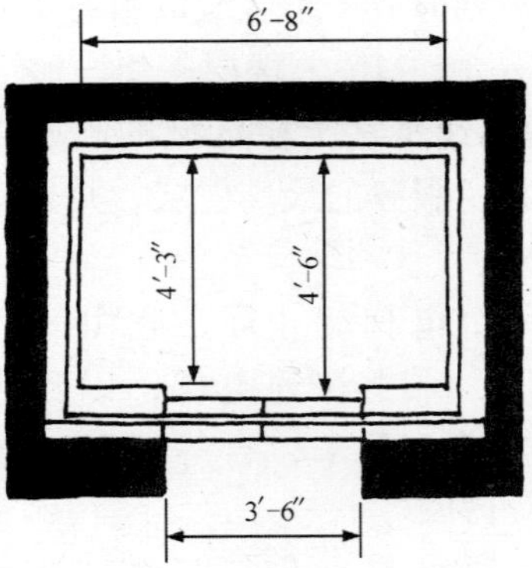

中心门

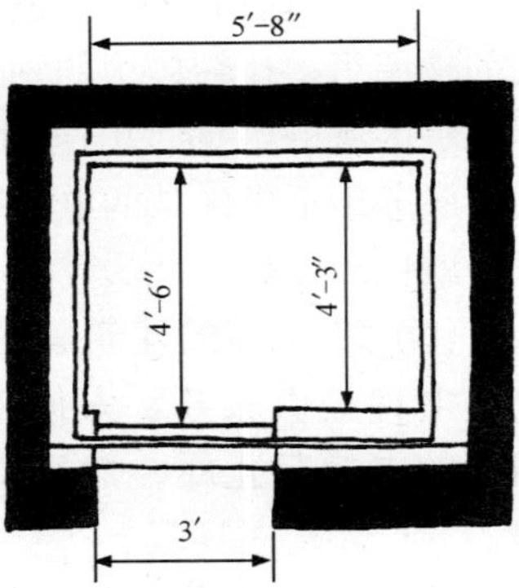

偏心门

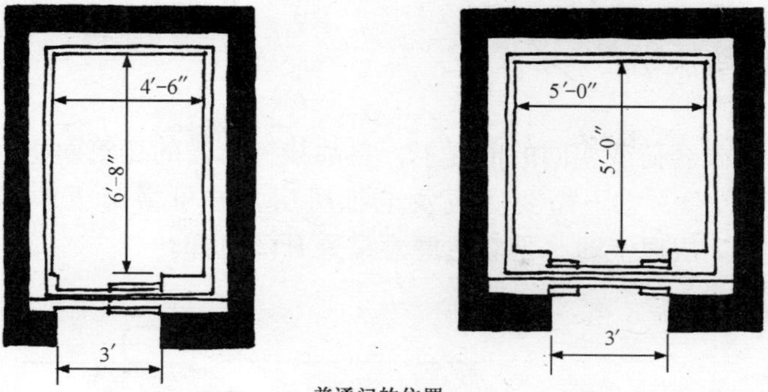

普通门的位置

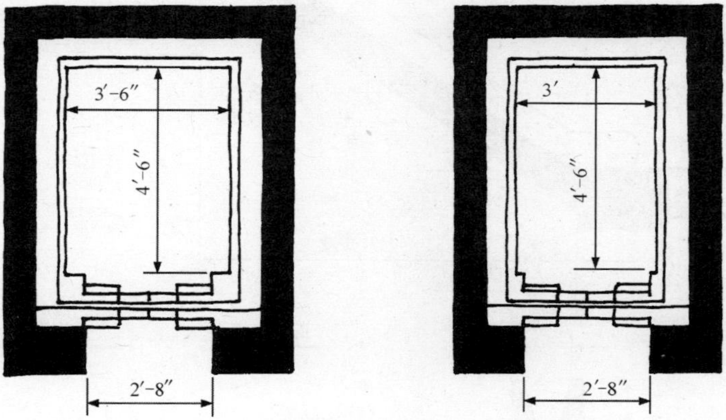

限制用途

B. 自动扶梯

在载客荷载相同的前提下，自动扶梯所需的建筑面积为升降电梯的1/3，它不需要底坑及电梯机房，并可横跨于两楼层之间。但2层以上时，乘客更愿意搭乘升降电梯。

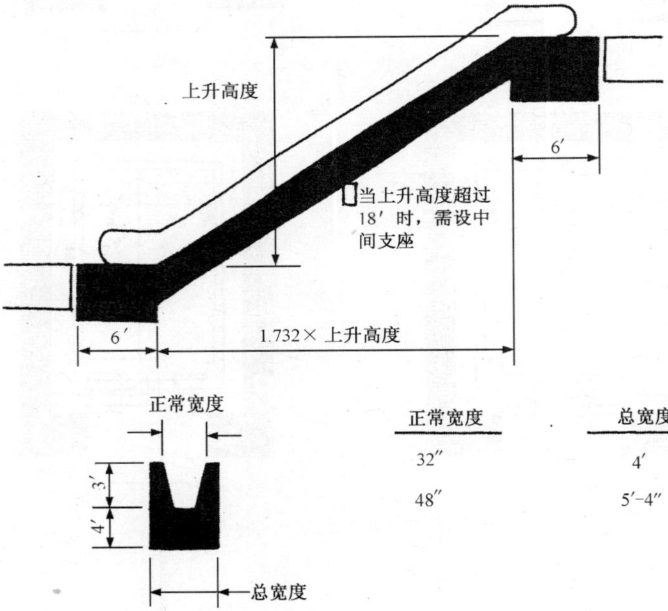

正常宽度	总宽度
32″	4′
48″	5′-4″

通常，顶棚至楼板的高度为4′，用来隐藏两端的机器。踏步高8″，台阶坡度为30°。

价格：

自动扶梯的价格从＄88800（12′高、32″宽）至＄139500（25′高、48″宽）。玻璃侧板，加＄11500～＄13500。

经验规则

1. 所有自动扶梯都以30°角上升。

2. 自动扶梯的顶端和底部需留出最小净距为10′的平台。

3. 在电梯的底部和顶端设置横梁，以支撑自动扶梯的内部桁架结构。

4. 自动扶梯的照明不应产生任何扭曲阴影以引起安全问题。

5. 自动扶梯需设在意向中人流较拥挤的地方，并应尽量避免产生人流相撞的交叉点。

6. 零售空间设计的流行趋势是将自动扶梯当做开敞式中庭空间的一个戏剧性动态焦点。

7. 由于自动扶梯在建筑物内形成了一个穿过楼板的开敞洞口，因此它必须遵守专门的防烟和防火条例。

记事

第15部分　环境设备

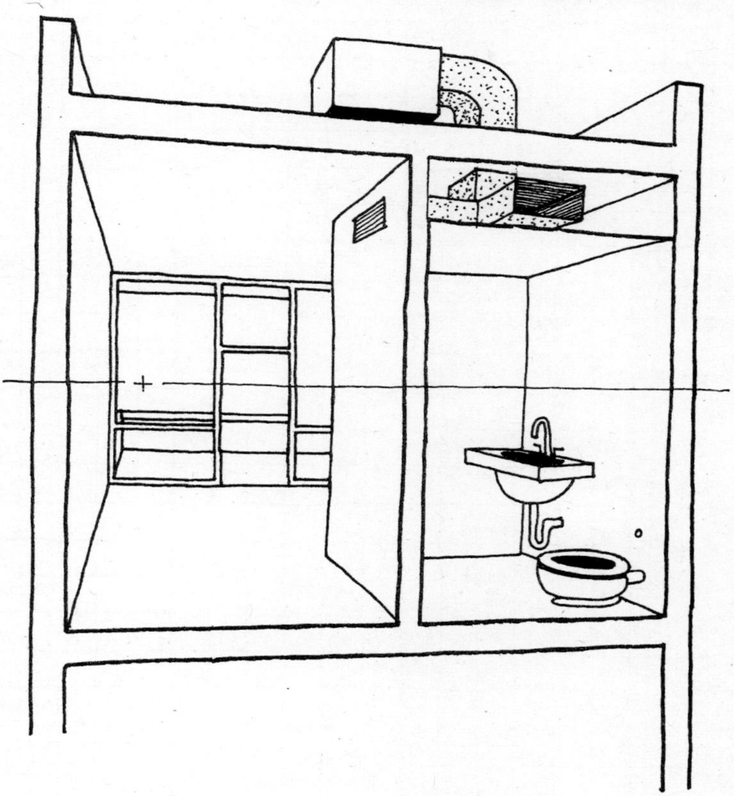

记事

A. 室内管道工程系统 (1) (5) (10) (12) (25) (27A)

"卫生间" 见第89页至第101页。

"设备数量"（2000 IPC 见第404页，UPC 见第404页）。

需要考虑以下系统：

1. 规范要求的设备数量；
2. 给水系统（第405页）；
3. 生活污水管（第406页）；
4. 消防措施（第407页）；
5. 燃气；
6. 太阳能热水系统。

室内设计师除了选择卫生设备或可能设计卫生间布局外，一般不可能涉及室内管道工程的设计。收入本节，主要是提供一些背景信息。

价格：根据经验规则，建筑物内所有管道工程约需 \$1000 ~ \$1500（50% M 与 50% L）。估计其中30%用于卫生设备，70%用于管线布置。同样，在管线布置中，估计约40%用于排污工程，60%用于给水工程。卫生设备详情，见下表：

卫生设备	住宅 低档	住宅 中档	住宅 高档	商业建筑
抽水马桶	\$165	\$550	\$935	\$110 ~ \$330
盥洗盆	\$110	\$165	\$275	同上
浴缸/淋浴器	\$110	\$440	\$880	
小便池				\$275 ~ \$660
厨房洗槽	\$165	\$330	\$500	

原始成本通常仅为全寿命费用的一部分。在商业建筑中，一台卫生设备的价格往往不及其几个月的维修费用。所以，任何设备只要降低其维修费，通常可迅速还清其成本。当改造现有建筑

时，所有旧管线需全面清理或更换。

1. 规范的设备要求

现有两部管道工程规范：国际管道工程规范（IPC；通常与IBC建筑规范联合使用）、统一管道工程规范（UPC；通常与NFPA建筑规范联合使用）。你必须知道用哪部规范来确定你所需的设备量。

a. IPC规定

（1）设备数量表，见第412页。

（2）小便器替换抽水马桶的数量可达67%。

（3）用户数量以IBC确定的使用荷载为基础。通常男女各占50%。

（4）私人设施或使用荷载小于15人的设施，不需分别设置男女卫生间。可使用一个男女通用的卫生间。

（5）在集合空间或商业设施中，当总设备数≥6时，IBC要求额外设立一个男女通用的卫生间。

（6）公共卫生间的间距必须在500′以内（商城为300′），且上下楼层不超过1层。

（7）员工卫生间的间距必须在500′以内（距出租空间300′），且上下楼层不超过1层。

（8）IBC不允许厕所门直接对向供应食物的厨房。

b. UPC规定

（1）设备数量表，见第415页。

（2）用户数量以建筑规范确定的使用荷载为基础，且男女各占50%，除了住宅及使用荷载≤10的设施（在这里，可以只用一间单人厕所）。

（3）卫生间的距离不得超过1层。

（4）私人办公室内的卫生间不计入所需数量。

（5）商务及商业用房

（a）当面积小于1500SF时，可采用单人卫生间。

（b）顾客卫生间与员工卫生间可合并，但设备数量必须取二者中的最高值。

（c）楼层内，顾客卫生间的间距不得大于500′。但在面积≤150SF的楼层上，员工卫生间的间距不得大于300′。

（6）食品服务业：当使用荷载≥100时，必须为顾客及员工单独设立卫生间。

（7）节水要求如下

抽水马桶：	最大冲洗水量1.6加仑/次
小便器：	最大冲洗水量1.0加仑/次
洗脸盆：	最大用水量2.2加仑/分钟（或每次用水量不超过1/4加仑）
厨房洗槽：	最大用水量2.2加仑/分钟
淋浴喷头：	最大用水量2.5加仑/分钟

2. 卫生设备

男、女卫生间需经布局设计，确定大小及在建筑物中的位置。较经济的方案是“共用管道墙”（即：使厕所隔间背靠背设置）及多层建筑中的“成层叠放”式布局。

__在严寒气候下，卫生管线的暗管不应设在外墙上；如果非要如此，就应将其置于外墙保温层的内侧。

__公共建筑的每个楼层，应为每100个用户设一个清洁洗槽。

3. 给水

水的用途共有四种：使用、特殊负载、气候调节、防火。水的供给是在压力下进行的，所以建筑物给水干管的布置具有一定的灵活性。在温暖的气候下，水表能放在室外，但在寒冷气候下，水表必须设于可采暖空间中。对小型建筑，需要20″宽×12″深×10″高的空间。给水管进入建筑物后，在热水锅炉处被分解成热水和冷水两个配水系统。在小型建筑中，燃气锅炉的允许空间为：直径3′×高60″；电锅炉的允许空间为：直径24″×高53″。当浴室相距较远时，应考虑采用多个热水锅炉或循环热水。

价格：住宅用：$550～$1650/件。

商业用：$1650～$3300/件（80%M 与 20%L）。

电气锅炉对小型建筑来说比较便宜，但对大型建筑来说却比较贵。

__如果所供给的水为“硬”水（钙离子浓度偏大），就可能需要一个软水器。为此需提供一个直径 18″×高 42″的空间。

价格：≈$740

__如果水源来自私人水井，就需要一个水泵。如果水井较深，水泵通常被放在水井底部。在这种情况下，应为压力水箱提供直径 20″×高 64″的空间。如果该水井较浅（20′～25′深），可将水泵放在建筑内部，为水泵及压力水箱提供的空间应为：36″宽×20″深×64″高。

价格：每英尺竖井深度 $155～$220

__给水管通常由铜或塑料制成。小型建筑中采用 1/2″～2″的管；大型建筑或用水量较高的建筑中则采用 2½″～6″的管。冷、热水管通常平行布置。在寒冷气候下，应使水管与外墙保持一定距离，以防被冻住。保温层的费用往往能通过降低热量损耗而节省的费用迅速得到补偿。随着管径的增加，容量及表面积增大，从而使这一现象更为明显。

__城市水压可将水压至 2～3 层。凡高于此层数的建筑都需配备一个稳压罐和一个稳压泵。这套设备约需 100 至 200SF 的空间。

价格：$5000～$20000

4. <u>生活污水管</u>

污水流量通常是给水流量的 95%。水平走向的排污管在建筑物内是很难实现的。管线坡度至少应为 1/4″/英尺。金属管的直线跨程不得超过 100′（塑料管为 30′）。任何转弯角度超过 45°的地方，以及每 50′～100′都应设置清理孔。最好的布局是使管道直接向下（通常是沿着柱子），并在建筑物下方设置水平接口。管线不得经过电力装置上方垂直距离 2 英尺以内的地方，除非它受到第二根管线的限制。

__生活污水排放系统收集各个卫生设备中排出的废水，这些废水在重力的作用下向下穿过整个建筑后流入城市下水道。由于排污管有坡度要求，因此较长的水平走向排污管可能要穿出吊顶空间才能满足要求。所以比较理想的办法是，将排污管（即所谓的落水管）垂直下落穿过整个建筑物，同时由很短的分支管道与“集中放置”的盥洗室相接。一根4″落水管可服务于50个抽水马桶及配套的盥洗盆。一根6″落水管可服务于150个抽水马桶及配套的盥洗盆。排污管主要由铸铁或ABS塑料（丙烯腈－丁二烯－苯乙烯共聚塑料）制成。每个卫生设备都通过一个带水封的“P”形存水弯来排水。这个装置加上通往屋顶的通风系统，可防止污水管内的沼气进入建筑物内。

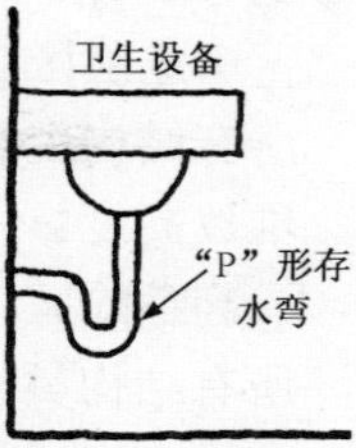

__水平走向的房屋排水管在建筑物下方收集由多根落水管中流出的污水。一根4″～6″的水平排水管至少需1%的坡度，一根8″的管子至少需要0.5%的坡度。最底层（或地下室）的地面标高必须高于主下水道上游的第一个检修孔的边缘标高。如果房屋排水管低于主下水道，那就需要配备一个地下自动喷射泵。

5. <u>消防措施</u>

a. 自动喷淋系统是最有效的消防安全措施。研究表明，喷淋装置将熄灭或抑制95%的起始火情。供水和加压是必不可少的。至少，应有1小时的供水量。

(1) IBC和NFPA要求设置喷淋系统的房屋类型（见第168页）。

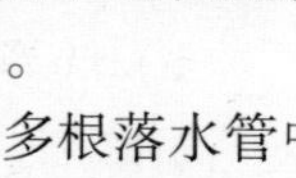

(2) 喷淋间距（单个喷淋的最大覆盖面积）

__低危险区（I级）

光滑的顶棚或主次梁结构，200SF；

若按充水式计算，上述情况的单个喷淋覆盖面积为225SF；

裸露的木格栅，130SF；

其他结构类型，168SF。

在防火间隔的两侧（与出口门相邻的垂直出口）。并且，上人屋顶要求有 1 个出口。

__中危险区（II 级）

所有结构类型均为 130SF，除了：

堆放高度≥12′的库房，为 100SF。

__高危险区（III 级）

所有结构类型均为 90SF。

若按充水式计算，为 100SF。

__堆放高度大于 15′的、存放可燃性物件的高堆放库房（CHS）。

（3）备注

（a）大多数建筑的单个喷淋覆盖面积为 225SF。

（b）低等和中等危险区的喷淋最大间距为 15′。

高堆放库房及高危险区为 12′。

（c）面积不超过 800SF 的低危险小房间：喷淋装置距墙的最大距离不得超过 9′。

（d）尽端喷淋装置距墙的最大距离为喷淋间距的 1/2（小房间除外）。最小距离为 4″。

（e）必须核对城市法规，以核实地方法规是否有比 IBC/NFPA 更严格的要求。

（f）小型建筑，喷淋立管占据的空间通常为 2′6″见方。大型建筑，泵及阀门约占 100～500SF 的面积。

（g）类型

__1. 湿管系统（水长期存在管中，直达喷头）；

__2. 防冻剂；

__3. 干管系统（除了干管及有冻裂问题的地方，其他地方没有水）；

__4. 自动喷水系统（反应迅速）；

__5. 人工喷水系统；

__6. 泡沫水（石油火）。

价格：湿式自动喷水灭火系统：$1.00 ~ $3.50/SF；干式自动喷水灭火系统，再加 $0.05/SF。

b. 大型建筑一般都需要一根垂直穿过整个建筑，并在每层与灭火水龙带相接的大口径立管。这个系统既可以是湿式也可以是干式。IBC 定义了三种类型：

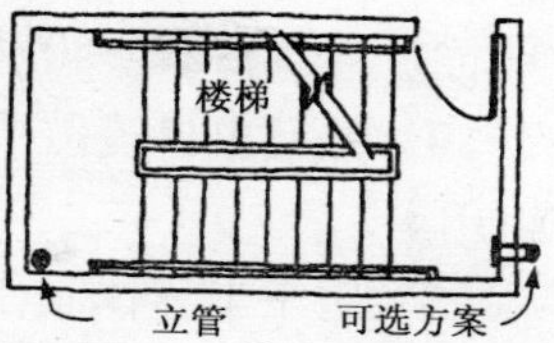

（1）Ⅰ类立管是带2½″出口的未充水管道。它在每个按规范要求设置的楼梯平台的上方或下方及各紧急出口门的两侧设置连接点。这种形式的立管可以让消防队连接他们的大水龙带。

（2）Ⅱ类立管是带 1½″出口及一个水龙带的充水管道。这类立管的位置需能使建筑物各部位在 30′以内都有一个与 100′长的水龙带相接的喷嘴。它可以由建筑物的使用者或消防队来使用。

（3）Ⅲ类立管是带有 2½″出口及 1½″软管接头的充水管道。它是根据Ⅰ类和Ⅱ类立管的规范要求来设置的。

通常，需在建筑物外容易到达的位置设置双重接合器，以便消防队能将水龙带从消防车上连接到干立管或喷淋立管上。

此外，当需要设置消防柜时，其位置必须能使楼层上各点与某根 100′长的水龙带的末端相距 30′之内。存放 1 根水龙带及 1 个灭火器的嵌入式消防柜的典型尺寸为：2′9″宽 ×9″深 ×2′9″高。有关立管要求参见 UBC 表 9 – A。

二重连接头

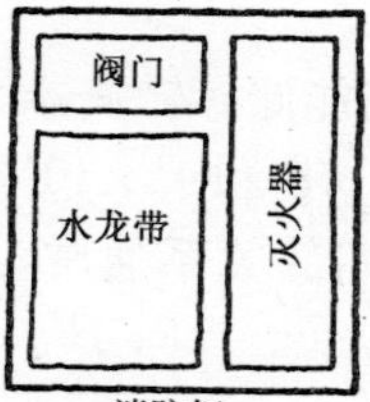

消防柜

c. 火灾报警与探测系统：一旦发生火灾，最有效的保护措施之一就是利用火灾报警系统。报警系统向遭受火灾的建筑内的居民提供早期警报，从而为建筑中的每个人提供了较大的机会撤离或安置到安全区。需要安装报警系统的地方（建筑类型）有：

（1）使用荷载≥300 人的 A 组用房。

(2) 使用荷载大于500人的B组和M组用房。其中有多于100人的占用了最低出口层以上或以下的空间，必须安装人工报警系统。

(3) 使用荷载≥50人的E组用房。

(4) 并且出口疏散层以上或以下的使用荷载≥500人的多层F组用房。

(5) 用于半导体制作或有机涂料加工的H组用房。

(6) I组用房，既有人工报警系统，又有火灾自动探测系统。

(7) 居住用房：某些居住建筑要求使用火灾报警和烟感探测系统。这条规则适用于饭店及其他R-1类建筑。除非是：3层以下，所有客房由最少1小时的防火隔墙完全分隔，并且每个单元都有直接通往露天场地、出口庭院或公共道路的出口。这类用房可免于人工报警系统。R-2建筑中，有16个以上居住单元位于独立结构内的建筑，或者距底层出口点的垂直有效距离内的居住单元要求设置报警系统。

6. 燃气

燃气表及其管道所需的空间为1′6″宽×1′深×2′高。如果无法获得天然气，住宅、低层公寓及小型商业建筑可采用丙烷、丁烷及其他可燃气体来加热空间、运行火炉及热水器。典型装置是一个紧邻建筑外墙的大圆柱体，并应放置于可让货车进入，且通风良好的地方。进入建筑的管线应有柔软度（非铁管或钢管），并且距窗户或楼梯的距离至少10′。

7. 太阳能热水系统

a. 在美国，平均每人每天用热水20加仑。

b. 以与场地纬度大致相等的角度安装太阳能储存转换器。

c. 典型的太阳能储存转换器的尺寸为：4′×8′和4′×10′。

d. 太阳能储存转换器的面积与储存量之间的关系通常为每平方英尺1:3~1:7加仑。

e. 系统类型

（1）开式回路，再循环系统：广泛应用于那些不必太担心冰冻影响的地区。

（2）开式回路，下排水系统：包括从太阳能储存器开始的阀系配置及当水温接近冰点时的配管设计。

（3）闭合环路，后排水系统：利用独立流体（比如水）在太阳能储存器里的循环，在其中，它被加热并通过热交换器转送到热水储存器内。

（4）闭合环路，防冻系统：非常普遍地用于热交换器。

f. 辅助加热装置：比较典型的做法是在热水罐的顶部安装一个电气元件。

g. 根据粗略估计

（1）美国东北部：60SF 的太阳能储存器和 80 加仑的储水罐可以供给一个四口之家 50% ~75% 的热水需求。

（2）美国西南部：40SF 的太阳能储存器就能做到上述这一切。

价格：每套系统 $3300 ~ $10000

表 403.1

最少卫生设备数量[a] （见 403.2 及 403.3） (27A)

设计用途		抽水马桶（小便器，见 419.2） 男性	女性	洗脸盆	浴缸/淋浴间	喷泉式饮水器（见 410.1）	其他
集合型场所	夜总会	1 件/40 人	1 件/40 人	1 件/75 人	—	1 件/500 人	工作洗槽 1 件
集合型场所	餐馆	1 件/75 人	1 件/75 人	1 件/200 人	—	1 件/500 人	工作洗槽 1 件
集合型场所	剧院、音乐厅、博物馆等	1 件/125 人	1 件/65 人	1 件/200 人	—	1 件/500 人	工作洗槽 1 件
集合型场所	圆形露天剧场、表演场（<3000 座）	1 件/75 人	1 件/40 人	1 件/150 人	—	1 件/1000 人	工作洗槽 1 件
集合型场所	圆形露天剧场、表演场（≥3000 座）	1 件/120 人	1 件/60 人	男性:1 件/200 人 女性:1 件/150 人	—	1 件/1000 人	工作洗槽 1 件
集合型场所	教堂[b]	1 件/150 人	1 件/75 人	1 件/200 人	—	1 件/1000 人	工作洗槽 1 件
集合型场所	露天体育场（<3000 座）、游泳池等	1 件/100 人	1 件/50 人	1 件/150 人	—	1 件/1000 人	工作洗槽 1 件
集合型场所	露天体育场（≥3000 座）	1 件/150 人	1 件/75 人	男性:1 件/200 人 女性:1 件/150 人	—	1 件/1000 人	工作洗槽 1 件
办公建筑（见 403.2，403.4 及 403.5）		1 件/50 人		1 件/80 人	—	1 件/100 人	工作洗槽 1 件
教育建筑		1 件/50 人		1 件/50 人	—	1 件/100 人	工作洗槽 1 件

续表

设计用途		抽水马桶（小便器，见419.2） 男性	女性	洗脸盆	浴缸/淋浴间	喷泉式饮水器（见410.1）	其他
厂房及工业建筑		1件/100人		1件/100人	（见411）	1件/400人	工作洗槽1件
客运码头及运输设施		1件/500人		1件/750人	—	1件/1000人	工作洗槽1件
机构建筑	家庭式疗养所	1件/10人		1件/10人	1件/8人	1件/100人	工作洗槽1件
	医院、非卧床病人疗养所[c]	1件/病房[d]		1件/病房[d]	1件/15人	1件/100人	工作洗槽：1件/层
	日间托儿所、疗养院、非卧床病人疗养所等[c]	1件/15人		1件/15人	1件/15人[e]	1件/100人	工作洗槽1件
	雇员用房，家庭式疗养所除外[c]	1件/25人		1件/35人	—	1件/100人	—
	来宾室，家庭式疗养所除外[c]	1件/75人		1件/100人	—	1件/500人	—
	监狱[c]	1件/监室		1件/监室	1件/15人	1件/100人	工作洗槽1件
	收容所、教养院等[c]	1件/15人		1件/15人	1件/15人	1件/100人	工作洗槽1件
商业建筑（见403.2、403.5和403.6）		1件/500人		1件/750人	—	1件/1000人	工作洗槽1件

续表

设计用途		抽水马桶（小便器，见419.2）		洗脸盆	浴缸/淋浴间	喷泉式饮水器（见410.1）	其他
		男性	女性				
居住建筑	饭店、公路旅馆	1件/客房		1件/客房	1件/客房	—	工作洗槽1件
	小旅馆	1件/10人		1件/10人	1件/8人	1件/100人	工作洗槽1件
	多户住宅	1件/居住单元		1件/居住单元	1件/居住单元	—	每个居住单元1件厨房洗槽；每20个居住单元1件自动洗衣机接口
	宿舍	1件/10人		1件/10人	1件/8人	1件/100人	工作洗槽1件
	独户或双户住宅	1件/居住单元		1件/居住单元	1件/居住单元	—	每个居住单元1件厨房洗槽；每个居住单元1件自动洗衣机接口[f]
库房（见403.2和403.4）		1件/100人		1件/100人	（见411）	1件/1000人	工作洗槽1件

注：a. 表中所示设备的前提为“满足所示人数（或其中任一部分）的额定最低设备数为1”。使用人数取决于《国际建筑规范》。

b. 与教会所属房屋相邻的房屋内的设备，在教堂使用期间应可供使用。

c. 雇员用的厕所设施应与收容者或病人用的厕所相分离。

d. 当配有1件抽水马桶及1件洗脸盆的单人卫生间具有直接进入每间病房的入口且能满足私密性条款时，允许其服务于2间以下的相邻病房。

e. 对日间托儿所，最多允许采用1件浴缸。

f. 对相连的独户或双户住宅，每20个住宅单元需要1个自动洗衣机接口。

最低卫生设备数[1] ㉕ 表 4-1

所有建筑都应配备卫生设备，包括由权威部门制定的残疾人规范条例。无障碍设计要求，可采用（ANSI）A－117.1－1992 的《可达性和可使用的建筑与设施》。

总使用荷载应由最小出口需求来确定。最低设备数则是以总使用荷载为基础，并以男、女各占 50% 为前提来计算。

建筑类型或设计用途[2]	抽水马桶[14]（设备/人数）	小便器[5,10]（设备/人数）	盥洗盆（设备/人数）	浴缸或淋浴器（设备/人数）	喷泉式饮水器[3,13]（设备/人数）
集合空间——剧院、礼堂、宴会厅等——供长期雇员使用	男 女 1:1～15 1:1～15 2:16～35 3:16～35 3:36～55 4:36～55 超过 55 人时，每增加 40 人，加 1 件设备	男 0:1～9 1:10～50 每增加 50 位男性，加 1 件设备	男 女 1/40 1/40		
集合空间——剧院、礼堂、宴会厅等——供大众使用	男 女 1:1～100 3:1～50 2:101～200 4:51～100 3:201～400 8:101～200 11:201～400 超过 400 人时，每增加 500 位男性或 125 位女性，加 1 件设备	男 1:1～100 2:101～200 3:201～400 4:401～600 超过 600 人时，每增加 300 位男性，加 1 件设备	男 女 1:1～200 1:1～200 2:201～400 2:201～400 3:401～750 3:401～750 超过 750 人时，每增加 500 人，加 1 件设备		1:1～150 2:151～400 3:401～750 超过 750 人时，每增加 500 人，加 1 件设备

续表

建筑类型或设计用途[2]	抽水马桶[14]（设备/人数）	小便器[5,10]（设备/人数）	盥洗盆（设备/人数）	浴缸或淋浴器（设备/人数）	喷泉式饮水器[3,13]（设备/人数）
宿舍[9]学校或实验室	男 1/10，女 1/8 每增加25位男性（超过10人）或20位女性（超过8人），加1件设备	男 1/25 超过150人时，每增加50位男性，加1件设备	男 1/12，女 1/12 超过12人时，每增加20位男性或15位女性，加1件设备	1/8 对女性，每30人加1个浴缸，超过150人时，每20人增加1个浴缸	1/150[12]
宿舍——供雇员使用	男 1:1~15，女 1:1~15 男 2:16~35，女 3:16~35 男 3:36~55，女 4:36~55 超过55人时，每增加40人，加1件设备	男 1/50	男 1/40，女 1/40	1/8	
住房					
独立住宅	1件/居住单元		1件/居住单元	1件/居住单元	
多户住宅或公寓房	1件/居住单元或1件/公寓单元		1件/居住单元或1件/公寓单元	1件/居住单元 1件/公寓单元	

续表

建筑类型或设计用途[2]	抽水马桶[14]（设备/人数）	小便器[5,10]（设备/人数）	盥洗盆（设备/人数）	浴缸或淋浴器（设备/人数）	喷泉式饮水器[3,13]（设备/人数）
医院——供员工使用	男 女 1:1~15 1:1~15 2:16~35 3:16~35 3:36~55 4:36~55 超过55人时，每增加40人，加1件设备	男 0:1~9 1:10~50 每增加50位男性，加1件设备	男 女 1/40 1/40		
医院 单人病房 普通病房	1件/间 1件/8位病人		1件/间 1件/10位病人	1件/间 1件/20位病人	1件/150人[12]
工业[6]——库房、车间、铸造车间及类似的场所——供员工使用	男 女 1:1~10 1:1~10 2:11~25 2:11~25 3:26~50 3:26~50 4:51~75 4:51~75 5:76~100 5:76~100 超过100人时，每增加30人，加1件设备		100人以内，每10人1件 超过100人，每15人1件[7,8]	对在高温环境下工作或接触能引起皮肤污染的剧毒性、传染性或刺激性材料的人，每15人一件	1/150

续表

建筑类型或设计用途[2]	抽水马桶[14]（设备/人数）	小便器[5,10]（设备/人数）	盥洗盆（设备/人数）	浴缸或淋浴器（设备/人数）	喷泉式饮水器[3,13]（设备/人数）
机构用房——非医院或刑罚机构（在每个占用楼层上）	男 女 1/25 1/20	男 0:1～9 1:10～50 每增加50位男性，加1件设备	男 女 1/10 1/10	1/8	1/150[12]
机构用房——非医院或刑罚机构（在每个占用楼层上）——供雇员使用	男 女 1:1～15 1:1～15 2:16～35 3:16～35 3:36～55 4:36～55 超过55人时，每增加40人，加1件设备	男 0:1～9 1:10～50 每增加50位男性，加1件设备	男 女 1/40 1/40	1/8	1/150[12]
办公楼或公共建筑	男 女 1:1～100 3:1～50 2:101～200 4:51～100 3:201～400 8:101～200 11:201～400 超过400人时，每增加500位男性或150位女性，加1件设备	男 1:1～100 2:101～200 3:201～400 4:401～600 超过600位时，每增加300位男性，加1件设备	男 女 1:1～200 1:1～200 2:201～400 2:201～400 3:401～750 3:401～750 超过750人时，每增加500人，加1件设备		1/150[12]

续表

建筑类型或设计用途[2]	抽水马桶[14]（设备/人数）	小便器[5,10]（设备/人数）	盥洗盆（设备/人数）	浴缸或淋浴器（设备/人数）	喷泉式饮水器[3,13]（设备/人数）
办公或公共建筑——供员工使用	男 女 1:1~15 1:1~15 2:16~35 3:16~35 3:36~55 4:36~55 超过55人时，每增加40人，加1件设备	男 0:1~9 1:10~50 每增加50位男性，加1件设备	男 女 1/40 1/40		
刑罚机构——供牢房使用的单人牢房训练房	1件/牢房 1件/训练房	男 1件/训练房	1件/牢房 1件/训练房		1件/监狱分区 1件/训练房
餐馆、小酒店和休息室[11]	男 女 1:1~50 1:1~50 2:51~150 2:51~150 3:151~300 4:151~300 超过300人时，每增加200人，加1件设备	男 1:1~150 超过150人时，每增加150位男性，加1件设备	男 女 1:1~150 1:1~150 2:151~200 2:151~200 3:201~400 3:201~400 超过400人时，每增加400人，加1件设备		

续表

建筑类型或设计用途[2]	抽水马桶[14]（设备/人数）	小便器[5,10]（设备/人数）	盥洗盆（设备/人数）	浴缸或淋浴器（设备/人数）	喷泉式饮水器[3,13]（设备/人数）
学校——职工使用所有的学校	男 女 1:1～15 1:1～15 2:16～35 2:16～35 3:36～55 3:36～55 超过55人时，每增加40人，加1件设备	男 1/50	男 女 1/40 1/40		
学校——学生使用托儿所	男 女 1:1～20 1:1～20 2:21～50 2:21～50 超过50人时，每增加50人，加1件设备		男 女 1:1～25 1:1～25 2:26～50 2:26～50 超过50人时，每增加50人，加1件设备		1/150[12]
初级学校	男 女 1/30人 1/25	男 1/75	男 女 1/35 1/35		1/150[12]
高级中学	男 女 1/40 1/30	男 1/35	男 女 1/40 1/40		1/150[12]
其他（学院、大学、成教中心等）	男 女 1/40 1/30	男 1/35	男 女 1/40 1/40		1/150[12]

续表

建筑类型或设计用途[2]	抽水马桶[14]（设备/人数）	小便器[5,10]（设备/人数）	盥洗盆（设备/人数）	浴缸或淋浴器（设备/人数）	喷泉式饮水器[3,13]（设备/人数）
宗教场所——教育和活动单位	男 1/150　女 1/75	男 1/150	每2件抽水马桶配1件		1/150[12]
宗教场所——重要的集合场所	男 1/150　女 1/75	男 1/150	每2件抽水马桶配1件		1/150[12]

注：卫生设备及设施

1. 表中所示数据的前提为“满足所示人数（或其中任一部分）所需的最低卫生设备至少为一（1）件”。
2. 任何未在此表中提及的建筑类型将由行政权威机构单独加以考虑。
3. 喷泉式饮水器不能安装在厕所隔间内。
4. 洗衣槽。为每套住宅配一（1）个洗衣槽或一（1）根自动洗衣机的立管；或为每十二（12）套公寓配一（1）个洗衣槽或一（1）根自动洗衣机的立管（或两者兼有）。每套住宅或公寓配一（1）个厨房洗槽。
5. 在最低要求之外安装1个小便槽，可减少1件抽水马桶。抽水马桶的数量不得减至所需最小数量的三分之二（2/3）以下。
6. 根据《美国国家标准学会》（ANSI）Z4.1－1968的“就业场所的卫生工程”的有关规定。
7. 在能接触到会引起皮肤污染的剧毒性、传染性或刺激性材料的场所，每五（5）人配一（1）个盥洗槽。
8. 当设置24英寸（610mm）的洗涤槽或18英寸（457mm）的圆形洗脸盆时，需考虑使它的出水量与一个盥洗盆相当。

9. 每五十（50）人配备一（1）个洗衣槽。每一百（100）人配备一个（1）污水槽。
10. 通常，在执行这类设施的计划时，必须考虑数据的可达性。纯粹以数字为基础就不可能得到一个符合个体场所需求的设施。例如，学校必须在每个有教室的楼层设置卫生间。
   a. 小便器前缘位于楼板上方四（4）英尺（1219mm）的地方，并与周围材料（墙）保持二（2）英尺（610mm）的间距，在小便器的两侧至少二（2）英尺（610mm）的地方衬砌非吸收性材料。
   b. 禁止使用小便槽。
11. 餐馆被定义为一个售卖被在场所内消耗完的食品的商业场所。
   a. 路边餐馆的使用人数应该被认为与其停车泊位的数量相当。
   b. 员工的卫生设施不包括在上述的餐馆要求中。在厨房内必须为员工配备洗手设施。
12. 在将食品在室内消耗完的地方，可以用供水站来代替喷泉式饮水器。六（6）人以上使用的办公或公共建筑内，需为第一个一百五十（150）人配备1个喷泉式饮水器，然后每增加三百（300）人增加一（1）个喷泉式饮食器。
13. 在学校、剧院、礼堂、宿舍、办公或公共建筑中，需为每个居住楼层至少配备一个（1）个喷泉式饮水器。
14. 为女性配备的抽水马桶的总数至少应等于男性所需的抽水马桶和小便器的总和。

<u>例题</u>

题目：请分别根据 IPC 和 UPC 规范，计算一个 10000SF 的办公空间的额定卫生设备数。

解答

A. <u>根据 IPC</u>（见第 180 页的 IBC 表 A）

1. 办公用房：10000SF ÷ 100SF/人 = 100（人）÷ 2 = 50（人）/性别
2. 设备（见 IPC 的表 403.1）

	男（50 人）	女（50 人）
抽水马桶	~~2~~1	2
盥洗盆	1	1
小便器	1	

此外：还需 1 件喷泉式饮水器

B. <u>根据 UPC</u>（见 UPC 的表 4-1）

1. 计算现有建筑的使用荷载（见第 194 页的 NFPA 表 A – A）。根据表 4-1，假定为公共使用，非雇员使用。10000SF ÷ 100SF/人 = 100（人）÷ 2 = 50（人）/性别
2. 设备

	男（50 人）	女（50 人）
抽水马桶	1	3
盥洗盆	1	1
小便器	1	

还需 1 件喷泉式饮水器

记　事

B. 暖通和空调（HVAC）（1）（4）（10）（45A）

在室内设计师设计承租人添建物或改建工程时，可能涉及暖通和空调（HVAC）方面的问题。这使他有可能与一位建筑师或工程师合作。本节为室内设计师提供了一些 HVAC 方面的基本概念。

“HVAC 系统和造价一览表”见第428页。

价格：设备占20%~30%；配水系统占80%~70%。

计划时，将建筑物进行功能分区是非常有用的，可根据下列因素划分主要区域：

1. 相似的使用时间；
2. 相似的温度需求；
3. 相似的通风和空气质量；
4. 相似的内部产热量；
5. 相似的 HVAC 需求。

设计过程中，如果可能，尽量将需求相似的空间放在一起。“节能与设备效率”见第212页。按常规，所有 HVAC 设备的周围应至少留出3′的空间，以便于维修。

1. 概述

HVAC 系统可以被分割成4个主要单元：

a. 来源

(1) 用于系统的加热或制冷锅炉和冷却器（在小型成套装置中，该单元包括内部电气盘管、燃气发生炉或制冷压缩机）。

(2) 被安装在室外用于散热的冷却塔（或气冷式冷凝器）。

b. 分配

(1) 空气调节装置向建筑区域吹送暖风和冷气（或至少是新鲜空气）。在大型建筑内，该单元位于通风机房内（在小型成套装置中，该单元是个内部风扇）。

（2）由风道、控制箱及空气扩散器组成的系统将经由温湿调节的空气送入空间。

c. 输送系统包括散热器、踢脚板散热器、暖风机组、换流箱、感应装置等。

2. 小型建筑的系统

a. 安装在屋顶上的成套装置通常用于居住建筑及中小型商业建筑中。它是一个容纳了空调系统三个单元的空调机组，通常安装于屋顶。一般用于温和气候。典型规格为：

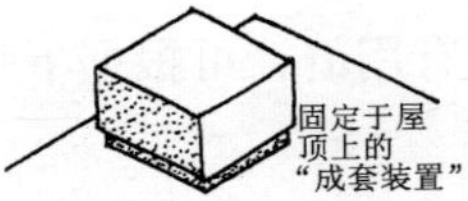

规格	服务面积（SF）	尺寸	系统
2～5 吨	600～1500	6′L×4′W×4′H	单区域、等容量送风系统
5～10 吨	1500～4500	10′L×7′W×5′H	
15～75 吨	4500～22500	25′L×9′W×6′H	服务于一个以上区域的可变空气容量送风系统

注：

1. 机组四周需留出 3′～4′的净空距离。
2. 1 吨相当于 12000Btu 的制冷量。
3. 每吨相当于 400CFM。

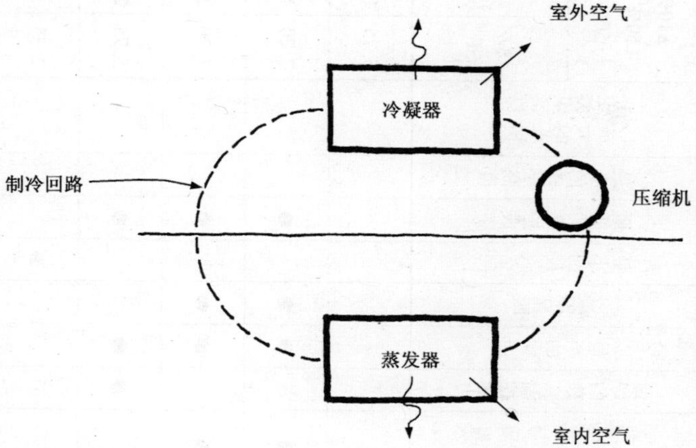

分体式

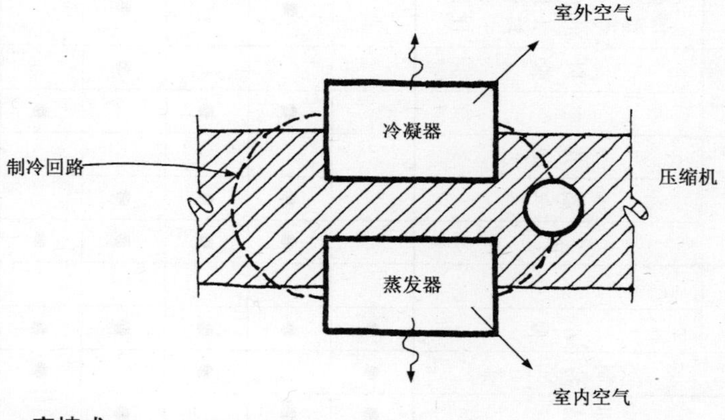

穿墙式

局域系统示意图

HVAC 系统和造价一览表

	类型	加热	制冷	建筑		燃料			送风系统		特征										费用 ±10%（50% M 与 50% L）	
				小型	大型	电	燃气	其他	空气	风管	在寒冷的气候下具有最小的操作费用	在温和的气候下具有最小的操作费用	最佳的空气控制速度与质量	最好的独立温控能力	最小的噪声	最不显眼	最小的设备空间	最低的维护成本	最小的楼层高度	最大的承租空禁灵活度	$/SF	$/吨
1	安装在屋顶的成套装置	●	●	●																	5. 75	1610
2	中央强制送风系统	●		●		●	●		●		●		●		●	●		●			7. 20	1380
	（及分流系统）		●	●		●	●		●				●		●	●		●			7. 20	1840
3	压力热水供暖系统	●		●		●	●			●	●			●	●			●			5. 75	2300
4	蒸发冷却器		●	●		●			●			●					●				2. 35	690

续表

	类型	加热	制冷	建筑		燃料			送风系统		特征										费用	
				小型	大型	电	燃气	其他	空气	风管	在寒冷的气候下具有最小的操作费用	在温和的气候下具有最小的操作费用	最佳的空气控制速度与质量	最好的独立温控能力	最小的噪声	最不显眼	最小的设备空间	最低的维护成本	最小的楼层高度	最大的承租空禁灵活度	±10%（50% M 与 50% L）$/SF	$/吨
5	墙式空调机	●	●	●		●			●					●			●				1.75	690
6	电踢脚板加热器	●		●		●								●	●		●	●			1.50	
7	电动热风供暖器	●		●		●							●				●	●			2.90	
8	辐射采暖装置	●	●	●		●				●					●	●	●	●			1.75	
9	壁炉	●		●		●											●				2.90	
10	被动的太阳能采暖	●		●							●	●			●		●	●				

续表

	类型	加热	制冷	建筑		燃料			送风系统		特征										费用	
				小型	大型	电	燃气	其他	空气	风管	在寒冷的气候下具有最小的操作费用	在温和的气候下具有最小的操作费用	最佳的空气控制速度与质量	最好的独立温控能力	最小的噪声	最不显眼	最小的设备空间	最低的维护成本	最小的楼层高度	最大的承租空禁灵活度	±10% (50% M 与 50% L) $/SF	$/吨
11	主动的太阳能采暖	●		●						●	●	●			●							
12	火炉	●		●				●				●	●									
13	单区域等容量送风系统	●	●		●	●	●	●	●				●		●	●		●			7.20	2530
14	多区域等容量送风系统	●	●		●	●	●		●			●									10.00	2875
15	变容送风系统	●	●		●	●	●	●	●					●	●					●	11.50	3105

续表

类型		加热	制冷	建筑		燃料			送风系统		特征										费用	
				小型	大型	电	燃气	其他	空气	风管	在寒冷的气候下具有最小的操作费用	在温和的气候下具有最小的操作费用	最佳的空气控制速度与质量	最好的独立温控能力	最小的噪声	最不显眼	最小的设备空间	最低的维护成本	最小的楼层高度	最大的承租空禁灵活度	±10%（50% M与50% L）$/SF	$/吨
16	双风管送风系统	●	●		●	●	●	●	●		●	●	●	●	●	●	●			●	14.35	3450
17	诱导式通风	●	●		●	●	●	●	●	●	●		●	●	●	●				●	11.50	3105
18	风机盘管	●	●	●	●	●	●		●	●	●	●	●	●		●			●	●	11.50	2875
19	风机盘管机组	●	●	●	●	●	●		●	●	●	●	●	●		●			●	●	10.00	2530
20	踢脚板式热水采暖	●		●	●	●	●	●			●	●			●		●				5.75	

b. 中央热风采暖设备通常用于住宅和小型商业建筑中。它利用燃气、燃油或电阻在炉子内加热空气，再由风机将空气吹入风管系统。采暖炉可以采用顺流式（置于地下室）、侧流式或逆流式（置于阁楼）。采暖炉必须具备通风条件。其尺寸为2′宽×2.5′深×7′高至4′宽×7′深×7′高。主风管的典型尺寸为：水平管1′×2′；竖管1′×0.33′。

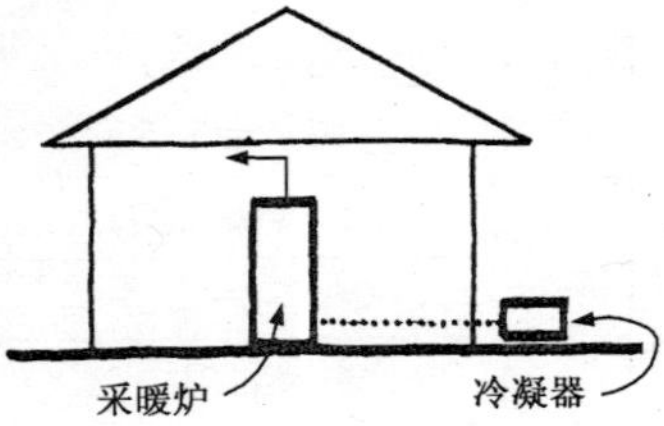

可通过在风管系统中增加蒸发器盘管和室外冷凝器的方法给制冷系统增加“分流系统”。冷凝器的典型尺寸为2′宽×2′深×2′高至3.5′宽×4′深×3′高。

c. 压力热水供暖系统常用于居住建筑及商业办公楼内。一个燃烧器或电阻将热水加热后送入翅片式散热器（或下面的风机盘管机组）。燃料锅炉必须设有通风装置，并要为其提供易燃气体。锅炉尺寸为2′宽×2′深×7′高至3′宽×5′深×7′高。典型的翅管供热器的尺寸为3″深×8″高。风机盘管的尺寸为2′宽×2.5′高。压力热水供暖系统不能够制冷。

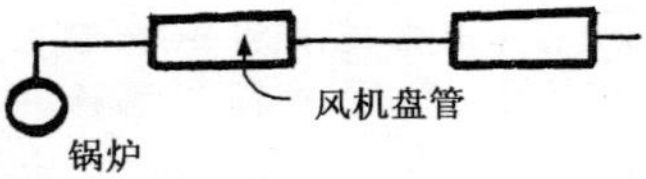

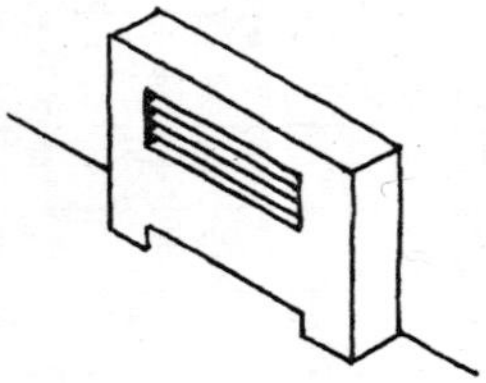

d. 蒸发冷却器常用于居住建筑物中。仅在干热气候下工作。风机在抽取室外空气后令其透过一块湿垫子并进入风管系统。它不具采暖功能。冷却器的典型尺寸为3′宽×3′深×3′高。主风管的典型尺寸为1.5′宽×1.5′深。

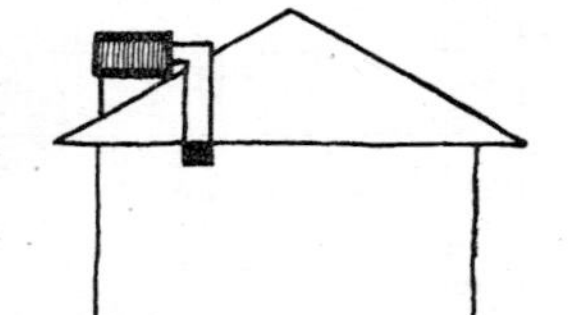

e. 墙式空调机和组合式空调的终端设备常用于汽车旅馆/饭店及小型办公楼。自成一体并固定于外墙上，专门针对特定的小空间。通常靠电工作（或在温和气候下采用热力泵）。既能用于采暖也能用于制冷。在室内空气再循环的同时室外空气又被不断加入。典型尺寸为：

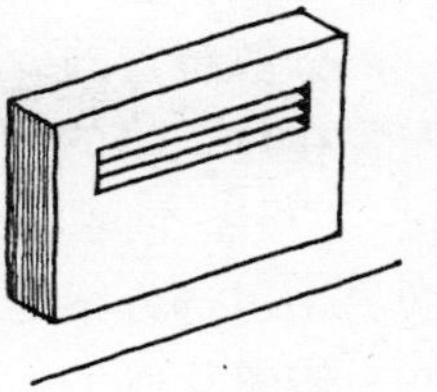

组合式空调的终端设备：3.5′宽 ×1.5′深 ×1.3′高

墙式空调机：2′宽 ×2′深 ×1.5′高

f. 电踢脚板对流式加热器常用于居住建筑及商业办公楼内。通过装在房间周边踢脚板内的电阻来采暖，踢脚板尺寸为3″深 ×8″高。它不制冷。

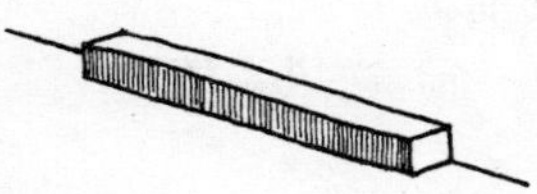

g. 电动热风供暖器与上述的“f ”非常相似，但由于其内部设有使空气再循环的风机，因此，它的尺寸更大些。它不制冷。典型尺寸为1.5′宽 ×8″深 ×8″高至2′宽 ×1′深 ×1.8′高。

h. 辐射采暖装置：在地板或顶棚中埋入电阻丝。不制冷。替代方案是：采用嵌入式辐射板，其典型尺寸为2′ ×2′或2′ ×4′。可通过敷设水管来使其变冷或变热。这种方法主要用于居住建筑。

i. 壁炉是用于小空间的小型采暖炉（常用于住宅）。必须有通风装置。不具制冷功能。既可用燃气也可用电来工作。典型尺寸为14″宽 ×12″深 ×84″高。

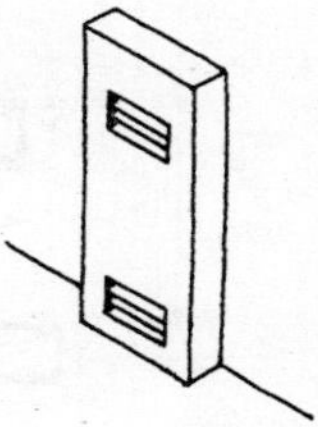

j. 其他各类小型系统（主要用于住宅）：

__被动太阳能采暖系统（见第208页）；

__主动太阳能采暖系统；

__采暖炉（必须完全通风!）。

3. 大型建筑的专用系统

设计师必须在平面方案设计时就考虑这类系统前三个单元的

位置（见第425页）。在高层建筑中，由于距离原因，设备层的位置需使空调机得以控制空气向上或向下流动10至15个楼层，所以，设备层的间距应为20至30个楼层。

分散布置的冷却器和锅炉可位于间隔的机械层上，也可集中布置在建筑物的顶部或底部，同时在每层设一个或多个空调装置。“设备空间”见第436页。[注：大型建筑（但非高层建筑）的另一可选方案是：采用很多固定于屋顶的大型“成套”装置。在总容量相等的前提下，将几套小型装置组合后代替一套大型装置，然后再加一组装置，这样，任何装置都可在不影响总体运行的前提下被检修。]

a. 送风系统

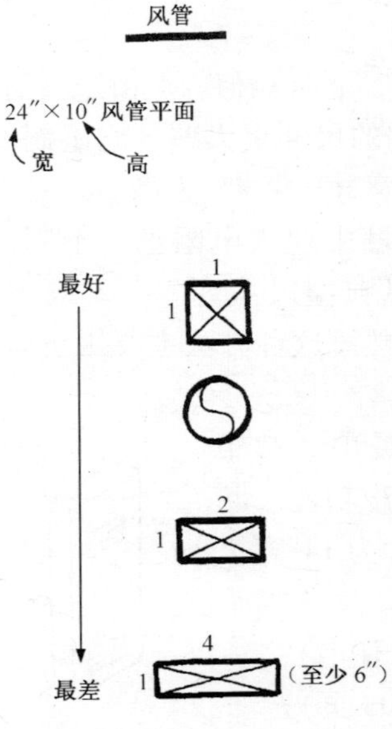

(1) 空气送风系统

风管因其尺寸而成为楼板至吊顶空间初步设计中最值得关注的因素（见第387页）。送风干管和回风管往往沿主走廊上空布置，这是由于此处的顶棚可略低些，并且它还提供了一条现成的、可轻松抵达各主要送风空间的路径。较为理想的是，所有风管尽可能笔直布置且清除障碍，没有容易聚集污垢的拐角，并设有便于检修和清洗的入孔口。水平管路应稍稍倾斜，以防止潮气聚集。

当风管穿过防火墙或防火间隔时，它们通常需要设防火挡板。

为建筑物输送空气的速率根据不同的用途及气候条件，在1～2CFM/SF之间变化。低速风管每服务于1000SF的建筑面积，需要1～2SF的截面积；而同样情况下，高速风管只需0.5～1.0SF的截面积。回风管的尺寸要与送风管大致相等，或稍大一些（上述尺寸为内口尺寸。通常，在风管外还要包裹上1″~2″厚的保温层）。

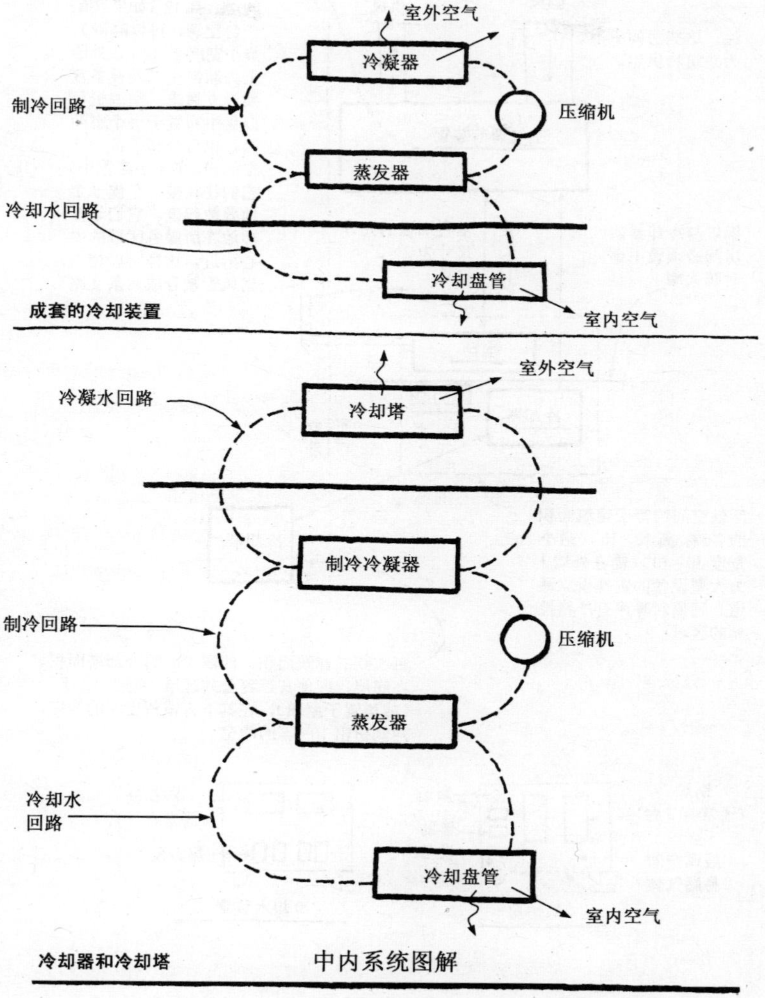

中内系统图解

大型系统

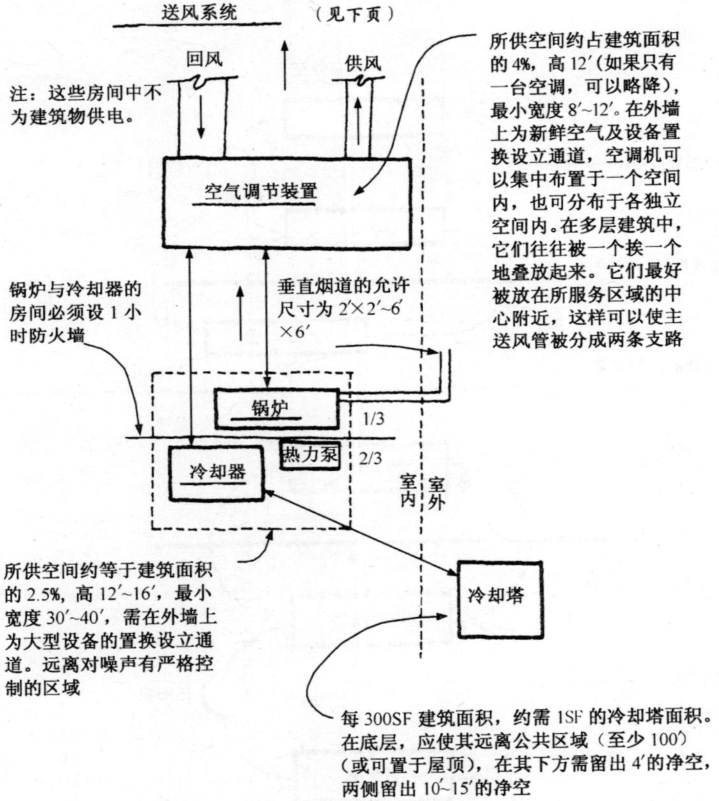

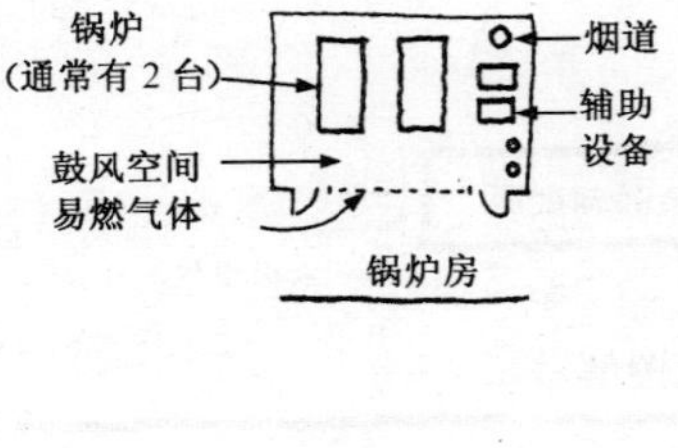

锅炉房

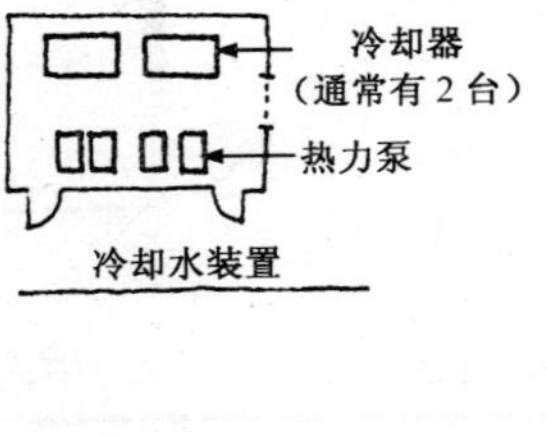

冷却水装置

价格：风管的典型价格约为 HVAC 系统总造价的 40%。

(a) 单区域、等容量系统 仅服务于一个区域，用于外露面没有变化的大面积开敞空间。是一种低速系统。

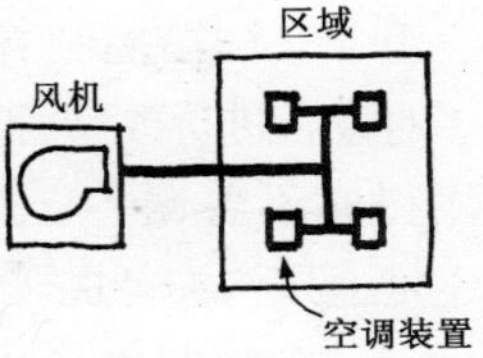

(b) 多区域、等容量系统 最多可服务于八个分区。常用于外露面和(或) 内部荷载变化丰富的中型建筑。是一种低速系统。

(c) 小区域箱式系统 常作为单区域系统的一个补充，服务于附属空间。利用由主送风管上分支出来的送风箱形成各独立区域。送风箱大小与其所服务的面积相关：

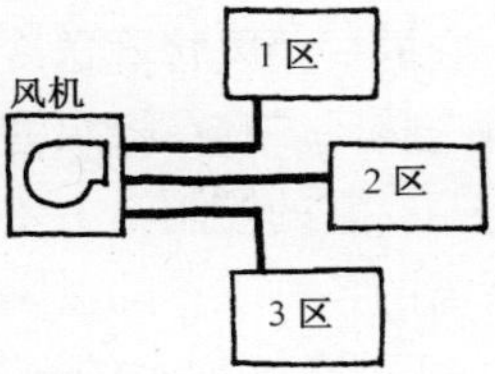

送风箱尺寸	服务面积
4′长 ×3′宽 ×1.5′高	500 ~ 1500SF
5′长 ×4′宽 ×1.5′高	1500 ~ 5000SF

主要的供风管可以是高速的，但在送风箱之后的各分区的送风管（及回风管）都是低速的。

(d) 变容单管系统（V.O.V）可服务于所需要的多个分区。由于它具有灵活和节能的优点，因而成为众多商业建筑的首选。它能最有效地服务于内部区域。对外部区域，则在送风箱内加上用热水或电加热的盘管。各区域的温度是由流经该区域送风箱的空气容量来控制的。典型的置于顶棚上的送风箱尺寸为：

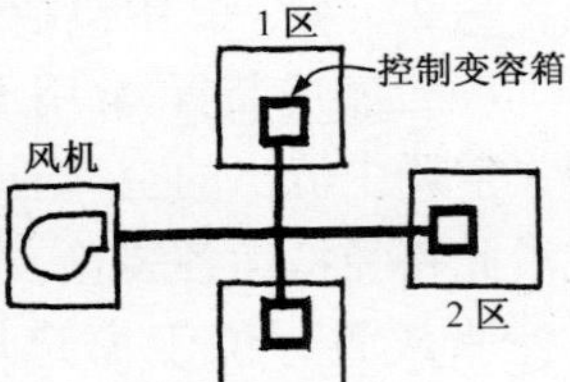

8″ ~ 11″高，最多可服务 1500SF

（长度可达 5′）

最高可达 18″，服务面积达 7000SF

（e）双管系统 对那些空气质量控制非常重要的地区来说，不失为一个好选择。空调机为一路风管输送暖风，同时为另一路输送冷气。组合空调箱控制着这两种风管。除了对设备进行改型翻新外，这种系统用得并不普遍。它是个“听差”，但也是一只“油老虎”。

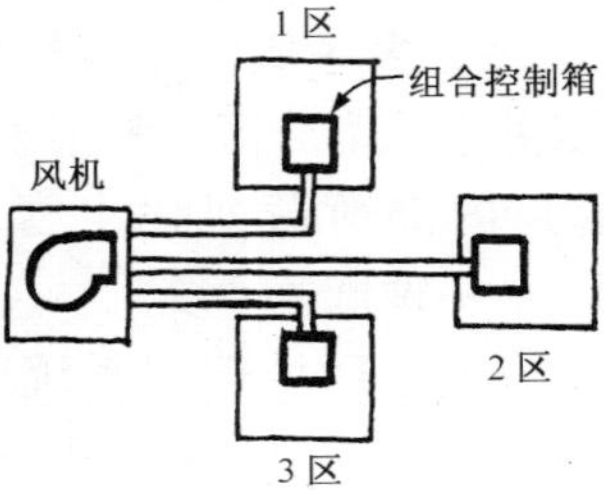

（f）变容双管系统 是最昂贵的系统，最可能用于对设备的改型翻新。它的一路风管输送冷气，另一路则输送暖风。它在将双管等容量系统转换成变容系统的工程中用得最普遍。它的控制箱主要被控制用来提供所需的各种质量的暖风或冷气。

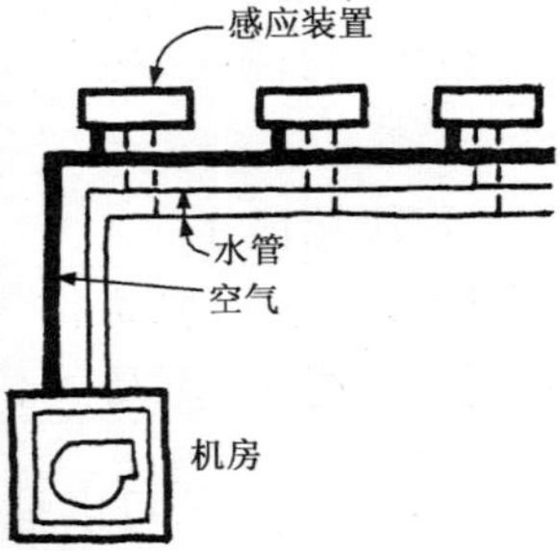

（2）空气加水的送风系统

这种系统利用空气在它应用地附近的冷却来减少管道系统的设施。冷热水通过管道输送至远处的感应器或风机盘管机组。由于风管只输送新鲜空气，所以它每服务 1000SF 的面积，只需 0.2～0.4SF 的横截面。对中型建筑来说，冷热水主管的直径将达 2″～4″，其中包括保温层。

（a）感应装置 常用于高层办公楼的四周，且费用昂贵。从中央空调中流出的空气通过高速风管抵达各感应装置。冷热水管也沿此路径抵达各装置。所有装置都沿外墙放置，位于窗户底板。尺寸为：6″～12″深、1′～3′高。

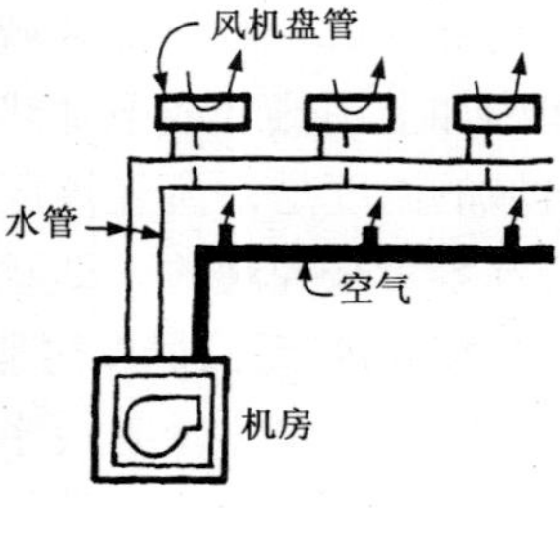

（b）空气补偿风机盘管 用于有多个需独立控制的小房间的建筑。冷热水管流经盘管。风机将房间内的空气抽取后穿过盘管使其变热或变冷。

一套独立的风管系统为它提供从远处的空调机中流出的新鲜空气。

风机盘管的尺寸为 6″ ~ 12″深、1′ ~ 3′高。也可做成直立形（2′ × 2′ × 6′高）安装在柜子里。在高层建筑中，它们经常被垂直叠放在一起，以减少管道数量。风机盘管机组可被放置在顶棚空间内。

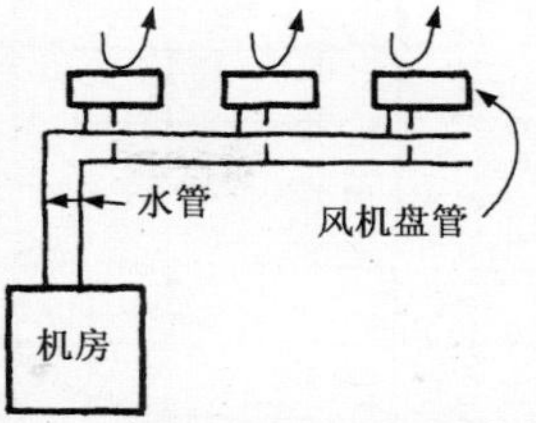

（3）水循环系统 仅仅使用冷热水管。不向所服务的区域输送空气。

（a）风机盘管机组 内有冷热水管，并伴有来自可开启窗户或装置上的室外进风口的新鲜空气。

（b）踢脚板式热水采暖装置 仅用于采暖。通常和单冷变容系统联合使用，位于房间周边。踢脚板高度为 6″、深度为 5″，长度视需要而定。

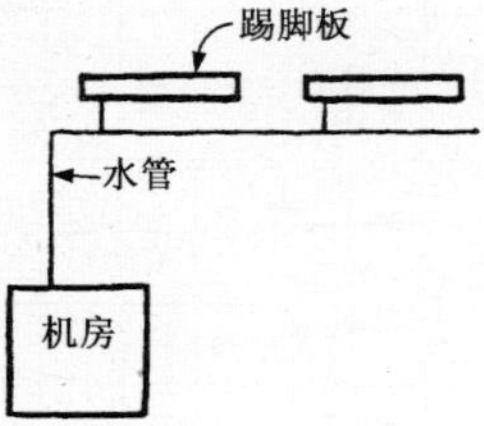

4. 散流器、终端装置及格栅

这些装置是 HVAC 系统在建筑物内为了获得良好的视觉效果及舒服的热度感觉而设置的一个界面。在每个空间中，送风与回风格栅或通风装置应尽可能保持距离（最好位于相对的墙面或相对的角落，一个靠近顶棚，另一个就靠近地板），并且应处于不被人或家具阻挡的位置。格栅是侧墙装置。其“射程”应为与房间另一面墙的距离的 3/4。相对的墙面距离不应大于 16′至 18′（若在较高的房间里采用特殊的散气片，这个距离可增加到 30′）。散器片面向下方，须与灯具配套设计，以使空间协调统一（间距约等于地板至顶棚的高度）。回风口应设在不干扰送风的位置。约每 400 ~ 600SF 设一个回风口。

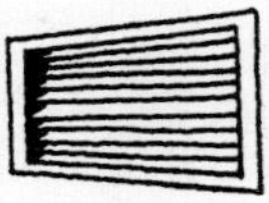
格栅

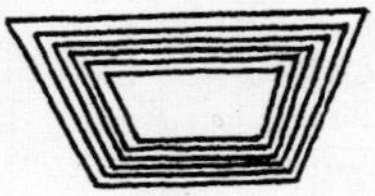
散热片

记事

第 16 部分　照明及电气

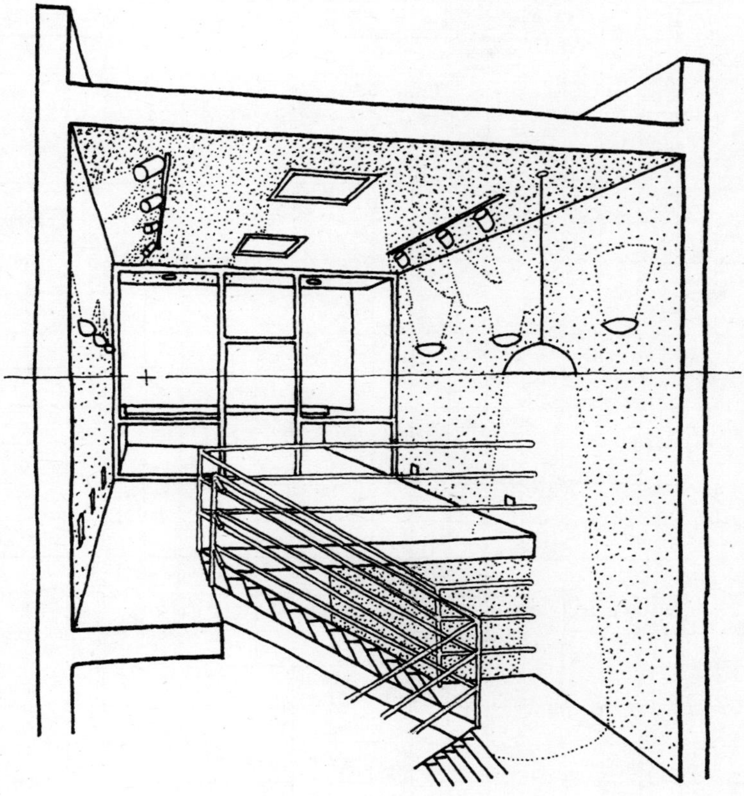

记　事

A. 照明

1. 总则 (4) (10) (11A) (43) (45A)

a. 光的定义与概念可用喷水管来比拟。

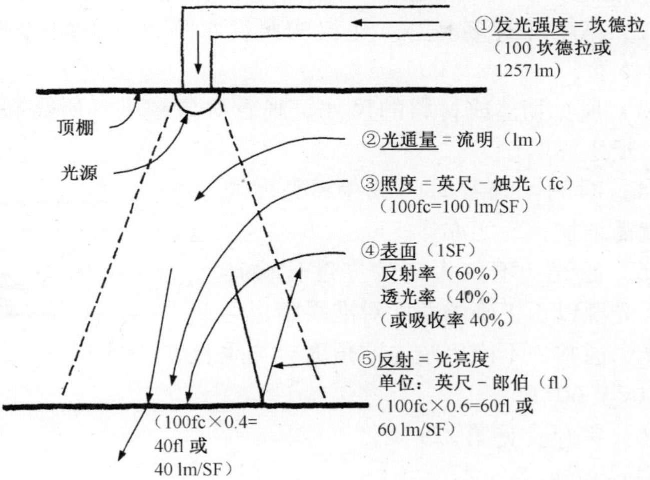

（1）可见光以流明为计量单位。

（2）1 流明的光通亮照在 1 平方英尺面积上的照度为 1 英尺-烛光（fc）。$1fc = 1\ lm/ft^2 = 10.76\ lx = 10.76\ lm/m^2$

（3）流明/瓦的比值称为光效，它是能效的计量单位。

（4）光束在平面上的入射角永远等于其反射角。

（5）1-1-1 规则：当 1′远处的 1 流明光线垂直照在 1SF 的理想反射面上时，1 lm 的输出量 = 1fc 的入射光 = 1 英尺 - 郎伯的反射光。

b. 视觉特性

（1）视野中的目标或区域与周围环境的亮度对比将有助于提高视觉的感受性。太小将冲淡物体；太大则易产生眩光。最大亮度比的推荐值为：

__工作对象与近邻环境	3:1
__工作对象与远处深色表面	3:1
__工作对象与远处浅色表面	1:1
__窗与邻近墙	20:1
__工作对象与基本视野	40:1
__焦点照明:最高可达	100:1

（2）亮度（有多亮?）。建议的照度水平，见下面的“d”，或第446页。

（3）所见物体或材料的尺寸。观看对象越小，所需亮度就越高；反之亦然。

（4）时间：观看时间减少，亮度与亮度比就需增加；反之亦然。

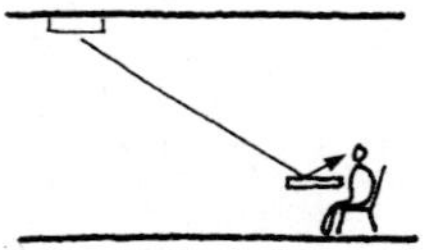

“光膜反射”

（5）眩光：不仅太高的亮度比会产生眩光，光源以不正确的角度对准眼睛也会产生眩光。通常，不产生眩光的角度应与垂直线成30°至60°角。

（6）颜色：见第229页。

（7）兴趣。

c. 光源的大致类型

（1）局部照明为满足某些即时目标需要的、具有最高照度水平的照明，如台灯。利用第446页的表进行选择。

（2）一般照明为满足基本视觉需要并降低目标与背景之间亮度比而提供的照度水平较低的整个场地的照明。也适用于不需强烈照明的对象，如前厅。这类照明既可以是自然光也可以是人工光。

（3）按常规，一般照明的照度应为局部照明的1/3左右，最低20fc。非重要部位的照明（如门厅等）可降至一般照明的1/3，最低10fc。详情参见第446页。

d. 照度标准值

（1）住宅

__临时作业	20fc
__中等难度的作业（打扮、看书、做饭）	20 ~ 50fc
__长时间作业（业余爱好作业、家务、算账、长时间阅读）	50 ~ 150fc
__高难度作业（缝纫）	150fc ~ 200fc

（2）商业建筑

__交通区	20 ~ 30fc
__商品销售	30 ~ 100fc
__特色展示	100 ~ 500fc
__特殊作业（即，打样、绘图等）	200 ~ 2000fc

（3）详细的推荐值，见第 446 页。

e. 室内反射系数的推荐值，见第 233 页。

f. 点光源在受照物体上的照度值估算如下：

$$英尺\text{-}烛光（fc）=\frac{点光源的发光强度}{距离^2}\times 入射角的余弦$$

光源的单位可以是烛光、流明或英尺－郎伯

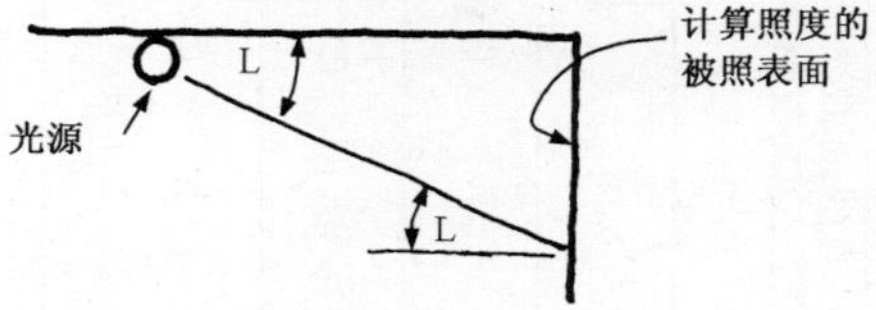

光线以一个角度投射在平面上所产生的照度比垂直投射时的照度小。入射角的余弦被当作修正值。光源至被照面的距离的平方使表面亮度降至原光强密度的 1/4。参见第 457 页的其他计算方法。

设计的照度水平 ㊸

	活动类型	照明类型	英尺－烛光 X	Y	Z	典型空间
A	公共空间／带深色背景	遍布整个空间的分区一般照明	2	3	5	剧院、库房
B	简单判别方位或短暂逗留的空间	↓	5	7.5	10	餐厅、走廊、衣帽间、储藏室
C	视觉目标仅为偶然执行的对象	↓	10	15	20	等候、展览、前厅、存衣柜、住宅餐厅、楼梯、厕所、电梯、码头
D	视觉目标为高对比度或大尺度的对象	局部照明	20	30	50	普通办公室、考试间、加工、阅读、化妆、展示
E	视觉目标为中等对比度或尺度较小的对象	↓	50	75	100	绘制草图、实验室、厨房、考试间、缝纫桌、文件柜、工作台、阅读、制造、教室
F	视觉目标为低对比度或尺度非常小的对象	↓	100	150	200	工艺图及草图、示范、检验、外科手术、实验室、拟和、录音、关键性工作台、难度较大的缝纫作业、装配
G	长时间地针对低对比度或尺度非常小的视觉目标	局部照明与一般照明和分区照明相结合	200	300	500	重要的外科手术、精密加工和装配、精细检验
H	针对时间极长且要求苛刻的视觉目标	↓	500	750	1000	时间　反射率（%）速度与准确性 X　<40　>70　不重要 Y　40～55　30～70　重　要 Z　>50　<30　苛　刻
I	非常特殊的视觉目标：对比度极低的小规格对象	↓	1000	1500	2000	

2. 电灯（人工照明） (4) (10) (11A) (43) (45A)

“能源保存”，见第212页。

a. 电灯类型

（1）白炽灯发出暖色光，价格便宜，易使用；但光效有限（20～40 lm/W），寿命短。常压灯泡形成点光源。最常见的形状有普通型（A）、反射型（R）及抛物面反射型（PAR）。低压灯泡会产生一个非常亮的小点，并聚焦成一束精细光束（针对商品或艺术品）。这种灯通常为抛物面（PAR）型或被设计配上一抛物面反射镜。灯最宽部分的规定尺寸为1/8″。卤素灯（石英灯）及低压灯泡都是白炽灯的特殊类型。石英灯是另一种白炽灯，它发出白色的高强光，有稍长的使用寿命。

（2）气体放电灯产生的光线是电流通过气体后发出的。这类灯需接入一个镇流器来启动，并在随后由镇流器来控制它的电流。

（a）荧光灯能形成宽阔的线性漫射光源，非常适用于书桌的工作面上空或具有标准层高（8′～12′）的商业环境的展示柜。荧光灯的功率通常为17、25或32W。彩色荧光灯具有较好的显色性，用户可根据喜欢选择光谱中的冷色（蓝）或暖色（红）。荧光灯的调光器价格昂贵。荧光灯的光效大于白炽灯（70～85 lm/W），因此操作费用偏低。其售价与寿命都大于白炽灯，但小于高强度气体放电灯（HID）。4′长的灯管（采用40W功率）是最常见的类型。灯的标志“F”是根据其瓦数、外形、大小、颜色及波形因素来确定的。

（b）高强度气体放电灯（HID）可聚焦成相当清晰的光束。这种灯配上合适的设备，非常适合将光束从较高的顶棚（12′～20′）打向工作场所的情形。这种灯的光线很难调暗。它虽然很贵，却有很高的光效和寿命。如果遇到断电，HID灯在灭了之后不能立刻打开，需等10分钟左右待灯完全冷却下来后再开。因此，在一套HID灯的装置中，需配备少量的白炽灯或荧光灯以作备用光源。由于它在高温下运行，因此对低顶棚、壁灯或任何近光灯源来说，不是个好选择。同时，它对集合空间或一旦停电会引起恐慌的场所来说，也不是个好选择。

高压汞灯（MV；发蓝光的路灯）。由于它发出一种蓝-绿色光线，因此非常适宜为叶子、绿铜外侧及标牌加高光效果。Deluxe 牌的灯，光色较暖，光效为 35～65 lm/W。这种灯在别处用得不多。

金属卤素灯（MH）是经常发出蓝白色冷光的、具有工业外形的灯。Deluxe 彩色灯泡的功率为 50～400W，其色温的暖效应几乎可与彩色荧光灯相媲美。光效为 80 lm/W。

高压钠灯（HPS）发出温暖的金黄色光，常用于高速公路。灯泡功率为 35～400W。Deluxe 彩灯的冷色效果几乎与彩色荧光灯一样。光效为 100 lm/W。

低压钠灯（LPS）发出一种可使所有颜色显得灰暗的黄色光线。非常适宜增强室内植物的效果。灯泡典型功率为 35～180W。用于停车场及公路。功率为 150 lm/W。

（c）冷阴极灯（霓虹灯）的颜色取决于灯管内的气体及灯管本身的色彩，几乎能呈现任何色彩。虽然它发出的光线不足以照清视觉对象的细部，但却足以吸引人们的目光，无论室内，还是室外。

常用灯（泡）的规格及形状

(11A)

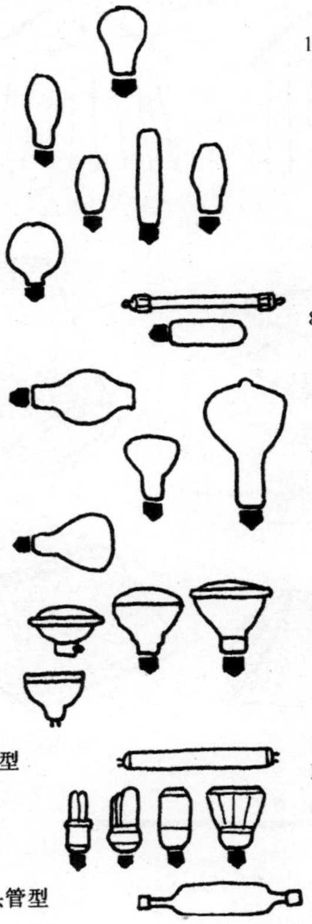

灯（泡）形状类型标记	灯（泡）规格（管口直径1/8″） I	Q	F	MV	MH	HP	LP
A	15~25	—	—	23	—	—	—
E	—	—	—	23~28	17~37	25	—
ED	—	—	—	17~37	—	17~37	—
G	16~40	—	—	—	—	—	—
T	8~21	3~5	—	—	15	10	17~21
BT	—	—	—	37~56	37~56	—	—
R	14~60	12~30	—	40~60	40~60	—	—
ER	30~40	—	—	—	—	—	—
PAR	16~64 光束发散度为5°至130°	16~64	—	38	38	38	—
MR	—	11~16	—	—	—	—	—
直管型	8~10 L=24″	—	5~17 L=4~96″	—	—	—	—
小型	—	—	9~40	—	—	—	—
双头管型	—	3~6 L=4~10″	—	—	6~8 L=4~14″	—	—

1. 灯（泡）形状标记：A = 任选型或标准型；E = 加长型；ED = 椭圆形；G = 球形；R = 反射镜；ER = 椭圆反射镜；PAR = 抛物面镀铝反射镜；T = 管状；BT = 吹制灯管；MR = 多面反射镜（抛光玻璃反射镜内的小型石英灯管）。

2. 灯（泡）类型标记：I = 白炽灯；Q = 石英灯；F = 荧光灯；MV = 水银灯；MH = 金属卤素灯；HP = 高压钠灯；LP = 低压钠灯。

b. 反射镜类型(11A)

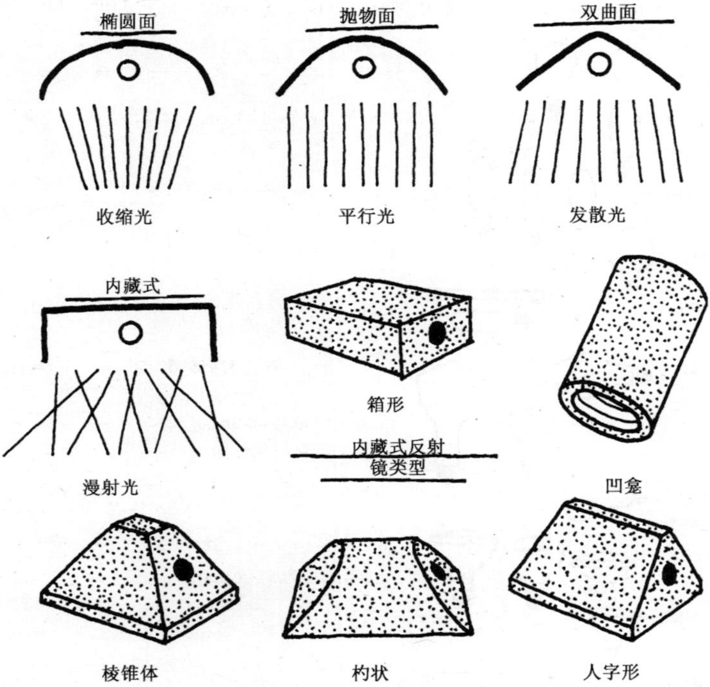

反射镜类型

c. 照明系统和灯具类型

注：价格中包括灯（泡）、灯具及安装的人工费，但不包括基本布线。根据经验，灯具价格约占 20% ~30%，配电系统的价格（以下价格中不包括此项）约占 30% ~70%。

（1） 一般室内照明

大部分商业空间需要在工作场所采用均匀的照明体系。这可以通过多种途径来实现。

（a） 直接照明是一般室内照明的最普通的形式。

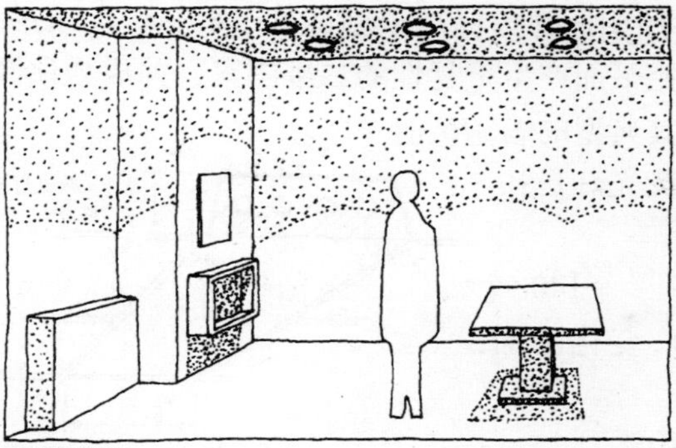

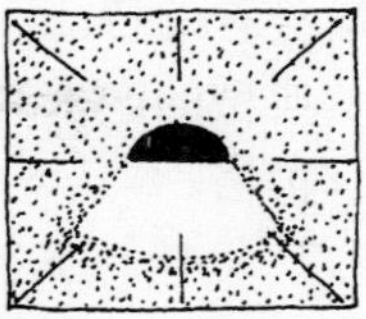

直接照明

所有凹槽灯具都是典型的直接照明系统，如果吊灯射出的光线未超过其所在的水平面的话，那它也是直接照明灯具。除了泛光照墙灯或高亮度灯（比如普通办公室内使用的荧光灯），直接照明系统给人的印象是总体亮度较低的照明，其中可能出现高亮度点。

灯具装置的最大间距是根据间距与安装高度之比（S/MH）来确定的。安装高度是指从工作点（通常在地面以上 2.5′处）至灯具的垂直距离。请注意，该比值不适用于椭圆面灯具，因为它们的光线实际上是散射的。

$$间距 = \left(\frac{S}{MH}\right) \times (安装高度)$$

例题

如果顶棚高度为 9′，S/MH 的比值为 1.5，那么荧光灯具的平均间距为多少？

答　间距 =（1.5）（9′－2.5′）＝9.75′

决定采用：10′

直接照明的类型包括：

__ 宽配光漫射照明通常为标准顶棚高度（8′～12′）的荧光灯。这种灯会在顶棚平面产生重复性的二维图案，并成为顶棚平面最显著的特征。其典型的 *S/MH* 值 =1.5。

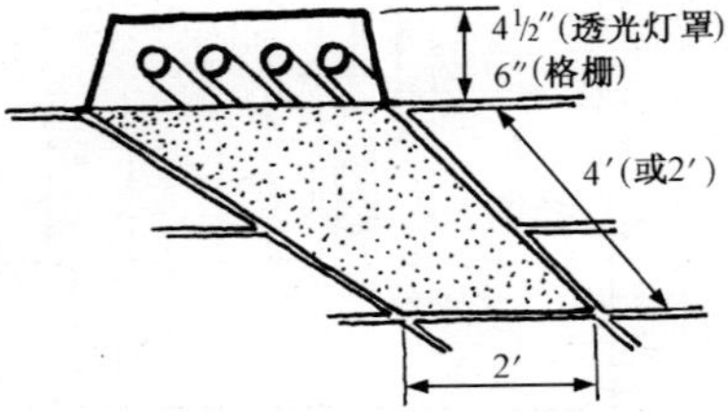

典型的嵌入式荧光灯具：

价格：

2′×4′ = $85 ～ $140/个(85% M 与 15% L)，变化范围：-10% ～ +20%。

2′×2′ = 小于 10%

1′×4′ = 增加 10% 以上

__ 中配光下射照明是由嵌装在顶棚内（或上）的灯具产生的向下直射光束形成的。在建筑内的交通区和大厅中常使用白炽灯。大型区域通常选用高强度气体放电灯（HID）。这两种灯都会产生锥形光束，并在墙面上形成扇形光影。*S/MH* 值通常为 0.7～1.3。

典型灯具

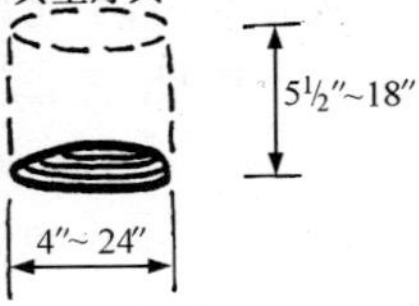

价格：

（单件灯具）（变化范围：-10% ～ +35%）

	嵌入式	普通型
低压灯	$150	$305（85% M 与 15% L）
白炽灯	$65	$305（90% M 与 10% L）
荧光灯	$125	$280（85% M 与 15% L）
HID 灯	$150	$460（80% M 与 20% L）

__ 窄配光下射照明也经常用于与上述照明类型相同的场所，所不同的是，它能在较低的安装高度上产生更多的点射光效果。这种照明形式常用于在顶棚较高之处获得均匀的照明效果的情形。其 *S/MH* 值通常为 0.3～0.9。典型灯具同上。

价格：与上述的中配光下射照明相同。

（b）半直接照明

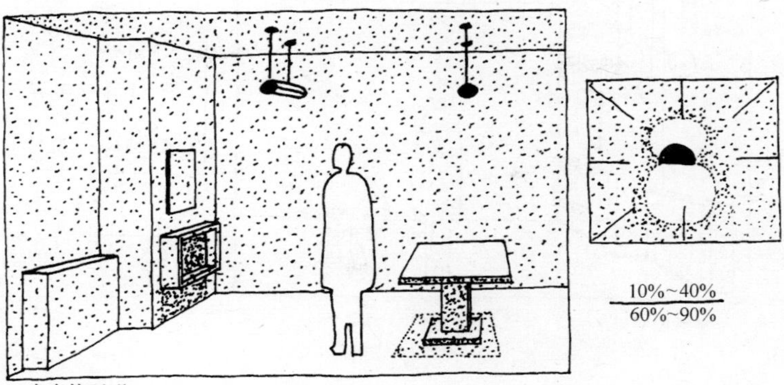

半直接照明

与直接照明系统不同的是，其整个系统必须体现出“悬浮在空中”的感觉，它既可悬挂，也可固定于顶棚表面，或便携式灯具。半直接照明系统将为水平表面提供中等照度水平的良好照明条件。

典型灯具：

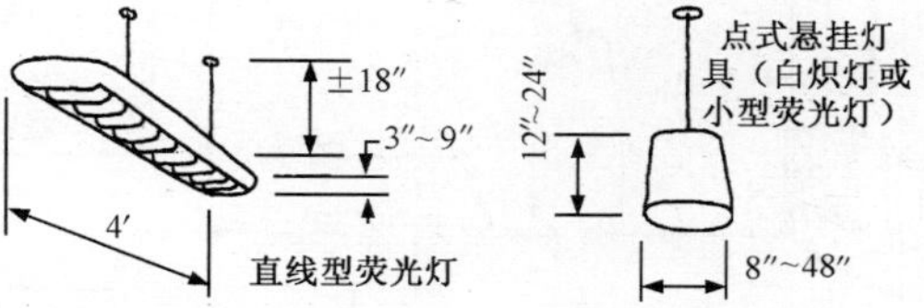

价格：荧光灯：$330 ~ $765（90%M 与 10%L）

吊灯：$150 ~ $460（90%M 与 10%L）

（c）全漫射照明

最典型的全漫射照明系统由吊灯组成，并且灯具的各个侧面一般为透光面。光源可采用白炽灯、荧光灯或 HID 灯。

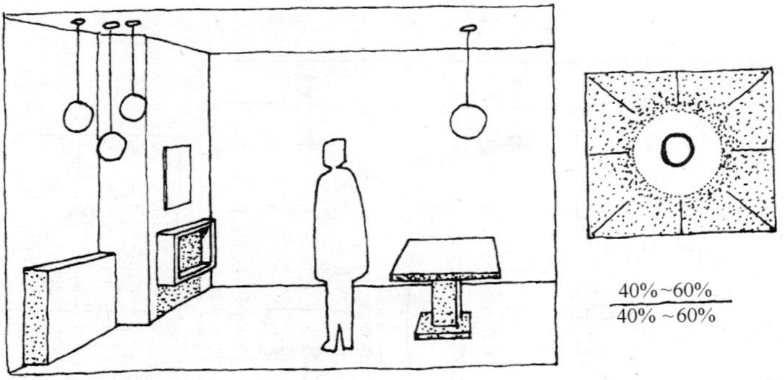

全漫射照明

典型灯具：见以上草图

价格：$75～$560（90%M 与 10%L）

（d）直接-间接照明

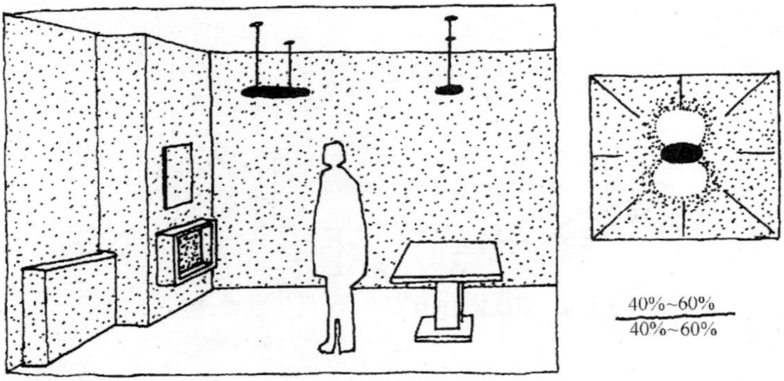

直接-间接照明

直接-间接照明是要均等地强调空间中的上下两个水平面（即顶棚和地面）。

典型灯具：同半直接照明

价格：同半直接照明。

(e) 半间接照明

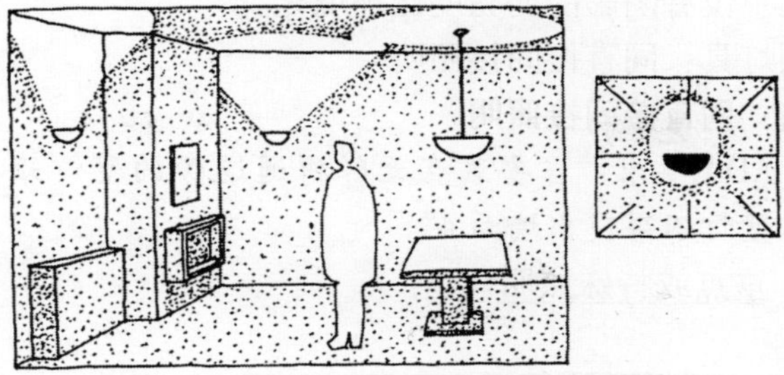

半间接照明

半间接照明系统将主要光线投向顶棚，同时伴有一些向下或向外的光线。

典型灯具：

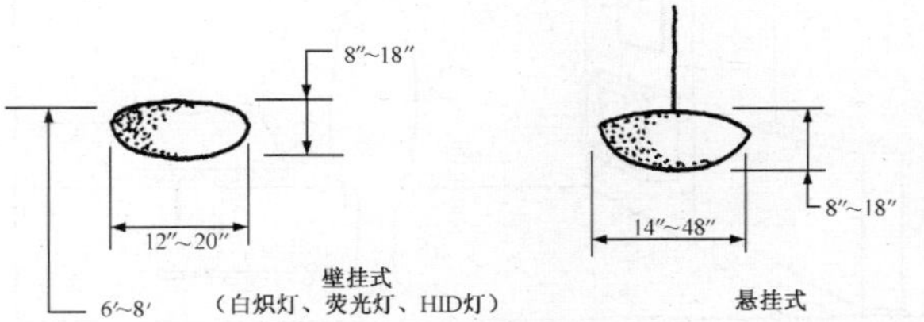

价格：壁灯：　$180 ~ $765（90%M 与 10%L）

吊灯：　$355 ~ $2245（85%M 与 15%L）

(f) 间接照明

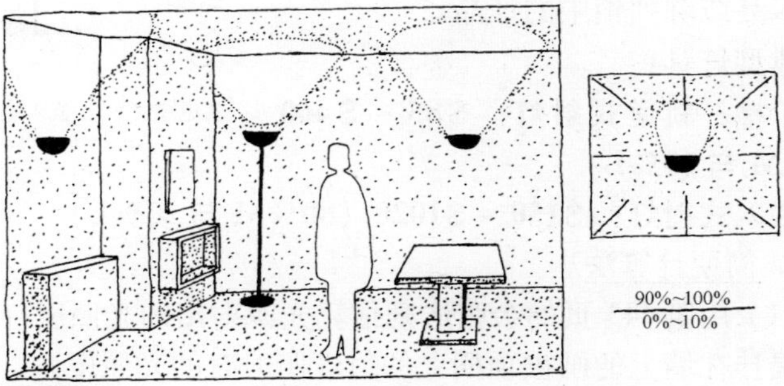

间接照明

一个完全间接的照明系统将使所有光线从顶棚反射回来，形成一个几乎没有阴影的弱亮度比环境光。

典型灯具：同直接间接照明

价格：同直接间接照明

注：ADA 要求：当安装在无障碍通道旁的壁灯距楼面 6′8″以下时，壁灯不得突出墙面 4″。

（g） 重点或特殊照明

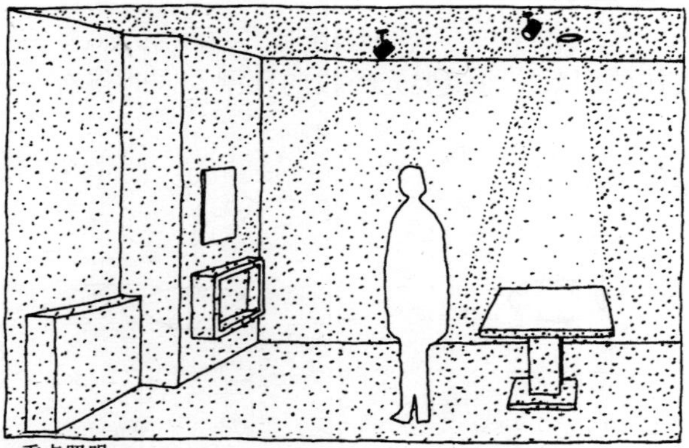

重点照明

用于特殊效果或点射照明，如照射艺术品或陈列柜中的产品。

典型灯具：

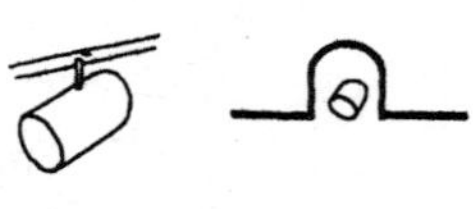

轨道式　　嵌入式射灯

价格：轨道式射灯： $85 ~ $460 (90%M 与 10%L)

嵌入式射灯： $150 ~ $1020 (80%M 与 20%L)

d. 简便计算法

（1）用第 445 页的余弦法则估算光源射出的光照度（比如计算一幅挂在墙上的画被顶棚上的射灯照射时的光照度）。

（2）对一般室内照明，使用空间分区原理（Zonal Cavity）。

一般照明的空间分区计算法

$$室空间比(RCR)=\frac{(5)(H)(长度+宽度)}{长度\times宽度}$$

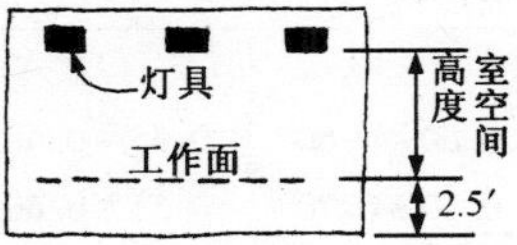

$H=$ 工作面（地面以上2.5′）至灯具底部的高度

长度和宽度＝房间的尺寸

$$灯具台数=\frac{(照度)\times(房间面积)}{(一台灯具的光通亮)\times(CU)\times(减光系数)}$$

照度（英尺－烛光）＝ 工作面所需的光通亮（流明），见第1部分。

一台灯具的光通亮（流明）＝（每台灯的光通亮）×（灯具内灯的总数）

$CU=$ 利用系数

利用系数表现了房间内所有照明装置的组合效率，它与灯具效率、灯具的光分布、房间形状及房间表面反射比有关。各种灯具的利用系数由灯具生产厂家提供，它是根据各灯具的RCR指数及房间表面的反射比印制成的函数表。

减光系数＝ 在0.85～0.65之间变化。之所以要引入减光系数来调整计算结果，是基于这样一个事实：光源在变旧时射出的光线会变弱，灯具变脏后反射出的光线也会变弱。

典型的利用系数

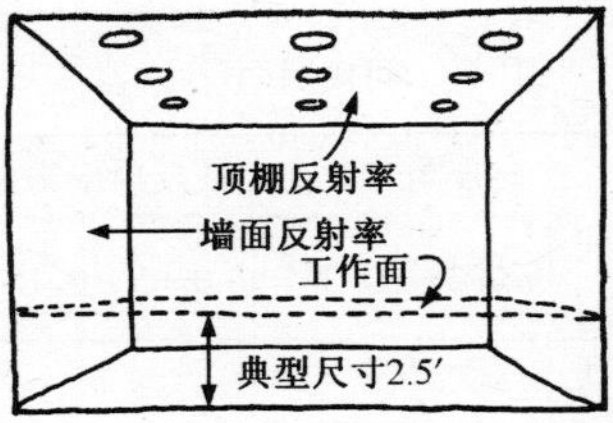

白炽灯，下射照明

房间类型	高反射率饰面	低反射率饰面
典型的小房间（中、低顶棚）	0.70～0.80	0.60～0.70
典型的大房间		
相对较高的顶棚	0.85～0.90	0.80～0.85
相对较低的顶棚	0.90～0.95	0.85～0.90

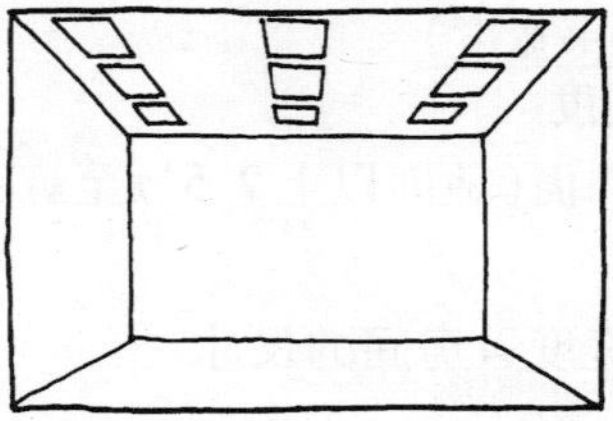

荧光灯，2×4（塑料透光灯罩）

房间类型	高反射率饰面	低反射率饰面
典型的小房间（中、低顶棚）	0.35～0.45	0.30～0.40
典型的大房间		
相对较高的顶棚	0.50～0.60	0.45～0.50
相对较低的顶棚	0.60～0.70	0.55～0.60

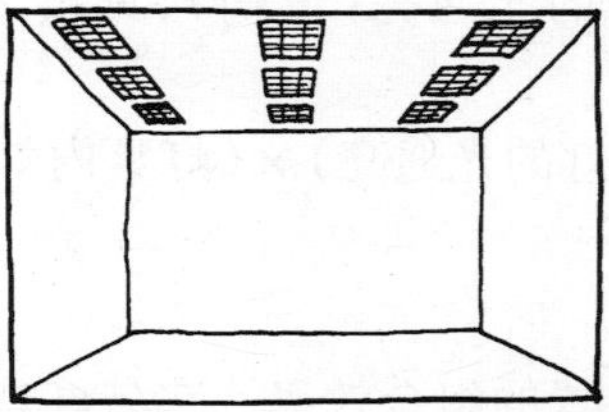

荧光灯，2×4（抛物线形格栅）

房间类型	高反射率饰面	低反射率饰面
典型的小房间（中、低顶棚）	0.30～0.45	0.25～0.35
典型的大房间		
相对较高的顶棚	0.55～0.65	0.45～0.55
相对较低的顶棚	0.65～0.75	0.55～0.65

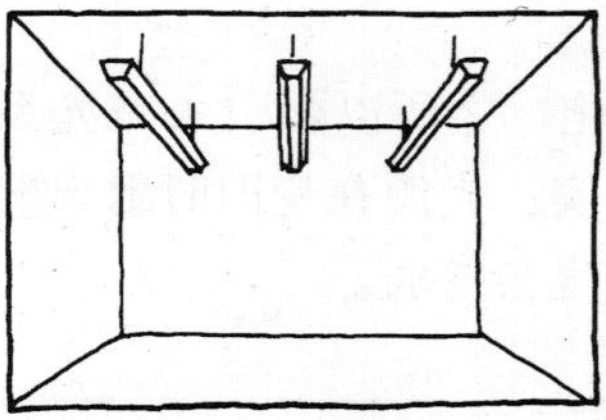

荧光灯管，间接照明

房间类型	高反射率饰面	低反射率饰面
典型的小房间（中、低顶棚）	0.35～0.50	0.15～0.20
典型的大房间		
相对较高的顶棚	0.40～0.65	0.20～0.30
相对较低的顶棚	0.50～0.75	0.30～0.40

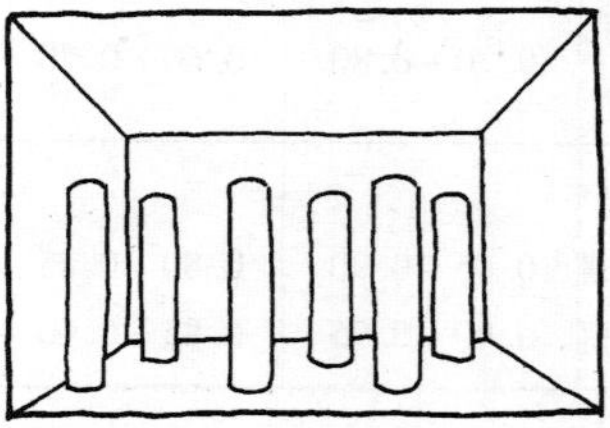

HID 灯，间接照明

房间类型	高反射率饰面	低反射率饰面
典型的小房间（中、低顶棚）	0.28～0.38	0.05～0.15
典型的大房间		
相对较高的顶棚	0.40～0.55	0.10～0.20
相对较低的顶棚	0.50～0.65	0.10～0.25

例题

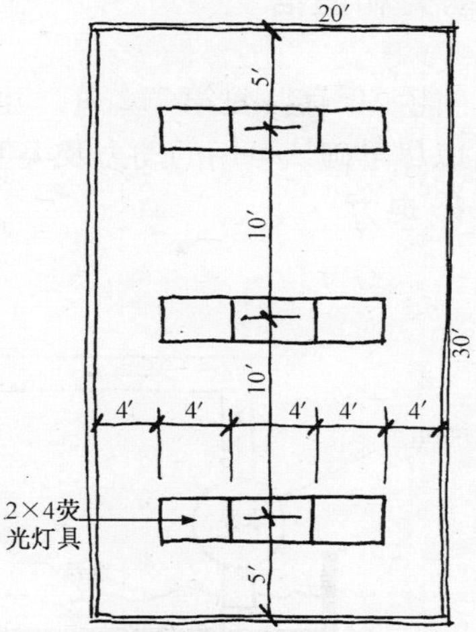

题目

为一间20′×30′的教室设计照明系统。教室内的课桌高度为2.5′；顶棚高度为9′。选用2×4的嵌入式荧光灯具，灯具内共有4个32W的灯。假定顶棚的反射率为80%；墙面的反射率为50%；地面的反射率为40%。

解答

1. 灯具数量 =

$$\frac{FC \times A}{光通量/灯具 \times CU \times MF}$$

其中：FC = 需要的照度水平，选择75FC（见第446页）

A = 房间的面积 = 20′×30′ = 600SF

光通量/灯具 = 假定为80 lm/W（见第447页）×32W×4个灯 = 10240（lm/灯具）

CU = 利用系数，根据第458页表的典型顶棚类型：

荧光灯，2×4，选 0.6

MF = 减光系数（见第457页），选 0.8

$$= \frac{75 \times 600}{10240 \times 0.6 \times 0.8} = 9.15$$，选用 9 台灯具

2. 直接照明荧光灯的间距（参见第451页）= S/MH = 1.5

间距 =（1.5）（9 − 2.5）= 9.75′，选10′

3. 平面布局如上图所示。

B. 动力和通信 (1) (10) (20) (45A)

“能源保存”见第212页。建筑师需提前了解公用设施的情况，以尽早确认可用的动力及类型。

1. 电力

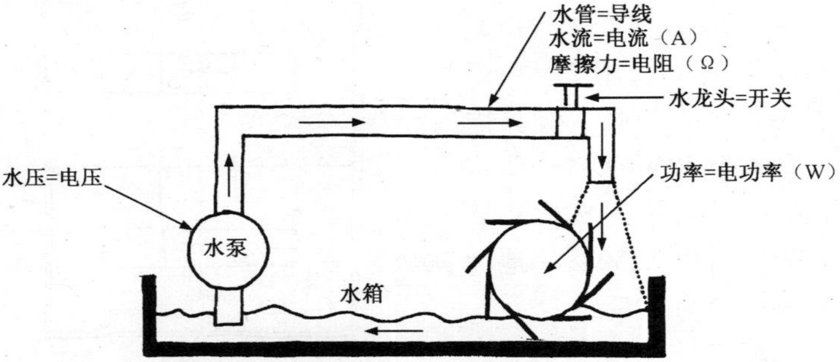

a. 与水类比（一个通电回路）

1V =1A 电流经过1Ω 电阻所需的动力。

1W =1A 电流在一个回路中产生1V 电压所消耗的电功率。

b. 基本公式

（1）电功率的计算公式：1W = 1V ×1A

用于将装置的额定功率（W）转换成A。电线与回路的规格以安培为标准。

（2）欧姆定律：

$$\text{电流（A）} = \frac{\text{电压（V）}}{\text{电阻（}\Omega\text{）}}$$

即使在相同的电压下，装置也会产生不同的电流。

c. 现代电子与计算机发展迅速，大大影响了建筑设计，需要占用比以前更大的空间。

d. 一栋建筑的电力系统包括3个基本部分：设备（输入电力并调整电压）、配电系统（将电力输送到建筑物各个部分的电网）、环路（电力在其中得到应用）。电力系统可分成大、中、小三个等级。按常规，应提供20%～30%的断电器空间，以备未来的扩张之需。

e. 建筑物的动力系统组成：

__一个与城市动力网相接的降压变压器。户外变压器最好距建筑物20英尺。

__一个通过断路器或保险开关进行干路切断或分配的总控制板（有时也被称为入宅电源开关或配线装置）。

__将动力分配至整座建筑的副面板和分支电路。

根据建筑规模所作的详细规定：

（1）居住建筑及小型商业建筑通常采用120/240V、单相、60～200A的电力及1～2个配电箱。

（a）变压器：通常固定在电线杆上（油冷式，直径18″、高3′）；或者，对地下系统，选用基座固定在地面上的干式变压器。这两种变压器均位于室外。

（b）总控制板：一般位于建筑物的电源输入端，典型尺寸为：20″宽×5″深×30″高。

（c）分支电路：距配电盘的距离不应超过100′。配电盘的尺寸约为20″宽×5″深×(30″～60″)高。一个配电盘上的断路器数量最多不得超过42。

（d）配电盘和控制板的前方通常需留出3′～6′的空间。

（2）中型商业建筑：通常采用120/208V的3相电力，用以运行暖通、空调（HVAC）等系统中的大型电机，并为照明和电源插座提供所需的120V电压。新供电流一般为800～1200A。

（a）变压器：通常为基座固定于户外的液冷式变压器，需在周围留出4′的空间，并且距发电机不得超过30′。其规格尺寸可由其所服务的面积来确定：

面积（SF）	住宅单元数	基座尺寸
18000	50	4′×4′
60000	160	4.5′×4.5′
180000		8′×8′

（b）总控制板：低压控制板的尺寸约为6′宽×2′深×7′高（≤2000A，或最多可服务于70000SF的建筑面积），在它前方需设置3′~6′的通道。若为高压控制板，则需在两侧设置通道。通常，3000A即是控制板的最大规格。

（c）支线配电盘：为普通照明及电源插座提供电力，除了其所需的配电盘数量更多，并至少每层一块外，其他方面与居住建筑及小型商业建筑所用的基本相同。配电盘通常与建筑物的功能分区有关。

动力配电盘，见“大型建筑”。

（3）大型商业建筑经常采用277/480V的3相电力。通常被接入高压电源，并在建筑物的动力系统中逐级降压。一般需要一间配电房，房间最好有两个出口（一个通往室外）。所有大型电气元件的都要留出足够的净空空间：前方3.5′、两侧2.5′、上方3′，以便于通行。

（a）变压器通常为建筑物独立拥有，置于室内或室外的变压器室中（在地下）。变压器室应与外墙相邻，具备通风、防火条件，并有两个出口。小型干式变压器遍布整座建筑，并将480V的电压降至120V。变压器室的尺寸见下表。

（b）总控制板的尺寸约为：10′~15′宽×5′深×7′高。各方留出4′~6′的维修空间。变压器室和配电室的典型尺寸如下：

商业建筑（平方英尺）	居住建筑（平方英尺）	变压器室（英尺）	配电室（英尺）
100000	200000	20×20×11	30×20×11
150000	300000	（两者合并30×30×11）	
300000	600000	20×40×11	30×40×11
1000000	2000000	20×80×11	30×80×11

3000A以上的配电室可服务于多种设施。变压器室需以2小时防火墙与建筑物其余部分相隔。

（c）支线配电盘

__用于照明和电源插座的配电盘除了它们经常与电话装置一起被放在柜子中以外，其他方面与中型建筑的配电盘相同。所需面积≈0.005×所服务的建筑面积。

__用于HVAC设备、电梯及其他大型设备的动力配电盘经常靠墙放置在设备间内（或与设备间紧邻）。配电盘的基本模数约为1′宽×1.5′深×7′高。单位模数尺寸的配电盘能够相应控制2~4台垂直叠放的发电机组。独立放置的小型电机需要独立的动力控制装置，尺寸约为：1′宽×6″深×1.5′高。

（d）其他：在很多建筑中都需要配备一个备用发电机。其最佳位置应在配电室附近的室外区域。若将其置于室内，则需一间宽12′、长18′~22′的房间。如果应急电源不只用于保障生活安全，那它的尺寸就能增加很多。无论何种情况，发电机都需要燃烧空气并尽量冷却。

f. 其他电气条款

（1）电气图中的电路图例

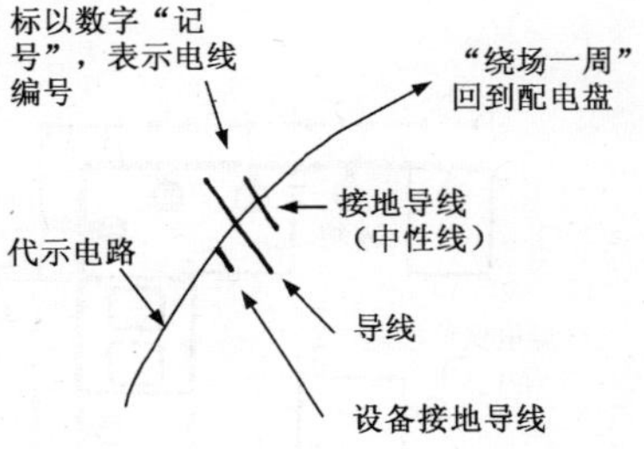

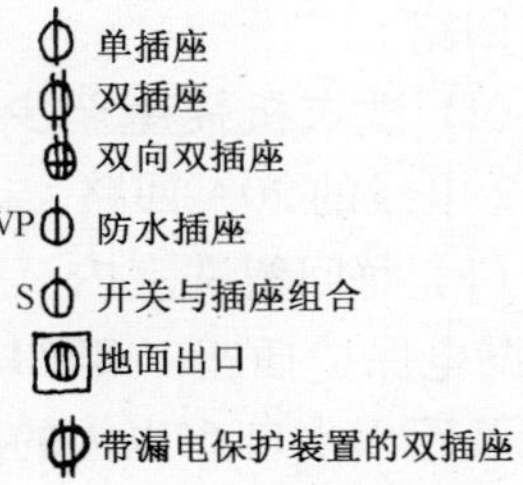

（2）避雷：按规律，高层建筑应在屋顶至少设2根避雷针，用专门的导体向下接入地面终端。

（3）火灾报警系统，见第458页

（4）住宅

（a）架空接户线（架空线）的高度应

____距地面或人行道10′；
____距车道15′；
____距街道18′。

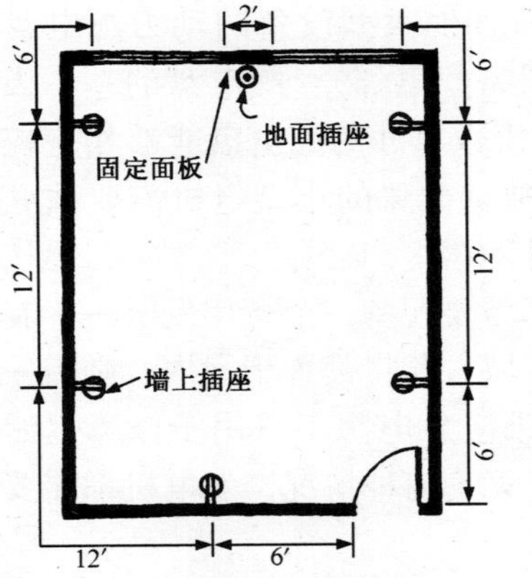

典型房间的插座布置

(b) 每个房间至少需1个控制照明灯具的墙上开关（但在主要房间内可设简易式接线盒）。

(c) 在所有房间内，需沿墙每12′设一个简易式接线盒，间距大于或等于2′。

(d) 提供15～20A的回路，以满足3W/SF的最低功率要求。每500～600SF设一个回路。

(e) 与厨房相连的餐具室、餐厅、家庭室内至少需2组12号导线（铜芯）的20 A小型设备回路。

(f) 洗衣机插座至少为1组#12电线的20A回路。

(g) 每间盥洗室内至少需1个漏电保护插座（GFCI，在外墙及距出水口6′以内的地方需设此种插座）。

(h) 在地下室、车库、庭院、厨房柜台、水吧及管线空间内至少设1个20A的漏电保护插座。

(i) 设置烟感探测器，参见第159页。

(j) 安装高度：

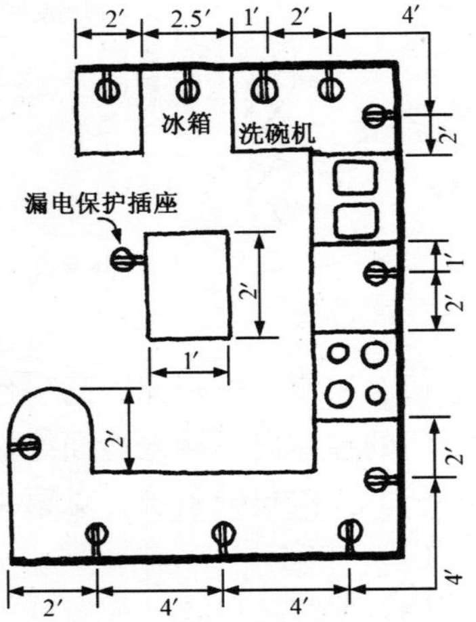

厨房内的插座平面

____开关、台面插座及二者的引出线：距地 4′；

____洗衣机插座：距地 3′6″；

____墙上的简易式接线盒：距地 12″。

（5）根据 ADA 的要求，插座及控制面板需满足*可达性要求*，它们的间距应为 18″，距地高度 4′。

（6）通常需核查室内开关是否紧靠*门扇*。

（7）核查墙上的嵌入式面板的*入墙深度*。

（8）一般情况下，建筑物必须有*接地装置*。办法是：将所有金属管线与配电系统相接，并通过一个埋设在室外土壤中的金属棒（或金属板）或被引入基础的导线使配电系统与地相接（UFER）。

（9）考虑建筑物的*防雷设计*。办法是：使由柱内主筋构成的体系或屋顶天线与独立的接地装置相连，并进入建筑物的电气接地装置。

价格（20%M 和 80%L）：

插座（包括电线）：

住宅：$40 ~ $60/个

商业建筑：$50 ~ $65/个

饭店：$60 ~ $80/个

2. 建筑物的电话和信号系统

a. 小型建筑常常设有一块电话安装板（TMB），由 ¾″厚胶合板制成，最大尺寸可达 4′ × 4′。

b. 中型建筑常需配备一个 4′ ~ 6′的电话柜。

c. 大型建筑通常设置一间 400SF 的电话终端室。其二级端口通常会遍布整座建筑（每一区域或每一楼层设一个），常与配电箱合二为一（≈0.005 × 所服务的面积）。

d. ADA 要求，在公用电话区，至少设一部便于轮椅使用的电话（每层及每个电话区一部）。关于这方面的特殊要求可参见 ADA 规范。

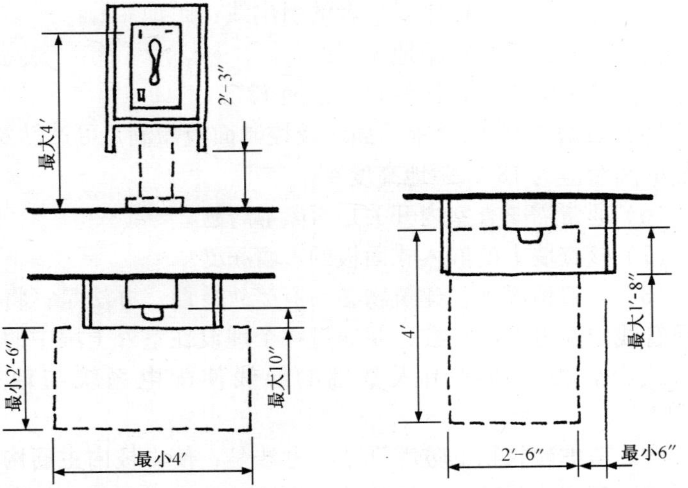

e. ADA/ANSI 现在对建筑物内的应急信号（简称“装置”）作了要求。根据规范，墙上装置应位于地面以上 6′8″至 8′，顶棚以下 4″～12″。对净空很高的房间，固定于顶棚上的装置必须悬挂在不高于 30′的地方。走廊内必须每 50′～100′设置 1 个装置，并距尽端 15′。房间内必须有 1 个装置，除非它在哪儿都看不见，最多可设 2 个装置，但 80 平方英尺以上的房间可以设置更多。

附　　录

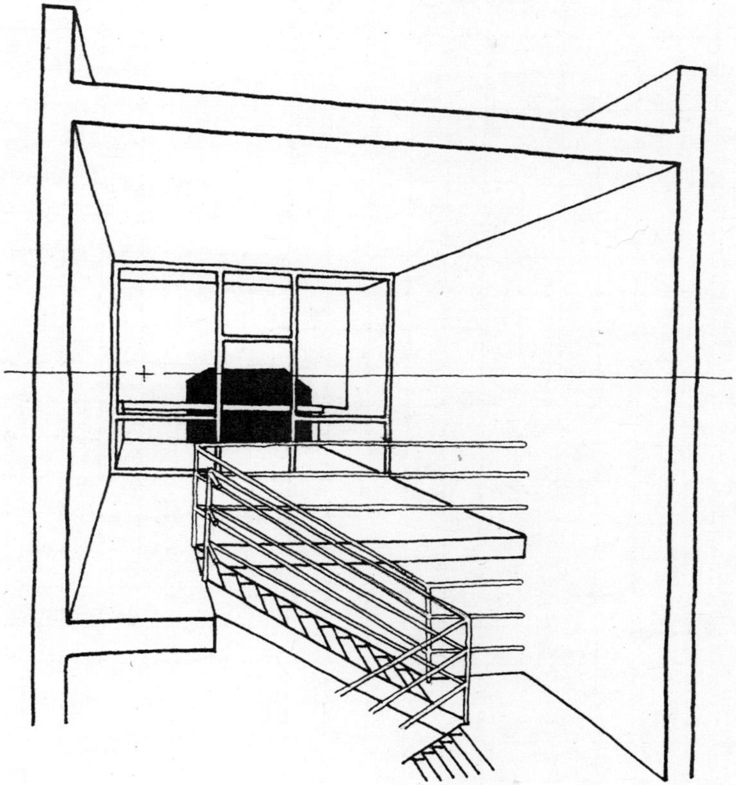

记事

各类建筑室内工程造价及设计费用

参见第3页。

遗憾的是，在美国，至少与一般的建筑工程相比，关于室内工程的平均造价及设计费方面的数据还不够完善和充分。也许本书在以后的版本中将提供更完善、更有效的数据。

本附录是最佳的，你可有效地处理有限的数据。

下列各表的编排依据为：

A. 总则

FF&E 安装费用以“$/SF”为单位。该费用中包含除“家具、设施与设备（FF&E）”之外的主要装修费用（如顶棚、墙体等）。对餐馆来说，该费用中可能不含 E（厨房设备）的费用。应该关注以下“B”中的信息，它提供了室内设计师的安装费用分析：家具与设施约占 30%，装修费用约占 70%。大部分数据来自《建筑师便携手册》（第三版）的“附录”。

室内设计收费以上述 FF&E 费用的百分比来表示。这些百分比来自 PSMJ 资源公司提供的《2003 年设计公司收费及估价》（第 18 版）。

B. 本附录是对美国 100 家顶尖公司（收费最高的公司）调查后获得的数据汇总。它不是全美国平均值。表中所列数据代表这些公司的所有项目，而不只限于所提到的建筑类型，因此价值有限。数值的高低代表所调查的 20 家公司中的最高值和最低值。这些数据来自 2003 年 1 月出版的《室内设计杂志》（Cahners 出版社）的“100 位设计巨匠”。

注：附录 A 中的所有数据已取整。

办公建筑

		低	中	高
A. 大型办公建筑（50000SF 以上或高层建筑）				
FF&E 安装费用	$/SF	10	20	53
室内设计费	%	3	4	5
中型办公建筑				
FF&E 安装费用	$/SF	—	—	—
室内设计费	%	3	4	5
小型办公建筑（50000SF 以下，低层建筑）				
FF&E 安装费用	$/SF	15	35	50
室内设计费	%	3	5	6

B. 《室内设计杂志》所调查的美国 100 家顶尖公司中在办公建筑方面收费最高的 10 家公司的平均值

平均 FF&E 安装费用	$/SF	37.08	74.45	121.43
平均设计费	%	2.8	4.1	5.6
平均设计费	$/SF	2.02	3.05	6.86

注：该数据为这些公司设计收费的平均值，总收费与办公建筑设计费之间有平均 53% 的差额。

金融建筑

		低	中	高
A. 银行				
FF&E 安装费用	$/SF	10	15	20
室内设计费	%			

B. 《室内设计杂志》所调查的美国 100 家顶尖公司中在金融建筑方面收费最高的 10 家公司的平均值

平均 FF&E 安装费用	$/SF	28.57	71.80	128.57
平均设计费	%	3	5.9	13.18
平均设计费	$/SF	2.02	3.61	6.86

注：该数据为这些公司设计收费的平均值，总收费与办公建筑设计费之间有平均 66% 的差额。

旅馆建筑

		低	中	高
A. 餐馆				
FF&E 安装费用	$/SF	30	50	100
室内设计费	%	4	5	5
酒店（高层）				
FF&E 安装费用	$/SF	—	20	—
室内设计费	%	5	7	8
酒店（低层建筑及汽车旅馆）				
FF&E 安装费用	$/SF	—	20	—
室内设计费	%	4	5	6

B. 《室内设计杂志》所调查的美国 100 家顶尖公司中在旅馆建筑方面收费最高的 10 家公司的平均值

平均 FF&E 安装费用	$/SF	46.15	139.47	375
平均设计费	%	1.7	6.5	16.7
平均设计费	$/SF	1.78	8.78	28.13

注：该数据为这些公司设计收费的平均值，总收费与办公建筑设计费之间有平均 14% 的差额。

零售建筑

	低	中	高
A. 设计费（占安装费用的百分比）			
大型购物中心	3	4	5
条形商业中心	3	4	5
零售商店	3	5	9

B. 《室内设计杂志》所调查的美国100家顶尖公司中在零售建筑方面收费最高的10家公司的平均值

平均FF&E安装费用	$/SF	28	64.71	100
平均设计费	%	2.8	5.5	13.8
平均设计费	$/SF	1.57	3.05	4.00

注：该数据为这些公司设计收费的平均值，总收费与办公建筑设计费之间有平均49%的差额。

医疗/保健/助养建筑

		低	中	高
A. 新建医院				
FF&E 安装费用	$/SF	35		55
室内设计费	%	4	5	6
改建医院				
FF&E 安装费用	$/SF			
室内设计费	%	3	10	12
门诊部				
FF&E 安装费用	$/SF			
室内设计费	%	4	6	6
卫生部				
FF&E 安装费用	$/SF	10	15	25
室内设计费	%	4	5	7
疗养院				
FF&E 安装费用	$/SF			
室内设计费	%	3	6	7

B. 《室内设计杂志》所调查的美国100家顶尖公司中在医疗建筑方面收费最高的10家公司的平均值

平均 FF&E 安装费用	$/SF	30	54	75
平均设计费	%	3. 3	6. 5	9
平均设计费	$/SF	1. 5	1. 25	9

注：该数据为这些公司设计收费的平均值，总收费与办公建筑设计费之间有平均66%的差额。

教育建筑

		低	中	高
A. 1. 教室（室内设计费）	%	4	5	5
2. FF&E 安装费用（$/SF）	$/SF			
大学教室与礼堂		6		17
大学学生活动大楼		6		18
大学实验室		10		25
小学		5		10
初中		5		10
高中		5		10
职业学校		5		10

B. 《室内设计杂志》所调查的美国100家顶尖公司中在教育建筑方面收费最高的10家公司的平均值

平均 FF&E 安装费用	$/SF	45.58	105.50	286.40
平均设计费	%	3.3	6.28	12.5
平均设计费	$/SF	1.51	6.28	13.60

注：该数据为这些公司设计收费的平均值，总收费与办公建筑设计费之间有平均77.5%的差额。

政府/机构建筑

	低	中	高
A. 1. 室内设计费（占安装费用的百分比）			
邮政所	3	4	5
联邦办公室	4	5	7
管教机构	3	4	5
州政府及地方政府	4	6	7
2. FF&E 安装费用（ $/SF）			
法院		30	

B. 《室内设计杂志》所调查的美国 100 家顶尖公司中在政府建筑方面收费最高的 10 家公司的平均值

平均 FF&E 安装费用	$/SF	26.09	57.85	83.33
平均设计费	%	3.3	7.5	12.8
平均设计费	$/SF	1.51	3.92	8.79

注：该数据为这些公司设计收费的平均值，总收费与办公建筑设计费之间有平均 78% 的差额。

居住建筑

		低	中	高
A. 通则				
公寓/分户出售公寓大厦（大型、100000SF 以上、高层）				
FF&E 安装费用	$/SF	10	15	20
室内设计费	%	3	5	8
公寓/分户出售公寓大厦（小型、100000SF 以下、高层）				
FF&E 安装费用	$/SF	10	15	20
室内设计费	%	4	5	5
独户住宅				
FF&E 安装费用	$/SF	5	15	50
室内设计费	%	5	7	10
宿舍、住宅				
FF&E 安装费用	$/SF		20	
室内设计费	%	4	6	7

B. 《室内设计杂志》在 2002 年没有出版居住建筑方面的信息

记事

参考文献

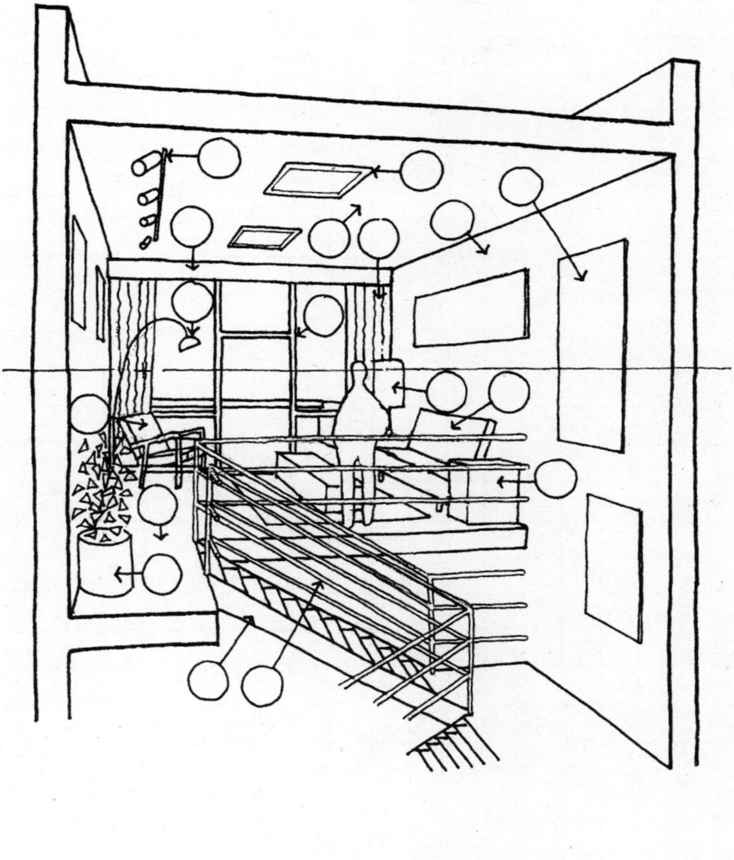

记 事

参考文献

本书集多种资料于一体。每个章节开头部分所示的文献索引表明了该章节的背景信息，标注于某些特殊条款旁的文献索引则表明该条款的出处（由该文献直接复制而来）。本书的主要参考书籍如下，其中大部分是建筑师们推荐的：

— ① Allen, Edward, and Joseph Iano. *The Architect's Studio Companion, Rules of Thumb for Preliminary Design*, 3rd ed. NewYork: John Wiley & Sons, Inc., 2002.

— ② Ambrose, James. *Simplified Design for Building Sound Control.* New York: John Wiley & Sons, Inc., 1995.

— ③ American Institute of Architects. *Architectural Graphic Standards*, 6th ed., New York: John Wiley & Sons, Inc., 1970.

— ④ American Institute of Architects. *Architectural GraphicStandards*, 10th ed., New York: John Wiley & Sons, Inc., 2000.

— ⑤ American Institute of Architects. *The Architect's Handbook of Professional Practice.* David Haviland, editor, 1988.

— ⑥ Austin, Richard. *Designing the Interior Landscape.* New York: Van Nostrand Reinhold, 1985.

— ⑦ Ballast, David Kent. *Architect's Handbook of Formulas, Tables, and Mathematical Calculations.* New Jersey: Prentice-Hall, 1988.

— ⑧ Ballast, David Kent. *Architect's Handbook of Construction Detailing.* New Jersey: Prentice-Hall, 1990.

— ⑨ Better Homes and Gardens, *Decorating Book*, 1975.

— ⑩ Bovill, Carl. *Architectural Design, Integration of Structural and Environmental Systems.* New York: Van Nostrand Reinhold Co., 1991.

— (10A) Building Green, Inc., 2001. *Green Spec Directory*: '*Product Directory with Guideline Specifications*, 1999-2001, Environmental Building News, eds.

— ⑪ Building News. *Facilities Manager's* 2002 *Cost Book.* William D. Mahoney, editor-in-chief.

— (11A) Butler, Robert Brown. *Standard Handbook of Architectural Engineering*. New York: McGraw-Hill, 1989.

— (12) Ching, Francis. *Building Construction Illustrated.* New York: Van Nostrand Reinhold Co., 1975.

— (13) Ching, Francis. *Drawing – A Creative Process.* New York: Van Nostrand Reinhold Co., 1990.

— (14) Ching, Francis. *Interior Design Illustrated.* New York: Van Nostrand Reinhold Co., 1987.

— (15) Construction Specifications Institute, 1995. *Master-Format: Master List of Section Titles and Numbers.* The numbers and titles used in this product are from *MasterFormat*™ (1995 edition) and *UniFormat*™ (1998 edition) and are published by the Construction Specifications Institute (CSI) and Construction Specifications Canada (CSC), and are used with permission from CSI, 2002.

For those interested in a more in-depth explanation of *MasterFormat* and *UniFormat* and their use in the construction industry, contact:

The Construction Specifications Institute (CSI)
99 Canal Center Plaza, Suite 300
Alexandria, VA 22314
800-689-2900; 703-684-0300
CSINet: http://www.csinet.org

— (16) Craftsman Book Co. *2000 National Construction Estimator*. Edited by Martin D. Kiley and William M. Moselle. 1997.

— (17) Craftsman Book Co. *2000 Building Cost Manual.* Edited by Martin D. Kiley and Michael L. Kiley. 1997.

— (18) De Chiara, Panero, and Zelnik. *Time Saver Standards for Interior Design and Space Planning.* New York: McGraw-Hill, 1991.

— (19) De Chiara and Callender. *Time Saver Standards for Building Types.* 3rd ed. New York: McGraw-Hill, 1990.

— (19A) Department of the Air Force AFM 88 – 54. *Air Force Civil Engineer Handbook.*

— (20) Federal Register. *Americans with Disabilities Act* (ADA). 1991.

— (21) Foote, Rosslynn F. *Running an Office for Fun and Profit: Business Techniques for Small Design Firms.* Pennsylvania: Dowden, Hutchinson & Ross, 1978.

— ㉒ Flynn, Kremers, Segil, and Steffy. *Architectural Interior Systems*. 3rd Edition.

— ㉓ Friedmann, Arnold. *Commonsense Design*. New York: Scribners, 1976.

— 23A Harmon, Sharon and Katherine Kennon. *The Codes Guide-book for Interiors*, 2nd ed., New York: John Wiley & Sons, Inc., 2001

— ㉔ *Human Dimensions*. NewYork: Interiors Magazine.

— ㉕ International Association of Plumbing and Mechanical Officials, 2000. *2000 Uniform Plumbing Code*, Table 4-1, Walnut, CA.

— ㉖ International Conference of Building Officials, 2000. 2000 *IBC Handbook—Fire and Safety Provisions*.

— ㉗ International Code Council, 2000. *2000 International Building Code*, Tables 302.3.3, 503, 601, 602, 705.4, 714.2, 803.4, 1004.3.2.1, 1003.2.2.2, 1003.2.3, 1004.2.1, 1004.2.4, 1005.2.1, 1005.2.2, 2902.1. Copyright 2000 International Code Council, Inc., Falls Church, Virginia. 2000 International Building Code. Reprinted with permission of the author. All rights reserved.

— 27A International Code Council, 2000. *2000 International Plumbing Code*, Table 403.1. Copyright 2000 International Code Council, Inc., Falls Church, Virginia. 2000 International Building Code. Reprinted with permission of the author. All rights reserved.

— 27B International Code Council, 2000. *2000 International Residential Code for One and Two Family Dwellings*.

— ㉘ Knackstedt, Mary. *The Interior Design Business Handbook*. New York: Van Nostrand Reinhold, 1992.

— ㉙ Lockard, William K. *Drawing as a Means to Architecture*. New York: Van Nostrand Reinhold, 1968.

— ㉚ Lockard, William K. *Design Drawing*. Wadsworth Publications, 1982.

— ㉛ McGraw-Hill Book Co. *Sweet's Catalog File*. 1993.

— ㉜ McGraw-Hill Book Co. *Time Saver Standards*. 7th ed. John H. Callender, editor-in-chief. 1997.

— (33) Means, R. S. Co. Inc. *Means Building Construction Cost Data*. 2002.

— (34) Means, R. S. Co. Inc. *Means Assemblies Cost Data*. 2002.

— (35) Means, R. S. Co. Inc. *Means Interior CostData*, 2002.

— (36) Munsell, A. H. *A Color Notation*. Munsell Color Co. , Inc. 1946.

— (37) Murphy, D. G. *The Business of Interior Design*. Burbank, CA: Straford House Publishing, 1975.

— (37A) National Fire Protection Association, 2002. *NFPA 5000 Building Construction and Safety Code*, Tables 6. 2. 4. 1, 7. 2. 2, 7. 3. 2. 1, 7. 3. 5 a and b, 7. 3. 5. 4, 7. 4. 1, 11. 3. 1. 2, and 11. 3. 3. 1. Reprinted with permission from NFPA 5000™ Building Construction and Safety Code. Copyright © 2002, National Fire Protection Association, Quincy, MA 02269. This reprinted material is not the complete and official position of the National Fire Protection Association, on the referenced subject which is represented only by the standard in its entirety.

— (38) Peña, William, with Parshall and Kelley. *Problem Seeking*. Washington, DC: A. I. A. Press, 1987.

— (39) Piotrowski. *Professional Practice for Interior Designers*. NewYork: Van Nostrand Reinhold, 1989.

— (40) Reznikoff, S. C. *Interior Graphic and Design Standards*. NewYork: Whitney Library of Design, 1986.

— (41) Reznikoff, S. C. *Specifications for Commercial Interiors*. New York: Whitney Library of Design, 1979.

— (41A) Running Press. *Cyclopedia: The Portable Visual Encyclopedia*. Philadelphia: Running Press, 1995.

— (42) Saylor Publications, Inc. *1997Current Construction Costs*. 1997

— (43) Schiler, Marc. *Simplified Design of Building Lighting*. New York: John Wiley&Sons, 1992

— (44) Sleeper, Harold. *Building Planning and Design Standards*. New York: John Wiley & Sons Inc. , 1955.

— (45) Stasiowski, Frank A. *Staying Small Successfully*. New York: John Wiley & Sons, 1991.

— ㊺A Guthrie, Pat. *The Architect's Portable Handbook: First Step Rules of Thumb for Building Design*, 3rd ed. New York: McGraw-Hill, 2003.

— ㊻ U. S. Navy. *Basic Construction Techniques for Houses and Small Buildings*. New York: Dover Publications, 1972.

— ㊼ Watson, Donald, and Kenneth Labs. *Climatic Design*. New York: McGraw-Hill Book Co., 1983.

— ㊽ Watson, Crosbie, and Callender. *Time Saver Standards for Architectural Design Data*. 7th ed. New York: McGraw-Hill, 1997.

— ㊾ Wing, Charlie. *The Visual Handbook of Building and Remodeling*. Pennsylvania: Rodale Press, 1990.

— ㊿ Wood, R. S. and Co. *The Pocket Size Carpenter's Helper*. 1985.

致谢

感谢下列各位，感谢他们对本书所提供的专业帮助：

特别感谢：Pat Anthony。

还要感谢：Steve Andros、Doug Collier、Ed Denham、Anthony Floyd、Rick Goolsby、Glenn Heyes、Larry Litchfield、Norm Littler、Bill Lundsford、John Messerschmidt、Marvin Nance 及 Wildan Co.

英汉词汇对照

A

Abrasive　磨损，研磨料
Absorption sound　吸声
Access flooring　架高活动地板
Accessibility requirement（ADA）可达性要求，参见《美国残疾人规范》
Accessories（bath）　（浴室）配件
Accounting reports　会计报表
Acoustical treatment　吸声处理
Acoustics　声学
Acrylic　丙烯酸的
Active building design　主动建筑设计
ADA（Americans with Disabilities Act）　美国残疾人规范
Airborne sound　空气传声
Air delivery system　空气送风系统
Air handler　空调装置
Air pattern　通风方式
Air/water delivery system　空气加水的送风系统
Algebra　代数
Alkyd paint　醇酸树脂漆
Alteration　变更，替换
Aluminum　铝
American Institute of Architects 美国建筑师学会
Amp　安培
Analogous color　类似色
Area separation wall　（防火）分隔墙
Artwork and accessory　艺术品与装饰摆件
Ashlar　方石
Assembly　构件
Association of Contract　织物定约协会
Textiles（ACT）
Auditorium　礼堂

B

Blance sheet　资产负债决算表
Barbershop　理发店
Barstool　酒吧高脚凳
Baseboard heating　踢脚板内供暖

Base coat　抹灰基层，底漆
Bathroom　浴室，盥洗室
Bench　长凳，工作台
Bidding　投标
Blind　遮帘，挡板，屏风
Block　砌块
Board feet　板（英）尺（1 英尺宽、1 英寸厚、1 英尺长）
Boiler and chiller　锅炉与冷却器
Bolt　螺栓
Bond　结合，砌合，搭接
Bookcase　书柜
Book display area　书籍陈列区
Branch circuit　分支电路
Branch panel　支线配电盘
Brass　黄铜，镀黄铜
Breaking/tensile stregth test　断裂/抗拉强度试验
Brick　砖
Brightness　亮度
Bronze　青铜
Brown coat　罩面基层灰
Brush pill test　绒球掸刷试验
Building code　建筑规范
Building specifications checklist　建筑项目明细表
Building types　建筑类型
Bulletin board　布告栏
Bush hammer　气动凿毛机，凿石锤

C

Cabinetry　橱柜，细木工家具
Candle　烛光（光强度单位），烛
Carpentry　木工（业），木器
Carpeting　铺地毯
Carport　（多层）停车库
Case work　细木工（作业），装修木工
Cash flow　现金流量，资金周转
Cash register　现金出纳机
Cast – iron　铸铁
Ceiling　顶棚
Centigrade　摄氏度
Central heating　集中供暖
Central vacuum cleaner　中央真空除尘设备
Ceramic tile　瓷砖
Chalkboard　黑板
Checkout equipment　结账台
Chord　弦
Chromium　铬
Church　教堂
Circuit symbol　电路图例
Circular sector　扇形
Circular segment　圆缺
Circulation area　交通区域，流通面积
Circumference　圆周，周边
Clinic　医务所
Closet　壁橱，储藏室
Clothing store　服装店
CMU　混凝土砌块
Coating　罩面层，涂层，涂料
Coefficient of utilization　利用系数
Cold cathode　冷阴极
Color scheme　色彩示意图
Color wheel　色环
Communications flow pattern　通信流通方式
Compensation　补偿金，修正额
Complementary color　补色
Concrete　混凝土
Concrete block　混凝土块
Condenser　冷却器
Conduit　导管，设备线路

Cone 圆锥体
Construction administration 工程管理，施工管理
Construction document 施工文件
Construction type 工程类型
Contingency 偶发事件，意外事故
Contract negotiation 合同谈判
Contrast 对比
Conversation area 会谈区
Conversion 转换，改建
Conveying system 传送系统
Cooling tower 冷却塔
Copper 铜
Corian 皮革的
Cork tile flooring 软木砖地板
Corner guard 墙角护条
Corridor 走廊，通道
Corrosion 腐蚀，锈蚀
Cost control 成本控制
Counter 柜台，案板
Coursing （毛石砌墙）分层铺设
Covenants, conditions and restrictions（CC&Rs） 契约、条件及限制
C. S. I. 建筑规范研究所
Cube 立方体，正六面体
Curtain 帷幕，窗帘
Cylinder 圆柱体

D

Dampproofing 防潮层
Decimal 十进制的
Delivery system 送风系统
Demolition 拆除，破坏
Density 密度，比重
Design fee 设计费
Desk 书桌
Diameter 直径
Diffuser 散流器
Diffuse lighting 漫射照明
Diffusion 扩散，漫射，传播
Dimensioned lumber 规格木料
Dining room 餐厅
Direct - indirect lighting 直接间接照明
Direct lighting 直接照明
Dishwasher 洗碗（碟）机
Display 展示
Dorm 宿舍
Double complementary color 双互补色
Double duct system 双管系统
Drapery 帷帘
Dresser 梳妆台
Drug store 药房
Dryer 烘干机
Drywall 干墙板，清水墙
Duct 管道
Dwelling unit（Dus） 住宅单元

E

Earnings Statement 收益报表
Eating area 就餐区
Educational building 教育建筑
Efficacy 效率，功效
Efficiency ratios 有效系数
Ejector pump 喷射泵
Elastomeric coating 弹性涂层
Electric baseboard convector 电踢脚板对流式加热器
Electric fan - forced unit heater 电动热风供暖器
Electric lighting 电灯
Electrical engineer 电气工程师
Electrical power 电力
Electrical system 电力系统

Elevator　电梯
Ellipse　椭圆
Ellipsoid　椭圆球体
Emergency exit　紧急出口，太平门
Emergency generator　备用（应急用）发电机
Energy conservation　能源保护，节能
Energy flow pattern　能源流态
Equipment　设备
Escalator　自动扶梯
Estimating　概算，估算
Evaporative cooling　蒸发冷却器
Existing building　现有建筑
Exit discharge　出口疏散
Exit　出口
Expense　消费，开支
Exterior　外部的，外表的

F

Fabrics　织物
Face weight　表面重量
Fahrenheit　华氏度
Fan coil　风机盘管
Fee　酬金，费用
Ferrous　含铁的
F. F. &E　家具、设施及设备
File　文件柜
Financial services building　金融建筑
Finish　饰面，装修
Finish wood　装修用木材
Fire door　防火门
Fire extinguisher　灭火器
Fire hose cabinet　消防水龙柜
Fireplace　壁炉
Fireproofing　耐火处理，防火处理
Fire – resistivity　耐火性
Fire safety　防火安全措施
Fire rating　耐火等级
Fixture　设备，设施
Flame – spread index　火焰蔓延指数
Flooring　地面
Fluorescent lamp　荧光（日光）灯
F. O. B.　离岸价格
Foil back　金属箔背衬
Folding door　折叠门
Food service equipment　食品供给设备
Foot – candle　英尺 – 烛光（光照单位）
Forced air central heating　中央热风采暖设备
Forced hot water heating　压力热水供暖系统
Framing　龙骨，骨架
Freight　货物，运费，货运
Furance　火炉，炉子
Furnishing　家具，陈设
Furniture　家具

G

Garage door　车库门
Gaseous discharge lamp　气体放电灯
Gas　燃气
Gauge　规格
General requirement　总体要求，基本要求
Geometric figure　几何图形
GFCI　漏电保护插座
Glare　眩光
Glass block　玻璃砖
Glazed wall　玻璃隔墙
Gloss　光泽，亮光

Glu - lam 胶合板，胶合层积木
Grade 等级
Government building 政府建筑
Gradient 斜坡，坡度
Graphic 图形，图例
Grille 格栅，铁花格
Grocery store 食品杂货店
Gross area 毛面积，总面积
Grounding 接地
Group seating area 座席组团面积
Gypsum wallboard 石膏墙板

H

Hanging 悬挂
Hardware 五金件
Hardwood 硬木
Hazardous location 危险位置
HC 轮椅
Health club 健身俱乐部
Heat flow 热流
Heat pump 热力泵
Heating, ventilation, and air-conditioning (HVAC) system 暖通和空调系统
Height 高度
High - intensity discharge (HID) lamp 高强度气体放电灯
High-pressure sodium 高压钠灯
Hollow metal door 空心金属门
Horizon lines (Hls) 视平线，水平线
Horizontal exit 水平出口
Hospitality industry building 旅馆建筑
Hospital 医院
Hotel 酒店，旅馆
Hot water baseboard 踢脚板式热水采暖装置
Hot water heater 热水锅炉
Human comfort zone 人体舒适区
Human dimension 人体尺度

I

Incandescent lamp 白炽灯
Indirect lighting 间接照明
Induction 感应装置
Industrial space 工业空间
Information index 信息索引
Installation cost 安装费用，安装成本
Insulation 隔热，保温，绝缘
Interior cost 室内装修费用
Interior 室内
Interior wall assembly 内墙装配
Iron 铁

J

Jamb 门窗梃，门樘
Jewelry store 珠宝店
Joint 接缝，结合点（处）

K

Kilometer 公里
Kitchen 厨房

L

Laminated lumber 层压木材
Laminate (plastic) （塑料）层压板
Lamp 灯
Landscaping 园林设计
Latex paint 乳胶漆
Lath 板条，金属拉网
Laundry area 洗衣区域
Lead 铅

Lecture hall　报告厅
Length　长度
Library　图书馆
Lighting　照明
Light level　照度水平
Lightning　闪电，雷电
Linoleum　油毡
Liquor store　饮品店
Living room　起居室
Lobby　门廊
Locker　带锁箱柜
Lounge　休息室
Low pressure sodium　低压钠灯
Lumber　木材
Lumen　流明（光通量单位）

M

Main disconnect　干路切断
Maintenance factor　减光系数
Many-hued color scheme　多色图
Mansonry　砖墙，砌体
Math calculation and table　数学计算与表格
Mat　地垫
Means of egress　外出手段，出口方式
Mechanical　机械的
Mechanical engineer　机械工程师
Mechanical system　机械系统
Medical building　医疗建筑
Medium - beam downlighting　中配光下射照明
Merchandise case　商品陈列柜，货品柜
Mercury vapor　高压汞灯
Metal　金属
Metal halide　金属卤化物灯
Metric conversion　公制换算
Microwave　微波
Moisture protection　防潮
Monel　蒙乃尔合金
Monochromatic color　单色
Multiple seating　成片座椅
Multizone constant volume system　多区域、等容量系统

N

Nail　钉子
Narrow - beam downlight　窄配光下射照明
Negotiating　谈判
Neon　冷阴极灯，霓虹灯
Net area　净面积
Net leasable area　净的可出租面积
Nickel　镍
Noise control　噪声控制
Noise reduction coefficient（NRC）　降噪系数
Nursing home　疗养院
Nylon　尼龙，聚酰胺

O

Occupancy　居住，房屋类型，使用率
Occupant load　居住荷载
Office building　办公建筑
Ohm' s law　欧姆定律
Operable partition　移动式隔断
Oriental rug　东方地毯
OSB　定向纤维板
Outlet　出水口，插座
Oven　炉子，烘箱
Overhead　管理费

P

"P" trap　"P"形存水弯

Package system　成套装置，成套系统
Paint　油漆，涂料
Panic hardware　紧急出口拴
Pantry　餐具柜，备餐间
Parabola　抛物线
Parallelogram　平行四边形
Parquet　镶木地板
Particle board　刨花板
Partition　隔墙，隔断
Party wall　共用墙，隔墙
Passive building design　被动建筑设计
Pendant　吊灯，悬垂物
Penny　分（钉子的长度单位）
People function　人体机能
Percentage　百分比
Perm　泊姆（渗透速度单位）
Perspective sketching　透视草图
Piping　管道（布置）
Plants　苗木，植物
Plaster　抹灰
Plastics　塑料，合成树脂
Plumbing system　室内管道工程系统，污水系统
Plywood　胶合板
Pocket door　嵌入式门
Point source　点光源
Polyester　聚酯纤维
Polygon　多边形，龟裂形
Polypropylene　聚丙烯纤维
Pot　钵，盆，罐
Power　动力，功率
Power formula　功率公式
Power system　动力系统
Preliminary design　初步设计
Preservative　防腐
Pressure　压力
Pressure – treated wood　经加压防腐处理的木材
Primer　底漆，首层涂料
Professional fee　职业酬金
Profit　利润
Programming　计划，程序设计
Projection screen　投影屏
Proportion　比值
Public accommodation　供游乐饮食的公共场所
Public toilet　公共厕所
Public waiting area　公共等候区
Pump　泵，水泵
Purchasing　采购，购买

Q

Quarry tile　缸砖

R

R value　热阻
Radiant heating　辐射采暖装置
Railing　栏杆，扶手
Ramp slope　斜坡坡度
Range　范围，幅度
Ratio　比率，系数
Rattan　藤椅
Reach　有效作用范围
Reception　接待
Rectangle　矩形
Rectangular prism　长方体
Reflectance value　反射率
Reflection　反射
Refrigerator　冰箱
Resale compensation　转售收入
Residential occupancy　居住类建筑，住宅
Resilient flooring　弹性地面，弹性地面材料

Restaurant 餐馆
Restroom 卫生间，盥洗室
Retail shop 零售商店
Reverberation time 混响时间
Right angle 直角
Room dimension 房间尺度
Rubber tile flooring 橡胶块材地板
Rubble 毛石
Rug 小块地毯，毛毯

S

Safe 安全
Safety glazing 安全玻璃
Sales tax 销售税
Sanitary sewer 生活污水管
Sanitation 卫生设施
Sash 亮子，滑窗，吊窗
Schematic design phase 方案设计阶段
School 学校
Sconce 壁灯
Scratch coat 抹灰底层
Screw 螺丝，螺纹
Seat dimension 座椅尺度
Secretarial station 秘书工作台（小隔间）
Seeing consideration 视觉特性
Semidirect lighting 半直接照明
Semi – indirect lighting 半间接照明
Sewer 污水管
Service entrance section 入宅电源开关
Shade 遮阳帘
Sheathing panel 护墙板
Sheet flooring 卷材地面
Shelving 搁板
Shoe repair shop 修鞋店
Shoe store 鞋店
Shopping area 商业区，销售区
Shower 淋浴间，莲蓬头
Shrink 收缩，起皱
Shutter 百叶窗，开闭器
Siamese （管道的）二重连接头
Signage 标志
Single – zone constant volume 单区域、等容量系统
Site furnishing 场所家具
Sitework 现场工程，场地工程
Slab on grade 楼板
Sleeping area 睡眠区
Sliding glass door 玻璃推拉门
Slip resistance 滑阻力，防滑
Slope 坡度
Smoke detector 烟感探测器
Smokeproof enclosure 防烟隔离室
Softwood 软木
Solar hot water system 太阳能热水系统
Solar wall and window 朝阳的墙与窗
Solid surface 整体面材
Sound attenuation blanket 吸声毡
Sound control 声音控制
Sound isolation 隔音
Space planning 空间布局
Spacing to mounting height ratio 间距与安装高度之比
Specialty 特种构件
Species 种类
Specification checklist 项目明细表
Sphere 球，球状体
Split complementary color 分散互补色
Sprinkler system 消防喷淋系统
Square 正方形
Stage 舞台，工作台，级

Stainless steel　不锈钢
Stains　着色剂
Stair　楼梯，台阶
Standpipe　立管
Steel　钢，钢化
Stone　石头，石材
Stool　凳子
Storage area　储藏区，堆放场地
Storage shelving　储存搁板
Structural column　结构柱
Structural engineer　结构工程师
Structure - borne sound　结构传声
Stucco　装饰抹灰
Stud　墙筋，立筋，立柱
Subpanel　幅面板
Subzone box system　小区域箱式系统
Surge tank　稳压罐
Switchboard　控制面板
Switch　开关
Switchgear　配线装置
System thinking　系统思维

T

Table　餐桌，茶几
Tackboard　图表板
Task lighting　任务照明，局部照明
Tax　税
Telephone and signal system　电话与信号系统
Tenant improvement　承租人添建物
Terminal device　终端装置
Terrazzo　水磨石
Theater　剧院
Thermal and moisture protection　隔热与防潮
Thermal envelope　隔热外墙
Thermostat　恒温器
Through - wall unit and package terminal unit　墙式空调机和组合式空调的终端设备
Tile　饰面砖
Timber　原木
TMB　电话安装板
Toilet partition　卫生间隔板
Ton　吨
Track lighting　轨道式射灯
Transformer　变压器
Trapezoid　梯形
Tread　踏步宽
Triadic color　三元素色
Triangle　三角形
Trigonometry table　三角函数表

U

Umbrella　伞形物，通风罩
U value　导热系数
UBC　统一建筑规范
UFER
UPC　统一卫生管道工程规范

V

Vacuum cleaning　真空净化设备
Vanishing points（VPs）　灭点
Vapor barriery　隔蒸汽层
VAV box　变容控制箱
Vending machine　投币式自动售货机
Ventilation　通风
Vinyl tile flooring　乙烯树脂地板块材
Visual display board　可视展板
Volatile organic compound　挥发性有机化合物
Volt　伏特（电压单位）
Volume　体积，容量

W

Waffle slab　双向密肋板
Waiting area　等候区
Wall board　墙板
Wall covering　墙面装修材料
Wallpaper　墙纸
Wall furnace　壁炉
Wall switch　墙上开关
Warehousing　仓库，货栈
Washer　洗衣机
Waste receptacle　垃圾箱，废物储存器
Water closet　厕所，抽水马桶
Water delivery system　水循环系统，给水系统
Water heater　热水器，热水锅炉
Water meter　水表
Water pressure pump　稳压水泵
Waterproofing　防水，防水措施
Water - repellant preservative　憎水性防腐剂
Water softener　软水器
Water supply　给水，供水
Watt　瓦特（电功率单位）
Weatherstripping　挡风条
Weight density factoe　重量密度系数
Weight　重量
Wheelchair　轮椅
Wide - beam diffuse lighting　宽配光漫射照明
Width　宽度
Window　窗户
Window treatment　窗户装饰
Wood　木头，木材
Wood floor　木地板
Work area　工作区，就业区
Workstation　工作站，工作隔间
Wrought iron　锻铁

Y

Yard/seam slippage test　码/棱线滑移试验

Z

Zinc　锌
Zonal cavity calculation　空间分区计算法
Zoning law　区划法规

作者简介

帕特·格思里［John Patten（"Pat"）Guthrie］，美国建筑师学会会员，John Pat Guthrie 建筑师事务所负责人，亚利桑那州斯科茨代尔市人。具备 13 个州的注册建筑师资格。《反复核对：建筑体系与设计图相结合》、《室内设计师便携手册》（第一版）（英文版由 McGraw－Hill 出版社，中文版由中国建筑工业出版社出版）及《沙漠建筑》（自助出版）的作者。帕特偶尔执教于西塔里埃森的 FLW 建筑学校。他和他的妻子 Janet 是两个孩子（Eric 和 Erin）的家长。帕特爱好艺术、航海、历史及旅游。

便携手册系列
室内设计师便携手册
（原著第二版）
［美］帕特·格思里　著
蔡　红　译
*
中国建筑工业出版社出版、发行（北京西郊百万庄）
各地新华书店、建筑书店经销
北京永峥排版公司制版
廊坊市海涛印刷厂印刷
*
开本：850×1168 毫米　1/32　印张：16　字数：480 千字
2008 年 8 月第一版　　2017 年 9 月第三次印刷
定价：**58.00** 元
ISBN 978-7-112-09600-8
（30116）
版权所有　翻印必究
如有印装质量问题，可寄本社退换
（邮政编码　100037）